# 中华传统二十四节气知识

宋敬东 编著

天津出版传媒集团
天津科学技术出版社

**图书在版编目（CIP）数据**

中华传统二十四节气知识 / 宋敬东编著 . — 天津：天津科学技术出版社，2018.8

ISBN 978-7-5576-5473-3

Ⅰ . ①中… Ⅱ . ①宋… Ⅲ . ①二十四节气—基本知识 Ⅳ . ① P462

中国版本图书馆 CIP 数据核字（2018）第 140408 号

---

责任编辑：王朝闻
责任印制：兰　毅

---

天津出版传媒集团
天津科学技术出版社 出版

出版人：蔡　颢
天津市西康路 35 号　　邮编：300051
电话：（022）23332490
网址：www.tjkjcbs.com.cn
新华书店经销
北京鑫海达印刷有限公司印刷

---

开本 720 × 1 020　1/16　印张 24.5　字数 550 000
2018 年 8 月第 1 版第 1 次印刷
定价：48.00 元

# 前言

二十四节气是中华民族传统文化的重要组成部分，流传至今，深深影响着我国广大劳动人民的生产和生活。“春雨惊春清谷天，夏满芒夏暑相连，秋处露秋寒霜降，冬雪雪冬小大寒。”这首《二十四节气歌》在我国民间广为流传，二十四节气的影响由此可见一斑。

二十四节气是我国独创的传统历法，也是我国历史长河中不可多得的瑰宝，上至风雨雷电，下至芸芸众生，包罗万象。在长期的生产实践中，我国劳动人民通过对太阳、天象的不断观察，开创出了节气这种独特的历法。经过不断地探索、分析和总结，节气的划分逐渐变得科学和丰富，到距今两千多年的秦汉时期，二十四节气已经形成了完整的体系，并一直沿用至今。

起初，二十四节气及其相关的历法是为农业生产服务的。比如“芒种”这个节气，说的是这个时期的小麦、大麦等有芒作物已经成熟，要抓紧时间收割。这个节气同时也是有芒的谷类作物（如谷、黍、稷等）播种的最佳时期，倘若错过了就可能造成歉收。在这一时期，农民既要抢收，又要播种，是一年之中最忙的季节，因此又称该节气为“忙种”。渐渐地，人们发现二十四节气还影响着我们生活的其他方面，比如饮食、起居、养生、节日民俗等。科学证明，这二十四个节气对人体的影响是不相同的，在不同节气时身体会出现不同的生理现象，人们根据身体的情况采用健身或是调整饮食的方式加以调节和改善，使身体处于健康的状态。由此可以看出，二十四节气的影响已经渗透到人们生活中的各个方面。

二十四节气之中更蕴含着丰富的中华传统文化。北宋著名哲学家程颢有一首题为《秋日偶成》的诗，诗中说："闲来无事不从容，睡觉东窗日已红。万物静观皆自得，四时佳兴与人同。道通天地有形外，思入风云变态中。富贵不淫贫贱乐，男儿到此是豪雄。"诗中用自然法则来展现人生的哲理。无论是"静观万物"，还是享受春夏秋冬"四时佳兴"，其中的道理都是一样的。要想达到"天人合一"的境界，就必须按自然规律办事。从这个意义上说，二十四节气在讲述气象变化的同时，也在讲述人与自然的关系、人与人的关系，更是在讲述人类生存的基本法则。二十四节气直接或间接地影响着每一个人，人们总是在季节的交替中生活，随着时间的变化而改变，这些都与二十四节气有关。太阳的升落，月亮的圆缺，这些自然现象与二十四节气也都是分不开的。随着科技的发展，人们生活水平的提高，人们对于自然界和自身联系的认识更加深刻，因此二十四节气知识对人们来说也就更加重要。不论你去到地球上的任何国家或地区，有中华儿女的地方，就会有二十四节气相伴。不仅如此，二十四节气还陪伴着深受中华文化影响的人们。

由此可见，了解二十四节气知识，对于传承中华传统文化、服务百姓日常生活都有十分重要的意义。鉴于此，我们精心编写了本书。书中首先详细介绍了二十四节气的起源，以及与之相关的历法、季节、物候、节令等内容，接着按照春、夏、秋、冬的顺序介绍各个季节的节气知识，包括农事特点、农历节日、民风民俗、饮食养生、药膳养生、起居养生、运动养生、民间谚语等，全方位解读二十四节气，带领读者领略传统文化的精髓。书中随文配图百余幅，用图解的方式展现二十四节气知识，清晰明了，别具特色。生动的图画与经典的传统文化知识完美融合，相映成趣，大大提升了可读性和观赏性。

# 目录

## 第二篇　春雨惊春清谷天——春季的 6 个节气

### 第 1 章　立春：乍暖还寒时，万物开始复苏

### 第 2 章　雨水：一滴雨水，一年命运



### 第 3 章　惊蛰：春雷乍响，蛰虫惊而出走

## 第四篇 秋处露秋寒霜降——秋季的 6 个节气

### 第 1 章 立秋：禾熟立秋，兑现春天的承诺



### 第 2 章 处暑：处暑出伏，秋凉来袭

## 第 2 章　小雪：轻盈小雪，绘出淡墨风景



## 第 3 章　大雪：大雪深雾，瑞雪兆丰年

**第 4 章　冬至：冬至如年，寒梅待春风**



**第 5 章　小寒：小寒信风，游子思乡归**

**第 6 章　大寒：岁末大寒，孕育又一个轮回**

# 第一篇　二十四节气

## ——中国独有的一种历法

# 第 1 章
# 二十四节气来历：始于春秋，确立于秦汉

早在春秋时期，人们就确定出仲春、仲夏、仲秋和仲冬四个节气，以后不断地改进与完善。随着劳动人民的不断发明和研究，二十四节气逐渐确定和完整起来，于秦汉年间，二十四节气完全确立。

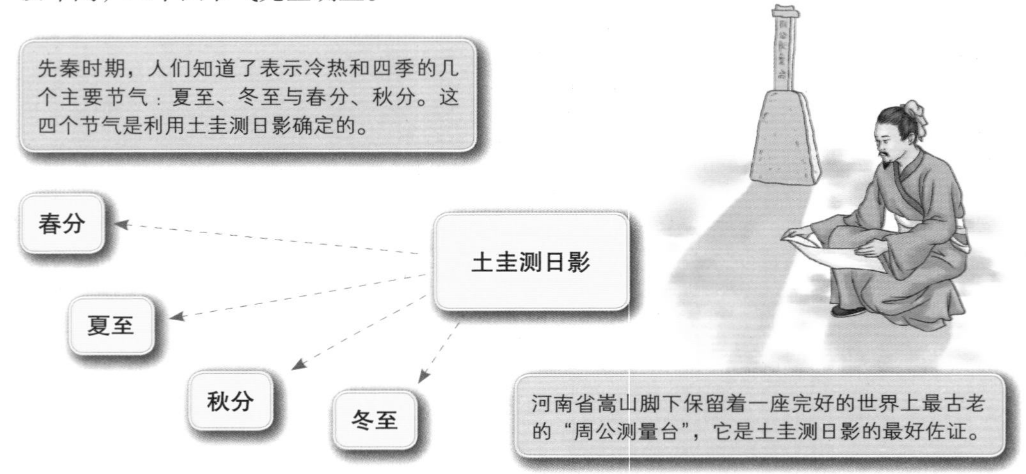


## 二十四节气的丰富内涵

我国大部分地区处在温带，气候冷热变化很大。劳动人民为了农业生产上的需要，创造了二十四节气。从节气的名称上，我们就可以知道它包含的意义。二十四节

一年中气候冷热的变化，对于农业生产有着很大的影响。中国农业生产以二十四节气作为指导，要求掌握季节，不违农时。

气中，表示四季变化的有立春、春分、立夏、夏至、立秋、秋分、立冬、冬至八个节气名称；表示天气变化的有雨水、谷雨、小暑、大暑、处暑、白露、寒露、霜降、小雪、大雪、小寒、大寒十二个节气名称；表示农事和其他的有惊蛰、清明、小满、芒种四个节气名称。

古时人们根据月初、月中的日月运行位置和天气变化及动物、植物生长等自然现象，利用它们之间的关系，把一年平分为 24 等份，并给每等份取了专有名称，这就是二十四节气。古时把节气称“气”，每月有两个气：前一个叫“节气”，后一个叫“中气”。

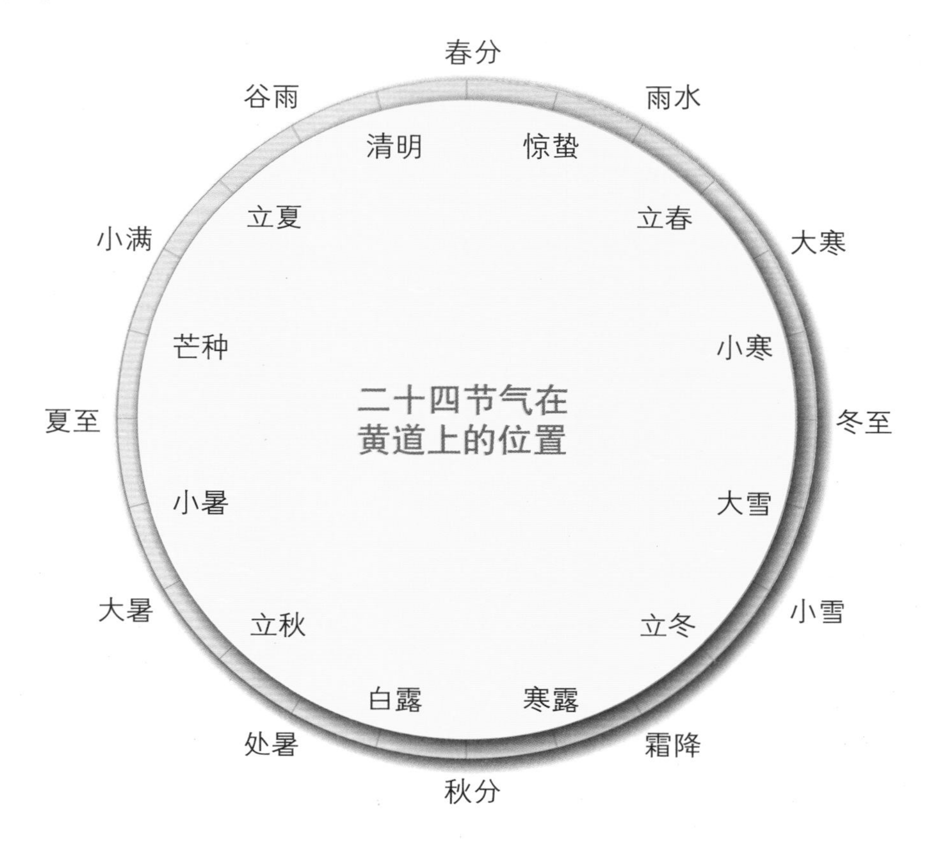


太阳从黄经 0° 算起，沿黄经每运行 15° 所经历的时日称作一个节气。每年运行 360° ，共经历 24 个节气（每个月两个节气）。其中，每月第一个节气为“节气”，即：立春、惊蛰、清明、立夏、芒种、小暑、立秋、白露、寒露、立冬、大雪和小寒等；每月的第二个节气为“中气”，即：雨水、春分、谷雨、小满、夏至、大暑、处暑、秋分、霜降、小雪、冬至和大寒等。“节气”和“中气”交替出现，各经历时日 15 天，后来人们习惯把“节气”和“中气”统称为“节气”。

**二十四节气基本含义**

| | |
|---|---|
| 立春——春季开始 | 立秋——秋季的开始 |
| 雨水——降雨开始，雨量渐增 | 处暑——炎热的暑天即将结束 |
| 惊蛰——春雷乍动，惊醒了蛰伏在泥土中冬眠的动物 | 白露——天气转凉，露凝而白 |
| 春分——分是平分的意思，表示昼夜平分 | 秋分——昼夜平分 |
| 清明——天气晴朗，草木繁茂 | 寒露——露水已寒，将要结冰 |
| 谷雨——雨量充足而及时，谷类作物能够茁壮成长 | 霜降——天气渐冷，开始有霜 |
| 立夏——夏季的开始 | 立冬——冬季的开始 |
| 小满——麦类等夏熟作物籽粒开始饱满 | 小雪——开始下雪 |
| 芒种——麦类等有芒作物成熟 | 大雪——降雪量将会增多，地面可能会有积雪 |
| 夏至——炎热的夏天来临 | 冬至——冬天来临 |
| 小暑——天气慢慢开始变热 | 小寒——气候变得寒冷 |
| 大暑——一年中最热的时候 | 大寒——一年中最寒冷的时候 |

## 二十四节气的科学合理测定

广大农民群众为了搞好农业生产，在远古时期就很重视掌握农时。因为只有掌握农时，才能按照农时从事农事活动，才能够获得较好的收成。掌握农时就是掌握节气气候的变化规律。最初人们从观察“物候”入手，就是根据观察自然界生物和非生物对节气、气候变化的反应现象，从而掌握节气气候特征。人们以物候为依据从事农事活动。

较早的古历书《夏小正》有物候的详细记载。《夏小正》全书虽然只有五百余字，却以全年十二个月为序，记载了每月的天象、物候、民事、农事、气象等方面的详细内容，说明我国古人对于星辰，特别是北斗七星的变化规律研究已经达到了一定

远古的黄帝（轩辕）时代，先民们就已初制“物候历”。

的水平。

不久以后，人们发现以物候来掌握节气气候还是显得粗放和不稳定。于是便求助于对天象的观测，通过观测星象的变化，找出了星象和节气变化的规律，如《鹖冠子》中记载有关北斗星斗柄的指向描述：“斗柄东指，天下皆春；斗柄南指，天下皆夏；

斗柄西指，天下皆秋；斗柄北指，天下皆冬……”

紧接着人们又发现，以“天象”观测来掌握节气气候，仍然显得比较粗疏、缺乏准确性。后来，人们意识到日照时人的影子长短可能与太阳的位置和气候变化有某种关联。劳动人民经过反复地实践探索，获得的经验是：用土圭来测量太阳对晷针所投影子的长短，即以土圭测日影的方法确定了春分、秋分、夏至、冬至节气的准确日期。

随着“两至”“两分”的确定，立春、立夏、立秋、立冬，表示春、夏、秋、冬四季开始的四个节气也相继确定。这样“四立”加上“两分”“两至”，恰好把一年分为八个基本相等的时段，把四季的时间范围定了下来。《吕氏春秋·十二纪》中详细记载了八个节气，而且还有许多关于温度、降水变化的内容，以及温度、降水变化所影响的自然物候现象等内容。

随着铁制工具的普遍利用和农田水利灌溉的大发展，农事活动日益精细与复杂，耕地面积日益扩大，这就使得在天时的掌握上，要有更多的主动性和预见性，以便及时采取措施。于秦汉时代，黄河中下游地区的人们根据本区域历年气候、天气、物候以及农业生产活动的规律和特征，先后补充确立了其余十六个节气。这十六个节气是：雨水、惊蛰、清明、谷雨、小满、芒种、小暑、大暑、处暑、白露、寒露、霜降、小雪、大雪、小寒、大寒。至此，历时三四千年，终于形成了完整的二十四节气。西汉《淮南子》一书就详细记载了完整的二十四节气内容。

从此以后，人们对二十四节气的探索随着生产力的提高而发展前进。对于那些对农业生产有特别意义的时段，有了更细致的阐述，并且在具有不同气候和农业生产特点的地区应用时，产生出大量的农谚、民谣。二十四节气的深刻含义，已经不仅仅是节气的名称所能表达的了。

# 第 2 章
# 二十四节气和历法：太阴历、太阳历和阴阳合历

## 节气与太阳历

太阳历是世界上大多数国家、地区和民族通用的历法，简称阳历，又称“公历”。

太阳历是基于地球环绕太阳运行的规律制定的。把地球环绕太阳运动一周所经历的时间称为一个“回归年”，它是太阳历的一年。起初确认一个回归年约为 365 日，随后经过科学精密计算是 365 日 5 小时 48 分 46 秒。

太阳历形成于 4000 年前的古埃及，是古埃及人根据天狼星的出现规律和尼罗河泛滥的日期规律推算的。

古埃及的太阳历经过两次组织修改，才成为当今世界通用的太阳历。第一次是在公元前 46 年，古罗马的凯撒大帝主持修改历法。以古埃及的太阳历为基础，修改后实施四年一闰，即“凯撒历”。第二次是在 1582 年，罗马教皇格列高利十三世又一次组织修改历法，这次修改的历法称“格列历”。格列历规定每 400 年减去 3 个闰年，也就是当今世界广泛应用的太阳历，即公历。

格列高利历的历年平均长度为 365 日 5 时 49 分 12 秒，比回归年长 26 秒。虽然照此计算，过 3000 年左右仍存在 1 天的误差，但这样的精确度已经相当了不起了。

由于格列高利历的内容比较简洁，便于记忆，而且精度较高，与天时符合较好，因此它逐步为各国政府所采用。我国是在辛亥革命后根据临时政府通电，从 1912 年 1 月 1 日起正式使用格列高利历的。

古埃及的太阳历一年有 12 个月，1、3、5、7、8、10、12 月为大月，大月为 31 天；2、4、6、9、11 为小月，小月中除 2 月份外均为 30 天。2 月份平年是 28 天，闰年（四年一闰）是 29 天。公历纪元，相传是以耶稣基督诞生年为元年。中国于 1912 年（民国元年）正式开始采用公历。

二十四节气也是太阳历。二十四节气按照历法的定义也是一种历法，可以称为“节气历”，它和古埃及的太阳历可谓并驾齐驱。最初先民们通过土圭观察日影的变化确立了“二至”“二分”节气，又通过“二至”“二分”节气的回归计算，得出了一个回归年是 365 ~ 366 天的论断。又根据日影长短变化的规律，结合气候寒暑变化的规律，相继确定了“四立”节气。仅凭这“二至”“二分”“四立”8 个节气，便勾画出了一年四季完整的图像。《尧典》说：“三百有六旬有六日，以闰月定四时成岁。”鉴于节气历是依据日影变化的规律所制定，本身又能直接表达一年四季的轮回，后来又发展为 15 天左右一个节气，一周年为 12 个月，这足以说明“二十四节气”是中华民族创建的中国式的太阳历。

1582 年 3 月 1 日，格列高利颁发了改历命令，内容是：

1.1582 年 10 月 4 日后的一天是 10 月 15 日，而不是 10 月 5 日，但星期序号仍然连续计算，10 月 4 日是星期四，第二天 10 月 15 日是星期五。这样，就把从 325 年以来积累的老账一笔勾销了。

2. 为避免以后再发生春分飘离的现象，改闰年方法为：凡公元年数能被 4 整除的是闰年，但当公元年数后边是带两个“0”的“世纪年”时，必须能被 400 整除的年才是闰年。

现代人广泛应用的公历，是由罗马教皇格列高利十三世组织修改而成。

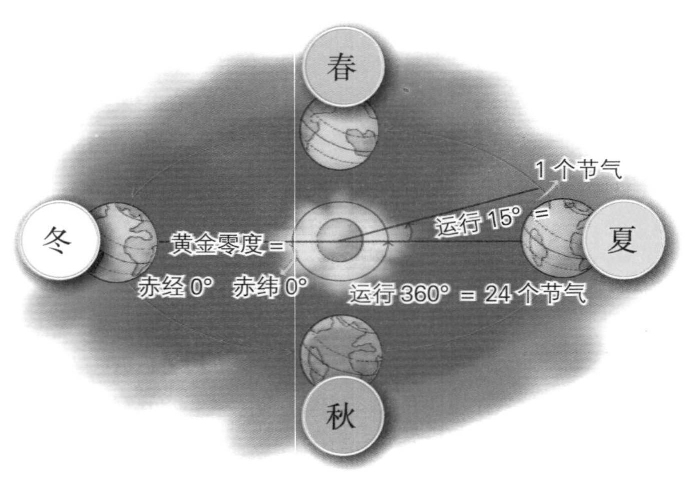


地球围绕太阳公转的位置决定二十四节气的划分。

## 节气与太阴历

太阴历，简称阴历。据可靠史料记载，世界上一些文明古国，都是在数千年前先后制定和运用了太阴历。我国在4200多年前便有了太阴历。太阴历是依据月相的变化周期来制定的，比较直观，容易掌握，故为世人最先采用。

**朔**　把完全见不到月亮的一天称“朔日”，定为阴历的每月初一。

**望**　把月亮最圆的一天称“望日”，为阴历的每月十五（或十六）。

从朔到望，是朔望月的前半月；从望到朔，是朔望月的后半月；从朔到望再到朔为阴历的一个月。一个朔望月为29天半，实际上是29天12小时44分3秒。

我国的先民们把月亮圆缺的一个周期称为一个“朔望月”。

阴历一年有12个月，单月是大月（30天），双月是小月（29天），全年共有354天。12个朔望月共为354~367天，二者一年相差0~367天。若不予以调整，经过40年后，其朔望日期便完全颠倒。因此阴历需要安排“闰年”来调整，办法是每30年中给规定的11年中的每年最后一月加1天。阴历经过这样的自我调整以后，每30年和月相的步调差8~16分。并且，由于月亮围绕地球运转和地球围绕太阳运转均非匀速运转，为保持朔日必须在阴历每月初一，也进行必要的调整。因此，有时会出现连续两个阴历大月

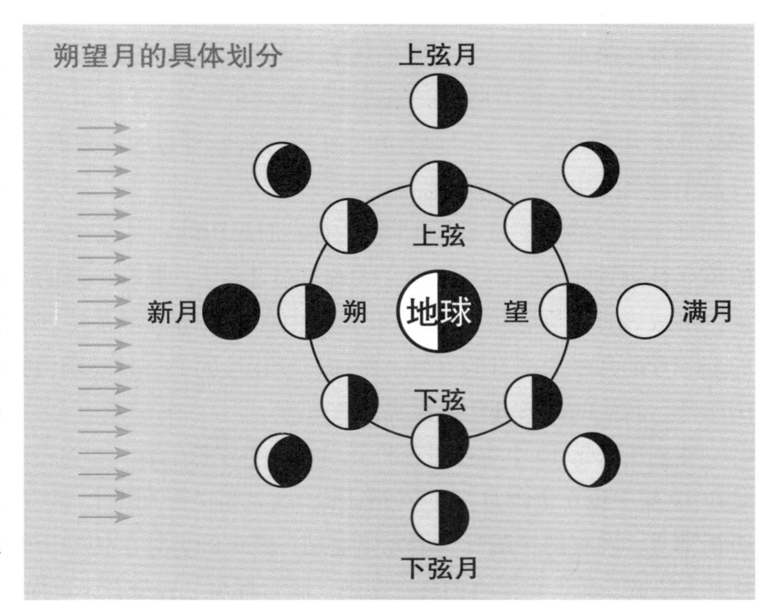

或连续两个阴历小月的情况。

节气和阴历是我国古代的太阳历和太阴历。它们同时产生于4000年前左右夏朝的前期，当时曾一度对两种历法分别并用。用节气历来记述一年之中寒暑、季节、气候、物候以及农事时段的演变规律和特征；运用阴历主要来记述月、日时段，如每月的初一、十五以及诸多的民族祭祀日期，如春节、元宵节、端午节、七巧节、中秋节、重阳节以及除夕等。沿海地区的人们根据阴历月相判断海洋的潮汐日期和时间等。

直到今天，在我国还有不少人仍然将节气和阴历分别并用。

## 节气与阴阳合历

把太阴历和太阳历二者配合起来的历法叫作“阴阳合历”。在我国的夏朝后期，将阴历和节气历结合起来制定了阴阳合历。阴阳合历是在夏朝制定的，因此在历史上长期称其为“夏历”，近代改称为“农历”。

夏朝时将阴历改革成阴阳合历，其具体改进之处是：运用节气历给阴历设置闰月。

一个节气历一年是365天，而阴历的一年是354天，二者一年相差11天，经过一定年限后，在阴历的年月中寒暑的日期则完全颠倒。改进的方法是给阴历增加天数、设置闰月，设置闰月的阴历年份称作“闰年”。

刚开始采取三年一闰，但还剩下三四天；后采取五年两闰，却又超过了四五天；又采取八年三闰，仍差两天。经过反复观测实践，终于确定了“十九年七闰”的办法。那么“十九年七闰”，闰月设置在哪年哪月呢？经过验证考虑，闰月设置于阴历的年、月份中没有“中气”的月份。

由于节气的相间日数是15天左右，而阴历的一月是29.5天，因而在阴历月份里的节气日则逐年逐月向后移动，大约每过2.8年，就有一月的“中气”移出该月的月末，形成该月没有“中气”。这就是无中气的月份，于是便以此月为闰月，并以紧靠的上一月的月号为闰月的月号。例如，紧相连的上一月是阴历的四月，那么闰月便是闰四月。其他的调整办法依次类推。

在阴历的每19个年份中，将会出现7个年份中有一个月没有“中气”的现象，于是在19年中设7个闰月，即7个闰年，这就是“十九年七闰”的由来。将阴历和节气历相结合，设置闰年闰月，十九年七闰，最大的好处是使阴历的年月变化和寒暑的变化基本协调一致，将不会出现“寒冬”腊月挥扇过春节、穿着棉衣过“三伏”的现象。

## 节气在阳历、农历中的日期

二十四节气和阳历历法，均是基于地球绕太阳运行的周期规律确定的，因此，二十四节气在阳历月份中的日期是相对稳定的，变动不大。

二十四节气反映了太阳的周年规律运动，因此，节气在现行的阳历中日期基本上是固定的，上半年在每个月的 6 日或 21 日，下半年在每个月的 8 日或 23 日，前后相差 1 ~ 2 天。

二十四节气在农历月份中的日期相对不稳定，历年变动较大。因为农历的月、日是以月相来确定的，12 个月只有 354 天，逢闰年，又增加了 29 天或 30 天。因此，二十四节气在农历中的日期变动很大，同一节气日甚至相差 20 余天，不同年会在不同的月份，比较紊乱，不易记忆，应用起来不是很方便。例如，立春节气日在阳历中均是 2 月 4 日，而在农历中的日期变化很大，有的在正月的从初一到十五，有的在十二月的十六到二十九日。如果遇到闰年，则是正月和十二月份两头立春，闰年的第二年，农历全年又没有立春节气，或者只是到了农历十二月才有立春节气。农历闰年后的第三年又恢复到仅在正月有立春节气等现象。

节气在阳历中的日期一览表

| 月份 | 日期 | 节气 | 月份 | 日期 | 节气 |
|---|---|---|---|---|---|
| 2 | 4–5 | 立春 | 8 | 7–8 | 立秋 |
| | 18–20 | 雨水 | | 22–24 | 处暑 |
| 3 | 5–6 | 惊蛰 | 9 | 7–8 | 白露 |
| | 20–21 | 春分 | | 23–24 | 秋分 |
| 4 | 4–6 | 清明 | 10 | 8–9 | 寒露 |
| | 20–21 | 谷雨 | | 23–24 | 霜降 |
| 5 | 5–6 | 立夏 | 11 | 7–8 | 立冬 |
| | 21–22 | 小满 | | 22–23 | 小雪 |
| 6 | 5–6 | 芒种 | 12 | 7–8 | 大雪 |
| | 21–22 | 夏至 | | 21–23 | 冬至 |
| 7 | 7–8 | 小暑 | 1 | 5–7 | 小寒 |
| | 22–24 | 大暑 | | 20–21 | 大寒 |

# 第3章
# 二十四节气和季节：四季的形成和四季季节风

## 二十四节气气温变化形成四季

四季一般是根据二十四节气来划分的：把从低气温走向高气温的季节叫作春季，把气温高的季节叫夏季；把从高气温走向低气温的季节叫作秋季，把气温低的季节叫作冬季。

现实生活中春、夏、秋、冬四季，在我国各地区开始的时间并不相同，四季的长短也不一致。

因此，用温度参数来划分四季才会更合理适用。把平均气温在22℃以下、10℃以上的时候定义为春季和秋季，把平均气温在22℃以上的时候定义为夏季，平均气温在10℃以下的时候定义为冬季。

## 二十四节气和四季季节风

由于中国东部沿海与太平洋相邻，西南部又与印度洋相距不远，再加上大气环流的作用，海陆热力性质的差异以及冬夏行星风带的南北推移，形成了明显且普遍的季风现象，并对一年中的节候变换产生了重要的影响。

古人早已经认识到一年四季中冬季吹偏北风，春季吹偏东风，夏季吹偏南方，秋季吹偏西风。

关于季风现象，古人早有较为详细的记载。《史记·律书》中有著名的“八方位风”在不同月份吹来的描述：“不周风居西北，十月也；广莫风居北方，十一月也；条风居东北，正月也；明庶风居东方，二月也；清明风居东南维，四月也；景风居南方，五月也；凉风居西南维，六月也；阊阖风居西方，九月也。”《淮南子·天文训》中有以“方位风”对应“八节”的明确记述：“距冬至四十五天条风至，距立春四十五天明庶风至，距春分四十五天清明风至，距立夏四十五天景风至，距夏至四十五天凉风至，距立秋四十五天阊阖风至，距秋分四十五天不周风至，距立冬四十五天广莫风至。”

有关季节风（八节风）的风名、风向（卦位）、控制的节气与时间详情如下：

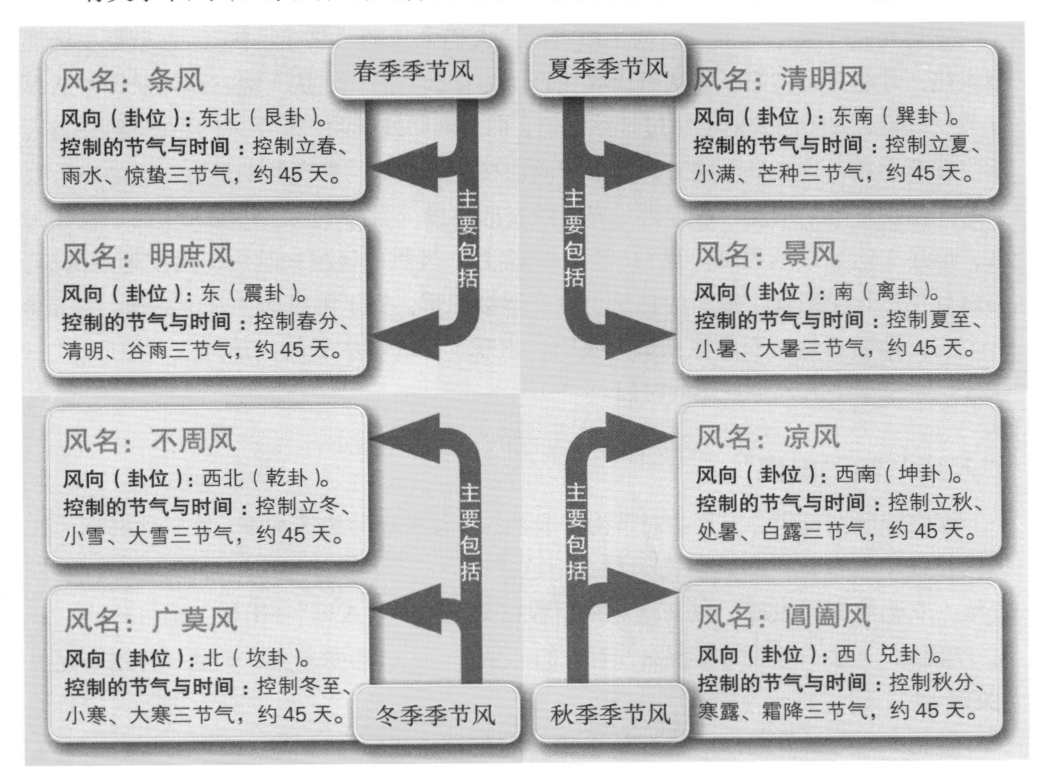

# 第4章
# 二十四节气和节令

人们在运用二十四节气从事农业活动的过程中，结合天气的变化，确立了一些类似节气的日期，或长或短，且具有一定气候特点的时段名称，称作“节令”。

## “春社”“春汛”“倒寒”和“倒春寒”

一部分历书上列有“春社”日。按照民间传统规定，立春日后的第五个戊日为“春社”。春社这天祭灶，祈祷农业丰收。

春汛是指桃花盛开时节发生的河水暴涨。春汛也称作桃汛、桃花汛、桃花水。

每年阳历2月份的倒寒天气称为“倒寒”，阳历3—4月份内的倒寒天气被称作“倒春寒”。

## “热在三伏”

三伏是整个夏季气温最高的一段时间。人们常说的“热在三伏”，意思是全伏都很炎热，并非只是指第三个伏天天气炎热。为什么“热在三伏”呢？原因是每年从春分节气以后，太阳的直射点越过地球赤道，向北回归线移动，北半球的白昼越来越长，黑夜逐渐缩短，直至夏至这天，北半球的白昼达到最长，黑夜缩到最短。地面白天吸收的太阳热量不断增加，远远大于夜间散发的热量，“收大于支”，故天气逐渐炎热起来，但还未达到最热程度。夏至后的一个多月，虽然白昼越来越短，黑夜越来越长，而白昼仍然长于黑夜，地面的热量仍然在继续积累，到了阳历的7月中下旬，甚至8月上旬，地面热量的积累达到最大极限，出现了小暑和大暑的炎热天气，因此，“三伏天”是全年中天气最炎热的时段。

## “入梅”和“出梅”

江南地区把每年春末夏初时节梅子成熟的一段时间称为黄梅季。在这段时间，我国的长江中下游地区多连阴雨天气，把这段时间的雨称为黄梅雨。因雨天多，空气潮湿，衣物等容易发霉，故又将黄梅雨称霉雨，因而“入梅”“出梅”也可称为“入霉”“出霉”。这一时期气候特殊，对人们的生产、生活影响较大，因此又称这时期为“黄梅天”。

黄梅天的开始日期称作“入梅”，终止日期称作“出梅”。

古代人民经过长期观察发现，每年的入梅日期是芒种节气日后的第一个丙日，出梅时期是小暑节气日后的第一个未日。按阳历日期计算：入梅日期大致是在 6 月 6 — 16 日，出梅日期大致是 7 月 8 — 19 日。

## “秋社”“秋汛”“秋老虎”

秋社：有一部分历书上列有“秋社”日。按照民间传统规定，立秋后的第五个戊日为“秋社”。秋社这天祭灶，感谢农业丰收。

中国古代，每逢节令，人们都会举行各种活动，以应时节。

秋老虎：一般情况下，每年立了秋，天气逐渐变凉，人们常说：“一场秋雨一场寒。”在正常年份阳历的 8 月 8 日（或 7 日）立秋后，8 月中旬的平均气温普遍比 8 月上旬的平均气温下降 1.5℃左右，截断了暑期气温持续攀升居高不下的趋势。虽然气温下降得还不算多，但人们已经感到凉爽了许多。但是，气候的变化也有异常的时候，某些年份虽然立了秋，但是，从北方来的冷气流势力还是很微弱，或者姗姗来迟，于是高温闷热的天气将会一直持续，气温仍然居高不下，或者气温下降微乎其微，人们仍感到天气闷热，汗流不止，人们便把这种异常的气候现象称作“秋老虎”。

秋汛：秋汛是指立秋到霜降的这一段时间内发生的河水暴涨。

## “秋霖”和“秋封”

秋季的长时间的阴雨天气被称作“秋霖”，常使应该秋季成熟的农作物贪青晚熟。秋季的突然降温，会使应该秋季成熟的农作物生长发育立刻终止，农作物不能完全成熟，称为“秋封”。

## “冬九九”和“夏九九”

### 冬九九

“冬九九”是指从冬至节气日这天开始算起，冬至日为第一天，每九天为一九，“头九”“二九”“三九”“四九”……直至“九九”。共 81 天。也就是从 12 月 21 日（或 22 日）开始数九，直数到次年的 3 月 11 日或 12 日为止。“九九天”也称“冬九天”，是一个回归年中天气较冷的一段。其中处于阳历 1 月份的“三九”“四九”为最寒冷时段，故有“未到三九莫言寒”之说。关于“冬九九”的歌谣很多，关中一带流传的歌谣是：

一九二九不出手；

三九四九冰上走；

五九六九看青柳；

七九八九河开口；

到了九九遍地耕牛走。

**夏九九**

民间除了经常听到“冬九九”节令外，偶然还能听到“夏九九”节令。它和“冬九九”相反，是形容夏季炎热程度变化的一个节令。它是从阳历 6 月 21 日或 22 日的夏至这天开始数九。和冬九九一样，每九天为一九，共九九八十一天，一直数到阳历的 9 月 10 日或 11 日为止，也就是人们常说的将会出现子夜寻棉被的时候。

“夏九九”的三九、四九是夏季最热的季节。它与“冬九九”形成鲜明的对照，“夏九九”也生动形象地反映了日期与物候的关系，人们流传的《夏至九九歌》就能翔实地说明这一切：

夏至入头九，羽扇握在手；

二九一十八，脱冠着罗纱；

三九二十七，出门汗欲滴；

四九三十六，卷席露天宿；

五九四十五，炎秋似老虎；

六九五十四，乘凉进庙祠；

七九六十三，床头摸被单；

八九七十二，子夜寻棉被；

九九八十一，开柜拿棉衣。

# 第二篇　春雨惊春清谷天

## ——春季的6个节气

# 第 1 章
# 立春：乍暖还寒时，万物开始复苏

立春节气是二十四节气之一，又称“打春”，“立”是“开始”的意思，中国以立春为春季的开始，每年公历 2 月 4 日或 5 日太阳到达黄经 315° 时为立春。《月令七十二候集解》记载：“正月节，立，建始也，立夏秋冬同。”古代“四立”，指春、夏、秋、冬四季开始，其农业意义为“春种、夏长、秋收、冬藏”，概括了黄河中下游农业生产与气候关系的全过程。

## 立春气象和农事特点：春天来了，开始春耕了

### 大地开始解冻，万物渐渐苏醒

人们把立春节气的 15 天分为三候，即“初候东风解冻，二候蛰虫始振，三候鱼陟负冰”。从这三候的名称就可以明白立春的季节变化特征——告别了寒冷的冬天，春天已经到来，然而冬天的寒冷却还未能一下消失殆尽，天气需要经过较长的一段时间预热才能慢慢暖和起来，东风送暖，大地开始解冻，万物渐渐苏醒，这就是“初候东风解冻”。五天后，蛰居的虫类因感受到了春天的温暖，而蠢蠢欲动地向外界活动，这就是“二候蛰虫始振”。再经过五日，水面厚厚的冰也逐渐开始融化了，水底的鱼儿迫不及待地要到水面上来吸吸氧气，感受一下春天的气息，于是便有了“三候鱼陟负冰”的说法。此时的气候特点，虽然还不能让人们立刻感受到春天般的温暖，但却使人明显感受到春天的脚步近了。

### 立春时节的农事活动

**立春南北方农事活动特点**

**北方地区顶凌耙地、送粪积肥，准备春耕**

在华北平原，要积极做好春耕准备和兴修水利。在西北地区，要为春小麦整地施肥，尤其是西北和内蒙古牧区仍要加强牲畜的防寒保暖，防御牧区白灾的发生，确保弱畜、幼畜的安全。西南地区则要抓紧耕翻早稻秧田，做好选种、晒种工作以及夏收作物的田间管理工作。

**南方紧抓“冷尾暖头”及时春耕播种**

南方地区“立春雨水到，早起晚睡觉”，春耕春种要全面展开了，南部早稻将陆续播种，各地要密切关注天气变化，抓住“冷尾暖头”及时下种；同时须采取有效措施防范烤烟、蔬菜等作物遭受霜冻或冰冻危害，并应注意加强经济林果及禽畜、水产养殖的防寒保暖工作。长江中下游及其以南地区，要及时清沟理墒，确保沟渠畅通，避免作物发生渍害。四川盆地应加强对小麦锈病等病虫害的监测与防治，积极预防春季病虫害的发生与流行。

### 立春暖为什么不利于冬小麦生长

立春节气每年都是阳历 2 月的 4 日或 5 日，即阳历的 2 月上旬。如果此时气候过于温暖，冬小麦麦苗会纷纷提前返青。但是这个时段的天气多变，气温很不稳定，在北方冷空气的影响下，常易发生“倒寒”，气温又突然下降到 0℃以下。此时刚刚返青的嫩弱的冬小麦幼苗如果遭到低温的袭击受到冻害，不仅返青中止，而且要冻坏部分麦苗。因此，立春暖会造成不利于冬小麦生长的结果。

### 为什么说“立春雷坟鼓堆，惊蛰雷麦鼓堆”

“立春雷坟鼓堆，惊蛰雷麦鼓堆。”顾名思义，就是说古人认为立春雷不吉利，去世的人可能比较多，坟墓成堆；而惊蛰雷吉利，小麦丰收，麦子堆成鼓堆。

立春打雷不吉利，惊蛰打雷吉利有什么依据呢？

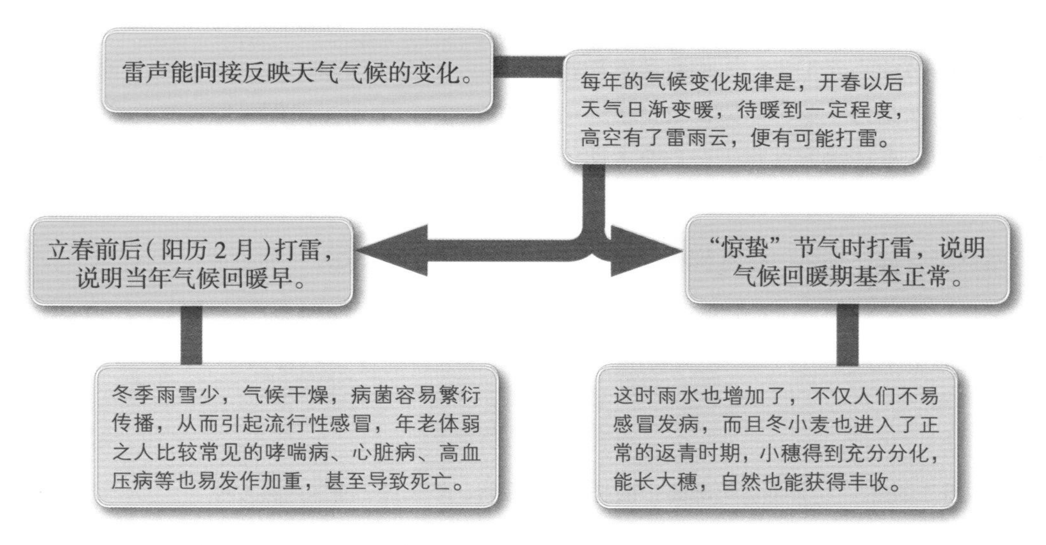


虽然这种说法不是十分科学合理的，但是对于参照节气养生、从事农事活动有较大的参考价值。

## 立春农历节日：春节——华夏儿女普天同庆

### 大人戴上口罩，楼上楼下清扫灰尘——除陈布新

据《吕氏春秋》记载，在尧舜时代我国就有春节扫尘的风俗。按民间的说法：因“尘”与“陈”谐音，新春扫尘有“除陈布新”的含义，其用意是把一切穷运、晦气统统扫出家门。这一习俗寄托着人们破旧立新的愿望和辞旧迎新的祈求。每逢春节来临，家家户户都要打扫环境、清洗器具、拆洗被褥、洒扫庭院、掸拂尘垢、疏浚沟渠。随处可见农家小院里，大人们戴上口罩或者嘴上蒙着围巾拿着笤帚，或者清扫天

花板，或者清扫墙壁，除陈布新。处处洋溢着欢欢喜喜搞卫生、干干净净迎新春的欢乐氛围。

## 小孩子踩凳子贴春联、贴福字和贴门神——祝愿美好未来

说起春联，它的别名很多，有的地方叫门对、春贴，有的地方叫对联、对子。无论城市还是农村，家家户户都要贴春联。春联的种类比较多，依其使用场所可分为门心、框对、横批、春条等。“门心”贴于门板上端中心部位；“框对”贴于左右两个门框上；“横批”贴于门楣的横头上；“春条”根据不同的内容贴在相应的地方；“斗方”也叫“门叶”，为正方菱形，大多贴在家具、影壁中。

春节人们在屋门、墙壁、门楣上贴“福”字，是我国由来已久的风俗。“福”字指福气、福运，寄托了人们对幸福生活的向往，对美好未来的祝愿。为了更充分地体现这种向往和祝愿，多数人干脆将“福”字倒贴，寓意“幸福已到”。

春节前一天下午，人们将绘有门神的画贴于门板上。这个习俗已有两千多年的历史。先期是为了驱邪镇鬼，近世多为增添喜庆欢乐。旧时，民间一般喜欢贴钟馗打鬼的门神；有些地方喜欢张贴盖有大印的钟馗门神和秦叔宝、尉迟恭画像，以祈求一年平安无事。

## 摆供桌祭神、祭祖、接财神和迎喜神——祈求一年喜事不断

1. 祭神

春节祭神是一种遍及东西南北的习俗。

南北的春节祭神习俗

|  |  |
|---|---|
| 浙江湖州 | 天刚亮的时候，摆下天圆地方糕、顺风团、净水以接天神 |
| 四川成都 | 正月初一子时，迎接诸神下界 |
| 江苏淮安一带 | 迎接天地神是春节的第一件大事 |
| 陕西洛川 | 人们“悬黄纸、挂灯笼于长竿，云接天神” |
| 吉林 | 初一早上，“男至院中，上置供物，焚香点烛，桌北堆谷草少许，上置纸箔及大馒头二、饺子四，其侧立木架，悬鞭其上；同时，燃草，焚纸箔，点（鞭）放炮，男子按辈各集桌北，南向跪拜，以表迎新送旧之意” |
| 甘肃灵台一带 | 初一鸡鸣时，“主人肃衣冠，率弟子熏柏香、放花炮、燃灯球、击锣鼓，并杂陈肴馔、果酒于中庭，安设天地、神祇牌位，及于本宅灶君、土地各神位前，以次焚化表纸，谓之接神” |
| 辽宁、黑龙江等地 | “时方交子，俗谓新神下界，家家衣冠致敬，凡天地、灶神、祖先位前，各焚香燃烛，然后设香案于庭，陈祭品，焚纸马，诵祝词，鸣爆竹，曰接神” |

总的来说，全国各地祭神习俗大同小异，但是目的均相同，不外乎祈求神灵保佑风调雨顺、五谷丰登、万事如意、大吉大利……

2. 祭祖、拜喜神

祭祖一般情况下在祭神后进行。福建厦门一带常常中午祭神、晚上祭祖。祭祖时定要有一碗春饭。春饭以平常吃的饭为主，只是上面插一朵红纸做的玫瑰花一样的春花。在江苏苏州一带，春节这天每家都要悬挂老祖宗的遗像，摆上香烛、茶果、粉丸、年糕等物，一家之主率领家人，每天依次瞻拜，直到元宵节的晚上结束。亲戚朋友之间，也相互瞻拜尊亲遗像，叫作“拜喜神”。在浙江绍兴一带，祭祖要到宗祠里去，若是没有宗祠，就在祖先堂前叩谒，称作“谒祖”。

3. 迎接财神

迎接财神这个习俗流行于北方地区，而且各地迎接财神的时间、仪式各有不同。黑龙江、吉林等省是在除夕子夜接财神。据说接财神前全家一起包饺子，一到子夜，主妇便下厨房煮饺子，此时屋门大开。男主人提灯走到户外，按皇历上说的财神所在方位去接财神，如果这一年财神位置在正东，出门便向东走，适可而止，放下灯笼，点燃香烛，跪拜。在家中庭院中设立供桌，点香放炮，男主人跪拜后，从户外走进室内，室内人齐声问：“迎来财神了？”男主人要虔诚回答：“迎来了！迎来财神了！”家中最小的孩子事先要躺在叠得高高的被子上，听到男主人问：“小日子起来了吗？”孩子就坐起来高声回答：“起来了，小日子起来了！”表示财神已经迎到家里来了。女主人把煮熟的饺子先捞出一碗来供奉财神，然后把其余的饺子摆放在饭桌上，全家人开始欢欢喜喜吃过年饺子。

## 吃水饺、吃汤圆和吃年糕——寄予新年团圆发财

1. 吃水饺

北方过年多数地区吃水饺。在辽宁，早晨煮水饺，合家而食，称为“元宝汤”，黑龙江则多称为“揣元宝”。在河北、河南等地，初一早晨的饭一定是水饺，而且盛水饺时要先给家中长辈盛。另外，包水饺时，常在水饺里面放一枚硬币，代表吉祥，认为吃中者为全家当年最有福之人。

2. 吃汤圆、元宵

汤圆和元宵外形相似，但制作工艺不同，汤圆是包出来的，元宵是摇出来的。浙江绍兴初一早餐，是除夕夜供奉神祇和祖先的汤团，含有“团团圆圆”的意思。江苏淮安这天早晨吃的欢喜团子，就是汤团。在河南开封一带，春节这天五更时候既吃饺子又吃元宵。

3. 吃年糕

春节家家吃年糕，主要是因为年糕谐音“年高”，再加上美味可口，几乎成了家

## 春节主要民俗活动

### 祭拜

春节来临，民间有祭拜的传统，祭祖、拜神，对祖先和神灵表达敬意，祈求保佑。

### 贴春联

每到春节，家家户户都要贴春联，以图吉祥喜庆，这是我国由来已久的风俗。

### 压岁钱

压岁钱也叫“压祟钱”，原本意在压邪驱鬼，后来逐渐形成春节的风俗习惯。

### 吃水饺、汤圆、年糕

春节吃水饺，吃汤圆，吃年糕，图吉利，图团圆，图年年升高。

### 舞龙

舞龙活动最初主要用于春节祀神、娱神，后来发展成为民间文艺活动。

### 放鞭炮

燃放爆竹是春节由来已久的习俗，意在驱逐瘟邪，得吉利平安，迎新贺岁。

家必备的应景食品。方块状的黄白年糕，象征着黄金、白银，寄寓新年发财的意思。年糕的口味因地而异。山西、内蒙古等地过年时习惯吃黄米粉油炸年糕，有的还包上豆沙、枣泥等馅。山东一带喜欢使用黄米、红枣蒸年糕。北京人采用江米或黄米制成红枣年糕、百果年糕和白年糕。河北人喜欢在年糕中加入大枣、小红豆及绿豆等一起蒸食。北方的年糕以甜为主，或蒸或炸，南方的年糕甜咸兼具，例如江苏苏州和浙江宁波的年糕，使用粳米制作，味道清淡。年糕除了蒸、炸制作以外，还可以切片炒食或是煮汤。甜味的年糕多以糯米粉加白糖、玫瑰、桂花、薄荷等原料制作，并且可以直接蒸食或是沾上蛋清油炸。

**守岁、给压岁钱、燃放爆竹——迎新贺岁**

1. 守岁

除夕守岁，有的地方（豫西）叫“熬年”，也是最重要的春节活动之一，守岁含有两层意思：年长者守岁为“辞旧岁”，有珍爱光阴的意思；年轻人守岁，是为延长父母寿命。最早记载见于西晋周处的《风土志》：除夕之夜，各相与赠送，叫“馈岁”；酒食相邀，叫“别岁”；长幼聚饮，祝颂完备，叫“分岁”；大家终夜不眠，以待天明，叫“守岁”。这种习俗后来逐渐盛行，到唐朝初期，唐太宗李世民写有《守岁》诗：“暮景斜芳殿，年华丽绮宫。寒辞去冬雪，暖带入春风。阶馥舒梅素，盘花卷烛红。共欢新故岁，迎送一宵中。”直到今天，人们还习惯在除夕之夜守岁迎新。全国多数地方守岁，女的包饺子、洗菜、准备大年初一的饭菜，或者准备全家的新衣服，男的打扑克牌、麻将，或者喝酒娱乐至天亮，或者一家人一起看春节联欢晚会节目。

2. 给压岁钱

压岁钱是春节前小孩子梦寐以求的大事。压岁钱也叫“压岁钱”“压祟钱”“压胜钱”“压腰钱”。据传除夕吃完年夜饭，由尊长或一家之主向晚辈分赠钱币，并用红线穿编铜钱成串，挂在小儿胸前，说是能够压邪驱鬼。清代富察敦崇《燕京岁时记》中说：“以彩绳穿钱，编作龙形，置于床脚，谓之压岁钱。尊长之赐小儿者，亦谓之压岁钱。”这个习俗自汉魏六朝开始流行。《宣和博古图录》中记载：“钱形长而方，上面龙马并著，俗谓佩此能驱邪镇魅。”因为“岁”与“祟”谐音，“压岁”即“压祟”，所以称为“压岁钱”。因为是守岁夜给钱，所以又称“守岁钱”。

3. 燃放爆竹

“爆竹声中一岁除，春风送暖入屠苏。千门万户曈曈日，总把新桃换旧符。”宋朝政治家王安石的这首诗也提到了春节燃放爆竹，可见春节燃放爆竹的习俗由来已久了。

**广西平乐拜年习惯**

平时招待客人，一般只以烟茶相待，而春节待客则要加上槟榔，如果有小孩子一起到来，还要给孩子柑果、米饼、荸荠之类的小食品。

**东莞拜年习惯**

同事朋友路上相遇，互道“恭喜”。客人来了，要用攒盒请他，叫作“食大橘”。若有小孩来拜年，要拿包有钱币的红纸包送给他们。

**河南开封拜年习惯**

人们出去拜年的第一家尽量是兴旺之家，即父母俱在、兄弟无故、幸福美满的人家。同样的，亲友也都希望第一个来拜年的客人来自兴旺之家。

**各地拜年风俗习惯**

**广州拜年习惯**

在家吃过早餐后，再到亲戚朋友家拜年。主人招待客人一般会拿出一个八果盒。主人请吃时，要说“拗金”，再请吃时要说“拗银”。女人拜年时，都预备一个漆篮，里面盛满瓜子、红橘等食物，赠拜他人，而受拜者要回赠大致相同的东西。

**上海拜年习惯**

相互祝贺后，主人一般以茶果招待客人，并敬上两只用糖水煮的“水泡蛋”。

**潮州拜年习惯**

春节去亲戚家拜年时一定要带上柑包，以表示送上吉利，受拜者要还以柑包，互致好意。

在春节到来之际，家家户户开门的第一件事就是燃放爆竹，以噼里啪啦的爆竹声除旧迎新。爆竹亦称“炮仗”“鞭炮”“炮”等。

**拜年、逛庙会、舞龙、舞狮、踩高跷——欢庆丰年、祈求吉祥**

1. 拜年

大年初一清早，大人小孩穿着节日的盛装，出门走亲访友，相互拜年，恭祝新年大吉大利。拜年一般从家里开始。初一早晨晚辈起床后，先向长辈拜年，祝福长辈健康长寿，万事如意。家中拜完年后，人们外出相遇时也要笑容满面地恭贺新年，相互道“恭喜发财”“新年快乐”“四季平安”等吉言。

今天，随着科技的进步，拜年形式也与时俱进，人们互相用电话、手机短信、电子邮件、QQ 等拜年。

2. 逛庙会

一提起逛庙会，就会想起北京春节的庙会，厂甸庙会、白云观庙会、莲花池庙会，人们蜂拥而至，处处交通堵塞，闹市区实行交通管制。庙会又叫“妙会”“庙市”或“节场”。早期庙会仅是一种隆重的祭祀活动，随着经济的发展和人们交流的需要，庙会在保持祭祀活动的同时，逐渐融入集市交易活动。随着人们的需要，又在庙会上增加丰富多彩的活动。于是过年逛庙会就成为人们不可或缺的娱乐活动。部分地区，每年的庙会宗教色彩越来越淡化，只有娱乐性的仿祭祀活动表演，更多的是“有会无庙”，公园、体育场、商场等都成了庙会的举办场所。庙会也就渐渐地演化成为集娱乐和短期的集市交易于一体的民间活动。

3. 舞龙

舞龙又称“龙舞”“龙灯舞”“舞龙灯”等。龙是传说中的神奇动物，能在天上呼风唤雨，也能为人间隆福消灾。早在汉代就有舞龙祈雨的活动。当时四季祈雨，春舞青龙，夏舞赤龙或黄龙，秋舞白龙，冬舞黑龙。舞龙时，锣鼓喧天，爆竹齐鸣，场面十分热烈。每一个动作都有名号，诸如：“二龙戏珠”“二龙出水”“黄龙过江”“白龙出洞”“穿越龙桥”“打草惊蛇”“银龙翻江”“金龙倒海”“海底捞月”。如果两队舞龙相遇，一定大摆龙门阵，争夺高下。有的地方，败北者一方要为胜者一方奏锣鼓、放鞭炮。

4. 舞狮

舞狮子活动在河南豫西一带称作要狮子。要狮子活动比较经典的动作有：狮子蹦上高桌、狮子过独木桥、狮子翻跟头。广东海丰盛行春节“听鼓手、看舞狮、听唱曲”。舞狮主要有麒麟、狮、客仔狮、外江狮四种，唱曲主要有西秦曲、白字曲、潮州曲等多种。鼓手就是唢呐，也叫大笛或吹班。每班由两人吹大笛，一人打铜钹，一人打小鼓。一般从除夕下午就开始到商铺里去吹打，一直到初三、初四才停止。初一、初二最热闹。舞狮子的队伍挨家挨户舞弄，到了人家门前，说声“恭喜”之后就开始吹奏起来，直到主人掏出红包，带队的拿到红包才离去，紧接着到下一家去舞狮。

5. 踩高跷

踩高跷娱乐活动历史悠久。表演者双脚绑扎木制 1 ~ 3 尺高的跷棍，扮演成各种滑稽人物表演古怪动作。踩高跷，北京称作高跷或高跷会，陕西、甘肃、河南等黄河流域称作“扎高脚”。踩高跷有文跷、武跷两种活动之分。文跷以边走边唱为主，夹杂有简单的舞扭动作；武跷则表演倒立、跳高桌、叠罗汉、劈叉等高难度动作。

## 立春主要民俗：鞭打春牛、戴春鸡、送穷节、人日节

### 鞭打春牛：打去牛的惰性，宣告春耕大忙开始

打春仪式，鞭打春牛（春牛为泥塑）。通常在立春时刻或立春日早晨举行，打春仪式最高由皇帝亲自主持，太监执行。地方上也主持打春仪式，但是各地稍有不同。

鞭打春牛的场面极热闹，依照惯例是首席执行官用装饰华丽的“春鞭”先抽第一鞭，然后依官位大小，依次鞭打。最终是将一头春牛打得稀巴烂后，围观者一拥而上，争抢碎土，据说扔进自己家田里，就能预兆丰收。此外，亦有用纸扎春牛的，并预先在“牛肚子”里装满五谷，等到“牛”被鞭打破后，五谷流出，亦是丰收的象征。清朝后期，封建政府已不再把农事放在重要位置，迎春鞭牛渐渐由官办变为民间举办的迎春活动。农民自己组织鞭打春牛活动，更加热闹了，增添了抬着句芒神和春牛游行、

唱迎春歌等许多内容。春牛享受披红挂彩的待遇，虽然最终不免被打得稀烂，但是内容过程更加丰富了。直到现在，部分地区还保留着鞭打春牛的风俗。

**掷米打春官，中了一年吉利**

迎春打春官活动流行于浙江一带。每年由当地管农事的胥吏，有时是乞丐扮演春官，头戴无翅乌纱帽，身穿朝服，脚蹬朝靴，坐在四周围上红布的明轿中巡游街市，表演幽默风趣的动作。也有拿着“春鞭”边走边表演赶牛的。人们前呼后拥纷纷向春官掷米，谁掷中了便一年吉利。

**小孩帽上、胸前或袖上戴春鸡、佩燕子预示新春吉祥**

戴春鸡是立春之日古老的风俗。每年立春日，人们用布制作小公鸡，缝在小孩帽子的顶端，表示祝愿“春吉（鸡）”，预示新春吉祥。在河南项城，人们剪彩做春鸡，大多戴在小孩的头上或缝在其衣袖上。在山西灵石，立春日用绢做成小孩形状，俗名春娃，戴在儿童身上。

佩燕子是陕西一带人民的风俗。每年立春日，人们喜欢在胸前佩戴用彩绸缝制的“燕子”，这种风俗源自唐代，现在仍然在一些农村中流行。因为燕子是报春的使者，也是幸福吉利的象征。所以许多人家都在自己厅房正中或房檐下修建燕子窝，据说只要你能在房檐的墙壁上，搭上一小页垫板，上写“春燕来朝”四字，燕子就可自己建筑起窝来。燕子是候鸟，春天飞到北方，秋天飞到南方。“不吃你家谷子，不吃你家糜子，只在你家抱一窝儿子。”所以向阳人家都喜欢在自己的院落房舍里让燕子繁殖生息。每年立春这天，人们都喜欢佩戴“燕子”，特别是小孩，父母早就给他们准备好了，他们戴在胸前，手舞足蹈、到处炫耀。

**咬春：咬食生萝卜、吃春饼**

咬春又叫“食春菜”，盛行于北京和河北等地，每年立春之日，无论贵贱，家家咬食生萝卜、吃春饼，取迎新之意，民间认为吃生萝卜可解除春天困乏。吃春饼，春饼以麦面制作，以小面团擀成薄饼，烙制而成。春饼原料很多，要顺利地吃入口中不散，功夫全在春饼的卷法上。卷春饼时，将羊角葱、甜面酱、切好的清酱肉、摊鸡蛋、炒菠菜、韭菜、黄花粉丝、豆芽菜等依次放在春饼上码齐，把筷子放在春饼上，将春饼的一边顺着筷子卷起来，下端往上包好，用手捏住，再卷起另一边，卷好了放在盘子上，再将筷子一根一根地抽出来即可。

**煨春：烧食春茶升官富贵**

煨春是在每年的立春之日，人们烧食春茶的习惯。煨春民俗流行于浙江温州一带。最早时的做法是：将朱栾（柚的一种）切碎，再搭配白豆或黑豆，放在茶中食饮，

# 立春时节主要民俗活动

## 鞭打春牛

立春之时的一种仪式，用鞭子抽打春牛，打去牛的惰性，表示督牛春耕宣告春耕大忙开始。

## 送穷节

祭送穷鬼（穷神），人们将垃圾扫拢，盖上七枚煎饼，在未出门时将它抛弃在道路上，表示已经送走穷鬼了。

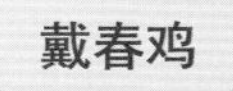

用布制作小公鸡，缝在小孩帽子的顶端，表示祝愿“春吉（鸡）”，预示新春吉祥。

## 人日节

传说女娲第七天造出了人，所以初七是人类的生日。全家人尽可能团团圆圆，外出的人也要尽量赶回来住。

随后改用红豆（方言，“豆”与“大”同音）、红枣、柑橘（“柑”与“官”、“橘”与“吉”同音）、桂花（“桂”与“贵”同音）、红糖合煮，煨得烂熟，称作“春茶”。饮前先敬家中祖先，然后与家人分食。民间吃春茶，取其升官、吉祥、富贵之意。

**送穷节：祭送穷鬼（穷神）**

送穷节是古代民间一种很有特色的岁时风俗。传说穷神是上古高阳氏的儿子瘦约，他平时爱好穿破旧的衣服，吃糜粥。别人送给他新衣服穿，他就撕破，用火烧成洞，再穿在身上，宫里的人称他为“穷子”。正月末，穷子死于巷中，所以人们在这天做糜粥、丢破衣，在街巷中祭祀，名为“送穷鬼”。到了宋朝，送穷风俗依然流行，但送穷的时间提前了，定在正月初六。《岁时杂记》书中记载在人日节前一日，人们将垃圾扫拢，上面盖上七枚煎饼，在人们还未出门时将它抛弃在人们来往频繁的道路上，表示已经送走穷鬼了。

送穷节，在山西大部分地区的人家讲究“喜入厌出”。这一天，要打扫院落。寿阳等县讲究早晨从外面担水，称为填穷。这一天的饮食多为吃面条。晋南地区讲究用刀切面，煮而食之，名为：“切五鬼”。

**人类的生日（正月初七）：女娲第七天造出了人**

大年初七是中国传统习俗中的“人日”，是人类的生日。传说女娲造人时，前六天造出了鸡、狗、羊、牛和马等，第七天造出了人，因此，汉民族认为正月初七是“人类的生日”。正月初七日的“人日”，俗称“人齐日”，即“七”的谐音。这一天全家人尽可能团团圆圆，外出的人也要尽量赶回来住。如遇要紧事，也得早晨出门，晚上赶回。等全家人齐全，一个也不缺，才算过好“人日”节。陕西关中地区，初七的早上，家家户户要吃一顿长寿面，让人们长寿，让老年人“福寿长存”；让小孩子长了再长，“长命百岁”。

## 立春饮食养生：少酸多甘，平抑肝火

**补充阳气，多食甘辛、少食酸冷**

立春时节饮食养生应以补充阳气为主。《黄帝内经·素问》中记载：“春三月，此谓发陈，天地俱生，万物以荣。”这一时节要注意多吃一些补充阳气的食物，以升发体内阳气，气虚症者更应该采取此法饮食养生。

常见的甘辛食物如大枣、柑橘、蜂蜜、花生、香菜、韭菜等能助春阳，此时可适当多吃，而酸、涩、生冷、油腻之食物此时应尽量少吃。另外，首乌肝片、人参米肚、燕子海参等药膳具有升补之效，可适当选食。红枣、薏米补气养血，也很适合春天食用。阳气虚弱者也可酌情药补，人参或西洋参、党参、太子参、冬虫夏草、黄芪等药物都是不错的选择，它们能提高人体的免疫力，有抗衰老的作用。总之，立春时节饮食应以补充阳气为主，多食甘辛、少食酸冷。

### 养护阳气，适当吃些韭菜

立春时节适合养护人体的阳气，应适当食用些韭菜。韭菜能增强人体对细菌、病毒的抵抗能力，甚至可以直接抑制或杀灭病菌，有益于人体健康。初春时节的韭菜品质最佳（《本草纲目》记载“正月葱，二月韭”），晚秋次之，夏季最差。为了避免营养的流失，在烹调前应将韭菜快速清洗，在下锅前现切。另外要特别注意，隔夜制作的熟韭菜不能食用，以防吃坏肚子。

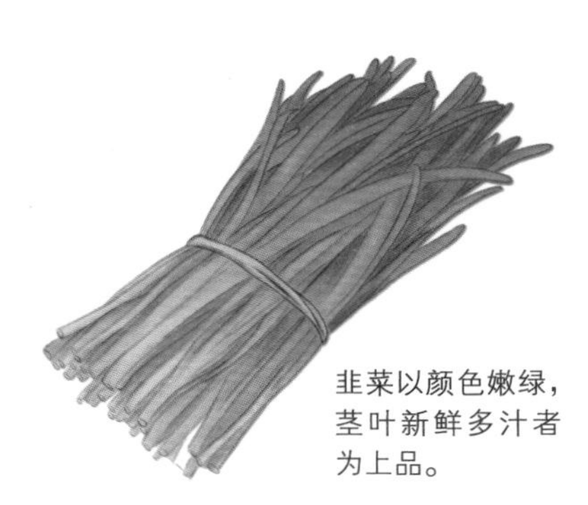

韭菜以颜色嫩绿，茎叶新鲜多汁者为上品。

#### ◎韭菜虾仁粥

【材料】韭菜、虾仁各25克，大米100克。

【调料】盐、味精、鸡汤各适量。

【制作】①韭菜淘洗干净，切成段；虾仁去虾线，洗净，焯水，切末；大米淘净，用冷水浸泡30分钟，捞出沥水。②砂锅中倒入适量鸡汤，放入大米，大火煮沸后改用小火熬至黏稠。③下入虾仁煮至熟透，加入韭菜段、盐、味精，大火煮沸即可起锅食用。

### 食用韭菜虾皮炒鸡蛋，清洁肠壁、促进排便

韭菜含有大量膳食纤维，经常食用可以清洁肠壁、促进排便。立春时节可以食用韭菜虾皮炒鸡蛋，既营养丰富，又含热量低，并且温中养血，温暖腰膝。

#### ◎韭菜虾皮炒鸡蛋

【材料】韭菜适量洗干净，鸡蛋2～3个，盐、虾皮适量。

【制作】①韭菜洗净切小段，鸡蛋破壳后打匀。②炒锅上火，植物油烧温热后，放入虾皮煸炒至香。③然后倒入打匀的鸡蛋，待鸡蛋炒得稍有固定形状后将韭菜倒入。④煸炒一阵后加盐、姜末、味精，再进行翻炒即可食用。

**食用家常木须肉，清热排毒**

冬春之际，食用木耳有清热排毒的功效。食用家常木须肉，瘦肉和鸡蛋的加入为人体补充了丰富的蛋白质，这样组合起来脂肪含量较少，春天吃既不会长肉又享受了美味。

◎木须肉

【材料】黑木耳，瘦肉，鸡蛋2个，黄瓜、油、料酒、花椒、酱油、盐、鸡精、淀粉、葱、姜、蒜末儿适量。

【制作】①黑木耳泡发洗净，撕成小块，黄瓜切片；瘦肉切片放入碗中，倒上少许料酒、酱油和一点点淀粉或嫩肉粉，拌匀渍一会儿。②鸡蛋磕入碗中，打散；炒锅置于火上，放油，油热后把鸡蛋摊熟，打散，盛出。③再添些油，油热后下花椒，待花椒变色出香味后把花椒捞出，放肉片翻炒，断生后放葱、姜、蒜末儿、酱油翻炒，上色后把鸡蛋、木耳、黄瓜倒入继续翻炒，加少许盐，也可以加点儿汤或水，最后放些鸡精，炒匀即可食用。

**平衡消化，多食粗粮、少食油腻**

立春时节要平衡消化，多吃谷类粗粮，如玉米、燕麦等，生菜、芥菜、芹菜等富含膳食纤维的新鲜蔬菜也应多吃。一些调味食品如葱、姜、蒜等具有祛湿、避秽浊、促进血液循环、兴奋大脑中枢的作用，也可适量食用。还应多吃一些多汁的水果，以消热滞、和湿滞、平衡消化。经过冬季的长期进补，立春之时人体的肠胃一般积滞较重，为了避免助湿生痰，甚至阴津耗损、阳气外泄，所以立春时节也不宜多吃油腻食物。

**平抑肝火，多吃蔬菜、少吃羊肉**

立春时节，肝火较盛，为平抑肝火，饮食方面应多吃性平味淡的蔬菜、野菜和食用菌，可以平抑肝火，有益养生；而野菜、食用菌大多含热量较少，且富含维生素，多吃也不会过多增加人体热量。羊肉具有温胃御寒的作用，但是过了立春就不宜再多吃羊肉了，多吃极易上火，有可能导致胃疼、便秘、咳嗽、黄痰、烦躁、失眠、乳房胀痛等症状。

**食用豌豆炒牛肉粒，提高抗病能力**

牛肉营养丰富，能迅速提升体力，豌豆富含人体所需的各种营养物质，尤其是含有优质蛋白质，可以提高机体的抗病能力和康复能力。由于牛肉富含粗纤维，能促进

◎豌豆炒牛肉粒

【材料】豌豆、牛里脊肉、新鲜红尖椒、酱油、白糖、生粉、胡椒粉、盐、料酒、花椒粉、大蒜瓣、食用油。

【制作】①先将牛里脊肉切成丁，放入碗中加入酱油及一点儿白糖、料酒、胡椒粉和清水拌匀，再加入生粉继续拌匀。②烧开水，加入一小勺油及一点儿盐，将洗净的豌豆倒入烫 1 分钟，捞出后放入冷水中浸泡至凉备用。③红尖辣椒切片，锅内倒油烧热，将牛肉粒中加一勺食用油拌匀后下入热油中，翻炒至牛肉粒约七分熟时盛起备用。④在锅内的余油中下入辣椒煸炒出香味，再将大蒜瓣剁碎成蓉入锅内一同煸炒出香味，将余烫好的豌豆和炒好的牛肉粒一同下入锅中，翻炒均匀，撒上一点儿花椒粉、盐调味，最后淋上一点儿味汁关火，趁着锅中的余温再翻炒一下盛盘即可食用。

大肠蠕动，保持大便通畅，因此食用牛肉还能起到清洁大肠的作用。欲提高机体抗病和康复能力可以食用豌豆炒牛肉粒。

**养护肝脏，可以吃些黄豆芽**

鲜嫩黄豆芽不但有清热解毒作用，而且还具有疏肝和胃的功效。立春时节适当食用黄豆芽，一是可以有效地养护肝脏；二是还可以预防维生素 $B_2$ 缺乏症。

## 立春药膳养生：蛰虫始振宜养肝

**补肝肾、益精血和乌发明目食用首乌猪肝粥**

◎首乌猪肝粥

【材料】首乌少许，猪肝 50 克，大米 200 克，水发木耳 25 克，青菜叶少许，葱、姜各适量，盐、鲜汤、酱油适量。

【制作】①首乌煎熬制药汤 20 毫升，猪肝剔筋洗干净剁末，葱、姜洗干净、切丝，青菜洗干净与木耳一起切碎。②将大米、猪肝末以及首乌药汤放入锅中，大火煮沸后用小火慢煲 1 小时。③等粥黏稠时，放入木耳、青菜碎末及调味料，搅拌均匀，撒上葱、姜丝即可食用。

**发汗、祛痰和利尿服用大葱猪骨补钙汤**

◎大葱猪骨补钙汤

【材料】猪筒子骨两根、葱两根、红枣10粒、姜数片、盐适量。

【制作】①大葱洗干净切段；红枣洗干净去核；猪筒子骨洗干净，放入沸水中略微氽烫，捞出浮沫。②锅中放入适量水烧开，下猪筒子骨、姜片与红枣，先下一半葱段，大火煮沸后，小火煲约1小时，再下另一半葱段与盐，小火煮熟即可服用。

**利肝和中、清热祛痰食用蹄髈煲荠菜**

◎蹄髈煲荠菜

【材料】猪蹄髈1只，荠菜100克，冬笋50克，葱半根，姜适量，辣椒1个，八角3粒，酱油和盐适量，冰糖和醪糟各1大匙，鸡精、胡椒粉、五香粉各半小匙。

【制作】①葱切成段。姜洗干净切成片，荠菜、冬笋分别入水氽烫，捞出冷水冲净。②猪蹄髈切块，加酱油腌拌，再炸去多余油脂，捞出沥干。③爆香葱、姜后放荠菜、冬笋、猪蹄髈和其他调味料。大火煮开后，再小火煲40～50分钟即可食用。

## 立春起居养生：夜卧早起，多活动

### 立春要晚睡早起

立春时节作息要“晚睡早起”，《黄帝内经·素问》中记载了关于立春时节养生要晚睡早起的说法，民间也有“立春雨水到，早起晚睡觉”的民谣。立春以后，天气转暖，阳气回升，万物生发。随着时间的推移，白昼时间越来越长，晚上时间随之变短，我们的作息也应随着这种变化而做出相应的调整，所以此时“晚睡早起”就变得很有必要。这样做可以防止人体受到春天气息的震荡。“晚睡早起”事实上是一种顺势而为的养生方法，否则会产生诸多不良后果。例如会导致人体内的阳气受到抑制，从而使人体气息不畅，造成“上火”，还可能伤害到肝脏，使肝气不畅。

当然，“晚睡早起”也要适可而止，不要极端化，晚睡也不宜过晚，早起也不宜过早。立春时节睡眠的最好时间是晚上11点至早晨6点多。

**立春尽量少接触宠物**

在万物复苏的立春时节，宠物有可能成为人体健康的杀手，轻者会引起皮肤过敏，重者可能会引起过敏性鼻炎、过敏性哮喘、过敏性结膜炎、荨麻疹等病症。因此不要小看宠物对人体过敏的影响。在家庭饲养的宠物中，猫和狗是占比重最大的，也是最容易引起人体过敏的两类动物。对猫狗过敏主要表现为过敏性鼻炎、过敏性结膜炎、过敏性哮喘以及特异性湿疹等，此外，猫狗的过敏源长时间飘散在空气中，极易被人体吸入呼吸道，引起哮喘。猫的过敏源主要是由皮脂腺、唾液腺、皮毛、泪腺、尿液中分离出来的，常常会集中在皮毛的根部，黏附于一些较小的颗粒表面，飘浮在空气中。狗的过敏源相对稳定，可以在灰尘中存在很长时间，猫的致敏性较强，因此一旦出现过敏，应该及时就医。为了避免上述情况发生，可以采取以下预防措施：

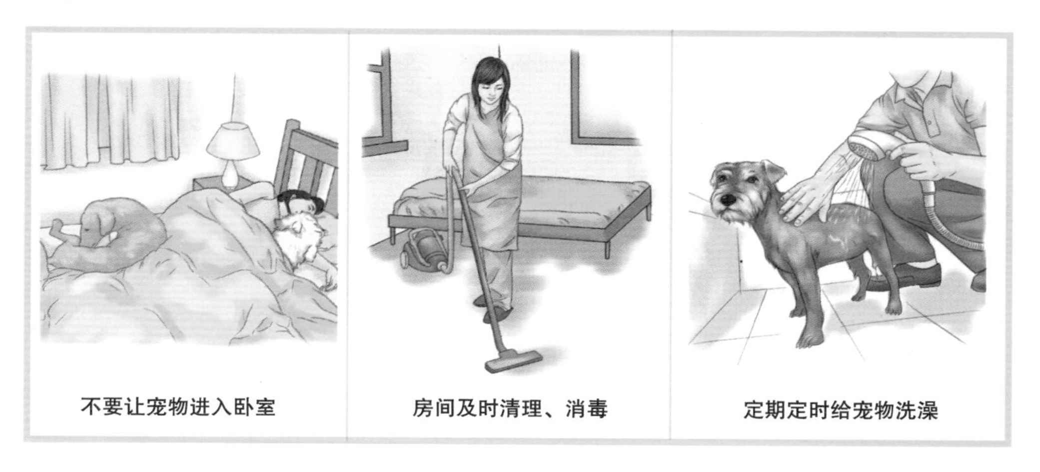
不要让宠物进入卧室　　房间及时清理、消毒　　定期定时给宠物洗澡

## 立春运动养生：散步、慢跑、踏青

**勤散步奋精神，疏通气血、生发阳气**

春天是一个万木争荣的美好季节，立春之时，春日到来，人亦应随春生之势而动。立春日出之后、日落之时是散步健身的大好时光，散步地点以河边湖旁、公园之中、林荫道或乡村小路为好，因为这些地方空气中负离子含量较高，空气清新。散步时衣服要宽松舒适，鞋要轻便，以软底为好。散步时可采取全身活动，例如合擦双手、揉摩胸腹、捶打腰背、拍打全身等动作，以利于活血化瘀、通气血、生发阳气。

散步不要拘泥于常规形式，应量力而行。活动速度快慢、时间的长短，应以劳而

## 立春常见运动养生方法

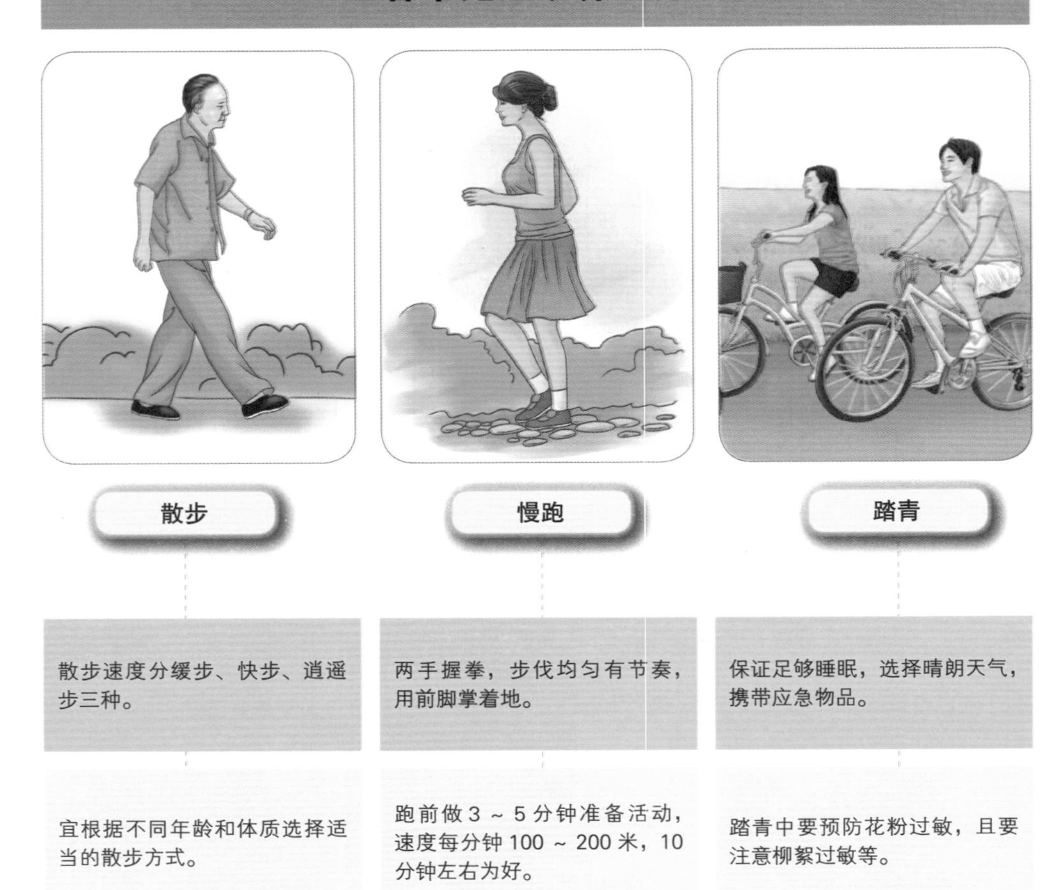


不倦、轻微出汗为度。散步速度一般分为缓步、快步、逍遥步三种。老年人以缓步为好，步履缓慢，行步稳健，每分钟行 60 ~ 70 步，可使人稳定情绪，消除疲劳，亦有健胃助消化的作用。快步，每分钟约行走 120 步，这种散步轻松愉快，久久行之，可振奋精神，兴奋大脑，使下肢矫健有力，适合于中老年体质较好者和年轻人。逍遥步，散步时且走且停，时快时慢，行走一段，稍事休息，继而再走，或快走一程，再缓步一段，这种时走时停、快慢相间的逍遥散步，适合于病后康复期的患者或缺乏体力活动者。

**慢跑增强免疫力，改善心肺功能、降血脂**

立春时分，万物复苏，休息了一个冬天的身体也该动一动了，而慢跑活动正是一个不错的选择。慢跑是一项简单而实用的运动项目，它对于改善心肺功能、降低血脂、提高新陈代谢能力和增强机体免疫力、延缓衰老都有较好的作用。慢跑还有助于调节大脑皮质的兴奋和抑制，促进胃肠蠕动，增强消化功能，消除便秘。

**踏青时要预防花粉过敏**

立春时节，是外出郊游、放松心情的最好时光，但是在享受大自然带给我们的惬意之外，也不能忽视这个季节所带给人们的一些季节性困扰，避免出现季节性过敏症状。立春前后，春风拂面，此时正是人们到户外透透气的好时节，但是户外活动也会带来一些意想不到的麻烦，例如空气中飘浮的花粉就是造成身体过敏的罪魁祸首。不少人都会对花粉过敏，因此在外出时要避免近距离地接触花粉，如果肌肤上出现小红斑、水疱、瘙痒等过敏症状时，要及时医治。花粉过敏，人们能够普遍意识到，但是很少有人意识到树木也会使人在春季发生皮肤过敏。如随处可见的柳树就是此季节常见的过敏源。柳树发芽之后会有一些毛茸茸的柳絮，春风刮起，这些柳絮就会随风飘荡，吹到人脸上或者其他暴露在外的肌肤上就极有可能引起过敏反应，如果吹到眼睛周围，还有可能会引起过敏性眼炎；鼻子吸入之后也会引起过敏性鼻炎。因此，这个时节不但要预防花粉过敏，而且还要注意柳絮过敏。

## 与立春有关的耳熟能详的谚语

**一年之计在于春**

“一年之计在于春”，是我国流传最为广泛的格言式谚语之一。它出自《增广贤文》，原文内容是：“一年之计在于春，一日之计在于晨，一家之计在于和，一生之计在于勤。”一年之计在于春，强调的是在一年的春季，要做好详细可行的计划，起个好头，为全年的工作打牢坚实的基础。

无论做任何事情，要想成功，一定要预先做好准备工作，打好坚实的基础，按照计划和步骤，按部就班地做好每一步。也就是平常所说的凡事预则立，不预则废。

**早春孩儿面，一日两三变**

立春时节，虽然南方已经比较暖和了，但是北方还是寒冷的，尤其东北三省还是冰天雪地。这个时节南北的温度差别很大。北方的冷空气和南方的热空气常常发生摩擦冲突，形成锋面，从而发展为气旋。气旋来了，天就下雨；气旋去了，天又转晴。春季的气旋是全年中最多的，天气也就变化无常，好像孩子的脸，忽哭忽笑。有经验的人们常说“早春孩儿面，一日两三变”，是形容早春气温复杂多变的特征。因此，人们采取保守的办法春捂秋冻，以不变应万变。随机应变、相机而行这一谋略的实质是当事物在不断地发展变化时，要能够随着时间、地点、主客观条件等变化而机智地做出相应的选择，掌握主动，把握成功的机会，博取最大的劳动成果。

**误了一年春，三年理不清**

“误了一年春，三年理不清”这句农谚强调的是要抓住春天适时播种的大好时机，倘若延误了春天播种，那么秋收就要遭受较大损失。如果形成恶性循环，三年也挽回不了巨大的损失。农业生产的过程是一个按照自然界的季节规律进行农事活动的过程，要严格按照节气气候实际情况安排农事活动，否则一步错，随后步步跟着错，数年不能调整到位。人生的许多方面都是这样的，比别人行动慢了一个节拍，随后将永远赶不上别人的节奏了。

**春打六九头、春打五九尾**

“立春在六九的第一天，为春打六九头；立春在五九的最后一天，为春打五九尾。”“春打六九头”，由于农历每个节气 15 天，冬至到立春间有小寒、大寒两个节气，3 个节气 45 天与 5 个九的日数相同，立春之日在六九的头一天，所以说“春打六九头”。不过不是绝对的，也有“春打五九尾”的时候。有些年份是“春打五九尾”，即立春之日在五九的最后一天，例如 2008 年的立春日是在冬至后五九的最后一天。一般来说，“春打六九头”或“春打五九尾”是不规则交替的，多数年份是在六九头立春，少数年份在五九尾立春。

立春时间前后差一天，民间传统观念认为年景是不一样的。“春打五九尾，家家迈不开腿；春打六九头，家家喂上牛。”这句民谣的意思是春打五九尾年景困难，春打六九头年景好，人们生活宽裕。不过这些主观臆断缺乏科学依据。

# 第 2 章
# 雨水：一滴雨水，一年命运

雨水节气是二十四节气中的第二个节气，表示降水开始，雨量逐渐增多。雨水节气一般从 2 月 18 日或 19 日开始，到 3 月 4 日或 5 日结束。太阳到达黄经 330° 时交“雨水”节气。雨水，表示两层意思，一是天气回暖，降水量逐渐增多了；二是在降水形式上，雪渐少了，雨渐多了。《月令·七十二候集解》中说：“正月中，天一生水。春始属木，然生木者必水也，故立春后继之雨水。且东风既解冻，则散而为雨矣。”

雨水时节，气温回升、冰雪融化、降水增多。雨水和谷雨、小雪、大雪一样，都是反映降水现象的节气。

## 雨水气象和农事特点：春雨润物细无声

### 江南春雨开始滋润万物，华北地区雪渐少雨渐多

雨水时节，全国各地的气候总趋势是由冬末的寒冷向初春的温暖过渡。

全国各地的气候总趋势

|  |  |
| --- | --- |
| 云南南部地区 | 春色满园 |
| 西南、江南的大多数地方 | 日光温暖、早晚湿寒，田野青青、春江水暖一幅早春的景象 |
| 华南地区 | 此时平均气温多在 10℃以上，已是桃李含苞，樱桃花开，春意盎然 |
| 华北地区 | 雨水之后气温一般可升至 0℃以上，雪渐少而雨水渐多 |
| 西北、东北地区 | 天气仍然寒冷，还是以降雪为主 |

### 冬小麦、油菜普遍返青，进入最佳春灌时期

雨水前后，冬小麦、油菜普遍返青开始生长，对水分的需求量较大，适当的降水对作物的生长非常重要。但是在我国的华北、西北以及黄淮地区，降水量一般较少，常不能满足农业生产的需要。如果早春缺乏降水，雨水前后应及时进行春灌补充水分。

雨水时节是最佳的春灌时期。春灌提倡早春灌，早春灌有利于及早缓和旱象，及时满足冬小麦、油菜返青，满足对水肥的需求，使小麦、油菜苗尽早发育。如果春灌

过晚，一方面不能满足小麦、油菜苗的需求；另一方面将使地温回凉，不利于冬小麦、油菜的生长发育。而且春灌过晚，开春后使土壤湿度过大，小气候湿度过高，反而有利于作物病虫害的滋生和繁衍。“春雨贵如油”，春水同样贵如油。春灌应实行节水灌溉，防止大水漫灌。实行沟灌、畦灌，节约水源。每次雨后，要中耕除草，破除板结，这样做既有利于农作物的生长发育，也有利于土壤保墒、贮存水分。淮河以南地区，则以加强中耕锄地为主，同时搞好田间清沟沥水工作，以防春雨过多，导致湿害烂根。此时华南双季早稻育秧已经开始，应注意抓住“冷尾暖头”，抢晴播种，力争一播全苗。此外，雨水时节，是全年寒潮过程出现最多的节气之一，天气忽冷忽热不定，对已萌动或者返青生长的农作物生长危害极大，因此要时刻注意做好农作物防寒防冻工作。

**雨水时节，春雨往往会在夜间降临**

春天常常是白天天气晴朗，夜间却淅淅沥沥地下起了雨。这是什么原因呢？原来我国处在季风气候区域，冬天，气流从大陆吹向海洋；夏天，气流又从海洋吹向大陆。冬去春来，北方冷空气势力逐渐减弱，向北转移；西太平洋一带的暖湿空气不断活跃、纷纷北上，同时将海洋上空的水汽源源不断地带到我国大陆上空，使云量大增。白天，由于太阳光照射强烈，云中的水汽被大量蒸发，云层变薄乃至消失，成为万里晴空。然而到了夜晚，由于没有了太阳光的辐射，云中的水汽便大量积聚，云层越聚越厚，而云层上部温度降低，下部由于本身的遮盖阻碍，地面的热散发甚少，上冷下暖，这样就引起空气对流而凝结成了春雨。因此，春雨常常会在夜间降临人间。

## 雨水农历节日：元宵节——张灯结彩，万家灯火

元宵节民间俗称较多，又称作“上元节”“元夕节”，有的地方叫闹元宵节，简称“元宵”“元夜”“元夕”等。元宵节是我国的传统节日，关于它的起源有各种说法，其中之一是：东汉永平（58 — 75 年）年间，明帝为提倡佛教，于上元夜在宫廷、寺院“燃灯表佛”，令士族庶民家家张灯结彩。此后相沿成俗，成为民间盛大节日之一，也是春节之后的第一个重要节日。

**闹元宵——民间敲锣打鼓，成群结队游行，期望吉祥如意**

元宵节闹元宵，就节期长短而言，汉朝是 1 天，到了唐朝已经定为 3 天，宋朝则长达 5 天，明朝时间更长，自初八日点灯，一直到正月十七的夜里才落灯，整整 10 天。与春节相接，白昼为市，热闹非凡，夜间燃灯，蔚为壮观。特别是那精巧、多彩的灯火，更掀起春节期间娱乐活动的高潮。到了清朝，又增加了舞龙、舞狮、跑旱船、踩高跷等丰富多彩的内容，只是节期的时间缩短为 4~5 天。

元宵节当天以及前后几天，民间敲锣打鼓、结队游行闹元宵，人们对此加以庆祝，也庆贺新春的延续。明代万历《海盐仇志》中记载："上元节前后，里中年少合金鼓管弦为乐曰闹元宵：其乐有《太平鼓》等。"（里中，指同里的人）。顾禄《清嘉录·闹元宵》记载："元宵前后，比户以锣鼓铙钹，敲击成文，谓之'闹元宵'。"（比户，即家家户户。）

宋代孟元老的笔记体散文《东京梦华录》中描述元宵节：每逢灯节，开封御街上，万盏彩灯垒成灯山，花灯焰火，金碧相映，锦绣交辉。京都少女载歌载舞，万众围观。"游人集御街两廊下，奇术异能，歌舞百戏，鳞鳞相切，乐音喧杂十余里。"大街小巷，茶坊酒肆，灯烛齐燃，锣鼓声声，鞭炮齐鸣，百里灯火不绝。

每年正月十五前后，人们手持锣鼓铙钹，沿街敲打，鼓点节奏明快，气氛热烈。至今，人口比较多的地方在元宵节期间，民间自发组织闹元宵，晚上举行灯会、灯展、游行，以通宵达旦张灯，供人观赏为乐。灯会、灯展场面人山人海，大人们扶老携幼，年轻人和小孩呼朋引伴，争先恐后跟着游行的队伍凑热闹，伸长脖子看稀罕。

**猜灯谜——灯笼上附有谜语，供路人猜测**

元宵节猜灯谜是我国特有的富有民族风格的一种文娱形式，元宵节期间举办专门的灯谜会，设下奖品，鼓励人们积极参加。人们张挂灯笼的时候，常常会在灯下或灯上附有谜语，供路人猜测赏玩。猜灯谜始于宋代。到了晚清时期，灯谜有曹娥、增损（离合）、苏黄、谐声、别字、拆字、皓首、雪帽、围棋、玉带、粉底、正冠、正履、分心、卷帘、登楼、素心、重门、间珠、垂柳、锦屏风、滑头禅、无底囊、会心二十四格，上自文人雅士，下至文盲，甚至婴幼孩童，都有适合各自水平的谜语可猜。（灯谜的格，是有关灯谜猜制的某种格律、规则。其实，灯谜的格律、规则在灯谜本身中已有所存在，谜格的提出不过是人们对文义谜某些特殊规律的总结和扩充罢了。它的作用主要是为了充分运用汉语言文字材料来制作灯谜，这样使谜面与谜底更贴切地相扣合。）

**放烟火——元宵节燃放烟火自宋代开始**

元宵节燃放烟火的习俗自宋代就已经开始了。多数城市从 1992 年至 2005 年曾经禁止燃放烟火，近年来政府实行禁改限，虽然燃放的地点有了明确的强制性限制，但是燃放的规模越来越大。许多城市，每年一进入腊月，城区内就辟出临时的花炮专营销售点，出售各种各样的烟花爆竹。

在福建上杭一带，燃放烟火颇具特色。烟火被装在盆中，"置案上燃之，火光喷出，作兰菊各种形状，须臾花止，以水淋之，花复喷出，真奇观也。又有高升爆，形如纸爆，而长倍之，插以尺许之粟茎或竹茎下垂，儿童两指捻而放之，有直上数丈

# 元宵节主要民间风俗习惯

## 闹元宵

打鱼灯、敲花鼓，元宵佳节就是要热热闹闹才有新年的气氛，喜气洋洋的庙会展现了新一年的气象与活力。

## 猜灯谜

猜灯谜是元宵节的传统节目。各式各样的灯谜，造型精美，内容包含我们生活的各个方面，在享受中展示出你的智慧与博识。

## 踩高跷

人们凭借精湛的高跷技艺，通过秧歌、戏剧等多种形式赞美现在的美好生活，为元宵佳节增添了许多喜气。

## 吃元宵

元宵佳节，全家人欢聚一堂，共同享受美味的元宵和汤圆，享受团圆，其乐融融。

## 划旱船

元宵时节的旱船表演生动活泼，声色并茂，代表着人们对热闹红火的新年的美好期待。

## 饮元宵酒

元宵佳节，与家人团聚，共同喝下元宵酒，期盼下一年的健康与好运。

而放炎光者，曰‘三级浪’，亦名‘三点灯’。又有黄烟爆，烟作黄色，儿童手燃之以写字。”在湖北孝感一带，“花炮有起火、砖花、纸花。以丝横系而旋者，曰‘金盘银盏’。投于水中而复出者，曰‘水老鼠’，又名‘水鸭’。‘落地金银’‘落地桃’，皆以水湿地，药垂下有声。‘赛月明’无花，但出二刃于空中若月。‘云菱炮’，以纸作小菱形，实药其中。‘滴滴金’，以灯红纸为小筒，实药燃之，有小花”。在山西，烟火分礼花和土烟火两个品种。土烟火在山西燃放独具特色。土烟火形形色色，其中晋中地区的“架火”耐人寻味。它是用13张大方桌叠垒起来，高约四五丈，用8条大绳牵拴。方桌装饰成亭台楼阁貌，里面布置有各种景观。每层外悬36颗特制的大爆竹，共400颗左右；8条大绳，也都用花炮装饰。整个造型，像13级宝塔一样，称为“主火”。主火周围，又有许多小玩意儿，与主火用火药捻相连。整个架火点燃以后，主火辉煌璀璨，四周炮声隆隆，令观众目不暇接，有如进入空中楼阁仙境般感受。

**吃元宵——元宵节的应节食品**

正月十五吃元宵，“元宵”作为一种吉祥食品，在我国也由来已久。元宵由糯米制成，或实心，或带馅。馅有豆沙、白糖、山楂、芝麻、果料等，食用时煮、煎、蒸、炸都可以。起初，人们把这种食物叫“浮圆子”，后来又叫“汤圆”或“汤团”，这些名称与“团圆”字音相近，取团圆之意，有团圆美满、和睦幸福之意，人们也以此怀念离别的亲人，寄托了对未来生活的美好期望。元宵节的应节食品，在南北朝是浇上肉汁的米粥或豆粥，但这项食品主要用来祭祀，还谈不上是节日食品。到了南宋，就出现了“乳糖圆子”，明朝时，人们用“元宵”来称呼这种糯米团子。刘若愚的《酌中志》记载了元宵的具体做法：“其制作法，用糯米细面，内用核桃仁、白糖、玫瑰为馅，洒水滚成，如核桃大，即江南所称汤圆也。”近年来，元宵的制作日渐精致。光就面皮而言，有江米面、高粱面、黄米面和苞谷面。馅料更是甜咸荤素，应有尽有。制作的方法也南北各异，北方的元宵多用箩滚手摇，南方的汤圆多用手工揉团。元宵可以大似核桃，也可以小似黄豆。煮食的方法有很多种，例如带汤吃、炒着吃、油氽、蒸食吃等，都同样老少皆宜、美味可口。

**饮元宵酒——团圆喜庆，祈求太平**

饮元宵酒，古往今来被文人骚客们赋予了太多美好的寓意。辛弃疾用“东风夜放花千树”描绘的火树银花，李商隐以“香车宝盖隘通衢”呈现的锦绣团簇，都是人们对这个节日的特殊情怀的释放。尤其是蒲松龄的“雪篱深处人人酒”，将饮酒与上元佳节的温馨团圆结合一起，做了恰如其分的点缀。虽然过节饮酒是中国礼仪文化约定俗成的一部分，但是元宵节饮酒，不仅仅表示团圆喜庆，而且也有祈求太平的意思。

元宵节来临，喜庆的花灯布满大街小巷，人们结伴赏灯的同时，还会置办年味浓厚的饮灯酒活动。如同浙江的“元宵酒”风俗一样，“饮灯酒”这一历史风俗保留较好的是广东省，“饮灯酒”在广东佛山市顺德区保留得最为完整。明末清初，顺德的“饮灯酒”开始在民间流行起来，并在每年正月初八至元宵节期间举行。由于这是一年中举家团圆、最令人高兴的时刻，家家户户在祠堂前张灯结彩，大摆宴席，父老乡亲们共聚一堂，互道吉祥、开怀畅饮。

“饮灯酒”的初衷是祭祀社神（土地），祈祷五谷丰登，事业兴旺；而时至今日，它演变成为一项有利的公益活动。在“饮灯酒”的活动中，有一个叫作“投灯”的环节。广东民间的花灯丰富多样，且各取有吉利的名称，以象征兴旺。

**耍龙灯——6 条蛟龙互相穿插舞蹈**

耍龙灯的主要道具是用草、竹、木纸、布等扎制而成的，龙的节数以单数为吉利，多见九节龙、十一节龙、十三节龙，多者可达二十九节。十五节以上的龙就比较笨重，不宜舞动，仅供观赏，这种龙特别讲究装饰，具有较高的工艺价值。还有一种“火龙”，用竹篾编成圆筒，形成笼子，糊上透明、漂亮的龙衣，内燃蜡烛或油灯，夜间表演十分壮观。耍龙灯的表演，有“单龙戏珠”与“双龙戏珠”两种。龙头部分也分轻重级别，一般重量三十多斤。龙珠内点蜡烛的称“龙灯”，不点的称“布龙”。在耍法上，各地风格不一，各具特色。耍九节的主要侧重于花样技巧，较常见的动作有：蛟龙漫游、龙头钻裆子（穿花）、头尾齐钻、龙摆尾和蛇蜕皮等。耍龙中，不论表演哪种花样动作，表演者都得用碎步起跑。耍十一、十三节龙的，主要表演蛟龙的动作，就是巨龙追捕着红色的宝珠飞腾跳跃，时而高耸，似飞冲云端；时而低下，像入海破浪，蜿蜒腾挪，煞是威猛。

每当新春至元宵节期间，在此起彼落的锣鼓声、鞭炮声中，各个民间“舞龙”队大显身手，引得万人空巷。其起源可以追溯到上古时代，据说早在黄帝时期，就出现过由人扮演的龙头鸟身的形象。耍龙灯也称舞龙灯或龙舞，随后又创出了 6 条蛟龙互相穿插舞蹈的、引人入胜的壮观场面。

**踩高跷——脚踩高跷舞剑、扭秧歌**

踩高跷是古代百戏之一，早在春秋时期就已经出现了。踩高跷分高跷、中跷和跑跷 3 种，最高者一丈多。据古籍记载，古代的高跷皆是木制，在刨好的木棒中部做一支撑点，以便放脚，然后再用绳索缚于腿部。表演者脚踩高跷，可以做舞剑、劈叉、跳凳、过桌子、扭秧歌等动作。北方的高跷秧歌中，扮演的人物有渔翁、媒婆、傻公子、小二哥、道姑、和尚等。表演者扮相滑稽，能唤起观众的极大兴趣。南方的高跷，扮演的多是戏曲中的角色，关公、张飞、吕洞宾、何仙姑、张生、红娘、济公、神仙、小丑皆有。他们行动自如、生动活泼、边演边唱、谈笑风生、如履平地。

传说踩高跷这种活动形式，原来是古人为了方便采集树上的野果，给自己的腿上绑两根长棍而发展起来的一种民间活动。

还有传说踩高跷是以滑稽著称的晏婴发明的，春秋战国时期，晏婴一次出使邻国，邻国君臣笑他身材矮小，他就装一双木腿，顿时高大起来，弄得该国君臣啼笑皆非。他又借题发挥，把邻国君臣羞辱一顿，使得他们更狼狈。从此以后，踩高跷活动便代代流传下来。

另外还有一种说法，是把踩高跷与同贪官污吏做斗争联系在一起。从前有一座县城，城里和城外的人民非常友好，每年春节都联合办社火，互祝生意兴隆、五谷丰登。不料来个贪官，把这看作是一个发财的机会，就私自规定，凡是进出城办社火，每人都要交纳一定的银两，否则不得进出城门。但是，这个规定并没有难住聪明的劳动人民。他们就发明了踩高跷，翻越城墙，过护城河，我行我素，继续欢度佳节。

**舞狮——勇敢和力量的象征**

元宵节舞狮是中国传统民间活动。古时人们认为舞狮可以驱邪镇妖，故此每年元宵佳节或重大集会庆典，民间都舞狮助兴。例如迎春赛会、开张庆典等，都喜欢敲锣打鼓，舞狮助兴。这一习俗起源于三国时期，南北朝时开始流行。随着历史的发展，狮子成为勇敢和力量的象征，舞狮还代表欢乐，代表幸福，代表人们心中的祝福。人们认为它能够保佑人畜平安，所以逐渐形成了在元宵节时及其他重大活动时舞狮子的风俗，以祈求生活平平安安、吉祥如意。

舞狮是一种高难度动作的民间传统表演艺术，表演者在锣鼓音乐下，装扮成狮子的样子，做出狮子的各种形态动作。中国本身没有狮子，在中华文化中，“狮”本来是和“龙”“麒麟”一样都只是神话中的动物。到了汉朝时，才首次有少量真狮子从西域传入，当时的人模仿其外貌、动作做戏，至三国时发展成舞狮；南北朝时期随佛教兴起而开始盛行全国。

舞狮分北狮和南狮，最初北狮在长江以北较为流行；而南狮则是流行于华南、南洋及海外。近年来也有将二者融合的舞法，主要是采用南狮的狮子结合北狮的步法，创作出“南狮北舞”。

**划旱船——在陆地上模仿船行**

元宵节划旱船是一种在陆地上模拟水中行船的民间舞蹈。传说是为了纪念治水有功的大禹而流传下来的民俗。划旱船也称跑旱船，演出时，一人立于旱船中，另一人手拿“连响”，相当于掌舵人员，其余人在边上敲锣打鼓（伴奏乐器：板儿、锣、鼓等），旱船便根据节奏的变化进行表演，一定时间后（大概几分钟）拿“连响”的表演者会穿插表演唱，在旁的伴奏人员也会在一定的时刻加入伴唱，但锣鼓声不停止。

演员所唱曲调为花鼓调，其唱词在早些年代都有传统的唱本参考，内容多为古代神话传说等。近年来，唱词多为演员自编，内容多是歌颂党的富民政策好、“神五”“神六”圆满发射成功，2008年成功举办奥运会等改革开放以来取得的丰硕成果。

旱船下半部分是船形，上半部分有4根棍子，支撑起一个顶，以竹木扎成，再蒙以彩布，形状犹如轿顶，装饰以红绸、纸花，有的地方还装有彩灯、明镜和其他装饰物，把旱船装饰得艳丽不凡，然后套系在姑娘的腰间，使其如同坐于船中一样，手里拿着桨，演员腰上系有一根绸带，用于吊住旱船两边的船舷，以便使旱船跟随身体的摆动而舞动。女演员两手握住前面两根棍子，用于控制船动的幅度。整个旱船的表演主要有驾船、圆场步、碎步、横步、自转、正反葫芦、晃船步、平碾步（转船）等动作。整个表演围绕“快、稳、漂、转”的风格，极具地方特色。有时候还会有一个男子扮成坐船的船客，配合着表演，并且习惯扮演成小丑，以各种滑稽的动作来渲染剧情，逗乐观众。

**祭门、祭户——把杨树枝插在门上，将酒肉放在门前祭祀**

七祀，是指周代设立的7种祭祀。祭门、祭户是其中的两种。祭祀的方法是，把杨树枝插在门户上方，在盛有豆粥的碗里插上一双筷子，或者直接将酒肉放在门前。

商代天子设立五祀，即门、户、灶、行（道路）、中溜（住室中央之神）。周代天子七祀，除商代五祀外，增加司命、泰厉。司命是主宰功名命运的星神，泰厉是没有祭享的游散鬼神。周代诸侯奉行五祀、大夫三祀、士二祀、庶人一祀。汉代随着阴阳五行说的流行，改七祀为五祀。春祭户、夏祭灶、秋祭门、冬祭井、六月祭中溜以顺五时。五时祭品亦各不相同。祭户用牛、祭灶用鸡、祭门用犬、祭中溜用豕、祭井用鱼。唐代改五祀为七祀。明又改为五祀。其祭祀等级均为小祀。宋代以后，诸侯以下祭祀在祭礼中被废除。由于七祀或五祀均是祭祀住所之神以求居宅安宁，因此在民间根深蒂固，流传很广，并且逐渐演化为民俗。

**走百病——消灾祈健康**

元宵节走百病是民间一种消灾祈健康的礼仪活动。走百病，也叫游百病、散百病、烤百病、走桥等。明清时，北京等地农历正月十五，妇女夜间相约外出行走，一人持香前边引路，且须去有桥处，又称“走桥”。参与者多为妇女，她们结伴而行或走墙边，或过桥走郊外，目的是祛病除灾。江南苏州一带称为“走三桥”。如今天津还保留着“走百病”的民俗。因为是在农历正月十六进行，当地称作“溜百病”。近年来，由于生活条件的改善，多数妇女在这一天带着丈夫和孩子回娘家看望老人，然后美餐一顿。

**逐鼠——把粥放在老鼠出没的地方，它就不吃蚕了**

元宵节逐鼠这项活动主要是针对养蚕人家的。因为老鼠经常在夜里把蚕吃掉，人们听说正月十五用米粥喂老鼠，它就不吃蚕了。于是，养蚕人家在正月十五熬上一大锅黏糊糊的粥，有的还在上面盖上一层肉，把粥盛在碗里，放到老鼠出没的地方，边放边诅咒老鼠再吃蚕就不得好死的话语，据说老鼠吃了米粥，就不愿意再去偷吃蚕了。

**送孩儿灯——娘家送花灯给新嫁女儿家，祝愿女儿孕期平安**

元宵节送孩儿灯也称“送灯”，或“送花灯”等，即在元宵节前，娘家送花灯给新嫁女儿家，或一般亲友送给新婚不育之家，以求添吉兆，因为“灯”与“丁”谐音。这一习俗许多地方都有，陕西西安一带是正月初八至十五期间送灯，头年送大宫灯一对、有彩画的玻璃灯一对，希望女儿婚后吉星高照、早生孩子。如果出嫁的女儿怀孕，除了要送大宫灯外，另外还要再送一两对小灯笼，意思是祝愿女儿孕期平平安安。

**迎紫姑——女子做成紫姑之形，夜间在厕所间猪栏迎而祀之**

紫姑也叫戚姑，北方多称厕姑、坑三姑。古代民间元宵节要迎厕神紫姑而祭，占卜年景好坏，甚至问自己婚配恰当与否。传说紫姑本为人家小妾，为大妇所妒，正月十五被害死厕间，成为厕神，所以民间多以女子做成紫姑之形，夜间在厕所间猪栏迎而祀之。此俗流行于南北各地，早在南北朝时期就有记载。古代一般的祝祷词是：“子婿不在，云是其婿，曹夫人已行，云是其妇，小姑可出。”念这样的词，把紫姑的人形拿到厕所、猪圈和厨房旁边，祈求当年交好运。

**约会，行歌——未婚男女借赏灯之机，为自己寻找意中人**

元宵节不但是一个传统的节日，而且也是一个浪漫的节日。元宵节的灯会给未婚男女相交相识提供了一个交流平台：旧社会的年轻女子平日不允许外出自由活动，但是过节却可以结伴出游。每到元宵节时，未婚男女借赏灯之机，顺便为自己物色意中人。欧阳修《生查子》记载：“去年元夜时，花市灯如昼。月上柳梢头，人约黄昏后。”辛弃疾的《青玉案》记载：“众里寻他千百度，蓦然回首，那人却在，灯火阑珊处。”这两首词就是描述元宵夜男女相会的情景。因此，许多人将元宵节称为中国的“情人节”，有的地方灯市还设有乐舞百戏（中国古代体育活动中的技巧运动）表演，人们在灯下载歌载舞，进行“行歌、踏歌”活动。

**摇竹娘——希望孩子快快长大**

元宵节摇竹娘这个习惯流行于福建、浙江一带，是一种希望孩子快快长大的祝愿仪式。夜深时，当地竹农让小孩单独去竹林，儿童三五成群地到竹林里选一株健壮青竹，双脚并立。在双手高举过头的地方，扶着青竹摇动，一边摇一边唱：“摇竹娘，摇竹娘，你也长，我也长，旧年是你长，今年让我长，明年你我一样长。”人们期望儿童像竹子一样茁壮成长。

### 间间亮——橘农为纪念戚家军的胜利，燃起红烛

间间亮是元宵节一种燃灯的形式，流行于浙江台州一带。相传明代嘉靖年间，有一年农历正月十四，戚继光在海边打垮了一群入侵的倭寇，残余倭寇逃到黄岩县时躲进了橘林和民房。戚家军和百姓一起点灯燃烛进行搜捕，顿时，整个县城内外，每间房屋，每片橘林都灯火辉煌。最后全歼倭寇。当地橘农为纪念戚家军的胜利，每年正月十四夜晚家家都要挂灯燃烛，橘篮灯、橘花灯，照得每间房屋通明雪亮；并且同时在城外每片橘林中，也燃起红烛，远远看去，整个黄岩县万灯竞放。

## 雨水主要民俗：撞拜寄、占稻色、妇女回家、新媳妇躲灯

### 撞拜寄：认干爹干妈，希望孩子健康成长

雨水节气期间，撞拜寄是客家人的主要民俗之一。撞拜寄这种在中国民间广泛流行的风俗，是借助、联合自然与社会力量共同促进儿女成长的直接体现。拜寄在中国北方也称认干亲、打干亲，南方多称为认寄父、认寄母、拉干爹等，其实也就是为孩子认干爸干妈，直白地说就是攀亲戚。

在客家地区，随处可见古树旁、水井边、社公庙、大石下均有刚刚烧完的纸钱和一些未燃尽的蜡烛以及满地的爆竹纸屑，这就是它们的干儿子或者干女儿献给它们的礼物。客家人多以树生、水生、地生、石生给男孩子起名，或以石娣、福娣（客家称土地为福德正神）给女孩子起名，这些名字寄予了望子成龙、望女成凤的厚望。

这种选择自然之物作为拜寄对象的做法可谓历史悠久了，而且是人们的最初之选。大自然的力量巨大而神秘，在万物有灵的观念支撑下，人们由崇拜、敬畏，发展到用虔诚之心与自然攀上亲缘关系，甘为其子民。从风雨雷电、鹰豹虎狼到金木水火土，都有它们千千万万的儿孙。择物拜寄的方式至今还存在，它仍保留着原始的本真和对自然神秘力量的笃信不疑。

雨水节气撞拜寄，一般在天刚亮的时候. 大路边就有一些年轻妇女，手牵着幼小的儿子或女儿，在等待第一个从面前经过的行人。一旦有人经过，不管对方是男是女、是老是少，便拦住对方，把儿子或女儿按捺在地，磕头拜寄，给对方做干儿子或干女儿。撞拜寄事先没有预定的目标，撞着谁就是谁。有的时候如果希望娃娃长大有知识就拉一个知书识礼、有字墨的文人为干爹；如果娃娃身体瘦弱就拉一个身材高大强壮的人做干爹。被拉着当干爹的，有的扯脱就跑，有的扯也扯不脱身，就会爽快地应允。行完跪拜礼后，干爹就要为孩子取名，还得给干儿女赠送钱物，这就算是拜寄完成，今后两家就像亲戚一样走动。撞拜寄找干爹、干妈的寓意，乃是为了让儿子或女儿顺利、健康地成长。如果实在没有机会将儿女拜寄给人，那么就只好将儿女拜寄

# 雨水时节主要民间风俗习惯

## 撞拜寄

在川西民间，雨水节这天，年轻妇女会带着幼小的儿女等待第一个从面前经过的行人，拜他为干爹或干妈，磕头拜寄，行人会给小孩派发红包。

## 占稻色

客家人有雨水节“占稻色”的习俗。所谓“占稻色”就是通过爆炒糯谷米花，预测稻谷的成色。成色足则意味着高产，成色不足则意味着产量低。而成色的好坏，就看爆出的糯米花多少。爆出来白花花的糯米越多，则是年稻获得的收成越好；而爆出来的米花越少，则意味着是年收成不好，米价将贵。

## 妇女回家

雨水时节，四川一带出嫁的女儿，会带着孩子和炖好的罐罐肉回娘家探望父母。

## 新媳妇躲灯

雨水期间的元宵节这天，彩灯高挂，在民间有观灯的习俗。新媳妇观灯是有讲究的，有的地方是不能看娘家灯，有的地方是不能看婆家灯。

给山、石、田、土、水、树等其他物体。

### 雨水时节，妇女有回家的习俗

雨水是一个节气，但不是一个节日，但是在四川一带民间有妇女在雨水这一天回娘家的习俗。当地出嫁的女儿在这一天要带上罐罐肉、椅子等礼物回去拜望父母，感谢父母的养育之恩。久婚未孕的女儿，也要带上礼物回娘家，回到娘家后，母亲还要给女儿缝制一条红裤子，让其穿在衣裤里面。

### 转九曲是祭祀老子的一种活动

转九曲，也称“九曲会”“灯游会”，在每年的农历正月十五前后举行，盛行于陕西延安、榆林一带，是祭祀老子的一种活动。“转九曲”活动阵地的摆法是按照传说中姜子牙“黄河阵”的阵式来摆的。组织者在广场上设东、西、南、北、中等九门。九门连环在一起。将 360 根高粱秆等距离地栽成一个“四方形阵图”，俗称“柱头”；再将柱头与柱头连接起来点放 367 盏灯。中间那根柱头，点放 7 盏灯，叫作“七星灯”。就整个形式看，九曲就像一座很大的城郭。九曲十八弯，没有重复的路径。这大城郭内又有 9 个小城廓，小城廓的门径、走法各不相同。转九曲只能顺着围墙顺序走，只许前进不许后退，也不准拐弯，转移方向。否则，你就走不出去。古时候的“转九曲”是一种祭祀老子的宗教活动。现在人们把“转九曲”当作一种益智娱乐游戏或健身活动。

### 雨水节气的传统习俗：占稻色

雨水节气是否下雨，往往成为一年是否风调雨顺的征兆。

宋代以前，中国农业甚至整个经济重心一直在中国北部的黄河流域。宋代开始，随着中国经济重心的南移，南部中国的稻作文化逐渐成为中国农业文明的主体。由宋至元再历经明清，客家近千年地传承着宋代特色的稻作文化习俗，雨水节爆糯谷花“占稻色”便是其中之一。元代娄元礼《田家五行》记载了当时华南稻作地区“占稻色”的习俗：“雨水节，烧干镬，以糯稻爆之，谓之孛罗花，占稻色。”“孛罗”即“孛娄”，南宋范成大《吴郡志》提到：“爆糯谷于釜中，名孛娄，亦曰米花。”范成大《上元纪吴中节物俳谐体三十二韵》中也有“拈粉团栾意，熬稃腷膊声”一句，诗人自注云：“炒糯谷以卜，俗名孛罗，北人号糯米花。”

自宋代开始，吴、越民间便有正月十三日、十四日“卜谷”的习俗，将糯谷放到锅中爆炒，以谷米爆白多者为吉。客家人雨水节“占稻色”与吴越民间正月十四“卜谷”具有同样的民俗意义，甚至是同一事物的两种形态。正月十四正值雨水节前后，时间上差距不是太远；爆谷所用材料、爆谷方法几乎没有什么差别。

**照田蚕——预测天气旱涝**

照田蚕，是指在元宵节的夜晚，人们在田间插一根长竹竿，长竹竿上挂一盏灯，通过观察火的颜色来预测一年的天气旱涝情况。明代方鹏所撰《昆山人物志》中记载：“元宵之灯火，火色偏红预兆旱，火色偏白预兆涝。”另外，农家还要将点灯的蜡烛余烬收藏起来，置于床头，认为这样能给主人家的蚕桑生产带来好运。后来照田蚕的时候，人们把彩灯做得越来越精巧，照田蚕也就失去了原本预测天气旱涝的意思，随后逐渐演变成一种灯展的娱乐活动。

**天穿节是纪念女娲补天**

每年的正月二十是天穿节，又称“补天穿”“补天漏”“补天地”“天饥日”。相传这一天为女娲补天日。远古时候，世界上只有女娲一个人。她十分孤单寂寞，于是用黄土和泥，捏造成人的形象，世界上才有了人类。这时，天上的神仙发生了冲突，打起仗来，把天踩塌了半边，露出个大窟窿，大地成了横一道竖一道的深坑。结果造成天崩地裂，火山爆发，洪水浩荡，猛兽巨鹰到处横行扑食人类，人类面临灭顶之灾。女娲为了保护自己的子孙后代，就采来五色彩石日夜冶炼，炼了七七四十九天后，也就是正月二十这一天，终于把破裂的天空修补好。为了结实起见，女娲还斩了乌龟的四只脚，作为天柱，撑住了天；并且杀死猛兽巨鹰，治退洪水，使百姓安居乐业。人们为了纪念女娲“补天补地”的神功，就在正月二十这天吃烙饼、煎饼，并要用红丝线系饼投在房屋顶上，谓之“补天穿”，这一天也被称为“天穿节”。天穿节随后也演变成了人们期盼风调雨顺、万物欣荣、农业丰收和安乐和平的节日。

**填仓节是纪念冒死开仓放粮的仓官**

农历正月二十五是填仓节，填仓节因“填”与“天”谐音亦称为天仓节。填仓，意为填满谷仓。

传说古时候，北方曾连续大旱三年，赤地千里，颗粒无收。可是，皇帝不顾人民死活，照样强征皇粮，以至连年饥荒，饿殍遍地，尤其是到了年关，穷人更是走投无路。这时，给皇家看粮的仓官守着大囤的粮食，却眼看着父老弟兄们饿死，心里着急冒火，多次上书皇上禀报民情，杳无音讯。实在无法忍受，便冒死打开皇仓，救济灾民，仓官知道触犯了王法，皇帝绝不会饶恕他，于是他让百姓把粮食运走后，就放把大火把仓库烧了，自己也被活活烧死。这件事发生在正月二十五。后来人们为了纪念这个好心的仓官，重补被烧坏的“天仓”，于是相沿成俗，填仓佳话也因此世世代代流传了下来。

**新媳妇观灯有讲究**

正月十五是农历一年中的第一个月圆之日，古称上元日、上元节。因为这一天最热闹的时间是在晚上，所以又称元宵节。人们有在元宵夜挂彩灯、闹龙灯、观灯、猜灯谜的习俗。所以又叫灯节。根据习俗，正月十五是过大年的最后一个高潮，过了正月十五，年也就算过完了。在这一天，人们大多会尽情地狂欢，吃元宵、挂彩灯、放焰火、闹花会等。企事业机关、团体、商家店铺和老百姓门前一般都会挂彩灯或宫灯，街头巷尾，灯火辉煌。小孩子们在大人的陪伴下，成群结队，手持各种形状的花灯到大街上嬉闹追逐。不会走路的小孩则由大人抱着，或者架到脖子上逛闹市区。

在这人山人海的观灯人群中，刚结婚的新媳妇们观灯有严格的规矩，由于她们要受到一些约束，即大家都在赏灯，而她们却要躲灯。许多地方有“出嫁闺女不看娘家灯”的习俗，俗称“躲灯”。这“躲灯”习俗，各地也不相同。有的地方是不能看娘家灯，有的地方是不能看婆家灯，有的地方是既不能看娘家灯也不能看婆家灯。“躲灯”是针对新婚媳妇而言的，并不是所有的出嫁闺女都不能看娘家灯或婆家灯。很多地方是结婚当年躲灯，以后不必再躲，如陕西陇县。有的地方则是三年，有俗语“三年不看娘家灯”“新媳妇三年不看婆家灯”等。黑龙江一带的新媳妇头三年要“躲灯”。三年以后就没有什么讲究了。

民间所说的躲灯的原因，显然都属于无稽之谈。

## 雨水饮食养生：调养脾胃，防御春寒

### 滋养脾胃，多喝汤粥

时令进入雨水时节，人的脾胃往往容易虚弱，此时应该多食汤粥以滋养脾胃。汤粥容易消化，不会加重脾胃负担，山药粥、红枣粥、莲子汤都是很好的选择：如果将汤粥配上适当的中药做成药膳还能滋补强身。如可以根据初春时节肝气旺盛的特点，在药膳中适当加入沙参、西洋参、决明子、白菊花、首乌粉等生发阳气的中药材。

平时脾胃虚弱的人此时应避免进食饼干等干硬食物：由于干硬食物不仅不好消化，还可能给胃黏膜造成损伤。另外，老年人脾胃功能不好，此时应以流食和松软的食物为主，这类食物可以促进人体对营养的吸收。最后，晚餐要尽量少吃，如果晚餐过量，则有可能造成消化不良，并且还会影响到睡眠质量。

### 防燥热，不吃生冷不吃辣

雨水时节，由于空气湿度增加，虽然气温仍然很低，但是此时的天气寒中带湿。在这种环境下，人体往往郁热壅阻。此时若吃燥热的食物无异于“火上浇油”。郁热让人想吃凉东西，但吃凉过多会使脏腑为湿寒所伤，出现胃寒、腹泻等症状。所以，雨水时节饮食应以中庸为原则，不吃生冷之物，也不能吃大热之物。冷饮、辣椒都是应当慎食的，特别注意的是要少喝酒。

**御春寒，多吃高蛋白**

雨水时节虽然是在春季，还属于早春，寒流经常光顾，昼夜温差也比较大。在寒冷的条件下，人体内的蛋白质会加速分解，从而使人的抗病能力降低。所以，此时人体就需要摄入足够的热量来保持体温，应对寒冷。鱼、虾、鸡肉、牛肉、豆制品等含有较高的热量和丰富的蛋白质，所以此时应该多吃。

**清心醒脾、明目安神可适当吃些莲子**

莲子素有“莲参”之称。雨水时节，人体新陈代谢旺盛，多吃莲子可收到清心醒脾、明目安神、补中养神、健脾补胃、止泻固精、益肾涩精止带、滋补元气之功效。

雨水时节，清心醒脾、明目安神可以食用竹荪莲子丝瓜汤。

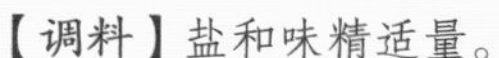

【材料】鲜莲子（挑选饱满圆润、粒大洁白、肉质厚佳、口咬脆裂、芳香味甜、无霉变虫蛀者为佳）、水发玉兰片各50克，水发竹荪40克，嫩丝瓜500克。

【调料】盐和味精适量。

【制作】①鲜莲子焯5分钟，去衣、心（烹饪莲子前最好先用热水泡一泡，这样可以使莲子迅速软化，增强口感，还可以缩短烹饪时间）。②竹荪洗净，去头，切块；嫩丝瓜洗净，去皮、瓤，切片；玉兰片洗净。③各种材料下锅后，加水小火煮30分钟，沥水，放汤碗中。④锅内放入盐、味精，大火煮沸后，倒入汤碗内即可食用。

## 雨水药膳养生：冰雪融化宜调脾

**补脾胃，降血压食用香芹牛肉**

◎香芹牛肉

【材料】香芹150克，牛肉250克，食用油50克，淀粉10克，精盐2克，酱油、胡椒粉、味精各适量。

【制作】①鲜牛肉洗净剁成大块，用清水泡两个小时，烧开氽去血水后，捞起晾冷切成条。②湿淀粉加酱油搅匀后与牛肉条调匀。③锅内油烧至七八成热时，放入牛肉、香芹及其他调料，炒至牛肉熟时即可食用。

【禁忌】牛肉为“发物”食物，患疥者慎食。勉强食用后病情可能会加重。

### 补肾滋阴、养肝明目食用枸杞蒸鸡

食用枸杞蒸鸡有补肾、滋阴、养肝、明目、降低胆固醇、增强免疫力之功效。

#### ◎枸杞蒸鸡

【材料】枸杞1大匙，子母鸡1只，葱1根。姜数片，清汤3碗，盐、料酒、胡椒面、味精适量。

【制作】①把子母鸡宰杀洗干净，放入锅内，用沸水氽透，捞出冲洗干净，沥尽水分。②把枸杞装入鸡肚，再将鸡肚朝上，放入盆里，加入葱、姜、清汤、食盐、料酒、胡椒面，将盆盖好，用湿棉纸封住盆口，上笼蒸2小时。③拣去姜片、葱段，然后放入味精即可食用。

### 养气血、消水肿食用清蒸鲈鱼

食用清蒸鲈鱼有助于养气血、消水肿和补脾胃。

#### ◎清蒸鲈鱼

【材料】鲈鱼1条，姜、葱、香菜各10克，盐5克，酱油5克，食用油50克。

【制作】①鲈鱼打鳞去鳃肠后洗净，在背腹上划两三道痕。②把生姜切丝，葱切长段后削开，香菜洗净切成适当长段。③把姜、盐放入鱼肚及背腹划痕中，淋上酱油，放在火上蒸8分钟左右，放上葱、香菜。④锅烧热，倒入油热透，淋在鱼上即可食用。

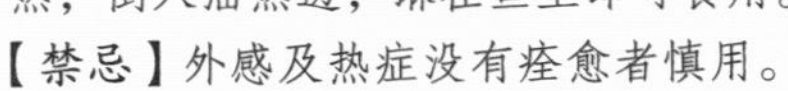

【禁忌】外感及热症没有痊愈者慎用。

### 补中益气、养血安神服用大枣汤

大枣富含蛋白质、脂肪、糖类、胡萝卜素、B族维生素、维生素C以及钙、磷、铁和环磷酸腺苷等营养成分，能够助湿生热，补中益气、养血安神。大枣汤有着很好的滋补和美容作用，下面介绍制作红枣汤的方法。

#### ◎大枣汤

【材料】大枣20枚左右。

【制作】①大枣洗净，加水用大火煮开。②然后改用文火慢煮，等到大枣烂熟即可食用。

【禁忌】由于大枣能助湿生热，令人中满，因此湿热脘腹胀满者慎用大枣汤。

## 雨水起居养生：春捂防寒是关键

### 雨水时节，要注意“春捂”

雨水之前天气较冷，雨水之后我国大部分地区气温升高，天气变暖，可以明显地感觉到春天的气息。而这时也是寒潮来袭的时节，人们的情绪容易因为天气的变化而产生波动，往往对人们的健康造成不好的影响，特别是对高血压、心脏病、哮喘病患者更为不利。这个时节，要注意“春捂”。

“春捂”是说在春季气温刚要转暖时，不要过早仓促地脱掉棉衣。由冬季转入初春，乍暖还寒，气温变化又大。善于养生的医学家们都十分重视“春捂”的养生之道。民间常常流传着“二月休把棉衣撇，三月还有梨花雪”“吃了端午粽，再把棉衣送”的俗语。

**春捂的策略**

**1. 下厚上薄**

寒多自下而生。人体下部血液循环较上部为差，易受寒冷侵袭。遵循“下厚上薄”的原则，有利于身体健康。

**2. 衣着舒适透气**

适当多穿一些衣服，选择宽松的款式。衣服不是穿得越多越好，如捂出了汗，冷风一吹反而易着凉伤风。

**3. 适时添减**

要根据天气灵活掌握，适当地添加或减少一些衣服。

**4. 增强抵抗力**

加强锻炼，增强机体的抗病能力，合理饮食和起居。

**春捂注意事项**

**1. “春捂”要捂好两头**

照顾好头颈与双脚，避免感冒、气管炎、关节炎等疾病发生。由于寒气多自下而起，且人体下身的血液循环要比上部差，容易遭风寒侵袭，女性不宜过早地换上裙装，否则会导致关节炎和其他妇科疾病。

**2. 小孩子“春捂”要把握好时机**

应根据气温变化给孩子增减衣服。当昼夜温差较大时，就要捂一捂；若气温相对稳定时，则可以不捂了。气温回升后不能立即减衣，最好再捂一周左右，尤其对于免疫力弱的婴儿，最好再捂两周以上以方便身体慢慢适应。

### 春天来临，要克服春困

春天人们容易犯困，这其实是人体随着季节变化的正常反应。春天来临，气温升高，人体皮肤毛细血管和毛孔渐渐张开，血液循环加快，因此相对来说，供应给大脑的血液就少了，另外昼夜时长的变化和周围舒适的气温，都会让人感觉困倦，昏昏欲睡。

雨水时节，要想克服春困，作息安排要有规律，要劳逸结合。根据自然界的规律，随着四季的变化逐渐调整自己的日常作息。

**空气湿度大，要预防湿寒之气**

雨水时节，降水较多，造成空气湿度较大。而夜间气温降低，湿热空气很容易在此时凝成雨滴，导致夜间降水频繁。而阴雨增多使雨云遮挡阳光，所以此时白天地面光照也较少。同时，雨水到达地面，蒸发后会带走大量的热量，又会使地面空气温度进一步降低，造成既潮湿又寒冷的天气。这种恶劣天气对人体的神经系统、关节骨骼和各种器官都有很大影响。

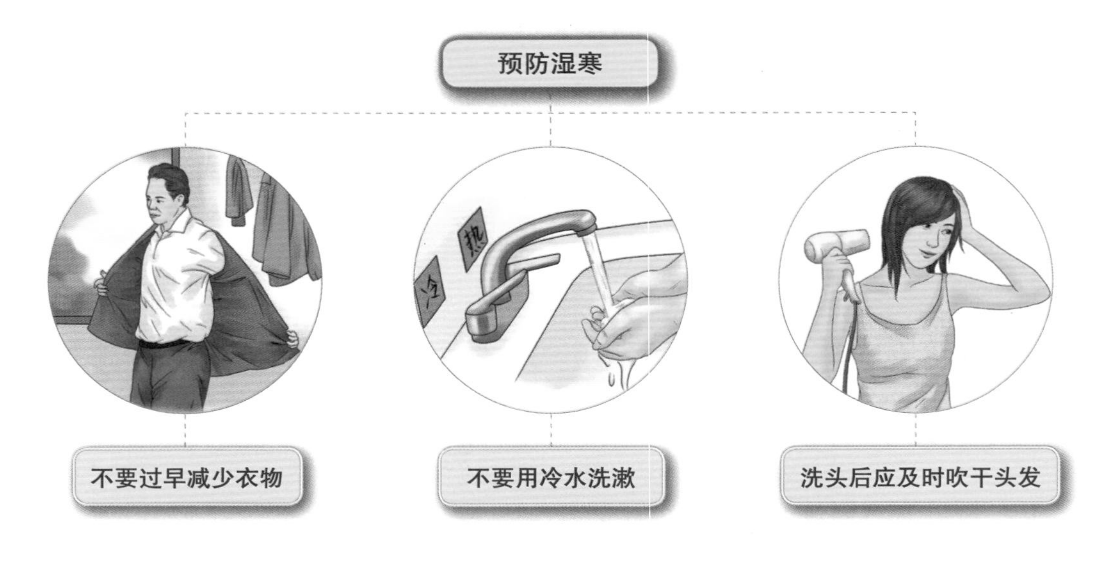

## 雨水运动养生：适量活动，不妨“懒”一点儿

### 向懒人学习一点——伸伸懒腰

雨水时节，在经过了紧张工作或学习后，人们会感到疲倦。如果这个时候站起身来伸个懒腰，就会像立刻充了电一样，顿时精神振作，感觉轻松自如。

人们伸懒腰的时候一般都要打个哈欠，同时头向后仰，双臂上举，这个动作会适度地挤压到心、肺，可以促使心脏更加充分地运动，从而把更多氧气运送到人体的各个器官，人体就会觉得疲劳顿消，神清气爽。

伸伸懒腰能增加呼吸深度，提神解乏，加快人体新陈代谢。还可以预防腰肌劳损，防止驼背。

### 适量运动，循序渐进

冬去春来，进入雨水时节，伴随着气温的逐渐转暖，越来越多的人开始到户外参加体育锻炼。这个时节最适合运动，但也最要防止“运动过量”，否则不但起不到保健的作用，还会对身体造成不应有的损伤。因此，此时运动不但要把握一个“度”，而且还要循序渐进。

过量运动不仅会造成人的反应能力下降、平衡感降低、肌肉弹性降低，还会使人食欲减退、睡眠质量下降，导致情绪低落、易怒、免疫力降低，出现便秘、腹泻等症状。所以运动要适可而止、循序渐进。

## 与雨水有关的耳熟能详的谚语

### 春雨贵如油

春季正是越冬作物如冬小麦从开始返青到乳熟期的阶段，需要很多水。玉米、棉花等，从播种到成苗，也要求充足的水，因而使春旱更显得突出。此时，如果恰逢雨水降临，那么就显得特别珍贵，因此有“春雨贵如油”之说。

### 雨水有雨庄稼好，大春小春一片宝

一般对农业来说，雨水时节正是小春管理、大春备耕的关键时期。雨水节气过后，如果降雨增多，空气湿润，天气暖和而不燥热，非常适合万物的生长，对越冬作物生长有很大的好处。农谚说：“雨水有雨庄稼好，大春小春一片宝。”此时，广大农村要根据天气情况，对三麦等中耕除草和施肥，清沟埋墒，为排水防涝做好准备，以保农作物的苗壮生长。

# 第3章
# 惊蛰：春雷乍响，蛰虫惊而出走

惊蛰是一年中的第三个节气，在公历3月5日或6日，太阳位置到达黄经345°，影长古尺为八尺二寸，也就是相当于现在国际单位制2.018米长。动物蛰藏进土里冬眠叫入蛰。惊蛰，民间原来的意思是：春雷乍响，冬眠于地下的虫子受到了惊吓而从土中钻出，开始了新一年的活动。事实上，是因为惊蛰时节气温回升的步伐较快，当气温回升到一定程度时，虫子就开始活动起来了。

## 惊蛰气象和农事特点：九九艳阳天，春雷响、万物长

### 气温回升，土壤开始解冻

惊蛰时节，春雷响动，气温迅猛回升，雨水增多，正是大好的“九九”艳阳天，地温也随着逐渐升高，土壤开始解冻。冬眠的动物开始苏醒了。蛰伏在泥土中冬眠的各种昆虫，以及过冬的虫卵也要开始孵化。惊蛰时节，除东北、西北地区仍是银装素裹的冬日景象外，其他地区早已是一派融融春光了，桃花红、梨花白，黄莺鸣叫，春燕飞来，处处鸟语花香。

### 春耕开始，农作物要及时浇水、施好花前肥

惊蛰时节是春耕的开始。

1. 华北地区冬小麦已经开始返青，急需返青浇水。一旦缺水，就会减产，所以此时对冬小麦、豌豆等要及时浇水。此时因土壤仍处在冻融交替状态，及时耙地是减少水分损失的重要措施。
2. 江南小麦已经拔节，油菜也开始见花，对水、肥的要求逐渐多起来，应适时追肥，干旱少雨的地方适当浇水灌溉，雨水偏多的地方要做好防止湿害的工作。俗谚说“麦沟理三交，赛如大粪浇”“要得菜籽收，就要勤理沟”，表明搞好清沟沥水的重要性。
3. 华南地区早稻播种应抓紧进行，同时要做好秧田防寒工作。随着气温回升，茶树也开始萌动，应进行修剪，并及时追施“催芽肥”，促其多分枝，多发叶，提高茶叶产量。桃、梨、苹果等果树要施好花前肥。

惊蛰时节，温暖适宜的气候条件既有利于农作物生长，也使各种病虫害增加，防治病虫害和春耕除草工作也刻不容缓。俗话说：“桃花开，猪瘟来。”可见，惊蛰时节

家禽家畜的防疫工作不可疏忽大意。

**惊醒冬眠动物的不是雷声**

人们常说，惊蛰时节，雷声“隆隆”惊醒了冬眠蛰伏的动物。其实不然，惊动冬眠蛰伏的虫类和其他冬眠动物的不是雷声，而是日渐转暖的天气、日渐升高的气温和地温。因为，冬眠蛰伏的虫类及其他冬眠的大小动物，对于温度的变化反应非常敏感。气温回升到一定程度，已经不适合它们继续冬眠了，根据它们的生物钟，此时非常适宜它们活动，因此蛰伏的动物开始出来活动了。一般情况下，洞穴中、土壤中的气温回升到较高程度时，即使没有雷声，冬眠蛰伏的动物也会感到暖春已经来到，便纷纷出土出穴，开始觅食、繁衍后代。

惊蛰时节出土出穴开始活动的动物和昆虫，有些是有益的动物，如蛙、蟾、蛇类；有些是国家保护的动物，如熊类；更多的属昆虫类，如地老虎、棉铃虫、麦蚜、吸浆虫、蓝跳蛛等，它们分别以成虫、幼虫、蛹或卵的形式在土中、杂草根部蛰伏越冬，待开春后天气暖和了便出土出穴危害农作物。对于越冬的害虫，应在惊蛰以前及时采取捕杀措施将其消除。对于有益的动物和国家保护的动物，应严加保护，保持生态平衡。

**华北地区“春雨贵如油”**

华北地区由于春季雨水少、晴天多，春旱较为严重，又由于头一年秋、冬两季的降雨量很少，进入春季气温回升快，风天多、水分蒸发快，往往易形成秋、冬、春连续干旱。同时，此时正是越冬作物返青至乳熟期，需水量多，玉米、棉花等播种成苗，也要充足的水分，因而春旱显得尤为突出。此时，若能有雨水降临，自然就显得特别珍贵，因此在华北地区有“春雨贵如油”之说。

## 惊蛰农历节日：中和节（春龙节）——二月二龙抬头

惊蛰前后有一个妇孺皆知的农历节日，那就是农历二月初二的“中和节”，俗称“龙抬头”。此时春回大地，万物复苏，传说中的龙也从沉睡中醒来，俗称“龙抬头”。

**剃头——“龙抬头”（二月二）理发，福星高照**

北方部分地区将农历二月初二理发称为“剃龙头”。在这天理发以祈求吉祥如意，福星高照。

**引钱龙——用灶灰画一条龙，祈求祖先驱赶虫灾**

山东在中和节习惯画“引钱龙”，农历二月初二这天用灶灰在地上画一条龙，称作“引钱龙”。“引钱龙”有两个目的：一是请龙回来，呼风唤雨，祈求农业丰收；二是旧时认为龙为百虫之神，龙来了百虫就会躲藏起来，有驱赶百虫作用。江苏南通白天用面粉制作寿桃、五畜，蒸熟后插上竹签，晚上再把它们插到坟地、田间，用来供奉百虫之神和祭祀祖先，祈求百虫之神和祖先驱赶百虫，更希望百虫不要祸害农作物，确保五谷丰登。

**敲财——敲打门枕、门框，期望财源滚滚而来**

山东济宁一带农历二月初二有敲财的习俗。当天吃过晚饭，各家孩子拿出事先准备好的小木棍，去敲门枕、门框，或其他的物件，边敲边唱："二月二，敲门枕，金子银子往家滚。二月二，敲门框，金子银子往家扛。"有些地方还组织小孩子到胡同或大街上比赛，看谁敲的花样多、唱的内容精彩。

**引龙回——从门外散播石灰进屋，预示吉祥发财**

"引龙回"习俗流行于北京、山东等地区。农历二月初二各家以户外水井为起点开始抛撒石灰，以屋内墙根灶脚为终点，石灰线看起来好像弯弯曲曲的龙蜿蜒入室，预示吉祥发财。也有的人家直接从门外散播石灰进屋。《析津志辑佚》中记载："二月二日，谓之龙抬头。五更时，各家以石灰于井畔周围糁引白道，直入家中房内，男子妇人不用扫地，恐惊了龙眼睛。"总之，撒石灰的主要目的是祈盼好运，预示吉祥发财。

**打灰囤——寓意囤高粮满，预兆丰年**

农历二月初二"打灰囤"，又称作"打囤""打露囤""填仓""围仓"和"画仓"等，其具体做法是二月二早晨在庭院中撒上草木灰，构成仓囤形的图案。山东、吉林等地方首先用簸箕盛上草木灰，然后用一根木棒敲打边沿，让灰慢慢落下，边打边走，使灰线形成圆圈形，中间再放上少量的五谷杂粮。粮食有的直接放在地上，有的则在"囤"中挖一个小坑，把粮食放进坑里，有的将粮食放在坑里后还压上石块、砖头、瓦片之类的硬物。还有的在灰囤外撒灰成梯形，意思是囤高粮满，预兆丰年，因此有"二月二，龙抬头，大囤尖，小囤流"的谚语。江苏阜宁等地也有在二月二早晨进行这种撒草木灰的活动，称作"打露囤"。其目的都一样，寓意囤高粮满，预兆丰年。

**试犁、下菜种——春种一粒粟，秋收万颗籽**

部分地区试犁、下菜种风俗习惯

| | |
|---|---|
| 山东 | 山东农家在二月初二这天开始试犁 |
| 海阳等地 | 扶犁人边礼拜犁犋边唱道："犁破新春土，牛踩丰收亩。春种一粒粟，秋收万颗籽。"唱完歌后将牛牵到田间象征性地耕一耕 |
| 浙江一带 | 这里人习惯这天下菜种，种瓜茄，正如民谣所唱的"二月二，百般种子好落泥" |

## 中和节主要民俗活动

剃头

中国民间在这一天剃头，祈祷红运当头、福星高照，因此，民谚说二月二剃龙头，一年都有精神头。

引钱龙

“引钱龙”就是用灶灰在地上画一条龙，以此祈求神龙驱赶虫灾。

敲财

中和节晚饭后，孩子们拿出事先准备好的小木棍，去敲门枕、门框，以祈愿家庭财源广进，称为“敲财”。

打灰囤

中和节早晨，有在庭院中撒上草木灰，构成仓囤形的图案的习俗，意在祈愿囤高粮满，物阜年丰。

## 惊蛰主要民俗：吃梨、扫虫、祭虎爷、敲梁震房

### 吃梨 ：“跟害虫分离”“离家创业”“努力荣祖”

惊蛰节气要吃梨，因梨和“离”谐音，寓意跟害虫分离，也寓意在气候多变的春日，让疾病离身体远一点儿。惊蛰吃梨还有“离家创业”“努力荣祖”之意。因此，民间有惊蛰吃梨的习俗。

传说著名的晋商渠家，先祖渠济是上党长子县人，明代洪武初年，带着信、义两个儿子，用上党的潞麻与梨倒换祁县的粗布、红枣，往返两地间从中赢利，天长日久有了积蓄，在祁县城定居下来。雍正年间，渠百川走西口，正好那天是惊蛰之日，他的父亲让他吃完梨后再三叮嘱 ：“先祖贩梨创业，历经艰辛，定居祁县。今日惊蛰你

要走西口，吃梨是让你不忘先祖，努力创业光宗耀祖。”渠百川走西口经商致富，随后将开设的字号取名“长源厚”。人们走西口也纷纷仿效渠百川吃梨，有“离家创业”之意，后来惊蛰之日也吃梨，多含有“努力荣祖”之寓意。

**射虫、扫虫、炒虫、吃虫：寓意除百虫**

惊蛰时节，蛰伏的百虫从泥土、洞穴中爬出来，开始活动，并逐渐遍及田园、家中，或祸害庄稼，或滋扰生活。为此，惊蛰时节，民间均有不同形式的除虫仪式。

惊蛰是沉睡很久的昆虫开始活动之时，客家人主张早期灭虫。客家人采用“炒虫”方式来达到驱虫的目的。惊蛰这一天，客家人炒豆子、炒米谷、炒南瓜子、炒向日葵子以及各种蔬菜种子吃，谓之“炒虫”。炒熟后分给自家或邻居小孩食之。客家人还有做芋子饭或芋子饺的习俗，以芋子象征“毛虫”，以吃芋子寓意消除害虫。

北方民俗也有惊蛰“吃虫”之说。陕、甘、苏、鲁等省有“炒杂虫、爆龙眼”习俗。人们把黄豆、芝麻之类放在锅里翻炒，噼啪有声，谓之“爆龙眼”，男女老少争相抢食炒熟的黄豆，称作“吃虫”，喻义“吃虫”之后人畜无病无灾，庄稼免遭虫害，祈求风调雨顺。

**祭虎爷：生意人和小孩祭拜虎爷求吉利**

祭虎爷又称作祭白虎、祭虎神。虎爷相传是土地公和保生大帝的将领，但坊间一般都将虎爷归于土地公掌管，称之为“虎爷”，而保生大帝所收服的则称为“虎神”，另外也有人尊称“虎将军”。虎爷也可说是民间信仰中位居首位的动物神祇。古时候，具有神威能力者，民众都是随着主神供奉（土地公、保生大帝），而传说中因为老虎常仗其凶猛而危害人畜，后来被土地公所收服才成为土地公的坐骑。

传说嘉庆微服私访的时候，一天来到一家客栈，这客栈生意兴隆，座无虚席，嘉庆一行人无处可坐，又不愿表明皇帝的身份，正在无奈的时候，嘉庆见桌上供着虎爷，顺口说了句：“朕贵为天子都没位子坐了，你这虎爷竟敢高踞桌上？”在座客人听了此言纷纷下跪面圣，虎爷也不敢怠慢，便让了位子，从此只敢在桌下。也因为虎爷为动物之身，神格卑微常置于桌下，所以也称为“下坛将军”。虎爷同时也具有护庙安宅、祈福纳财的能力，而一般信徒则认为虎爷被尊崇是因为虎爷张着大嘴可以叼来财宝，因此生意人也常常专门来祭拜虎爷。

除了会咬钱、纳财之外，虎爷俗称小孩子的守护神，因此也常有大人在祭拜土地公时，同时会让小孩子向神桌下的虎爷祭拜以祈求平安吉祥。

**敲梁震房，驱赶蝎子蚰蜒等虫子**

二月二龙抬头，时处二十四节气之一的惊蛰前后，是各种昆虫包括毒虫开始频繁

## 惊蛰时节主要民间风俗习惯

**吃梨**

因梨和“离”谐音，惊蛰吃梨寓意“跟害虫分离”“离家创业”“努力荣祖”。

**祭虎爷**

惊蛰时节祭虎爷，人们以此来祈求平安吉祥，消灾纳财，同时希望家里的小孩儿能得到虎爷的保护。

**扫虫**

江浙有的地方惊蛰日有“扫虫节”，农家拿着扫帚到田里举行扫虫仪式，寓示将一切害虫扫除。

**敲梁震房**

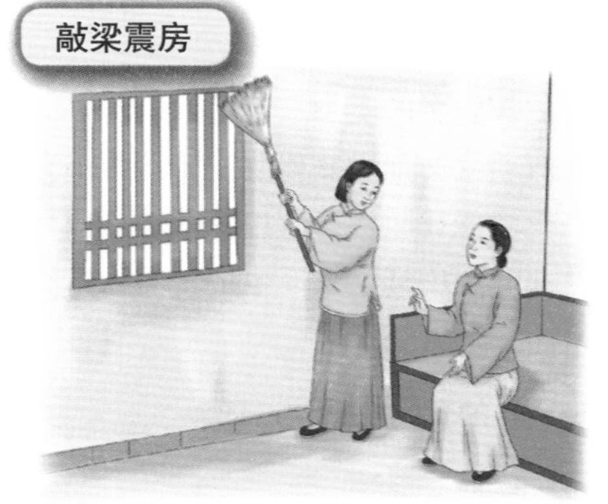

惊蛰前后，百虫活动频繁。民间流行边唱歌谣，边用扫帚敲打梁头来驱逐虫害。

活动的时期，这一节日里驱虫的做法便格外普遍。各地的人们形成了多种多样的驱虫方式。用棍棒、扫帚、鞋子敲打梁头、墙壁、门户、床炕等处，或者拍簸箕、瓦块、瓢等以驱虫，是曾经普遍流行的做法。与此同时，人们通常还要念唱歌谣。

## 惊蛰饮食养生：新陈代谢提速，要加强营养

### 补充维生素C使身体更强健

惊蛰时节，人体的新陈代谢逐渐加快，此时应该从饮食上加强营养。及时补充维生素C就是一种很好的饮食调养方法。维生素C能够抗氧化，还具有解毒作用，它

不仅能降低烟酒及药物对人体的副作用，还可以优化人的结缔组织，使人的皮肤、牙齿、骨骼、肌肉更加强健。维生素C还能促进胶原蛋白的合成，增强人体免疫力，有助于抵抗感冒。惊蛰补充维生素C，蔬菜类可以选用小红辣椒、苜蓿、菜花、菠菜、大蒜、芥蓝、香菜、甜椒、豌豆苗等；水果类可以选择雪梨、红枣、黑加仑、蜜枣、番石榴、猕猴桃、核桃等。

### 惊蛰慎吃“发物”

惊蛰时节是植物生根发芽时期，同时也是多种疾病的“生发”时期。此时要注意禁食“发物”，以免旧病复发。什么是“发物”呢？发物是指富于营养或有刺激性，容易使疮疖或某些病状发生变化的食物。惊蛰时节，对于体质虚弱、慢性病、过敏体质以及皮肤病患者来说，狗肉、猪头肉、牛羊肉、韭菜、荠菜、香椿、朝天椒、生大蒜还是少吃为妙。

### 惊蛰忌多吃糯米

惊蛰时节，切忌过量食用糯米制品。虽然已经进入惊蛰时节，但是在春节期间，人们大都经历了暴饮暴食的洗礼，人的肠胃功能会因不堪重负而变得虚弱。糯米是人们比较熟悉的美食，但是此时却不宜多吃，因为糯米过于黏滞，且难于消化，如果此时多吃会加重肠胃负担，造成消化不良，严重的还可能引起肠梗阻。老人和儿童消化功能比较弱，所以惊蛰前后应尽量避免食用糯米制品。对于健康的成年人来说，此时食用糯米食品也应量力而行，否则肠胃会不堪重负，容易引发出许多肠胃病来。

### 惊蛰应吃的食物：雪梨、洋葱

1. 雪梨

惊蛰时节，天气还有些许寒冷，空气仍然较为干燥，而细菌开始加快繁殖，此时是上呼吸道疾病的高发期。雪梨可以止咳化痰、润肺、生津，并且维生素含量很高，是这个时节非常适宜食用的水果。雪梨以大小适中、果皮细薄、光泽鲜艳、果肉脆

**◎莲子炖雪梨**

【材料】莲子100克，雪梨60克，冰糖末适量。

【制作】①莲子洗净用清水浸泡12小时，去两端、心。②梨洗净，去皮、核，切片。③炖锅内放入莲子、梨，大火烧沸，改小火煮半个小时，加入冰糖末，拌匀即可食用。

嫩、多汁香甜者为佳。雪梨可以直接食用，也可以做成梨干食用，还可以加入冰糖加工“秋梨膏”饮用。惊蛰时节，可以制作莲子炖雪梨食用。

2. 洋葱

洋葱营养丰富，具有杀菌的功效，惊蛰时节食用洋葱可以使病毒、细菌远离人体。同时，洋葱还可以促进血液循环、发散风寒、降血压、提神、对抗哮喘、治疗糖尿病。烹炒时要注意：切好的洋葱不宜立刻炒制，最好先放置 15 分钟再下锅烹炒；加热不宜过久，否则会导致营养成分流失，以稍微带些微辣味为最佳火候。惊蛰时节，可以制作圆白菜洋葱汁饮用。

◎圆白菜洋葱汁

【材料】洋葱 250 克，圆白菜 100 克，红酒 50 毫升。

【制作】①圆白菜和洋葱洗净，切碎。②榨汁机中放入圆白菜和洋葱，加适量凉开水，榨取汁液，倒入杯中。③加入红酒，调匀即可饮用。

## 惊蛰药膳养生：春雷隆隆宜补肾

### 养阴补肾，食用冬虫夏草炖老鸭

惊蛰养生，适宜食用冬虫夏草炖老鸭。冬虫夏草味甘，性平，能补肾壮阳，补肺平喘，止血化痰，是一味稀有的名贵中药材，一年四季均可食用。鸭肉味甘微咸，性偏凉，入脾、胃、肺及肾经，具有清热解毒、滋阴补虚的功效。将冬虫夏草与精心挑选的老鸭一同炖煮，汤汁澄清香醇，鸭脂黄亮，肉酥烂鲜美。惊蛰时节食用冬虫夏草炖老鸭可以养阴补肾，还可以滋补身体，十分有益。

◎冬虫夏草炖老鸭

【材料】冬虫夏草 30 克，老鸭 1 只，葱段适量，姜数片，盐 2 小匙，味精 1 小匙，料酒 2 大匙，八角 2 粒。

【制作】①冬虫夏草用温水洗干净。②老鸭去内脏洗干净，入沸水中汆烫，捞出漂净血水、浮沫。③高压锅水烧开，放老鸭、冬虫夏草、料酒、八角、葱段、姜片。④熟透后，加入盐、味精调味即可装碗食用。

## 补肾益气、补虚活血，饮杜仲猪瘦肉蹄筋汤

### ◎杜仲猪瘦肉蹄筋汤

【材料】蹄筋（猪、牛均可）100克，猪瘦肉300克，杜仲25克，肉苁蓉15克，花生仁50克，红枣12颗，冷水3000毫升，香油、盐适量。

【制作】①把蹄筋浸后洗干净，切成段。②猪瘦肉洗净，切成大块，用开水烫煮一下。③杜仲、肉苁蓉、花生仁、红枣浸后洗干净，杜仲去粗皮，红枣去枣核。煲内倒入3000毫升冷水烧至水开，放入以上用料。④再用中火煲90分钟即可。⑤煲好后，滤去药渣，加入适量香油、盐后便可饮用。

## 强筋骨、补血，食用烧黄鳝

### ◎烧黄鳝

【材料】黄鳝500克，食用油50克，酱油5克，大蒜10克，生姜10克，味精、胡椒、盐各2克，湿淀粉30克，香油10克。

【制作】①黄鳝洗净切成丝或者薄片。②把盐、味精、胡椒、湿淀粉调成芡汁，姜、蒜切成片。③油烧至七成热，下黄鳝爆炒，快速划散即下姜、蒜、酱油炒匀。④倒入芡汁，淋上香油即成。⑤不习惯腥气者可于起锅前放入适量酒、葱或者芹菜除去腥味。

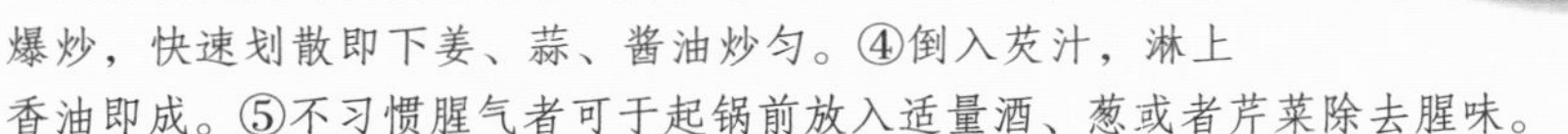

【禁忌】患病属热症或者热症初愈者不宜食用烧黄鳝。

## 吃香酥鹌鹑补脾胃，利消化

### ◎香酥鹌鹑

【材料】鹌鹑8只，湿淀粉150克，花椒2克，白糖5克。料酒10克，精盐2克，生姜、葱各10克，八角10克，官桂3克，食用油，味精1克。

【制作】①鹌鹑掼死，拔净毛，剁去头，爪洗净。剖开脊背取出内脏，洗净，用开水焯烫一下，取出，用清水洗净。②八角打成小颗粒。用料酒、精盐、花椒、八角、官桂、生姜等腌鹌鹑2～3小时，再上笼大火蒸20分钟，取出鹌鹑，晾凉后切成块，裹一层湿淀粉待用。③油烧至八成热，放入鹌鹑块炸黄，使鹌鹑皮起脆，捞出装盘，将蒸鹌鹑的原汁倒入锅内，加入味精，用湿淀粉勾成芡，淋在鹌鹑块上即可食用。

## 惊蛰起居养生：注意保暖

惊蛰时节，虽然气温逐渐升高，但是波动仍然较大。有时会出现初春气温升高较快，而到了春季中后期，气温和正常年份相比反而较低的气候现象，这种现象俗称“倒春寒”。对于老年人来说，这种气候是非常危险的。曾经有研究表明，在低温的室内不动，老年人的血压会明显升高，可能诱发心脏病、心肌梗死；一些慢性病，如消化性溃疡、慢性腰腿疼等也比较容易复发或加重。所以当此种气候来临时，老年人一定要提高警惕，做好准备。

关注天气预报。根据气温变化增添衣物保暖。

少沾烟酒，科学饮食。吃膳食纤维高的食物。

老年人
起居养生

讲卫生。保持室内空气流通，打扫房间，勤洗手。

保持良好心态，注意多休息。切勿过度疲劳。

## 惊蛰运动养生：全身心健身活动

### 惊蛰时节全身放松，进行徒步健身活动

惊蛰时节，如果没有遭遇“倒春寒”，气温就会逐渐升高，越来越多的人开始走出家门，到室外运动锻炼。但是，由于刚刚经过寒冷漫长的冬季，人体的各个器官功能还没有恢复到最佳状态，特别是关节和肌肉还没有得到充分的伸展，因此不宜进行过于激烈的体育运动。建议此时最佳的运动方式是“健走”健身。

“健走”是一种介于散步和竞走两种活动之间的运动形式。“健走”的动作要领是：一条腿高抬、另一条用力蹬，这样两腿肌肉同时用力，大步、快速地向前行走。在春天的气息中，无论清晨还是傍晚，穿上一双合适的运动鞋，选择一条幽静的小道，健步快走，沉浸在鸟语花香中，徜徉于自然氧吧里，让全身在“健走”中得到放松。在不知不觉中，肌肉得以伸展，肺部得到清洁，血液循环加快，新陈代谢逐步改善，健康将会不期而至，自然会精神抖擞、腿脚利索了。

**多种运动组合，交替运动强身健体**

惊蛰时节，人们的运动欲望逐渐被和煦的阳光勾了出来。运动是很奏效的养生方式，但是仅仅局限于一种或两种运动则过于单一，不能使身体获得全面均衡的锻炼，应该采用“交替运动”的方式，将多种运动合理组合，对身体进行全面、均衡、多方位的锻炼。“交替运动”包括体脑交替，动静交替，左右交替，上下交替，前后交替，倒立交替，走跑交替，胸、腹呼吸交替，穿、脱鞋走路交替。交替运动能强身健体，比如走跑交替运动，做法是先走后跑，交替进行，若能长期进行，可以增加腰背、腿部的力量，增强体质。

| 多种运动组合强身健体 | |
|---|---|
| 1 | 跑步、网球、羽毛球、俯卧撑交替运动。经常跑步可以很好地锻炼腿部肌肉，但是上肢却缺乏锻炼，因此应该有针对性地选择一些网球、羽毛球、俯卧撑等能够锻炼上肢的运动 |
| 2 | “向前”“向后”交替运动。日常生活中接触到的运动大多是“向前”运动的，如果平时多做些“向后”的运动，如后退走、后退跑，可以提高下肢灵敏度，活跃大脑思维，对人们常见的腰疼、背疼、腿疼也有很好的疗效。因此，有些活动可以考虑采取逆向运动，但是一定要注意安全第一、见好就收，千万不可走火入魔 |
| 3 | 左右开弓、交替运动。平时习惯用右手、右脚者可以尝试着用用左手、左脚；平时习惯用左手、左脚者可以尝试用用右手、右脚。左右开弓可以使左右肢体更加协调，而且可以同时开发左右大脑，使大脑功能更加协调，并且能够使人越来越聪明 |
| 4 | 动静交替运动。我们平常所说的运动都是以动为主，如果每天利用一段时间让身心处于绝对平静的状态中，毫无挂碍，可以使人体的各个器官得到更好的放松 |
| 5 | 大脑锻炼和身体锻炼结合起来。打牌、下棋、猜谜等脑力游戏可以锻炼大脑；散步、跑步、打球等体力运动可以锻炼身体。将这两种锻炼科学地结合起来，那么既可以锻炼大脑也可以增强体质 |

## 与惊蛰有关的耳熟能详的谚语

### 雷打惊蛰前，二月雨连连

如果惊蛰前打雷，那么当年阴历二月份的雨水就会较多，这一年一定是丰收年。否则春天可能降雨偏少。

### 未到惊蛰雷先鸣，必有四十五天阴

如果没有到惊蛰时节，却提前打雷了（雷鸣于惊蛰之日前），那么这一年时常有大雨的可能性较大，并且阴天也比较多。惊蛰期间何时打雷对农作物具有很大的影响，多雨的天气对山区作物生长有好处，因此人们期盼惊蛰响雷声。

### 惊蛰一犁土，春分地气通

惊蛰时节，在阳历3月份，此时气温已明显回升。地温回升，土壤解冻，人们称此时为“地气上升”。惊蛰在农忙上有着相当重要的意义。我国劳动人民自古很重视惊蛰节气，把它视为春耕开始的日子。唐诗有云：“微雨众卉新，一雷惊蛰始。田家几日闲，耕种从此起。”农谚也说：“过了惊蛰节，春耕不能歇。”“九尽杨花开，农活一齐来。”华北冬小麦开始返青生长，土壤仍冻融交替，及时耙地是减少水分蒸发的重要措施。这个时候如果进行春耕，开犁松土，便会有一股热气从土壤里蒸腾起来。此意也就是农谚中所说的“惊蛰一犁土，春分地气通”。

### 惊蛰不犁地，好似蒸笼跑了汽

在惊蛰时期，土壤开始解冻，地温也在回升，土壤里的水分顺着土壤毛细管上升而蒸发掉。为了防止水分蒸发，若有过冬小麦的农田，应及时耙耱，或用漏锄浅锄行间土壤；无过冬作物的农田，实行无铧浅犁。经过耙耱浅锄或浅犁，就切断了地表层的土壤毛细管，从而减少了水分的蒸发，否则像农谚中所说那样“惊蛰不犁地，好似蒸笼跑了汽”。

### 惊蛰暖和和，蛤蟆唱山歌

因惊蛰时期气温回暖。当气温、地温回升到10℃左右时，蛰伏在地下的蛙类、蛇类便从土壤中、洞穴里爬出来活动。田野里便开始出现了蛤蟆的鸣叫声，这就是人们常说的“蛤蟆唱山歌”。

# 第 4 章

# 春分：草长莺飞，柳暗花明

春分之日一般是每年阳历 3 月 20 日或 21 日，春分时节是指每年的 3 月 20 日或 21 日开始至 4 月 4 日或 5 日这段时间。太阳到达黄经 0° （春分点）时开始。这天昼夜长短平均，正好是春季 90 日的一半，故称“春分”。春分这一天阳光直射赤道，昼夜几乎相等，其后阳光直射位置逐渐北移，开始昼长夜短。春分是个比较重要的节气，它不仅有天文学上的意义：南北半球昼夜平分；在气候上，也有比较明显的特征：春分时节，除青藏高原、东北、西北和华北北部地区外，都进入比较温暖的春天。

## 春分气象和农事特点：气温不稳定，预防“倒春寒”

### 东北、华北、西北加强春旱、冻害防御

春分时节，我国多数地区都进入明媚的春天，在辽阔的大地上，杨柳青青、草长莺飞、小麦拔节、油菜花香。在东北、华北、西北地区，抗御春旱仍是春分时节重要的农事活动。历史上华北地区出现过春分雪的年份，“春分雪，闹麦子”，是说春分下雪对麦子的危害极大。因此春分时节加强春旱、冻害防御尤为重要，常用解决办法及防御措施有选用抗寒良种，小麦播种深度要合理，增施钾肥，灌水或喷雾等。

### 进入“桃花汛”期，要注意排涝防洪

“桃花汛”是指每年的 3 月下旬或 4 月上旬黄河在宁夏、内蒙古地区的河段因冰凌融化猛涨的春水，由于这个时段正是两岸附近地区桃花盛开的季节，所以称作“桃花汛”。

长江以南地区进入“桃花汛”期，降雨量迅速增多，要注意做好清沟沥水、排涝防洪工作。同时，要谨防“倒春寒”天气的危害，抓住“冷尾暖头”天气，做好早稻育秧工作。

### 要预防“倒春寒”对农作物的危害

春季在阳历 3 — 4 月份天气回暖的过程中，常常会因为冷空气的侵入，使气温较正常年份明显偏低，又返回到寒冷状态，这种“前春暖，后春寒”的天气就称作“倒春寒”。比较严重的“倒春寒”不仅会使早稻、已播棉花、花生等作物烂种、烂秧或死苗，还会影响油菜的开花受粉，以及使角果发育不良，降低产量；有时还会影响小麦孕穗，造成大面积不孕或籽实质量低劣等严重农作物灾害。

## 春分农历节日：花朝节——百花生日

花朝节流行于华北、华东、中南等地，又称“挑菜节”，简称“花朝”。阳历的时间是 3 月，大致在惊蛰后春分前，农历节期各地不尽相同。北京、河南开封在农历二月十二；浙江、东北地区在农历二月十五；河南洛阳等地则在二月初二。相传该日是“百花生日”，花朝节时，民间举办赏花、种花、踏青和赏红等娱乐活动。

**赏红：贴红纸条或挂红布条、剪红纸小旗**

花朝节民间纷纷组织“赏红”活动。江苏、浙江、上海、湖北、湖南、江西等地在花朝节有“赏红”活动。在江苏，栽种花树的人家都要在花树枝上贴红纸条或挂红布条、剪红纸小旗，称为“护花符”。在浙江杭州，以农历二月十二为百花生日，以纸糊成花篮形悬挂在花树之上，也有只粘红纸条的，或缠系在花木枝上、插在盆中。

## 花朝节主要民俗活动

### 唱山歌，求恋情，歌颂百花仙子

花朝节一般选在有高大木棉树的地方度过。青年男女们穿着民族盛装，从四面八方云集而来，怀揣五色糯饭、糍粑或粽子等食品，带上为情人而备的头巾、千针底新鞋等礼品。他们对唱山歌，求恋情，同时歌颂百花仙子的圣洁、美丽。唱到情深意醉，女子便带着无限的柔情，将绣球像彩虹一样抛向自己的心上人。

### 蒸百花糕

花朝节，家家户户有蒸百花糕的习俗。采用糯米粉和着新鲜的花瓣，制成的百花糕清香可口。

这些活动有祝花木繁盛、人寿年丰的含义。

**蒸百花糕：邻里互赠，增进友情**

花朝节，家家户户蒸百花糕。百花糕是花朝节的特色食品，人们采摘新鲜的花瓣，和着糯米粉，与家人一起动手做，更有节日气氛。做好后，邻里之间互相馈赠，增进友情。

**食撑腰糕：蒸食年糕，祈祷身体健康**

撑腰糕，其实就是普普通通的米粉做的糕，即用糯米粉制作成扁状、椭圆形，中间稍凹，如同人腰状的塌饼。上海、浙江等地在花朝节家家蒸食年糕，以隔年糕油煎食之，以求腰板硬朗，耐得住劳作，故称“撑腰糕”。

## 春分主要民俗：吃春菜、竖蛋、放风筝、吃太阳糕

**春分吃春菜——家宅安宁，身强力壮**

春分时节，正是吃春菜的最好时期。春菜，顾名思义，是春天的蔬菜。昔日岭南四邑（现在加上鹤山为五邑）开平苍城镇的谢姓人家，有个习俗，叫作“春分吃春菜”。“春菜”是一种野苋菜，乡人称之为“春碧蒿”，多是嫩绿的，约有巴掌那么长。逢春分那天，全村人都去采摘春菜。采回的春菜一般与鱼片“滚汤”，名曰“春汤”。清润可口，能清热降火、生津润燥，是有特色的简易靓汤，且男女老少皆宜。有顺口溜道：“春汤灌脏，洗涤肝肠。阖家老少，平安健康。”春分吃春菜寓意家宅安宁、身强力壮。

**“春牛图”——寓意丰收的希望**

春牛图是我国古时一种用来预知当年天气、降雨量、干支、五行、农作物收成等资料的图鉴。春分到时，便出现挨家挨户送春牛图的现象，春牛图是将二开红纸或黄纸上印上全年农历节气以及农夫耕田的图样。送图者都是些民间善言唱者，主要说些春耕和吉祥不违农时的话。每到一家都会即景生情，见啥说啥，说到主人乐而给钱为止。言辞虽随口而出，却句句有韵动听。俗称“说春”，说春人便叫“春官”。春牛图在人们心目中寓意着丰收的希望，幸福的憧憬以及对风调雨顺的祈求。它是民间最常见的吉祥图案，也是千百年来一直为人们喜闻乐见、长盛不衰的绘画内容。

**春分“竖蛋”——庆贺春天的来临**

我国春分“竖蛋”的风俗起源于4000年前，当时是为了庆祝春天的来临。春分竖蛋，不仅在我国流行，现在每年春分，世界其他地区也会有数以千万计的人做竖蛋游戏，这一中国习俗已经演变为“世界游戏”。

**春分之日明清皇帝在日坛“祭日”**

祭日仪式原为中国古代的祭奠仪式，表达人们对太阳的崇敬之情。周代时期，春分之日就有祭日仪式了。《礼记》中记载：“祭日于坛”。孔颖达疏：“谓春分也。”祭日风俗代代相传。清潘荣陛《帝京岁时纪胜》中记载：“春分祭日，秋分祭月，乃国之大典，士民不得擅祀。”明、清两代皇帝春分日祭祀太阳就在日坛。日坛坐落在北京朝阳门外东南，日坛路东，又名朝日坛。朝日定在春分的卯刻，每逢甲、丙、戊、庚、壬年份，皇帝亲自祭祀，其余年岁由官员代祭。

祭日活动虽然比不上祭天与祭地典礼的隆重，但仪式规模也颇大。明代皇帝祭日时，有奠玉帛，礼三献，乐七奏，舞八佾，行三跪九拜大礼。清代皇帝祭日礼仪有迎神、奠玉帛、初献、亚献、终献、答福胙、车馔、送神、送燎等九项议程，也颇为隆重。

**古人栽“戒火草”——防备火患**

梁代宗懔撰写的《荆楚岁时记》中记载，南北朝时，江南人们在春分这天在屋顶上栽种戒火草，认为如此就整年不必担心有火灾发生了。从古代民俗角度看，此类说法不仅反映出古时候人们已经具有防备火患的意识并且非常重视，也体现了人们对平安生活的美好期望。

戒火草，即景天，《本草纲目》中有记载，有慎火、戒火、辟火等异名，相传是火灾的克星。《荆楚岁时记》记载，春分那天，“民并种戒火草于屋上”。明代《群芳谱》中记载，景天“南北皆有，人家多种于中庭，或盆栽置屋上，以防火”。像这样的风俗也常见于地方志，例如安徽《歙县志》中记载：“谨火，即慎火，一名景天……有盆养屋上以避火者。”

传说仙人掌也有“辟火”作用。清乾隆年间《泉州府志》说：“戒火，一名仙人掌，形如人掌，人家以罐植之屋上，云可御火灾。”古人纳入“火灾克星”的还有树木，如江苏泰州民俗，认为黄杨辟火。赣东北地区民俗，开水塘、种樟树以防火灾。还有些地方在门前插柳条来防范火患。

**农历二月十九——观音诞辰**

佛教传说观音菩萨的诞辰日是农历二月十九，因此，信徒们称这一天为“观音诞辰”，并且在此日要以各种形式庆祝或祈祷菩萨保佑，放生是观音诞辰日的重要活动之一。以前上海的老城隍庙和新城隍庙内都有放生池，在庙宇附近的花鸟市场有商贩销售大量的乌龟、活鱼，专门供放生使用。

**春分酿美酒——祈求庄稼丰收**

我国大部分地区都有春分日酿酒的习俗。例如北京、天津、河北、山东、山西、浙江等地。浙江《于潜县志》记载，当地“春分造酒贮于瓮，过三伏糟粕自化，其色赤，味经久不坏，谓之‘春分酒’”。在山西陵川，这天不仅要酿酒，还要用酒醴祭祀先农。春分之日各地纷纷酿酒，据说不仅仅是当日酿酒日后会更加香醇，而且春分之日酿酒会使当年庄稼收成好。

**粘雀子嘴：避免雀子破坏庄稼**

春分之日，民间多数人家要歇一天，不干农活。家家户户吃汤圆，除了家里人吃的汤圆外，还要做二三十个不用包心的汤圆并煮好，用细竹叉扦着置于室外田边地坎，名曰粘雀子嘴，免得雀子来破坏庄稼。传说田间地头放了粘雀子嘴，雀子老远看见了就会吓得飞跑了。

**春分时节小孩、大人比赛放风筝**

春分时节也是人们放风筝的最好日子。特别是春分当天，小孩、大人齐上阵，处处洋溢着春天的气息和人间的欢乐。

**春祭：声势浩大的祭祖活动**

春祭其实就是在春天到来的时候，人们用隆重的仪式祭祀，希望在新的一年里国泰民安、风调雨顺，寄托了人们的美好向往。

客家历代春分祭祖活动中有一项重要的传统习俗就是给新生下的男婴取名。凡是本族当年生下的男婴俗称“新丁”，其父母必须于春分祭祖这一日，带上族中规定数量的新丁“喜应米果”或糍粑以及红蛋、饼干、糖果，早早来到祖祠内拜请族长为孩子取名。给新丁取名必须由族长严格按族规统一字辈。为了避免重名，族长把全族男丁的名字按辈分编订成册。每临春分祭祖这日，族长来到祖祠，端坐厅间，逐一为新丁查阅辈分取名。同时，将新丁名字登记入册，并在新丁名字上盖上印子。全部新丁取名完毕，族长就把饼干、糖果集中交付族中辈分最大、年纪最老的长者，让其站在祖祠大厅内高高的桌子上，撒发给全体参加春祭活动的人。新丁取名程序、场面既严肃，又轻松，一片欢声笑语，其乐融融。

**吃太阳糕：感恩太阳的光和热**

历朝历代祭祀太阳神的活动可以说就没有停止过。过去春分有祭祀太阳神的活动，直至今天，祭祀太阳神的活动仍然可见，因为太阳把它的光和热恩赐于人类及万物，所以人们对想象中的太阳神极为虔诚。民间祭祀的仪式虽远不及皇家那样隆重，但也非常严肃，一丝不苟。早年北京人祭祀太阳神所用的主要供品是“太阳糕”。这是一种用大米面和绵白糖蒸成的圆形小饼儿，上面印着一只朱红的金鸡（传说中的鸡神）在引颈长啼，仿佛呼唤天下之鸡齐鸣，为人间报晓。《燕京岁时记》中记载：“二

# 春分时节主要民俗习惯

## 吃春菜

春分时节，一些地方有“春分吃春菜”的习俗，春菜通常指一种野苋菜，鲜嫩翠绿，清热降火。

## 送春牛图

春牛图是我国古时的一种农用图鉴。图上印有全年农历节气和农夫耕田的图样。民间春分时节送春牛图寓意风调雨顺、庄稼丰收。

## 春祭

春分之日，很多家族会在祖祠摆开祭祖仪式：杀鸡、做糍粑、做米果、请鼓手、备祭品、烧火做饭等，准备祭祖宴。早饭用过，祭祖活动开始，主祭人就会随着司仪声声吆喝，带领众族人朝着祖牌频频叩首祭拜。

## 竖蛋

为了庆祝春天来临的一种游戏，竖立起来的蛋儿好不风光。故有“春分到，蛋儿俏”的说法。

## 吃太阳糕

太阳糕又叫作“小鸡糕”。传说清宫门外有一家专做年糕的“袁记斋”小店，“袁记斋”年糕上都打着小鸡红戳，叫“小鸡糕”。一日慈禧太后想吃，送年糕进宫那天，恰逢二月初一“太阳节”。“太阳节”是祭祀太阳神的日子，慈禧看见年糕上朱红的小鸡非常高兴，便说：“鸡神引颈长鸣，太阳东升，真是吉祥！”遂将年糕命名为“太阳糕”。

## 放风筝

五颜六色的风筝有王字风筝、鲢鱼风筝、眯蛾风筝、雷公虫风筝等，其大者有两米高，小的也有两三尺。放风筝的场地上一般都有卖风筝的，也可以自己现买材料现场制作。手里攒的，地上拉的，空中飞的，到处都是风筝，你追我赶比赛放风筝。时而笑，时而哭，时而有风筝飞起，时而有风筝坠落。

月初一日，市人以米面团成小饼，五枚一层，上贯以寸余小鸡，谓之‘太阳糕’，都人祭日者买而供之，三五具不等。”制作的太阳糕上为什么要站个小鸡呢？据说太阳从汤谷升起，有一扶桑树，一只玉鸡站立于上，每逢太阳冉冉升起时，它就打鸣报晓，随之民间的公鸡也报晓。也有人说那不是小鸡，是凤凰。《诸神的起源》中记载，凤是指风神，凰是太阳，结合起来，凤凰即太阳的象征。锦上添花，太阳糕上再站立着一只凤凰好像更好些。

## 春分饮食养生：燕子归来，平衡阴阳

### 春分时节，饮食忌大寒大热

春分时节，饮食方面要遵循阴阳平衡原则。由于春分时节阴阳均分，日常饮食要能够保持机体功能的平衡协调稳定。忌偏食，要么常吃大寒食物，要么常吃大热食物，这些饮食习惯弊端较多。可以多食些菜花、莲子和牛肚。菜花可以强身健体，抵抗流感；莲子可以稳固精气、强健体魄、滋补虚损、祛除湿寒；牛肚可以滋养脾胃、补中益气。另外，还可以将寒、热之食物合理搭配食用，例如，把寒性食物鱼、虾和温性食物葱、姜、醋等调料搭配，以中和鱼、虾之寒。还可以将补阳和滋阴的食物搭配食用，例如，可以将助阳的韭菜和滋阴的蛋类搭配。这样饮食既可以将寒性食物和热性食物相中和，又可以保证各种食物营养的合理摄取，避免了偏食等情况的发生。

### 滋养肝血可适当吃些鸭血

鸭血具有滋养肝血功效，并且容易被消化吸收，适宜在春分时节食用。鸭血挑选以颜色暗红、无腥臭、无异味、弹性良好、掰开后内无蜂窝状气孔为佳。烹调时应搭配葱、姜、辣椒等佐料以去腥味。由于其胆固醇含量较高，因此不宜多吃，适可而止。

◎菠菜鸭血羹

【材料】鸭血150克，菠菜250克，葱白3克，香油、盐、味精、植物油各适量。

【制作】①鸭血洗净，切块。②菠菜去根，淘洗净，切段。③葱白洗净，切葱花。④锅内加适量水，放入菠菜，开火煮至九成熟，放入鸭血块，加入植物油、葱花、盐、味精、香油，大火煮沸即可食用。

**春分时节养肝、护肝**

春天肝气旺盛而升发，中医认为，春天是肝旺之时，趁势养肝可避免暑期的阴虚。在食物中，鸡肝、鸭血和菠菜都有滋养肝脏的功效。

鸡肝

鸡肝可以温补养肝，亦可以温补脾胃。

鸭血

鸭血营养丰富，是春季养肝佳品。

菠菜

菠菜有滋阴润燥、补肝养血之功效。

**缓解压力宜食 B 族维生素食物**

春分是精神疾病高发期，这个时期我们可以选择一些可以缓解压力、调节情绪的富含 B 族维生素的食物。B 族维生素包括维生素 $B_1$、维生素 $B_2$、维生素 $B_6$、维生素 $B_{12}$、烟酸、泛酸、叶酸等。这些 B 族维生素是推动体内代谢，把糖、脂肪、蛋白质等转化成热量时不可缺少的物质。如果缺少维生素 B，则细胞功能马上降低，引起代谢障碍，这时人体会出现怠滞等症状。情绪容易激动、易生气的人可选择富含 B 族维生素的食品，主要有猪腿肉、大豆、花生、里脊肉、火腿、黑米、鸡肝、胚芽米等富含维生素 $B_1$ 的食品；动物肝脏、牛奶、酵母、鱼类、蛋黄、榛子、菠菜、奶酪等富含维生素 $B_6$、维生素 $B_{12}$ 的食品。

◎猪肝菠菜粥

【材料】猪肝 80 克，菠菜 120 克，大米 100 克，盐、姜丝、葱丝各适量。

【制作】①猪肝淘洗干净，切成薄片。菠菜淘洗干净，去根，切段。大米淘洗干净，冷水浸泡 30 分钟。②砂锅中加入冷水，放入大米，大火烧开后，改小火煮成稀粥。③加入猪肝片、菠菜段、姜丝、葱丝、盐，搅匀。④煮至猪肝熟透，即可食用。

### 疏通血脉可食用菠菜

菠菜具有疏通血脉、利五脏、解毒、防春燥之功效，是春分时节饮食养生的首选蔬菜。菠菜挑选以根部颜色浅，梗部红且短，叶子新鲜、无黄色斑点且有弹性者为上品。食用前最好先用沸水烫软，捞出再炒。菠菜与海带、水果等碱性食品一同食用，能促使草酸钙溶解并排出，以防止结石。但是不宜多吃，适可而止。

## 春分药膳养生：健身美容、消肿明目

### 润泽肌肤、调经止痛，食用松子玉米鹌鹑汤

松子玉米鹌鹑汤的药膳功效不但可润泽肌肤、调经止痛，而且还具有美白补湿、行气活血的功效。

**◎松子玉米鹌鹑汤**

【材料】松子仁75克，玉米棒2只，鹌鹑4只，猪瘦肉150克，陈皮1块，盐、冷水适量。

【制作】①鹌鹑去毛、去内脏，洗干净。玉米去皮去须，洗净切段。松子仁漂洗干净。陈皮用清水浸透。猪瘦肉洗干净沥干水。②瓦煲内倒适量冷水，先用文火煲至水开，然后放入全部材料。③待水再滚起改中火继续煲2小时左右，放盐调味即可。

### 健身益寿可食用首乌肝片

首乌肝片是一道四川传统名菜，有补肝益肾、养血祛风之功效。

**◎首乌肝片**

【材料】鲜猪肝250克，首乌液20毫升，木耳20克，青菜叶少许，葱、姜、味精、酱油适量。

【制作】①猪肝洗干净、切片。②取少量首乌液（首乌液可用新鲜首乌榨汁，或用干首乌浓煎成汁）、盐、淀粉拌匀，放入烧热油中滑熘。③放入木耳、青菜叶、剩余的首乌液、葱、姜、味精、酱油等炒熟即可食用。

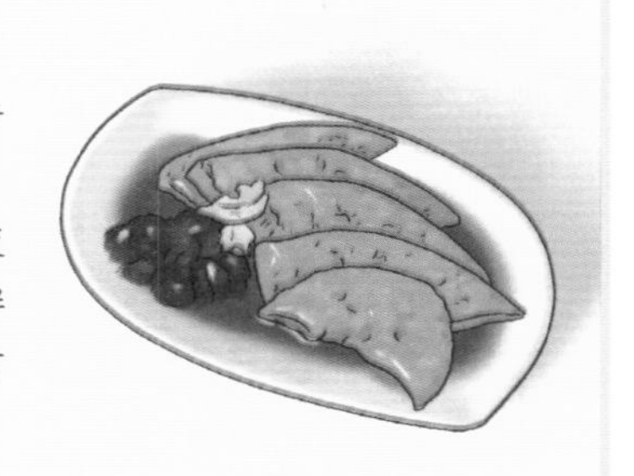

### 利尿消肿．通脉下乳，食用嫩豆腐鲫鱼羹

嫩豆腐鲫鱼羹不但具有利尿消肿、通脉下乳之功效，而且还具有益气健脾、消热解毒之功效。

#### ◎嫩豆腐鲫鱼汤

【材料】嫩豆腐500克，鲫鱼肉200克，玉米2大匙，鸡蛋1个，姜丝、香菜、盐、淀粉适量。

【制作】①嫩豆腐、鲫鱼肉切成丁。鸡蛋打散、香菜切小段。②锅内加水，煮沸后加入豆腐、鲫鱼肉、玉米。③放盐调味，再以水淀粉勾芡，淋上蛋液，撒上姜丝及香菜。

### 养脑明目，增强体质，食用双耳爆海螺

#### ◎双耳爆海螺

【材料】木耳100克，榆耳100克，海螺肉250克，青椒、红椒各半个，葱白1根，姜片少许，盐、鸡粉、料酒、红油适量。

【制作】①木耳、榆耳切成小块，青、红椒切片，葱切段。②海螺肉切成十字，入沸水中稍微汆烫。③炒锅中注入油，放入葱段、青红椒片、姜，旺火爆香后，放入螺肉、榆耳、木耳及调料快速爆炒，淋红油，出锅即可食用。

### 温中行气、散血解毒，食用姜韭牛奶羹

姜韭牛奶羹温中行气、散血解毒，且适用于胃寒型胃溃疡、慢性胃炎、胃脘痛、呕恶者。

#### ◎姜韭牛奶羹

【材料】生姜25克，韭菜250克，牛奶250克（或奶粉2汤匙，加水适量）。

【制作】①韭菜除去杂质、黄叶，洗净切碎。生姜洗净切碎。②将韭菜、生姜捣碎绞汁，放入锅内加入牛奶，加水适量，将锅置于火上烧沸即可食用。

## 春分起居养生：杀菌、除尘

### 屋内适量养花，能够杀菌、除尘

春分时节气候适宜病菌的繁殖和传播，是流行性疾病的高发期。日常生活中要注意经常打开门窗通风，最好能种一些花草，花草既可给居住环境增添春意，又能杀菌、提高空气质量。

在居住环境中种些花草有不少好处，但要注意花草植物也会释放二氧化碳，如屋内植物过多，会造成二氧化碳过量。因此屋内养花一般以每个房间 2 ~ 3 盆为限。

适合室内养殖的花草及益处

| | |
|---|---|
| 1 | 吊兰能够有效净化房间里的空气 |
| 2 | 常春藤的叶子可以有效地吸收粉尘 |
| 3 | 丁香花释放的特殊香气，可以有效地杀灭各种病菌，起到预防传染病的效果 |
| 4 | 仙人掌晚上可以释放氧气。增加空气中氧气和负氧离子的浓度，提高人们的睡眠质量 |
| 5 | 薰衣草的香味具有镇静安神的功效，对改善心率过速有很好的辅助作用 |
| 6 | 桂花的芳香味道可解除抑郁、去除污秽，对改善狂躁型精神病有较好的功效 |
| 7 | 菊花的香气可起到清热疏风，改善头晕、头痛、感冒以及视物不清等症状 |
| 8 | 玫瑰的花香可疏肝解郁，是缓解肝胃气痛的最佳花草 |

### 居室布置舒适有序，有助身心健康

春分时节，暖湿气流比较活跃，冷空气活动比较频繁，因此，阴雨天气较多。将居室安排得舒适而有序，对身心的健康也很有益处。比如将客厅布置得温和舒畅；将卧室布置得温馨适意；饭厅注重色彩搭配，会唤起人的食欲；将阳台布置成一个小花园，清香四溢，悦人心目。

## 春分运动养生：锻炼身体，增强抵抗力

### 锻炼身体要注意卫生保健

春分时节是一个易于滋生细菌的节气，因此在锻炼身体时要注意卫生保健。早晨的气温比较低，有时还会有雾气，室内外温差悬殊，人体骤然受冷，容易患伤风感冒，还会使哮喘病、支气管炎、肺心病等病情加重，所以锻炼时最好选择在太阳升起后再到户外运动为宜。此外还要加强防寒保暖，春分时节气候多变，户外锻炼时衣着穿戴要适宜，随时注意防寒保暖，以免出汗后受凉，更不要在大汗淋漓后脱下衣服或在风口处休息。锻炼身体出汗后，一定要及时用干毛巾擦掉身上的汗水；另外还要及时穿好御寒衣服做好保暖，以免风寒感冒。

### 锻炼身体前要做好热身运动

热身是指让身体热起来，以微微出汗为准。要针对不同的锻炼，采取不同的热身方式。锻炼前经过各种形式的热身运动后，就不用过分担心锻炼的过程中会出现肌肉拉伤、抽筋等情况。

锻炼身体前怎样做好热身运动

| | |
|---|---|
| 年轻人 | 运动前慢跑让身体微微出汗，根据锻炼内容针对性地活动关节，热身时间在 15 分钟以上 |
| 老年人 | 热身应先慢走让身体热起来，再做些简单的体操，热身时间要保持在 10 分钟以上 |
| 打篮球 | 针对手指、手腕、膝盖、脚踝等部位热身，双手互压手指韧带，向不同的方向转动手腕，前后跨步压腿以及蹲起 |
| 打网球 | 针对小臂和腰部进行热身，最好的方式是做拉伸和绕环动作 |
| 打乒乓球 | 针对手腕、肱二头肌和肱三头肌进行热身，手腕、脚腕的绕环和拉伸运动最适宜 |
| 打羽毛球 | 要注重肩、背肌肉的热身，最适宜的方式是压肩、拉背等 |
| 跑步、走路 | 加强双腿热身，热身运动可以以脚踝绕环、下蹲抻拉等为主 |

**锻炼身体要警惕肌肉扭伤**

春分时节锻炼身体要防止肌肉扭伤。人们都知道，关节是靠肌肉和韧带来保护的，冬季气温低，肌肉、韧带的柔韧性较差，对关节的保护力度会有所减弱，所以运动中只要磕着、碰着一点儿，就会造成损伤，容易发生骨折。然而到了春季，随着温度的升高，肌肉弹性增加，骨折的情况很少出现，但是人们往往运动热情过于高涨，会加大运动强度、挑战极限，或者忽视了运动前的热身，肌肉缺乏对突然提高运动强度姿势的适应，就会出现扭伤，因此在春分时节锻炼身体要量力而行，应循序渐进增加锻炼强度和难度，并且还要做好锻炼前的热身，警惕肌肉扭伤。

**放风筝：缓解压力，愉悦身心**

春分时节，地气上升，在风和日丽的大自然中放风筝可享受很好的日光浴、空气浴。放风筝有助于人体的内热疏泄，增强体质。跑跑停停的肢体运动可增强心肺功能，增强新陈代谢等养生功效。

**认识误区：运动出汗越多越好**

日常生活中，有不少人以为运动出汗越多，健身效果就会越好，其实这是一个很不科学的观点。现实中有的人稍微一运动就满头大汗，有的人运动很长时间却没有出汗或者很少出汗，这到底是什么原因造成的呢？一般来说，出汗多少与运动强度相关，运动强度越大，出汗越多，反之越少。另外，每个人的身体状况不一样，所以出汗多少也与个人的身体情况有关；汗腺数量越少，出汗也越少；反之则越多。体质好的人，肌肉发达，耐力好，即使进行大量运动也轻而易举，不会觉得特别累，出汗就相对较少；体质不好的人，不善于运动，稍微一动就会累得直喘粗气，出汗也就相对较多。运动前饮水的多少也会影响出汗量，运动前饮水越多，运动中越容易出汗。运动后，对于少量的出汗，可以不必太在意；但是对于大量的出汗，应该引起重视。因为大量出汗使体液减少，如果不及时补液，可导致血容量下降，心率加快，排汗率下降，散热能力下降，体温升高，机体电解质紊乱和酸碱平衡紊乱，引起脱水。脱水导致机体的一些主要器官生理功能受到影响，如心脏负担加重、肾脏受损。钠、钾等电解质的大量丢失可导致神经肌肉系统障碍，引起肌肉乏力、肌肉痉挛等症状。脱水还会使运动能力下降，产生疲劳感等症状。

可见，运动锻炼不是出汗越多越好。尤其是春分前后运动更不宜太剧烈，出汗过多损伤人体正气，由于春分时节严寒基本上已过去，各种病邪也随之滋生，也有可能出现连续阴雨和倒春寒。此时人体气血运行在肌肤体表，一些旧疾就会发出来，如气管炎、哮喘、关节炎、多年的筋骨关节软组织劳损疼痛等容易复发。年老或体弱者，患有心脑血管病、胃肠道病以及失眠、焦虑、抑郁等情志疾病的人此时更不容掉以轻心。春分时节运动一定要适度，不宜过分剧烈以致大汗淋漓，造成出汗过多导致津液的大量丢失，而损伤人体正气。

## 与春分有关的耳熟能详的谚语

### 春分麦起身，雨水贵如金

在春分时节，我国大多数地区降雨量稀少，多干旱天气，“春分麦起身，雨水贵如金”等说法是把这时节的雨水比作黄金般的贵重之物，表现出农家期盼下雨的心情。另有相类似的农谚为“春雨贵如油”。以陕西为例，此时平均气温已回升到9℃以上，返青后的冬小麦正在拔节，已全面进入了积极生长阶段。冬小麦拔节时期也是冬小麦的小穗分化后期的孕穗期。也即农家所说的“胎里富”的关键期。如果此时水肥充足，天气晴好，冬小麦的小穗便分化得好，小穗多，即农家所讲的“麦山”多。“麦山”多，麦穗就大，每穗的颗粒就多，这便为冬小麦奠定了高产丰收的基础。如果这时天气干旱，肥料就不能充分利用，就会导致小麦因吸收不到足够的养分而“先天不足”，农户对此的说法叫“胎里贫饥”，这样的小麦在后期会分化不好，麦穗不大，每穗的颗粒也少，从而造成减产。因此在春分时节，如果冬小麦拔节的时候遇上天气干旱的情况，有灌溉条件的地区应及时浇灌，无灌溉条件的麦田要做好中耕保墒工作。也就是说这个时期一定要浇好小麦拔节水，而且更要注意施好肥。

### 春分麦梳头，麦子绿油油

此句是渭北麦区的一条谚语，意思是说春分时节要耙地，就像梳理头发一样，麦苗便可以长得更好。其原因是，渭北多旱，地墒较差，这时冬小麦正普遍返青，在这时候杂草往往也趁机疯长起来。各种因素都影响着冬小麦的生长。因此有必要对麦田进行全面的耙耱整理，可对土地起到镇压与疏松的作用。麦田经耙耱后，可以将土壤深处的墒提上来供返青苗应用；经过一番耙耱，表土变得疏松，还有助于保墒；另外，经耙耱还能起到镇压作用，可以促使分蘖节壮实，使拔节后的麦秆健壮；再有，新生的杂草幼苗因为根浅，很容易将其耙出并消灭掉，这样可以避免杂草与小麦苗争夺水分和养料。从而可保证小麦苗的正常返青与生长。

### 春分有雨家家忙，先种豆子后育秧

此句是陕南的一条农谚。每年春分时节，陕南日平均气温上升至10 ~ 12℃时，汉江两岸较暖和的地区便开始了早春播种。这个地区的豆类作物多种于坡地和田楱上。豆类的种子发芽需要充沛的地墒。发芽出苗时需要足够的水分，其水分吸收率在100%以上，也就是说其发芽时种子吸收的水分相当于种子本身重量的一倍以上，因此雨后应及时趁墒播种豆类。而水稻育秧，是在秧母田中育秧，水稻育秧对温度的要求比豆类要高，秧母田的最低温度要求以 18 ~ 22℃为宜，比豆类种子发芽所需的温度高 4 ~ 5℃。因此，春分逢雨以后，应尽早趁墒播种豆类，待豆类播种完后，气温又有所提升，然后再播种稻谷育秧。

**春雨似油，春雪似毒**

此句谚语多流传于陕北、渭北一带。意思是开春后，开始返青的冬小麦、油菜等过冬作物需要充沛的水肥，以满足其日益加快的生长发育需求，此时降下的春雨除了可以增加农田水分，还能够有效改善地墒状态，使正返青、起身的农作物水分养料充足，以保证农作物的正常生长。

在冬小麦已经返青即将拔节的春分季节，如果突遇北方强寒潮天气，降雪次数较多，雪量较大，覆盖冬小麦的雪较厚而迟迟不能融化的话，将会导致小麦苗无法正常进行光合作用，因而就不能按时返青拔节，甚至会致使小麦苗窒息而死。这就是“春雪似毒”的道理。如遭遇这种状况，可以酌情给麦田撒些草木灰以加速其吸收热量，促使雪尽快融化，同时，这样做也给农田增加了钾肥。

# 第 5 章
# 清明：气清景明，清洁明净

“清明”是二十四节气之一，清明的意思是清淡明智，中国广大地区有在清明之日进行祭祖、扫墓、踏青的习俗，逐渐演变为华人以扫墓、祭拜等形式纪念祖先的一个中国传统节日。另外还有很多以“清明”为题的诗歌，其中最著名的是唐代诗人杜牧的七绝《清明》。

人们常说：“清明断雪，谷雨断霜。”时至清明，华南气候温暖，春意正浓。但在清明前后，仍然时有冷空气入侵，甚至使日平均气温连续 3 天以上低于 12℃，造成中稻烂秧和早稻死苗，所以水稻播种、栽插要避开暖尾冷头。在西北高原，牲畜受严冬和草料不足的影响，抵抗力弱，此时需要严防开春后的强降温天气对老弱幼畜的危害。

## 清明气象和农事特点：春意盎然，春耕植树

### 清明时节的景色：阳光明媚，柳绿桃红

清明时节，气温转暖，草木萌动，天气清澈明朗，万物欣欣向荣。自从进入春天以来，“立春”春意萌发，迎来“雨水”，到“惊蛰”地气回升，蛰虫启户始出，进入到“春分”的滚滚春雷，到达“清洁而明净”的清明时节，历经了两个月的时间。这时春天的景色是阳光明媚，柳绿桃红，群山如黛，百鸟啼鸣，生机无限。《月令七十二候集解》说：“三月节，物至此时，皆以洁齐而清明矣。”“满阶杨柳绿丝烟，画出清明二月天”“佳节清明桃李笑”“雨足郊原草木柔”等句，正是清明时节天地物候的生动描绘。此时，东亚大气环流已基本实现从冬到春的转变。

### 清明前后清爽温暖，农家开始植树造林，春耕大忙

清明时节，除了东北和西北地区外，大部分地区的日平均气温已升至 12℃以上，大江南北、长城内外，到处是一片春耕大忙的景象。这个节气，春阳照临，春雨飞洒，种植树苗成活率高，成长快。因此，自古以来，我国就有清明植树的习惯。因而有人还把清明节叫作“植树节”。

相传汉高祖刘邦因多年在外征战，无暇回故乡，直到他做了皇帝之后才回乡祭祖，但却一时找不到父母的坟墓。后在群僚的帮助下才在乱草丛中找到一块破旧的墓碑，于是便命人修坟立碑，并植以松柏做标志。恰巧这天正是农历二十四节气中的清

明，刘邦便根据儒士的建议，将清明定为祭祖节。此后每逢清明，他都要荣归故里，举行盛大的祭祖、植树活动。后来此习流传民间，人们便将清明祭祖与植树结合在一起，逐渐形成了一种固定的民俗。到了唐代，清明踏青与清明插柳的民俗十分盛行。插柳原意是指人们身上插戴柳枝的一种行为，但在田野踏青和坟茔祭祖的过程中，人们往往会将柳枝往坟头或地上一插，柳便成活，无意之中也起到了植树的作用。当然，清明插柳还有另外一层含义，那就是纪念晋人介子推。到了唐代，由于清明、寒食两节相邻，人们为了祭礼方便，就将两节合而为一，于是寒食插柳、植柳的风俗便演变为清明插柳与植柳的风俗。从此以后，代代流传。直到 1979 年 2 月，为了纪念孙中山，也为了营造优美的生态环境，响应绿化祖国的号召，除大力提倡清明植树的民俗活动外，又制定了全民义务植树日，将 3 月 12 日定为植树节，从而使民间的插柳、植柳习俗又有了新的社会意义。使植树造林活动更加广泛地开展起来。清明时节，黄淮以南的小麦即将孕穗，油菜花已经盛开了，东北和西北地区的冬小麦也进入拔节期。该时节，应抓紧搞好后期的肥水管理和病虫防治工作。北方的旱地作物、江南早中稻进入大批耕种的适宜季节，要抓紧时机抢晴早播。清明时多种果树，进入花期，要注意搞好人工辅助授粉，提高坐果率。华南地区的早稻栽插扫尾，耘田施肥应及时进行。各地的玉米、高粱、棉花也要抓住有利时节及时耕种。

**清明时节雨纷纷，适时春灌防春旱**

清明时节，我国大部分地区进入了真正的春季。但此期间的天气，南方与北方好似两重天，北方干燥少雨，南方湿润多雨。诗人杜牧所说的“清明时节雨纷纷”一般是指我国南方春季的锋面降水现象。4 月的江南雨日大多数在 16 天左右，雨量在 100 毫米以上，部分地区雨量还要更多。这时天气常常时阴时晴，充沛的水分一般可满足作物生长的需要。但令人烦恼和不能忽视的，是雨水过多导致的湿渍和寡照的危害。而黄淮平原以北的广大地区，清明时节降水仍然很少，对开始旺盛生长的作物和春播来说，水分常常供不应求，此时的雨水显得尤为宝贵，这些地区很有必要在蓄水保堤的同时，适时做好春灌、防止春旱的准备工作。

## 清明农历节日：清明节和寒食节

清明节在仲春与暮春之交。《历书》中记载：“春分后十五日，斗指丁，为清明，时万物皆洁齐而清明，盖时当气清景明，万物皆显，因此得名。”中国汉族传统的清明节大约始于周代，已有两千多年的历史。由于寒食节与清明节日期相近，自唐代以后，与祭祀祖先亡灵以及郊游扫墓活动，逐渐融会成为一个节日，民间也有把清明节称为寒食节、禁烟节的，甚至还有“寒食清明”的说法，因此寒食节和清明节一样，

## 清明节、寒食节主要民间风俗习惯

### 扫墓

清明节

清明节是我国的传统节日，也是扫墓祭祖的重要日子。清明这天，人们带着果品、酒食、纸钱等物品到墓地，为亲人供祭食物，焚化纸钱，并给坟墓培上新土，插上嫩绿的柳枝，然后在坟前叩头行礼祭拜，表达对已故亲人的尊敬和怀念。

### 踏青

清明节

踏青又称作春游，古时叫探春、寻春等。踏青习俗传说远在先秦时已形成，也有说始于魏晋。据《晋书》描述，每年春天，人们都要结伴到郊外游春赏景，至唐宋尤盛。据《旧唐书》记载："大历二年二月壬午，幸昆明池踏青。"由此可见，踏青的习俗早已流行。到了宋代，踏青之风盛行。至今民间仍保持着清明踏青的风俗。

### 清明蛋

清明节

清明吃鸡蛋，已经有几千年的历史了，这一习俗在隋唐时期最为盛行。吃鸡蛋源于古代的上祀节，人们为了婚育求子，将各种禽蛋煮熟并涂上各种颜色，称之为"五彩蛋"，并将五彩蛋投入河里，顺水冲下，让下游的人争相捞取、剥皮而食，认为食后便可孕育。现在清明节吃鸡蛋象征团圆，在一些地方，清明吃鸡蛋同端午节吃粽子、中秋节吃月饼一样重要。清明蛋有"画蛋"和"雕蛋"两种，"画蛋"是在蛋壳上染上各种颜色，"雕蛋"则是在蛋壳上雕镂彩画。民间还流行一种说法，扫墓时将白煮蛋在墓碑上打碎，蛋壳丢在坟上，象征"脱壳"，表示生命更新，后代子孙皆出人头地。

### 禁火、吃冷食

寒食节

寒食节亦称"禁烟节""冷节""百五节"，在夏历冬至后105日，清明节前一两日。寒食节家家禁止生火，都吃冷食。寒食食品包括寒食粥、寒食面、寒食浆、青粳饭及饧等。

也有荡秋千、蹴鞠等丰富多彩的娱乐活动。

**清明节：祭祖和扫墓的日子**

清明节是我国的传统节日，也是最重要的祭祀节日，是祭祖和扫墓的日子。扫墓俗称上坟，是祭祀死者的一种活动。汉族和一些少数民族大多是在清明节扫墓。按照旧的习俗，扫墓时，人们要携带酒食果品、纸钱等物品到墓地，将食物供祭在亲人墓前，再将纸钱焚化，为坟墓培上新土，再折几根嫩绿的柳枝插在坟上，然后叩头行礼祭拜，最后吃掉酒食或者收拾供品打道回府。清明节又称作踏青节，在每年的阳历4月4日至6日之间，正是春光明媚草木吐绿的时节，也正是人们春游（古代叫踏青）的好时候，所以古人有清明踏青，并开展一系列民间活动的习俗。

传说大禹成功治水后，人们就用“清明”之语庆贺水患已除，天下太平。此时春暖花开，万物复苏，天清地明，正是春游踏青的好时节。踏青早在唐代就已开始，历代承袭成为习惯。踏青除了欣赏大自然的春光美景之外，还开展各种娱乐活动，丰富民间生活。

清明节还有很多饮食习俗，如清明吃鸡蛋，吃清明粿，吃青团等。

扫墓其实是清明节前一天，原来的寒食节的主要活动内容，寒食节相传起于晋文公悼念介子推一事。唐玄宗开元二十年诏令天下，“寒食上墓”。因寒食与清明相接，后来就逐渐传成清明扫墓了。明清时期，清明扫墓更为盛行。古时扫墓，孩子们还常要放风筝。有的风筝上安有竹笛，经风一吹能发出响声，犹如筝的声音，据说风筝的名字也就是这么来的。清明节去扫墓，不少人在先祖亡亲墓前垂泪，沉痛表示对已故人的尊敬与怀念。

**寒食节：纪念介子推**

寒食节也称作“禁烟节”“冷节”“百五节”，在清明节前一两日。寒食节，禁烟火，只吃冷食。并在后世的发展中逐渐增加了祭扫、踏青、秋千、蹴鞠等风俗，寒食节前后绵延两千余年，曾被称为民间第一大祭日。寒食节的具体日期，古俗讲究在冬至节后的105天。现在山西大部分地区是在清明节前一天过寒食节。榆次县等少数地方是在清明节前两天过寒食节。垣曲县还讲究清明节前一天为寒食节，前两天为小寒食。过去的春祭在寒食节，直到后来改为清明节。但是韩国仍然保留在寒食节进行春祭的传统活动。

寒食节的来源最早是源于远古时期人类对火的崇拜。古人的生活离不开火，但是，火又往往给人类造成极大的灾害，于是古人便认为火有神灵，要祀火。各家所祀之火，每年又要止熄一次。然后再重新燃起新火，称为改火。改火时，要举行隆重的祭祖活动，将谷神稷的象征物焚烧，称为人牺。随后便慢慢形成了后来的禁火节。

寒食禁火吃冷食的习俗，还源于纪念春秋时晋国介子推。当时介子推与晋文公重耳流亡列国，割股（大腿）肉供晋文公充饥。文公复国后，介子推不求利禄，与老母归隐绵山。文公焚山以求之，子推坚决不出山，与其母抱树而死。文公深为痛惜，厚葬子推母子，为子推修祠立庙，并下令于子推焚死之日全国禁火寒食，以寄哀思，后相沿成俗。

寒食节有许多习俗，例如上坟、郊游、斗鸡子、荡秋千、打毬、牵钩（拔河）等。寒食节是山西民间春季最为重视的一个节日，山西介休绵山被誉为“中国寒食清明文化之乡”，每年举行声势浩大的寒食清明祭祀（介子推）活动。山西民间禁火寒食的习俗活动一般为一天，只有部分地区习惯禁火三天。寒食节这天，晋南地区民间习惯吃凉粉、凉面、凉糕等。晋北地区习惯吃炒奇（即将糕面或白面蒸熟后切成骰子般大小的方块，晒干后用土炒黄）。一些山区则习惯吃炒面（将五谷杂粮炒熟，拌以各类干果脯，磨成面装进面袋），吃炒面有的徒手抓着吃，有的用开水冲成汤喝。

寒食节这一天，是小孩子梦寐以求的一天，他们可以玩面食，可以在这一天用面制作自己喜爱的小动物，让大人放进锅里蒸熟。因为这一天大人们要用蒸寒燕来庆祝节日。用面粉制作大拇指大小的飞燕、鸣禽及走兽（牛、羊、马等）、瓜果、花卉等有趣的馒头，蒸熟后着色，插在酸枣树的针刺上面，或者作为供品，或者装点室内。

**彩蛋：在鸡蛋上染画颜色的民间工艺**

在鸡蛋上染画颜色是河北、湖南等地区寒食节的一种趣味游戏。宋代陈元靓《岁时广记》卷十五引《邺中记》记载：“寒食日，俗画鸡子以相饷。”南朝梁宗懔《荆楚岁时记》也曾记载：“古之豪家，食称画卵。”到了隋时有将鸡蛋染成蓝、红等颜色，犹如雕镂，或辗转互相赠送，或放在菜盘和祭器里的习俗。这些民间工艺，早已走向市场商品化，深受海内外客户欢迎。

**斗鸡子：撞鸡蛋游戏**

斗鸡子就是一种互相比赛雕鸡蛋和画鸡蛋的技艺，或者互相撞击的民间游戏（鸡子，即鸡蛋）。南朝梁，寒食节时，民间就已经有斗鸡、镂鸡子活动了。到隋代更为流行，近代演变为撞鸡蛋游戏，也就是把煮熟的鸡蛋或鸭蛋放在一起互相撞击，谁的蛋没有碎，谁就是胜者，可以参加下一轮的比赛游戏。

## 清明主要民俗：祭扫、蹴鞠、荡秋千、拔河

**祭扫：纪念祖先、先烈的节日**

清明节是中国三大祭祀节日（清明节、中元节和寒衣节）之一，是和祭祀天神、地神的节日相对而言的。清明节是传统的纪念祖先的节日，其主要形式是祭祖扫墓。

# 清明时节主要民间风俗习惯

## 祭扫

清明祭祀根据所在的现场不同可以分为两种，即墓祭、祠堂祭。富贵大户人家多修祠堂为堂祭，皇家则建立自己的祖祠，比如明朝、清朝的祖祠称太庙，就是现在天安门东面的劳动人民文化宫。民间多以墓祭为主，清明墓祭常常被称为扫墓。

## 蹴鞠

蹴鞠就是用脚去踢一种用皮革制成的球，是最早的足球活动。蹴鞠是古代清明时节人们喜爱的一种游戏，球在众人足下来回转换，十分有趣。

## 荡秋千

秋千是中国古代北方少数民族创造的一种运动，后逐渐成为清明、端午等节日的民间体育活动，并流传至今。

## 拔河

清明时节，我国民间有举行拔河比赛的习俗。拔河是人数相等的双方对拉一根粗绳以比较力量的对抗性体育娱乐活动。拔河起源于中国的春秋战国时期。唐宋以后，拔河渐在民间盛行。

古往今来，人们普遍习惯在清明节扫墓，包括许多海外游子总是赶在清明节前回国给祖先扫墓。这大概是因为冬去春来，草木萌生。人们想到先人的坟茔，是否有狐兔在穿穴打洞，是否因雨季来临而塌陷，所以要去亲自察看。在祭扫时，给坟墓铲除杂草，添加新土，供上祭品，燃香奠酒，烧些纸钱，或在树枝上挂些纸条，举行简单的祭祀仪式，例如磕头、作揖、说些吉利话，或者给去世的长辈汇报这一年来家里发生了什么大事，或是如何妥善料理以及不要挂念等，以表示对去世者的关心和怀念。

清明祭祀的方式和项目因地区而异有所不同，最为常见的做法有两种：

一是修缮坟墓，挂烧纸钱。

二是堂祭供奉祭品，举行仪式。供品主要是美味佳肴，或者适合时令的特色点心等。

清明扫墓不光纪念自己的祖先和去世的亲人，也纪念在历史上为民建功立业、做过善事的人物。清明节祭扫烈士墓和革命先烈纪念碑，早已成为进行革命传统教育的重要形式之一。

**烧包袱：家属从阳世寄往“阴间”的邮包**

清明祭扫仪式原本应该亲自到墓地去举行，但是有的家庭的墓地在远郊区，早上去墓地晚上也赶不回来；还有一部分人远在他乡无法返回原籍。因此祭扫的方式也就因地制宜了。实在去不了墓地的，就在祠堂或家宅正屋设供案，或者在院子外面，或者在家门口，或者河边“烧包袱”。旧时北京清明祭祖的主要形式是“烧包袱”。“烧包袱”是祭奠祖先的主要形式之一。所谓“包袱”，亦作“包裹”，是指家属从阳世寄往“阴间”的邮包。过去，南纸店有卖所谓“包袱皮”，即用白纸糊一大口袋。有两种形式：一种是用木刻版，在周围印上梵文音译的《往生咒》，中间印一莲座牌位，用来写上收钱亡人的名讳。另一种是素包袱皮，不印任何图案，中间只贴一蓝签，写上亡人名讳即可，亦做主牌用。“包袱”里的冥钱种类繁多，常见的有以下几种：

冥钱种类

| | |
|---|---|
| 1 | 大烧纸，就是在白纸上印上 4 行圆钱，每行 5 枚 |
| 2 | 冥钞，这是人间有了纸币之后仿制的，上面印刷有“天堂银行”“冥国银行”和“地府阴曹银行”等字样 |
| 3 | 假洋钱，用硬纸做心，外包金银箔，压上与当时市面流通的银圆一样的图案 |
| 4 | 用红色印在黄表纸上的往生咒，成一圆钱状，故又叫“往生钱” |
| 5 | 用金银箔叠成的元宝、锞子，有的还要用线穿成串，下边缀一彩纸穗等 |

过去的日子里，不论富裕还是困难户都有烧包袱的习惯。祭祀时，在祠堂或家宅正屋设供案，将包袱放于正中，前设水饺、糕点、水果等供品，烧香秉烛。全家依尊卑长幼行礼后，即可于门外焚化。焚化时，画一大圈，按坟地方向留一缺口。在圈外烧三五张大白纸，称作“打发外祟”。

**折柳赠别——祝颂平安**

西汉、唐两代定都长安，长安成为全国政治、经济、文化的交流中心，官员商旅去关东各地及地方官员、外国使臣进入长安，都必须路经灞桥。灞桥一带，堤长十里，一步一柳，绿柳成荫，景色宜人，自汉以来，送行者皆至此桥，折柳与行人赠别，长此以往，人们潜移默化形成折柳赠别的习俗。或曰为祝颂平安，或曰“柳”与“留”字音相谐，取眷恋之情、殷勤挽留之义。杨柳是春天的标志，在春天中摇曳的杨柳，总是给人以欣欣向荣之感，“折柳赠别”就蕴含着“春常在”的祝愿。古人送行折柳相送，也寓意亲友离别去他乡正如离枝的柳条，希望亲友到新的地方，就像柳枝一样能够很快地生根发芽，随处可活。这是一种对亲友的美好祝福。

**荡秋千：增进健康，培养勇敢精神**

清明节荡秋千是由来已久的风俗。秋千的历史相当古老，最早叫千秋，后为了避及某些方面的忌讳，改为秋千。那时的秋千多用树丫枝为架，再拴上彩带做成。后来发展为用两根绳索加上踏板的秋千。荡秋千不仅可以增进健康，还可以提高胆量。荡秋千传承至今，还为人们所喜爱。

**拔河：最早叫“牵钩”“钩强”**

拔河兴起于春秋后期，盛行于军旅之中，后来流传到民间。拔河最早叫“牵钩”“钩强”，唐朝开始叫“拔河”。拔河是人数相等的双方对拉一根粗绳以比较力量的对抗性体育娱乐活动。现代一般的拔河方法是：在地上画两条平行的直线为河界，由人数相等的两队在河界两侧各执绳索的一端，闻令后，用力拉绳，以将对方拉出河界为胜。据说唐玄宗时曾在清明时举行大规模的拔河比赛。从那时起，拔河便成为清明习俗了，并流传至今。

**蹴鞠：最早的足球活动**

蹴鞠本来特指一种古老的皮球，球面用皮革做成，球内用毛塞紧。由于蹴鞠运动的影响逐渐广泛，蹴鞠也就成了蹴鞠运动的代名词。蹴鞠是古代清明节时人们喜爱的一种游戏。

2004 年年初，国际足联确认足球发源于中国，蹴鞠是有史料记载的最早的足球活动。《战国策》描述了两千多年前的春秋时期，齐国都城临淄举行蹴鞠活动，《史记》

记载了蹴鞠是当时训练士兵、考察兵将体格的方式之一。

**拜“城隍爷”：天旱求雨，出门求平安**

清明节拜“城隍爷”，就是在清明之日去城隍庙烧香、叩拜、求签、还愿和问卜，在明、清、民国时老北京有七八座城隍庙，香火亦以那时最盛。城隍庙里供奉的“城隍爷”，是那时百姓除灶王爷、财神爷外最信奉的神佛。城隍庙在每年的清明节开放时，人们纷纷前往求愿，为天旱求雨（多雨时求晴）、出门求平安等诸事焚香拜神，那时庙内外异常热闹，庙内有戏台演戏，庙外商品货什杂陈。曾经有一首民谣：“神庙还分内外城，春来赛会盼清明，更兼秋始冬初候，男女烧香问死生。”所说的就是清明节拜“城隍爷”的习俗。据说在民国初时还有举办，人们用八抬大轿抬着用藤制的“城隍爷”在城内巡走，各种香会相随，分别在“城隍爷”后赛演秧歌、高跷、五虎棍等，边走边演，所经街市观者如潮。传说“城隍爷”出巡主要是为地方消灾解厄，趋吉避凶。

**标祀：祭扫完毕，在坟前或坟头做的标记**

标祀又称作“清明吊子”。清明吊子是清明节人们扫墓祭祖、寄托哀思的一种特殊载体，指清明扫墓祭扫完毕，在坟前或坟头做的标记。每年清明节，各家各族祭扫完毕，往往在墓前或坟头上插一根用竹子或柳条做的标杆，表示已经有过祭祀。标杆上有的人家会糊些长条白纸，有的人家会挂些楮钱，有的人家既糊白纸又挂楮钱。借此表达生者对生与死的慰藉，是人们寄托哀思的一种方式。

**纸钱：送给先人在阴间用的货币**

纸钱又称作“挂纸”“挂钱”。清明扫墓时，人们将携带的纸钱有的烧掉；有的悬挂起来，如浙江平湖、湖北咸宁和恩施等地，用竹悬纸钱插在墓上，称作“标墓”；在福建永泰，白纸剪成条挽在树枝或草上；在四川长寿，用白纸剪作幡形插在坟头，称作“挂青”。“纸钱”据史书记载，一共有三种：

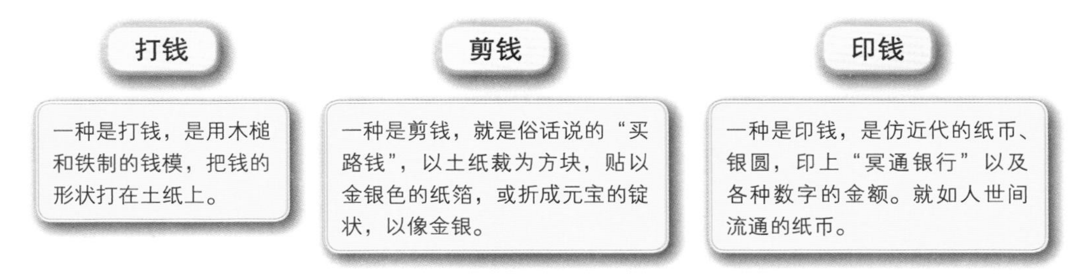


纸钱的产生，源于古人笃信灵魂不灭的主观意识，认为有天堂和地下两个世界，就要给去世的亲人或朋友在天堂或地下世界消费使用的纸币。

**清明馃：一种小吃，寓意粮食丰收、耕作顺利**

清明馃是一种时令风味小吃，并且因为颜色青翠而称“青馃”，浙江部分地区的孩童、妇女在清明这天提篮携筐，纷纷外出采集野荠、青蓬，回家浸泡在水中，再捞起去汁、切碎和入糯米粉中，揉成面团，做青馃。清明馃呈三角形，所以又叫三折（角）馃。清明馃分青馃和白馃，青馃的馅多用芝麻红糖，咬一口又糯又香，白馃的馅多用咸菜豆腐，整个制作过程分揉粉、切馃、做斗、装馅、合边、成形等步骤。看似简单的做馃程序，实际操作起来却有不少奥妙在其中。比如切馃的时候不用刀而用线，因为用刀切会留下铁的气味，只有用线切才能保持清明馃的独特风味。清明馃的形状各异，有做成羊、狗形状的，称为“清明羊”“清明狗”。有人将它制作成畚斗的形状，称为“畚斗馃”，寓意粮食丰收，有粮可装；还有人将它做成犁头的形状，寓意耕作顺利。

**清明饭：祛风祛湿、驱除肠道寄生虫**

清明时节，客家人要到野外踏青，顺便采摘些鲜嫩的苎叶、艾叶、白头翁、鱼腥草、鸡屎藤和使君子等青草，用于做青饭，俗称清明饭。清明饭具有一股特有的青草芳香，它性温，可祛风祛湿，如加入使君子叶，具有一定的药用保健功能，因而又称作药饭。清明饭最适合清明前后湿度大的时期食用，因此，清明节人人吃清明饭的习俗在客家地区代代流传至今。

**子福：上坟祭祖食品，祈求子孙有福**

子福是山西和陕西等地区的清明节汉族传统食品。用白面制成，内包枣子、豆子、核桃，外层放一个鸡蛋，周围盘几条面蛇，用蒸笼蒸熟即可。原来主要用于清明节上坟祭祖，祭坟时用一个大子福，叫“总子福”，祭完后分给家庭成员吃下。全家大人小孩每人还要再分一个小子福。出嫁的女儿娘家每年都要送一个子福，直至去世为止。新媳妇过第一个清明节，娘家特制一对上面捏有花鸟鱼虫的子福，送给女婿女儿每人一个。清明节送子福、吃子福，祈求子孙有福。

**吃鸡蛋：清明吃鸡蛋，隋唐时已盛行**

清明吃鸡蛋，已经有几千年的历史了，这个习俗在隋唐时盛行全国。吃鸡蛋，是源于古代的上祀节，人们为婚育求子，将各种禽蛋如鸡蛋、鸭蛋、鸟蛋等煮熟并涂上各种颜色，称“五彩蛋”，他们来到河边把五彩蛋投到河里，顺水冲下，等在下游的人争捞、剥皮而食，认为食后便可孕育。现在清明节吃鸡蛋象征团圆。在我国一些地方，清明吃鸡蛋就如同端午节吃粽子、中秋节吃月饼一样重要。

**吃发糕：清明吃发糕，象征发财、高升**

清明时节人们喜欢蒸发糕吃。发糕寓意“发财”“高升”。发糕是采用黏米碾成米浆，压干水分，打成糊状再加入发粉，蒸三四个小时制成的。所以蒸得是否够“发”够“高”，显得特别重要。人们判断发糕发得好坏，主要是看发糕表面的龟裂，龟裂的口子越深越大表示越发。发糕的来历还有一个鲜为人知的传说。

古时候，一位新媳妇在拌粉蒸糕时，不小心弄翻了搁在灶头上的一碗酒糟，眼巴巴看着酒糟流进米粉中，她急得直想哭，但是又不敢作声，怕遭到凶公婆的呵斥，硬着头皮把沾了酒糟的米粉揉好放在蒸笼里蒸。结果蒸出一笼松软可口发得很好的蒸糕，还有一股微微的酒香。新媳妇不但没有遭到公婆的责骂，反而受到夸奖。于是，一传十，十传百，家家户户都学会了蒸发糕。

**吃螺蛳：清明是采食螺蛳的最佳时令**

清明时节，春暖花开，潜伏在泥中的螺蛳纷纷爬出泥土。此时，正值螺肉肥美，螺蛳还未繁殖，壳中尚无小螺蛳，确实是采食螺蛳的最佳时令，故有“清明螺，赛过鹅”之说。螺蛳价廉物美，营养丰富，其肉质中钙的含量远远超越牛、羊、猪等肉，磷、铁和维生素的含量也比鸡、鸭、鹅要高。螺蛳食法很多，可与葱、姜、酱油、料酒、白糖同炒；也可煮熟挑出螺肉，可拌、可醉、可糟、可炝。螺蛳不仅是席上佳肴，而且也有药用功效。中医认为螺蛳味甘、性寒，具有清热、明目之功效。

## 清明饮食养生：注意降火、保护肝脏、强筋壮骨

**“降火”可适量吃些苦味食物**

清明时节由于沙尘、冷空气还会时常光顾，天气并没有像人们期望的那样很快转暖，餐桌上御寒食物也不会退出，羊肉、鸡汤、笋等易“发”食物仍然在日常饮食中占有很大的比例。因此，人们也很容易上火。此时，在饮食方面应该有所注意，尽量避免食用热性食物，例如荔枝、龙眼、榴梿等水果，还要注意少吃洋葱、辣椒、大蒜、胡椒、花椒等辛辣助火的食物。这些性热的食物同时还有“发散”的作用，经常食用，会“损耗元气”，导致气虚，从而降低人体免疫力。尤其是辛辣食物，多吃容易导致消化不良，还会对睡眠产生影响，引起皮肤过敏，甚至引发皮肤病。要想“降火”，人们还应该养成良好的生活习惯，规律作息，注意休息，多喝水或者清热败火的饮料，这样可以使体内的“火气”通过新陈代谢，从体液中排出体外。另外，味苦的食物有败火的功效，可适当选食。苦味的食物具有抗菌、解毒、去火、提神醒脑、缓解疲劳之功效。

苦味食物虽然可以降火、抗菌、解毒等，但是却不宜过量。苦味食物大多为寒凉

之物，由于清明时节气候还是多变的，寒流仍会随时光临，如果此时多吃凉性食物，恰好又遭遇寒流天气，结果无疑雪上加霜，引发胃痛、腹泻，老年人和儿童大多脾胃虚弱，更应该引起注意。另外，还有脾胃虚寒、大便溏泄（一般指水泻或大便稀溏）的病人也不宜吃苦味的寒性食品。

**清明时节宜少食竹笋**

清明时节正好是竹笋刚上市的时候，竹笋味道鲜美，许多人喜欢吃。竹笋虽然味美，但不宜多吃。

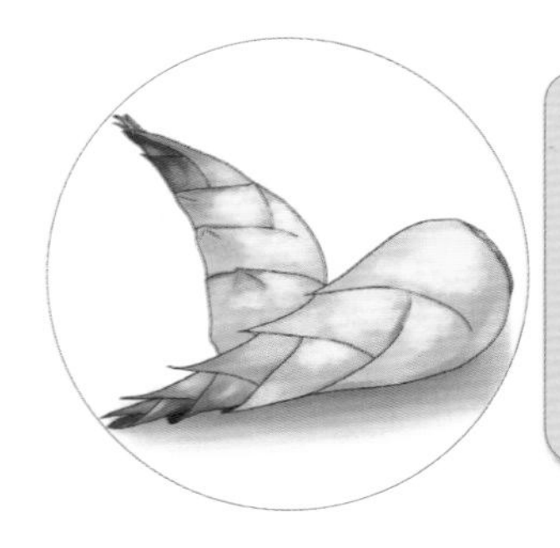

1. 由于竹笋性寒，滑利耗气，多吃会使人气虚。
2. 竹笋属于发物，有诱发慢性疾病的可能。
3. 吃笋可能引起咳嗽，从而诱发哮喘。
4. 竹笋中富含的粗纤维不易消化，很容易造成肠胃不适，甚至造成出血症状。

**保护肝脏宜多食银耳**

清明时节，保护肝脏宜多食些银耳。银耳具有保护肝脏、提高肝脏的解毒能力之功效，还具有提高人体抗辐射、抗缺氧能力的作用，是饮食养生滋补佳品。挑食银耳以颜色淡黄、根小、无杂质、无异味为上品。食用前最好先用开水泡发，每小时换一次水，换水数次，这样可以去除残留在银耳表面的二氧化硫；切记把未泡发的淡黄色部分丢弃，这一部分请勿食用。还要注意冰糖银耳含糖量很高，睡前不宜食用，否则会增加血液黏度。另外，当天吃不了的银耳就扔掉，因为隔夜的熟银耳会产生影响人造血功能的有害成分，因此，泡发银耳切勿提前把第二天用的也一起泡发出来。

**◎芙蓉银耳羹**

【材料】鸡蛋3个，水发银耳100克，盐、味精、胡椒粉、水淀粉适量。

【制作】①鸡蛋打开倒入碗中，把蛋液打匀，加入清水和盐，调匀，上笼蒸成蛋羹。②银耳择洗干净。③锅内倒入清水，下入银耳，大火煮10分钟。④放入胡椒粉、盐、味精调味，用水淀粉勾芡，淋在蛋羹上即可食用。

### 强筋壮骨、延年益寿可吃些鲇鱼

鲇鱼刺少、肉质细嫩、营养丰富，并具有强筋壮骨、延年益寿的养生功效。清明时节，鲇鱼肥美可口，最宜食用。挑选鲇鱼以头扁嘴大、外表光滑、黏液少者为佳。将鲇鱼开膛破肚处理干净，清洗后放入沸水中烫一下，再用清水洗净，可以去除鲇鱼体表的黏液。由于鲇鱼的鱼卵有毒，因此鲇鱼开膛破肚处理时一定要将鱼卵清理干净，否则容易中毒。

强筋壮骨、延年益寿也可以吃些蒜香鲇鱼。

**◎蒜香鲇鱼**

【材料】蒜瓣适量，鲇鱼 1 条，豆瓣酱、植物油、料酒、盐、葱段、姜片、泡椒段、白砂糖、酱油、醋、水淀粉、醪糟汁、高汤等适量。

【制作】①鲇鱼开膛破肚处理干净，清洗后切成段。蒜瓣放入碗中，加盐、料酒、高汤，上笼蒸熟。②炒锅放入植物油烧热，放入鲇鱼炸至表面金黄。原锅留底油，放入豆瓣酱炒红，倒入高汤，大火烧沸。③放入鲇鱼和全部调料，大火煮沸，小火熬煮至鱼熟入味。再放入蒸好的蒜瓣，烧至汁浓时，将鱼捞出。④锅中原汁加醋、葱段、水淀粉勾芡，浇在鲇鱼上即可食用。

## 清明药膳养生：滋肾养阴、降压安神

### 养肝明目、滋肾养阴，饮用猪肝枸杞鸡蛋汤

**◎猪肝枸杞鸡蛋汤**

【材料】枸杞子 15 ~ 20 克，猪肝 100 克，盐、调味品适量。

【制作】①把猪肝洗净，切成薄片，撒入适量淀粉，加少许盐、调味品搅拌，腌制片刻。②把枸杞子洗净备用。③锅中倒入水煮开后，加枸杞子和腌好的猪肝，大火煮沸即可。

### 滋阴润燥、益精补血，食用红辣椒爆嫩排骨

红辣椒爆嫩排骨不仅具有滋阴润燥、益精补血之功效，而且还能够促进食欲、健胃。

### ◎红辣椒爆嫩排骨

【材料】干红辣椒150克，鲜嫩排骨300克，姜1块，葱3根，酱油、高汤各2大匙，醪糟1大匙，白糖半小匙，水淀粉1大匙，香油1小匙，花椒粒半大匙，淀粉2大匙，鸡蛋1个，鸡精适量。

【制作】①排骨洗干净剁成小块沥干水分，加入淀粉、鸡精、鸡蛋拌均匀，腌制片刻。姜切成片，葱切成段。②锅中倒入油烧热，放腌制好的排骨快速过油，捞出沥干。③爆香花椒、干红辣椒、姜片、葱，加入酱油、高汤、醪糟、白糖及排骨拌炒均匀并煮开。淋水淀粉勾芡，再淋香油即可。

## 利水消肿、养血益气、防治骨质疏松，食用青小豆粥

青小豆粥具有利水消肿、养血益气、防治骨质疏松、补精填髓之功效。

### ◎青小豆粥

【材料】青小豆、小麦各30克，通草3克，白糖少许，水适量。

【制作】①通草淘洗净放入锅内，倒适量水煎煮13分钟，滤渣，留汁备用。②小麦洗干净，放入锅内，倒入适量水，放入通草汁、青小豆、白糖，大火烧沸，改用小火煮熟成粥即可食用。

## 补肾健脾、滋润肤肌，食用天冬猪皮羹

天冬猪皮羹具有补肾健脾、滋润肌肤之功效，也可以治脾肾不足、精神亏损，对皮肤干燥、弹性降低、皱纹早现有改善功效。

### ◎天冬猪皮羹

【材料】天冬50克，干猪皮100克，香菇20克，丝瓜15克，枸杞10克，鸡蛋1个，生姜5克，色拉油8克，盐3克，味精2克，白糖1克，水淀粉25克，清汤3000克，冷水适量。

【制作】①枸杞漂洗干净，用温水浸泡变软。生姜去皮，切成小片。鸡蛋打入碗内，捞出蛋黄，将蛋清搅匀备用。猪皮用冷水浸透，切成丁。香菇泡发变软，去蒂切成丁。丝瓜洗干净，去皮切成丁。②水烧开，放入猪皮丁、香菇丁，氽烫去其异味，捞出用冷水冲洗干净。③炒锅里倒上色拉油，放入姜片爆香，注入清汤，加入猪皮丁、枸杞、天冬、香菇丁、丝瓜丁，放入盐、味精、白糖，用中火煮透，下水淀粉勾芡，倒入鸡蛋清，即可食用。

**温中补虚，降压安神，食用家常公鸡**

家常公鸡具有温中补虚、降压安神之功效，适合于高血压、冠心病、营养不良、术后康复期食用。

◎家常公鸡

【材料】公鸡250克，芹菜75克，冬笋10克，辣椒20克，高汤30克，姜、豆瓣酱、白糖、酱油、料酒、醋、食盐、淀粉、味精和植物油适量。

【制作】①公鸡肉切成小块，用开水焯后捞出备用。②芹菜切成段，冬笋切细条，辣椒剁碎，姜切成末。③淀粉兑成湿粉，取一半和酱油、料酒、醋、盐放入同一碗内拌匀，另一半湿淀粉和白糖、味精、高汤调和成粉芡备用。④植物油倒入锅内加热，先煸鸡块至鸡肉变白，水分将干时放进冬笋、豆瓣酱、姜等，大火炒至九成熟，放入芹菜，随后倒入调好的粉芡，至熟起锅即可食用。

## 清明起居养生：返璞归真，拥抱大自然

**早睡早起，到树林河边散步**

清明时节气温逐渐升高，雨水也慢慢增多，在此节气中，人尽量不要在家中待得太久。俗话说：“久视伤血，久卧伤气，久坐伤肉，久立伤骨，久行伤筋。”因此，建议大家应该早睡早起，因为进入清明时节，冬季落叶的树木已萌发出新的叶芽，没有落叶的针叶树木，也绽放出新绿，一片翠绿会让空气显得更新鲜，可以到有树木的地方进行一些体育锻炼。

**郊外踏青，徜徉于绿草之中**

清明时节，郊外到处都显现出欣欣向荣、生机勃勃的春的美景。红灿灿的太阳，湛蓝的天空，嫩绿的小草，绿油油的麦苗，粉色的桃花，随风摆动的柳梢，特别是一朵朵、一簇簇、一片片黄绿相间的油菜花，在春风里昂首怒放，展示着迷人的风姿，花丛间飞舞着色彩斑斓的蝴蝶和蜜蜂，沁人心脾的油菜花香弥漫于空气之中，让人心旷神怡，春天的颜色真是五彩缤纷，就像一幅油画。此时可见徜徉于绿草之中，流连于迷人的春色，是一种绝美的生活享受，郊外更加亲近大自然，空气清新，没有污染，在这里漫步，就等于进入了天然氧吧，尽情地呼吸新鲜空气。其实，人类的健康长寿，除多种因素外，还有赖于新鲜的空气。生活在森林和海滨的人们，由于经常呼吸到含负离子较多的清新空气，所以细胞生命力活跃，老化期推迟，体内新陈代谢加快，机体抗病能力增强。

## 清明运动养生：量力而行活动身体

### 因人而异选择合适的运动场地

人们夜间睡眠排出的大量二氧化碳，厨房内残留的烟油，从户外飘进来的粉尘，还有人们从外边回来携带在身上、脚上的尘埃，都会污染室内的空气。因此，室内是不适合人们进行锻炼的。而繁华的街道，或者靠近工厂和建筑工地的地方充满汽车的废气、沙土、飞尘，会把空气严重污染，更不是体育锻炼的好场所。只有走出家门，到室外有树木的地方去活动才合适。树木、花草，特别是在清明时节生长茂盛的树草，有净化空气，吸附灰尘，调节温度、湿度及过滤噪声的功能。因此，有树木花草的地方，大多是空气新鲜而又安静的地方，加之这里鸟语花香的自然景色，能够使人心旷神怡、平心静气地从事各种锻炼活动，取得更好的健身、健美效果。

如今，城市建设注重以人为本，绿地、公园、道路绿化带日益增多，人们锻炼身体的场所也越来越多，面积也越来越大，设施也越来越先进了，一般小区各种健身器材基本上应有尽有。清明时节，夜雨尤多，每天清晨空气湿润清新，这个时候，到绿地、公园里、树林河边去散步进行运动，是一个不错的选择。

### 运动要适度，注意卫生和保暖

运动要适度

春季，人们往往感到精神不振、四肢无力，很困乏，总觉得没有睡好，即为“春困”。在这种情况下，参加锻炼不能一下子进入活动高潮，一定要做充分的准备活动，循序渐进，不能因为气温合适而使运动的时间不规律和运动的时间过长。

运动时要注意卫生和保暖

春季的气温暖和，也是细菌繁殖的高峰季节。疾病的传播也很活跃。所以，在运动过程中要更加重视个人的卫生，及时洗澡、勤洗衣服；运动中或运动后不能立即去吹风或冲凉水澡，防止感冒等疾病危害健康；另外，不要暴饮暴食，以免突然增加肠胃的负担，导致肠胃病。

## 与清明有关的耳熟能详的谚语

### 清明刮坟土，庄稼汉真受苦

清明时节，若遭遇风沙天气，农作物就会受害，农民就要受苦。因为风沙对农业生产危害很大，沙尘覆盖在植株的叶上、花上，使农作物呼吸受阻，使果树的花不能正常受粉，作物不能正常进行光合作用。严重时将会导致农作物、果树减产。遇到大的风沙天气，小面积的作物可以覆盖防沙网；对大面积的农田或果园来说，就没有什么很好的办法了。如果作物、果树上落了沙尘，有条件的可以喷水冲沙，千万不能扫沙或拉沙；否则，将损伤植株，得不偿失。

### 二月清明一片青，三月清明草不生

一般来讲，一年二十四个节气，在公历中的时间每年大致都是确定的，但在阴历中的日期却变化很大。清明节在公历 4 月 5 日或 6 日，在常年是阴历三月初。如果碰到有闰月的阴历年，很可能在阴历二月初。那么，阴历二月行的是公历 4 月的天气；阴历三月行的是公历 5 月的天气，比平年的二月三月，要暖得多了，所以有“二月清明一片青，三月清明草不生”之说。

### 清明要晴，谷雨要雨

清明时期，正值春播农作物出苗的关键时期。各种农作物的种子都需要一定的气温或地温才能发芽出苗。如棉花要求日平均气温稳定在 12℃以上，玉米要求稳定在 10℃以上，豆类要求气温稳定在 8℃以上。温度达到了它们所需要的指标，才能保证它们顺利地发芽出苗。这段时间如果天气晴好，气温、地温势必较高，出苗较快。若遇上阴雨天气，甚至“倒春寒”，气温下降，气温太低，甚至降到所需要的指标以下，春播农作物的种子则会发芽出苗困难，水稻育秧也可能会产生烂秧现象。所以说“清明要晴”。谷雨时节过后，各种春播农作物也正值幼苗期，它们需要扎根发苗。同时冬小麦也正值拔节孕穗的阶段，都需要充足的水分，因此便是“谷雨要雨”。

# 第 6 章

# 谷雨：雨生百谷，禾苗茁壮成长

谷雨，顾名思义就是播谷降雨，同时也是播种移苗、埯瓜点豆的最佳时节。每年4 月 19 — 21 日，当太阳到达黄经 30° 时为谷雨。谷雨时雨水增多，十分有利于禾苗茁壮成长。谷雨是春季最后一个节气，谷雨节气的到来意味着寒潮天气基本画上句号，气温攀升的速度不断加快。

## 谷雨气象和农事特点：气温回升，谷雨农事忙

### 谷雨时节气温回升雨量多，空气湿度大

谷雨时节，华南暖湿气团开始活跃起来，大部分地区的平均气温逐渐回升，空气湿度也随之加大。西风带活动频繁，导致低气压和江淮气旋逐渐增多。受其影响，南方的气温高达 30℃以上，而且大部分地区的雨量开始增多。将会迎来每年的第一场大雨，降雨量 30 ~ 50 毫米，空气湿度大，这对水稻的栽插十分有利。有些地区降雨量不到 30 毫米，需要采取灌溉措施，减轻干旱的影响。北方地区的桃花、杏花等已开放，杨絮、柳絮四处飞扬，呈现出一片花香四溢、柳飞燕舞的美好景象。气温虽然已经转暖，但是早晚还是比较凉。西北高原山地仍处于旱季，降水量一般 5 ~ 20 毫米。

### 大江南北的农民忙于播种丰收的“希望”

谷雨时节正是农村风风火火忙碌的时候，农民朋友们正在希望的田野上播种着自己的“希望”。

北方地区的冬小麦正处在生长期，要特别注意防旱防湿，预防锈病、白粉病、麦

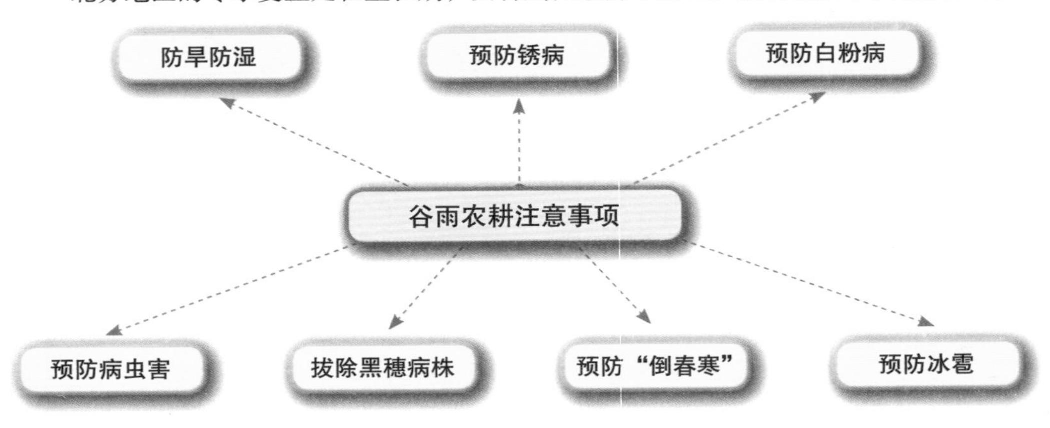

蚜虫等病虫害，要拔除黑穗病株，同时要做好预防“倒春寒”和冰雹的准备工作。种植玉米的农家已经开始耕地、施肥、播种，防止土蚕的侵害。

有些地方开始种植棉花。有些地方开始种黄豆、杂豆、土豆、花生、地瓜、茄子等。在管理田间的同时，农民也在加强猪、马、牛、羊的饲养，希望六畜兴旺。

江南地区，人们正在忙着耕田、施肥、插秧、育苗，准备种水稻。茶农们在忙着采收春茶、制茶，可谓是万里碧绿、千里飘香；蚕农们开始加强春蚕的饲养管理。

## 谷雨农历节日：上巳节——招魂续魄，临水宴宾和求子

上巳节是中国汉族古老的传统节日，俗称三月三，该节日在汉代以前定为三月上旬的巳日，后来固定在夏历三月初三。夏历三月初三为上巳日。上巳节又名元巳、除巳、上除。春秋时的郑国，人们每到这一天，会在溱、洧两水之上招魂续魄，秉执兰草，进行祓（祓，古时一种除灾求福的祭祀）除不祥的习俗活动。

**曲水流觞：一种饮酒赋诗的游戏活动**

曲水流觞又称作“九曲流觞”，是中国古代流传的一种饮酒作诗的游戏。上巳节人们举行祓禊仪式之后，大家坐在河渠两旁，在上游放置觞，觞顺流而下，停在谁的面前，谁就取觞饮酒，同时赋诗一首。觞可以悬浮于水，另有一种陶制的杯，两边有耳，称为“羽觞”，羽觞比木杯重，玩时放在荷叶或木托盘上。

曲水流觞的来历有一个千古佳话。据说永和九年三月初三上巳日，晋代有名的大书法家、会稽内史王羲之偕亲朋谢安、孙绰等 42 人，在兰亭修禊后，举行饮酒赋诗的“曲水流觞”活动。这次活动作诗 37 首，活动中，有 11 人各成诗两篇，15 人各成诗一篇，16 人作不出诗，各罚酒三觥。王羲之将大家的诗集起来，用蚕茧纸，鼠须笔挥毫作序，乘兴而书，写下了举世闻名的《兰亭集序》。这次上巳修禊，诞生了天下第一行书，还为后世形成了一道独特的文化景观，王羲之也因此被人尊为“书圣”。

晋代以后，上巳节举办的这个“曲水流觞”活动逐渐流传到民间。南朝梁宗懔《荆楚岁时记》记载：“三月三日，士民并出江渚池沼间，为流杯曲水之饮。”宋代黄朝英《靖康湘素杂记》中也有这方面的记载。到了清代，宫廷中限制在亭子里举行，亭内地面上人工筑造一条弯曲折绕的流水槽，众人环坐槽边，浮杯于上，做曲水流觞的游戏，称为“流杯亭”。如今北京潭柘寺、故宫、中南海等处都还保留有“流杯亭”的建筑。清代以后这个习俗逐渐消失。

**戴荠菜花：祈祷身体健康**

谷雨时节，野菜已经生发，田间地头，房前屋后，处处都可以找到荠菜，荠菜可

## 上巳节主要民间风俗习惯

### 曲水流觞

曲水流觞，是中国古代在上巳节非常流行的一种游戏。

### 戴荠菜花

农历三月初三，民间有戴荠菜花的风俗。男子佩戴于胸前，女子戴在发髻，用作装饰。民间传说，唐代薛仁贵投军，夫妻十年后相会，其妻头插荠菜花，后相沿成俗。

### 欢会游春

人们在上巳节不但要游春踏青，对于青年男女来说，这一天也是约会谈情的好日子。

### 高禖祈子

在上巳节，祭祀高禖是非常重要的一项活动，上巳节也因此成为全民求子的节日。

以说是遍地开花。戴荠菜花是上巳节非常重要的习俗活动，传说戴上以后晚上睡得特别香甜，流传全国。有民谣说："三春戴荠菜花，桃李羞繁华""三月三，荠菜花儿赛牡丹"。妇女戴荠菜花，在江苏武进叫作"驱睡"；在湖南龙山，叫作"辟疫气"。在山西虞乡，女子们都要到郊外采摘荠菜，叫作"斩病根"。在江西上饶，认为这样可以在夏秋时节避免蚊虫叮咬。在江苏苏州，将荠菜花称作"眼亮花"，女子们将花戴于发际，祈求眼睛明亮，不生眼疾等。

**欢会游春：青年男女结伴对歌，私订终身**

上巳节是青年男女固定的欢会时节。节日那天，青翠的大地上四处飘扬着欢歌笑语，青年男女们结伴尽情地对歌，互赠信物，在清新的水湄山阿私订终身。

**高禖祈子：源自春秋古俗，对生命的崇拜**

在上巳节整个活动中，要说最重要的活动当属祭祀高禖，即祭祀管理婚姻和生育之神。

传说上巳祈子习俗源自春秋古俗，是一种对生命的崇拜。传说媒神姓高名辛，称高禖（媒）。高禖神掌管婚姻生育，又因古时祭祀高禖大多是在郊外，也有称“郊禖”的。最初的高禖，是女性，而且是成年女性，具有孕育状。事实上，远古时期一些裸体的妇女像具有非常发达的大腿和胸部，还有一个向前突出的大肚子，这是生殖的象征。在汉代画像化石中就有高禖神形象，还与婴儿连在一起。后来高禖形象有了很大的变化，如河南淮阳人祖庙供奉的伏羲，就是父权制下的高禖神。起初上巳节是一个巫教活动的节日，古人通过祭高禖、祓禊和会男女等活动，除灾避邪，祈求生育。自从汉代以后，上巳节虽然仍旧是人们求子的节日，但是已经演变成贵族炫耀财富和游春娱乐的盛会了。

## 谷雨主要民俗：赏牡丹、祭海、走谷雨、喝谷雨茶

**杀五毒：消灭害虫，盼望丰收与安宁**

谷雨时节民间流行禁杀五毒。谷雨以后气温升高，病虫害进入高繁衍期，为了减轻病虫害对农作物及人们的损害，农民一边进入田间消灭害虫，一边张贴谷雨贴，进行驱凶纳吉的祈祷。这一风俗习惯在山东、山西、陕西一带较为流行。

**赏牡丹：谷雨赏牡丹花**

河南洛阳是牡丹花的故乡，洛阳牡丹甲天下，每逢牡丹花会，无数游客云集洛阳观赏牡丹花开。牡丹盛开时节正值谷雨，所以人们又将牡丹花称为“谷雨花”，并衍生出“谷雨赏牡丹”的习俗。凡有花之处，就有仕女游观。也有在夜间垂幕悬灯，宴饮赏花的，号称“花会”。清代顾禄《清嘉录》记载：“神祠别馆筑商人，谷雨看花局一新。不信相逢无国色，锦棚只护玉楼春。”

**祭海：渔民举行海祭，希望海神保佑**

谷雨对于渔民而言，是一个十分重要的时节，谷雨节要祭海。谷雨正是春海水暖之时，百鱼行至浅海地带，是下海捕鱼的好日子。为了能够出海平安、满载而归，谷雨这天渔民举行隆重的海祭，祈求海神保佑渔民出海打鱼平安吉祥。所以，谷雨节也被称作渔民的“壮行节”。

祭海这一习俗在山东胶东、荣成一带仍然流行。祭海供品为去毛烙皮的肥猪一头，用腔血抹红，白面大饽饽十个。另外，还要准备鞭炮、香纸。

## 谷雨时节主要民间风俗习惯

### 禁杀五毒

谷雨时节，病虫害迅速繁衍，为了驱凶纳吉，农家一边进田灭虫，一边张贴谷雨贴。

### 喝谷雨茶

喝谷雨茶能清火、明目。南方有谷雨摘茶的习俗，谷雨这天人们会采摘新茶喝，以祈求健康。

### 赏牡丹

谷雨前后，牡丹花开，牡丹花也被称为“谷雨花”。谷雨期间，一些地方会举行牡丹花会，供人们赏玩游乐。

### 祭海

谷雨春海水暖，最宜捕鱼。渔民出海前会用贡品举行海祭，祈求海神保佑出海平安、满载而归。

**走谷雨：走出五谷丰登、六畜兴旺年成**

谷雨时节还有个稀奇古怪的风俗，庄户人家的大姑娘、小媳妇无论有事没事，谷雨这天都要到野外走一圈回来，或者走村串亲，或者到野外散散步，寓意与自然相融合，强身健体，称作“走谷雨”。她们这样做，意图走出一个五谷丰登、六畜兴旺的好年成。

**洗“桃花水”：传说用它洗浴可以消灾避祸**

“桃花水”即桃花汛，指谷雨时节桃花盛开江河里暴涨的水，传说用“桃花水”洗浴可消灾避祸。谷雨时节民间用“桃花水”洗浴，组织射猎、跳舞等庆祝活动。

### 喝谷雨茶：传说谷雨茶喝了会清火、明目

谷雨茶，是谷雨时节采制的春茶，又叫二春茶。春季温度适中，雨量充沛，加上茶树经半年冬季的休养生息，春梢芽叶肥硕，色泽翠绿，叶质柔软，富含多种维生素和氨基酸，使春茶滋味鲜活，香气怡人。谷雨茶除了嫩芽外，还有一芽一嫩叶或一芽两嫩叶的。一芽一嫩叶的茶叶泡在水里像展开旌旗的古代的枪，被称为旗枪；一芽两嫩叶则像一个雀类的舌头，被称为雀舌。谷雨茶与清明茶同为一年之中的佳品。谷雨茶，具有清火、明目等功效。因此，谷雨这天无论天气多恶劣，茶农们都会去采摘一些新茶回来加工成谷雨茶。一般谷雨茶价格比较高，冲开后水中造型美观，口感也不比清明茶逊色，一般的茶客通常喜欢追捧谷雨茶。

有经验的茶农们说，地道的谷雨茶是谷雨这天采的鲜茶叶做的干茶。谷雨茶在人们心目中的分量很重。

## 谷雨饮食养生：牡丹花开，除热防潮

### 喝粥、汤、茶等清除积热

谷雨时节，不少人感觉体内积热，很不舒服。此时食疗就是一个不错的选择，常用的食疗配方有竹叶粥、绿豆粥、酸梅汤或菊槐绿茶等，同时也可以搭配一些清热养肝的食物，如芹菜、荠菜、菠菜、莴笋、荸荠、黄瓜、荞麦等。有条件的也可以选择到郊外出游，呼吸一下大自然中的新鲜空气，有利于排出体内的积热，使人一身轻松。

如果感觉到体内积热症状比较严重了，那么就千万不要耽误了，尽快到正规的医院就诊，在大夫的指导下服用药物，遵照医嘱吃药打针清除积热。

### 谷雨郊游时要注意饮食卫生

谷雨时节，温度适中，是春季外出游玩的最佳时机。可是此时的温暖气候也非常适合各种病菌的生长和繁殖，食物容易变质霉烂，所以是各种肠胃疾病的高发期。另外，这个时间段昼夜温差较大，受凉后人们容易患上肠胃疾病。外出郊游时劳累奔走，

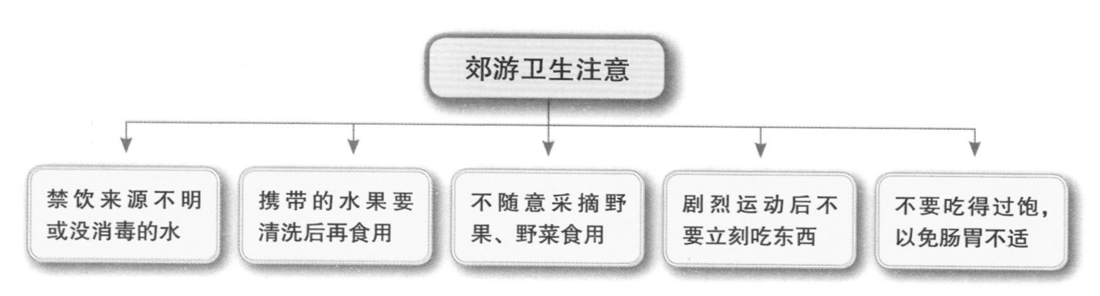

人的抵抗力会大大降低，此时一定要注意饮食卫生。

**多吃益肾养心食物，少食高蛋白**

谷雨也是晚春时节，天气将会慢慢变得炎热起来。这个时期，人体内肝气稍伏，心气开始慢慢旺盛，肾气也于此时进入旺盛期，因此在饮食上也应略做调整，尽量多吃一些益肾养心的食物，并且尽量减少蛋白质的摄入量，来减轻肾的沉重负担。

**降肝火、镇静降压吃芹菜**

芹菜不但具有清除积热、降肝火的功效，另外还有健胃利尿、镇静降压的作用，特别适合谷雨时节食用，对中老年人益处颇多。以梗短而粗壮、菜叶稀少且颜色翠绿者为佳。芹菜叶子中胡萝卜素和维生素 C 的含量很高，所以嫩叶最好不要扔掉，可与芹菜杆一起食用。烹调芹菜时应尽量少放食盐。肝火旺、血压高者可以食用芹菜拌海带丝。

◎芹菜拌海带丝

【材料】鲜嫩芹菜 100 克，水发海带 50 克，香油、醋、盐、味精等适量。

【制作】①芹菜淘洗干净，切段，焯熟。②海带洗净，切丝，焯熟。③将芹菜、海带丝，加入香油、醋、盐、味精，拌匀即可食用。

**健脾利湿可吃鲫鱼**

谷雨饮食养生要注意祛湿，鲫鱼可以健脾利湿，比较适宜这个时节食用，鲫鱼和薏米等其他可健脾利湿的食材配合食用效果更佳。挑鱼窍门：一般身体扁平、颜色偏白的鲫鱼肉质嫩，颜色偏黑的鲫鱼则肉质老，新鲜鲫鱼的眼略凸、眼球黑白分明、眼面发亮。鲫鱼处理干净后要用少许黄酒腌一会儿，可以去除腥味，还能使做出来的鱼味道更加鲜美。吃鲫鱼最好清蒸或煮汤。

◎枣杞双雪煲鲫鱼

【材料】鲫鱼 2 条，水发银耳 100 克，熟鹌鹑蛋 3 个，红枣 5 颗，薏米 40 克，枸杞子 20 克，盐、鸡精、胡椒粉、姜片、益母草子、植物油等适量。

【制作】①各种材料分别淘洗干净。②鹌鹑蛋、银耳、薏米、红枣、枸杞子、姜片、益母草子入高压锅焖 15 分钟。③鲫鱼开膛破肚处理干净，入油锅煎至两面金黄后放姜片，倒入炖好的汤，撒盐、鸡精入砂锅，大火炖 15~20 分钟，放胡椒粉调味即可。

◎鲫鱼炖豆腐

【材料】鲫鱼1条，豆腐1块，猪瘦肉150克，植物油、盐、味精、料酒、葱花、姜末、蒜片、高汤等适量。
【制作】①鲫鱼开膛破肚处理干净，鱼身两面剞花刀。②豆腐切块，略焯。③猪瘦肉洗净，剁成泥，放入盆中，加葱花、姜末、盐、料酒，搅拌均匀后塞进鱼肚。④炒锅放植物油烧热，放入葱花、姜末、蒜片爆香，放入鱼略煎，放入高汤，大火烧开。⑤放入豆腐、撒上盐，炖至鱼熟，撒入味精调味即可。

## 谷雨药膳养生：补脑养肝，通血化瘀

### 补脑益髓、平肝息风，食用天麻炖猪脑

天麻炖猪脑具有补脑益髓、平肝息风之功效，适用于头痛、头风、偏头痛、高血压、神经衰弱、手足麻木拘挛及小儿惊风等症状。

◎天麻炖猪脑

【材料】天麻10～15克，新鲜猪脑1个，生姜、盐等调味品适量。
【制作】①把天麻淘洗干净，和猪脑一起放入炖盅内，加入适量水及调味品。②将炖盅再放入锅内隔水炖1小时左右即可食用。

### 养肝明目、补益气血，食用玄参炖猪肝

玄参炖猪肝具有养肝明目、补益气血、凉血滋阴、软坚解毒之功效，适用于夜盲症、目赤、视力减退、弱视、眼目昏花及气血不足之面色萎黄、贫血、水肿、脚气病者。

◎玄参炖猪肝

【材料】新鲜猪肝500克；玄参15克，生姜、盐、调味品等适量。
【制作】①把猪肝切成薄片，用生姜粉、盐等腌一下。②玄参先用开水煮半个小时，然后与腌好的猪肝隔水同时炖，炖10分钟左右出锅即可食用。
【禁忌】脾胃虚寒者或腹泻患者慎食。另外，玄参不能与藜芦同时吃。

**利九窍、通血脉、化痰涎，食用春笋烧鲤鱼**

◎春笋烧鲤鱼

【材料】春笋 1 根，鲤鱼 1 条，蒜末各 1 匙，料酒 1 小匙，水淀粉 1 小匙，盐、味精、胡椒粉等适量。

【制作】①春笋去壳淘洗干净，切成块。②鲤鱼开膛破肚处理干净后用沸水烫一下，刮去黏液，切成 2 厘米左右的块，再用开水烫一下。③起锅热油，放入鱼块、春笋、蒜，一同下锅煸炒。④接着加料酒、清水，大火煮开。⑤汤变白后，放入盐、味精，待熟后，用水淀粉勾芡。放入胡椒粉炒匀即可起锅食用。

**养血益气、补肾健脾气，滋肝明目，饮用鲜笋香菇黄鳝羹**

鲜笋香菇黄鳝羹具有养血益气、补肾健脾、滋肝明目之功效。

◎鲜笋香菇黄鳝羹

【材料】鲜笋丝 100 克，香菇 30 克，黄鳝 1 条，蒜头 4 瓣，姜丝 3 克，色拉油 15 克，香油 4 克，盐 1 克，老抽 6 克，粟粉 10 克，胡椒粉 1.5 克，高汤 500 克，水适量。

【制作】①把鳝鱼处理掉内脏和骨，切成细丝，放进冷水中漂去血水，放碗内，下高汤少许，上笼略蒸片刻。②香菇浸软，洗干净，去蒂切丝。③蒜头去衣剁蓉。④热锅内加入香菇丝和鳝丝，倒入高汤，撒入盐，倒入老抽、蒜蓉，煮滚约 15 分钟。⑤将粟粉加冷水调匀，缓缓倒入锅中勾稠芡。⑥再撒上胡椒粉，淋入香油，即可起锅食用。

## 谷雨起居养生：早睡早起，勤通风换气

**谷雨时节阳长阴消，宜早睡早起**

如今，“日出而作日落而息”的生活状态早已被打破。现在许多年轻人说：“现代生活工作节奏快、压力大，不拼命不行啊，30 岁前拿命换钱，30 岁后拿钱换命。”越来越多的人逐步加入到“夜班队伍”，但是养生专家忠告我们，熬夜就等于慢性自杀。特别是谷雨时节，阳长阴消，更不应该通宵达旦地加班工作、学习，宜早睡早起，合理安排作息时间。时常熬夜会严重损害人的皮肤，使人提前变老；同时还会引起视力、记忆力、免疫力的迅猛下降。谷雨时节，熬夜还会使人阴虚火旺。因此，谷雨以后，阳长阴消，应该继续坚持早睡早起的好习惯，遵循自然规律，使人体阴阳始终达到平衡状态。

### 养花、赏花要提防身体不适或中毒

谷雨是暮春时节，此时正是赏花的最好时节。但鲜花虽好，并不是每个人都可以无拘无束地亲近的。有些人在花丛中待时间长了就会头昏脑涨、咽喉肿痛；有的人接触鲜花会掉头发、四肢麻木。这是什么原因呢？原来是有些花会释放有害气体，使人过敏；有些花含有有毒物质，长期接触会引起慢性中毒。有的人抵抗力强就不会中毒，有的人身体弱，时间一长，毒气入侵体内扛不住，就要病倒了。

某些时候，有人莫名其妙患病就是因为花的毒气侵入人体造成的。例如，夜来香在夜间释放出的气体会使高血压和心脏病患者的病情恶化，有些兰花的花香会使人神经兴奋从而导致失眠，某些人闻到百合的香气会引起中枢神经兴奋、失眠等症状，月季的花香可能导致有些人胸闷、呼吸困难。某些花卉内含有有毒物质，对一些人的健康极为不利。例如，仙人掌的刺内含有有毒液体，人被刺到后可能引起皮肤红肿、疼痛、瘙痒等症状；郁金香、含羞草中含有的毒碱会使接触者头晕，还可能导致毛发脱落；紫荆花的花粉有可能引发接触者哮喘；夹竹桃可以分泌一种有毒的白色液体，长时间接触会使人精神不振、智力下降；洋绣球会散发一种有毒微粒，过多接触可能使人皮肤过敏引发瘙痒；一品红中的白色液体可能造成人体皮肤的过敏症状；黄色杜鹃花中含有一种四环二萜类毒素，会使接触者出现呕吐、呼吸困难、四肢麻木等中毒症状。总之，养花、赏花时突然感觉身体不适或中毒，第一反应就应该立刻考虑是否是因为花草的有毒气体引起，以便采取紧急措施。

## 谷雨运动养生：闲庭信步，室内室外运动

### 散步锻炼要全身放松、闲庭信步

谷雨节气，降雨明显增多，空气中的湿度逐渐加大，此时养生要顺应自然环境的变化，通过人体自身的调节使内环境（人体内部的生理环境）与外环境（外界自然环境）的变化相适应，保持人体各脏腑功能的正常。中医中讲究春夏养阳，秋冬养阴。尤其春日总给人们一种万物生长、蒸蒸日上的景象，谷雨时节，室外空气特别清新，正是采纳自然之气养阳的好时机，而活动为养阳最重要的一环，人们应根据自身体质，选择适当的锻炼项目，不仅能畅达心胸，怡情养性，而且还能加快身体的新陈代谢，增加出汗量，使气血通畅，瘀滞疏散，祛湿排毒，提高心肺功能，增强身体素质，减少疾病的发生，使身体与外界达到平衡。

谷雨节气中，全身放松、闲庭信步是一个很随意、很方便的运动，它不受年龄、性别和身体状况的约束，也不受场地、设备条件的限制，不但能收到良好的健身效果，而且还可以陶冶性情。散步时，双腿、双臂有节奏地交替运动，与心脏的跳动非常合

拍，是最能促进体内各种节奏正常的全身运动，也是受伤的危险性最小的运动。

**清晨先室内运动，日出后再外出活动**

春天，人体生物钟的运行基本都在日出前后。但是，由于谷雨时节晚上的地面温度一般要低于近地层大气的温度，出现气象上所谓的“逆温”现象，这样，近地层空气中的污染物、有毒气体就不易扩散到高空中去，造成近地层空气污染严重。当太阳出来以后，它能使地面的温度迅速升高，破除“逆温”现象。使近地层的空气污染物很快扩散到高空，降低空气中有害物质的浓度，使空气变得新鲜，适合人们室外活动。

所以，日出前起床后，不要急于出门活动，可以先做室内运动。待日出一段时间后，空气中的污染物已在太阳的帮助下升到高空之后，再外出活动锻炼。

## 与谷雨有关的耳熟能详的谚语

**谷雨前和后，安瓜又点豆；采制雨前茶，品茗解烦愁**

谷雨节气正值春耕春种的好时期。此时有春雨的滋润，万物新生，正是种瓜得瓜、种豆得豆的好时候。所以人们常说“谷雨前和后，安瓜又点豆”。

谷雨时节又是民间采茶、制茶的农忙时节。小茶叶生长成鲜叶，味美形佳，香气怡人，为茶中上品。喝一口刚刚上市的新茶，能解除农家的烦恼和忧愁，真可谓是人间的美事啊！

**谷雨不下，庄稼怕**

“谷雨要雨”的意思与这条谚语有些相似，是说谷雨时节雨水的重要性。此时正是越冬作物冬小麦的抽穗扬花期，春播作物玉米、棉花的幼苗期，这些作物都需要充沛的雨水来促进正常的发育生长。如果天旱无雨（或无灌溉），冬小麦就会遇上“卡脖旱”，麦穗抽不出来。不能正常扬花受粉、灌浆；玉米、棉花不能正常出苗、发苗，这样也会严重影响到最终的收成。以我国的陕西为例，此地区多春旱，群众年年盼春雨。而春旱往往延迟到阳历的 4 月下旬，一般陕西关中的春季第一场透雨多在阳历 4 月下旬，谷雨如果有雨，且有透雨，那么，这对农民来说真是求之不得。

**谷雨不种花，心头像蟹爬**

谷雨时节，由于东亚高空西风急流会再一次发生明显减弱和北移，华南暖湿气团也比较活跃，西风带自西向东环流波动比较频繁，低气压和江淮气旋活动逐渐增多。受其影响，江淮地区会出现连续阴雨或大风暴雨。古往今来，棉农把谷雨节气作为棉花播种的风向标，即“谷雨不种花，心头像蟹爬”。

# 第三篇　夏满芒夏暑相连

## ——夏季的 6 个节气

# 第 1 章

# 立夏：战国末年确立的节气

立夏是一年二十四节气中的第七个节气，每年阳历的 5 月 5 日或 6 日，太阳到达黄经 45°，交“立夏”节气。“夏”是“大”的意思，每年到了此时，春天播种的植物都已经长大，所以叫“立夏”。战国末年就已经确立了“立夏”这个节气。它预示着季节的转换，为古时按农历划分的四季——夏季开始的日子。

## 立夏气象和农事特点：炎热天气临近，农事进入繁忙期

### 气温大幅度提高，动植物进入疯长时期

我国劳动人民经过长期的劳动实践，将立夏很鲜明地分为了三候：

初候，蝼蝈鸣

此时为初夏时节，蝼蛄、蝈蝈、青蛙等动物开始在田间、塘畔鸣叫觅食。

二候，蚯蚓出

由于此时地下温度持续升高，蚯蚓由地下爬到地面呼吸新鲜空气。

三候，王瓜生

就是说王瓜（也叫土瓜）这时已开始长大成熟了，人们可采摘，并相互馈赠。

从立夏的三个物候现象可以看出，入夏后，气温大幅度升高，大自然的动植物都进入了疯长时期，人们常说春是生的季节，那么夏则应是长的季节。

### 炎暑将临，田间抗旱防涝防病进入繁忙阶段

立夏时节，早稻的大面积栽插已经进入关键时期，田间地头到处可见人们忙碌的身影。

随着立夏节气的到来，气温也显著升高，炎暑将临，对于农耕来讲，“立夏”是一个农作物旺盛生长的重要节气。一般夏熟作物进入灌浆、结荚的关键时期，春播作物生长日渐旺盛，田间管理进入紧张繁忙阶段。“立夏”是大江南北早稻进行大面积栽插的关键时期，

日后的收成和这一时期的雨水迟早以及雨量多少密切相关。农谚“立夏不下，犁耙高挂。立夏无雨，碓头无米”，说的就是这个情况。另外，江南在立夏以后，将进入梅雨季节。雨量和降雨频率均明显增多，农田管理在防止洪涝灾害的同时，还要谨防因雨湿较重诱发的各种病害，如小麦赤霉病。另外，在“四月清和雨乍晴”的乍热乍冷天气条件下，农户要注意预防棉花炭疽病、立枯病的暴发流行。管理措施是要早追肥、早耕田、早治病虫，以促早发。我国华北、西北等地，虽气温回升快，但降水仍然不多，对春小麦的灌浆以及棉花、玉米、高粱、花生等春作物苗期生长十分不利，应采取中耕、补水等多种措施抗旱防灾，以争取小麦的高产和确保春作物幼苗的茁壮生长。

## 立夏农历节日：浴佛节——中国传统节日之一

相传公元前623年农历四月初八，佛祖诞生，天上九龙吐出香水为太子洗浴。汉代，佛教传入中国后，这天便被称为浴佛节，又称佛诞节。这一节日开始在中国流行，成了中国的传统宗教节日之一。

史籍中对浴佛节有不同的记载。蒙古族、藏族地区以四月十五为佛诞日，即佛成道日、佛涅槃日，故在这天举行浴佛仪式。汉族地区在北朝时浴佛节多在四月初八举行。后不断变更、发展，北方改在农历十二月初八（腊八节）举行，南方则仍为四月初八，相沿至今（俗称四月八）。傣族的泼水节在傣历六月（公历四月）举行。

庆祝浴佛节的重要内容之一就是以香水沐浴佛身，所以浴佛节又名佛诞节。

相传农历四月初八（阳历一般认为是5月12日）为释迦牟尼的生日。此日僧尼皆香花灯烛，置铜佛于水中进行浴佛，一般民众则争舍钱财、放生、求子，祈求佛祖保佑，举行各种庙会。这天，各地佛寺举行佛诞进香。在北方地区，传说农历四月十八为泰山娘娘——碧霞元君的生日，这天会举行妙峰山庙会。南方的九华、龙华、姑苏等地也均有盛大庙会。庙会期间还有堆佛塔活动。可见，中国的庙会是多元的，既有佛寺庙会，也有道教庙会，还有佛、道、儒相结合的庙会。

老北京的各个佛寺在农历四月初八这一天，都有对释迦牟尼的纪念活动——功德法会，法会的一项重要仪式就是用香水浴佛。

### 斋会——人们讨浴佛水，以图吉祥

浴佛节有一种习俗，就是斋会。斋会，又名吃斋会、善会，由僧家召集，请善男信女在农历四月初八赴会，念佛经、吃斋。由于与会者要吃饭必须交“会印钱”。饭菜有蔬菜、面条和酒等。

节日期间的主要饮食是“不落夹”。“不落夹”为蒙古语，是对粽子的称呼。还有一种乌饭，方法是以乌菜水泡米，蒸出后为乌米饭。这种食品本为敬佛供品，后来演变为浴佛节的饮食。有些地方在节日期间还有放船施粥的风俗。在浴佛节期间，人们要讨浴佛水，以图吉祥。

**结缘——以施舍的形式，祈求结来世之缘**

浴佛节有一种结缘活动。它是以施舍的形式，祈求结来世之缘。老北京盛行舍豆结缘的习俗。何谓“舍豆结缘”呢？佛祖认为，人与人之间的相识是前世就结下的缘分，所以俗语有“有缘千里来相会”之说。因黄豆是圆的，而圆与缘谐音，所以以圆结缘，浴佛日就成了舍豆、食豆日。这个习俗起于元代，盛于清代。清宫内每年的四月初八这一天，都要给大臣、太监以及宫女们发放煮熟的五香黄豆。

北京的寺院农历四月初八开庙时，在焚香拜佛后，还要将带来的熟黄豆倒在寺庙的笸箩里，以代表跟佛祖的结缘。在百姓家，这一天，妇女早早用盐水把黄豆煮好，然后在佛堂里虔诚地盘腿而坐，口念“阿弥陀佛”，手中捻豆不止，每捻一次都代表对佛的虔诚，用此法修身养性。在去庙会的路上，常有一些妇女挎着香袋，拿着香烛，挨家去索要“缘豆”，不管认识不认识、信佛不信佛，大家都十分真诚地给一些黄豆，不拘多少，只为结缘。那时的一些达官贵人，还常把煮好的黄豆盛在器皿内放在家门口外，任路人取食，以示自己与四方邻居百姓结识好缘，和谐相处，确保一方平安。

**放生——将小龟、小鸟等带出放生**

佛教主张不杀生，在浴佛节期间还流行放生习俗。有关放生，在宋代已有记载。古代有承美放生的传说，民间有玳瑁放生等。流传到近代则是一些佛庙的僧侣和平民百姓，在农历四月初八这一天，把自己养的或买来的小乌龟、小鱼、小鸟等带到河边或山野放生。

**求子——拜观音和送生娘娘，以求吉利得子**

虽然农历四月初八为浴佛节，但是人们总是把自己的愿望也表现在节日活动中，求子就是一个突出例子。这天，各地拜观音求子者不胜枚举。《吉林奇俗谈》中说：“吉地白山四月二十四日开庙会，求嗣者诣观音阁。赂庙祝，于莲座下取纸糊童子一，归家后置褥底，俗谓梦熊可操左券。”这种取纸娃娃与抱泥娃娃性质是一样的。山东聊城市有观音庙，神案前有许多小泥娃娃，有坐者、有爬者、有舞者，皆男性。四月初八这天，不育妇女多去拜观音和送生娘娘，讨一个泥娃娃，以红线绳套住脖子，号称拴娃娃。有的还以水服下，认为这样能怀孕生子。泰山除供碧霞元君外，还盛行押子，即在树上押一石，拴红线，以求吉利得子。陕西延安有一个清凉山庙会，祈求龙王降雨。同时设铡关，十二岁以下孩童腰扎草绳，手抱公鸡，先从铡刀下扔过公鸡，接着自己爬过去，俗称过关，意味着成年，从此便年年平安，以求吉利。

## 浴佛节主要民间风俗习惯

### 斋会

浴佛节期间，僧家会召集善男信女在农历四月初八赴会念佛经、吃斋。一些地方还有放船施粥的风俗。

### 结缘

结缘活动主要以施舍的形式，祈求结来世之缘。因豆“圆”与“缘”谐音，民间常舍豆结缘。

### 放生

佛教主张不杀生，浴佛节期间有放生习俗。农历四月初八这天，人们会将小鱼、小龟等带到河边放生。

### 求子

浴佛节期间盛行拜观音求子。不育妇女于农历四月初八这天跪拜观音，以求赐得一子。

### 拜药王——祈祷健康

浴佛节期间，各地还有一些其他的活动，如庆祝菖蒲生日、农历四月十八解灾等。人们也崇拜药王，祭祀华佗、孙思邈。受道教影响，也拜感应药圣真人，流行捡神药，进行采药活动。这些活动不是偶然的，因为中国从远古时代起就流行巫医，后来中医、中药有了很大发展，出现了不少名医，如扁鹊、李时珍等。中医是民间看病的重要手段，人们很崇拜中医的祖师爷——药王、医圣。

### 占卜、赛神——农田大丰收

我国农村在浴佛节这天有凭风向占卜谷价贵贱的习俗。民谣说：“南风吹佛面，有收也不贱。北风吹佛面，无收也不贵。”也有乡民利用这个机会赛社神、剪纸为龙舟，巡行阡陌，在农田里插上小旗，祈祷能治虫害。陆游在《赛神曲》一文中说：

“击鼓坎坎，吹笙呜呜。绿袍槐简立老巫，红衫绣裙舞小姑。乌臼烛明蜡不如，鲤鱼糁美出神厨。老巫前致词，小姑抱酒壶：愿神来享常欢娱，使我嘉谷收连车；牛羊暮归塞门闾，鸡鹜一母生百雏；岁岁赐粟，年年蠲租；蒲鞭不施，圜土空虚；束草作官但形模，刻木为吏无文书；淳风复还羲皇初，绳亦不结况其余！神归人散醉相扶，夜深歌舞官道隅。”这些记载都说明了人们盼望大丰收的希望。

## 立夏主要民俗：吃蛋、称人、尝三新、迎夏

### 吃蛋——立夏吃个蛋，力气大一万

全国各地虽然在立夏这天的传统食俗都各有特色，但说起立夏这天最经典的食物就是“立夏蛋”了。立夏前一天，很多人家里就开始煮“立夏蛋”，一般用茶叶末或核桃壳煮，看着蛋壳慢慢变红，满屋香喷喷。除了吃蛋之外，这一天还有另外的玩法。就是将煮好的蛋，挑出整只未破的，用彩线编织成蛋套，挂在孩子胸前，或挂在帐子上。小朋友们还要“拄立夏蛋”（就是碰蛋），那是立夏这天最快乐而兴奋的游戏，拄蛋以蛋壳坚硬而不碎者为赢家。

孩子们对挂在脖子上的蛋袋子里的囫囵蛋，十个有九个是爱不释手的。色泽漂亮的蛋，让他们看了又看，摸了又摸，舍不得一下子就吃掉，往往不临近回家时是不敲碎蛋壳的。有些好胜心强的孩子就三五成群，玩起了斗白煮蛋的游戏。蛋是分两端的，尖的为头，圆的部分是尾。斗白煮蛋时，蛋头部分对好蛋头，蛋尾部分碰蛋尾。一个一个地如此斗过去，破壳的认输，最后分出高低。蛋头胜的为第一，这个白煮蛋称大王；蛋尾部分这边胜的为第二，这样的蛋叫作小王，或者二王。

古代时人们认为，鸡蛋圆溜溜，象征生活之圆满，立夏日吃鸡蛋能祈祷夏日之平安，经受“疰夏”的考验。立夏日一般在农历四月，“四月鸡蛋贱如菜”，人们把鸡蛋放入吃剩的“七家茶”中煮烧就成了“茶叶蛋”。后来人们又改进煮烧方法，在“七家茶”中添入茴香、肉卤、桂皮、姜末，从此，茶叶蛋不再是立夏的节候食品，而且还成了我国的传统小吃之一。

### 称人——祈求好运

许多地区在立夏这一天午饭后还有称人的习俗。人们在村口挂起一杆大木秤，秤钩上悬一个凳子，大家轮流坐到凳子上面称。司秤人一面打秤花，一面讲着吉利话。称老人要说：“秤花八十七。活到九十一。”称姑娘时说：“一百零五斤，员外人家找上门。勿肯勿肯偏勿肯，状元公子有缘分。而称小孩则说：“秤花一打二十三，小官人长大会出山。七品县官勿犯难．三公九卿也好攀。”打秤花时也有讲究，只能里打出（即从小数打到大数），不能外打里。关于称人的说法，还有一个小故事。

据说，三国时期诸葛亮七擒孟获，孟获想想实在难为情，要自杀。诸葛亮知道后，问他为什么要自杀，孟获说："我被你七次捉住，已无脸活在世上。"诸葛亮说："胜败是兵家常事，大丈夫能屈能伸，你何必自寻短见？"孟获很感激，表示一定要报答诸葛亮，对诸葛亮言听计从。诸葛亮说："现在不用你报答。如果你有心，今后若小主公有难，请你帮帮忙。"孟获点点头回去了。后来刘备死了，其子刘阿斗做了皇帝，司马懿领兵前来攻打，打得刘阿斗团团转，刘阿斗就把皇位让给了司马懿。司马懿做皇帝后，把刘阿斗关了起来。孟获得知阿斗遇难，就带兵来救。司马懿抵挡不住，急忙召集大臣商量退兵的办法。有位大臣说："从前孟获也打过刘备，看来我们没法抵挡了。"又有位大臣说："有办法，这次孟获是冲着刘阿斗来的，就把刘阿斗抬出来，让他假做皇帝，那孟获一定就不会打了。"司马懿一听有道理，就要刘阿斗出面和孟获讲和，要孟获退兵。阿斗是个没有骨气的人，便带着人马，擎着"刘"字大旗，出城去会孟获。孟获一见"刘"字大旗。很奇怪，忙上前问是什么人。刘阿斗回答："我是小主公。"孟获一听是小主公，上前跪问："小主公不是被司马懿关起来了吗？"刘阿斗说："我很好，仍在当皇帝，请你回去。"孟获不相信，去问司马懿，司马懿说:"小主公虽然不是皇帝了，但我从来没有亏待过他，仍旧把他当作皇帝看待。"孟获听了说："既然这样，就依我一个条件，我便可退兵。"司马懿问："什么条件？"孟获说："只要你从今以后，对待小主公像真皇帝一样就好了，如有亏待，我还是要发兵攻打。以后我每年的今日来看望小主公，来称他龙体，今天是立夏，我先把其龙体称好，明年如果轻了，就对你不客气。"司马懿连声说："好，好！"就这样，孟获就退兵回去了。

转眼第二年的立夏节到了，司马懿又召集大臣商量说："今天孟获要来称阿斗，如果阿斗体轻了，又要打仗，怎么办？"有位大臣说："这好办。听说阿斗从小喜欢吃豌豆糯米饭。这种饭消化慢，今天就烧这种饭给阿斗吃，让其吃饱，体重不就增加了吗？"待孟获来后，一称吃过豌豆糯米饭的小主公，体重果然增加了不少。

晋武帝怕孟获来攻打，为了迁就他，就在每年立夏这天，用糯米加豌豆煮饭给阿斗吃。阿斗见豌豆糯米饭又糯又香，就加倍吃下。孟获进城称人，每次都比上年重几斤。阿斗虽然没有什么本领，但有孟获立夏称人之举，晋武帝也不敢欺侮他，日子也过得清静安乐，福寿双全。这一传说，虽与史实有异，但表达了百姓希望"清静安乐，福寿双全"的美好愿望。立夏称人给阿斗带来了福气，人们也祈求上苍此举能给自己带来好运。

**吃立夏饭——祈祷无病无灾**

立夏这一天，很多地方的人们用黄豆、黑豆、赤豆、绿豆、青豆五色豆拌和白粳米煮成"五色饭"，后演变为倭豆肉煮糯米饭，菜为苋菜黄鱼羹，称此为吃"立夏饭"。

## 立夏时节主要民间风俗习惯

### 迎夏

立夏是我国农历二十四节气之一，为夏天的开始。古时，立夏和立春一样，皇帝必须亲率公卿大夫举行迎夏之礼。君臣一律身着朱色礼服，各种车马用具也都为红色。这种红色基调的迎夏仪式，强烈表达了古人渴求五谷丰登的美好愿望。

### 尝三新

立夏时节民间有“尝三新”的饮食风俗。“三新”的内容，各地均不相同。有指“竹笋、樱桃、梅子”，有指“樱桃、青梅、麦仁”，也有指“竹笋、樱桃、蚕豆”的。总之，就是要在立夏时节，吃上时令新鲜的食物。

### 吃蛋

“立夏吃蛋”的习俗由来已久。俗话说：“立夏吃了蛋，热天不疰夏。”古人认为，鸡蛋圆圆溜溜，象征生活之圆满，立夏日吃鸡蛋能祈祷夏日之平安，使人经受“疰夏”的考验。

### 吃立夏饭

每逢立夏前一天，孩子们向邻家第户讨米一碗，称“兜夏夏米”。立夏日将兜得的米与豌豆、笋、苋菜等食材露天煮饭，分送日前给米的人家。立夏饭含有“五谷丰登”的祝愿。立夏吃五色饭，还有祈愿一年到头身体健康的寓意。

南方大部分地区的立夏饭都是糯米饭，饭中掺杂豌豆。桌上必有煮鸡蛋、全笋、带壳豌豆等特色菜肴。乡俗蛋吃双，笋成对，豌豆多少不论。民间相传立夏吃蛋补心。因为蛋形如心，人们认为吃了蛋就能使心气精神不受亏损。立夏以后便是炎炎夏天，为了不使身体在炎夏中亏损消瘦，立夏应该进补。春笋形如腿，寓意人的双腿也像春笋那样健壮有力，能涉远路。带壳豌豆形如眼睛。古人眼疾普遍，人们为了消除眼疾，以吃豌豆来祈祷一年眼睛像新鲜的豌豆那样清澈，无病无灾。

**古时天子举行隆重仪式迎接夏天**

立夏对现代人来说，不过是一个节气，表明春天结束，夏日由此开始而已。可是，古人却把立夏当作一个重要的节日来对待，即立夏节。据史书记载，在立夏那天，天子要亲率三公九卿大夫到南郊举行隆重仪式迎接夏天。君臣一律穿朱色礼服，佩朱色玉佩，连马匹、车旗都要朱红色的，以表达对丰收的企求和美好的愿望。回来后还要赏赐诸侯百官，令乐师教授联合礼乐，令太尉引荐勇武、推荐贤良，并令主管田野山林的官吏巡行天地平原，代表天子慰劳勉励农人抓紧耕作。天子还要在农官献上新麦时，献猪到宗庙，举行尝新麦的礼仪。宫廷里“立夏日启冰，赐文武大臣”。冰是上年冬天贮藏的，由皇帝赐给百官。在民间，立夏日人们则以喝冷饮来消暑这种迎夏仪式，表达了古人渴求五谷丰登的美好愿望。但后来，随着时代的变迁，天子在立夏这天迎夏的习俗并没有流传下来。

**“尝三新”是立夏日的一种饮食风俗**

“尝三新”是汉族立夏日的一种饮食风俗，即立夏日尝三样时鲜菜蔬。所谓“三新”，因各地出产、喜好不同而不同。有的地方以樱桃、青梅、鲥鱼为三新；有的地方以酒酿、白笋、蚕豆为三新；还有的地方将海螺蛳、芥菜、莴苣、咸蛋等物列入三新。立夏日，人们先以“三新”敬神祭祖，然后自己尝食。清人顾禄的《清嘉录》中曾有这样的记载：“立夏日，家设樱桃、青梅、麦，供神享先，名曰立夏见三新。”此处的“神”即指民间信仰中的神灵，“先”即祖先。表示有了新的收获，首先想到的是献给神灵与祖先享用，且有告诉神灵与祖先，这些蔬菜和粮食已经丰收之意。

**“三烧五腊九时新”——立夏应季食品**

立夏日有吃“三烧、五腊、九时新”之说。立夏时节，天气转热，时鲜果蔬、鱼虾，纷纷应市，故有此俗。“三烧”，即烧饼、烧鹅、烧酒。烧饼即夏饼，烧酒即甜酒酿。“五腊”，即黄鱼、腊肉、咸蛋、海蛳、清明狗。“九时新”，即樱桃、梅子、蚕豆、苋菜、黄豆笋、莴苣笋、鲥鱼、玫瑰花、乌饭糕。

**吃“摊粞”，不会疰夏**

“摊粞”是民间立夏日所吃的一种节令食品，其具体做法是把新鲜的草头碾碎，然后将碾碎的草头放在酱汁里浸泡，让其入味，再拌上适量的糯米粉放在油锅里煎平，等起锅后就可以吃了。草头的学名叫苜蓿，开花时为金黄色，所以在有些地方被称为“金花菜”。草头做成的“摊粞”又鲜又香又糯又韧，很有嚼头。民间以为，立夏日吃“摊粞”后就不会疰夏。

**“李会”——吃李子青春永驻**

“李会”是旧时汉族妇女立夏日所过的节日之一，此风俗主要流行于浙江台州地区。每年立夏日，妇女们要聚在一起做“李会”，一起吃李子来庆祝节日。民间认为此日食李能使人“艳如桃李”。也有些地方的妇女在这天会把李子榨成汁，兑入酒中喝下，俗称“驻色酒”，梦想这样可以使青春永驻，永远年轻、容颜不老。

**“嫁毛虫”——除毛虫**

四川民间在每年农历四月初八有“嫁毛虫”（又称“敬婆婆节”）的习俗。这一日人们剪纸做“毛虫夹”，并用红纸两条架成十字，称为“毛虫架”，将其倒贴于楼板或横梁上，或斜贴于墙壁上。“毛虫架”上的咒语是“佛生四月八，毛虫今日嫁，嫁到深山去，永世不归家”。或者是“佛祖生辰，毛虫远行”。四川以北一带用的咒语是“毛虫毛虫，黑耸黑耸。嫁到青山，绝种绝种”。

## 立夏饮食养生：红补血、苦养心、喝粥喝水防打盹儿

**“红色”食品补血，“苦味”食品养心**

人们在心火旺盛的立夏，应该食用哪些食物来补血养心呢？

| 补血养心的食物 | |
|---|---|
| 红色食物 | 红豆、红枣、枸杞子、西红柿、山楂、草莓、红薯、西瓜、苹果、动物心脏等食物都属于适合立夏补血养心的红色食物，均可以选择食用 |
| 苦味食物 | 针对立夏后心阳颇盛的特点，可以多食用些苦瓜、苦菜、荷叶、蒲公英，或者多喝苦丁茶、银杏茶、绞股蓝茶等苦味茶 |

**食用新鲜蔬果，对身体有益**

我国的许多地方都盛行立夏“尝新”这一习俗，人们在当天会食用新鲜的蔬果（如樱桃、竹笋、蚕豆等）以及此时盛产的水产品类。

据研究表明，“尝新”这一习俗十分有必要延续下去，因为它对人的身体十分有益。水果的营养成分非常丰富，不但含有人体必需的多种维生素，还富含矿物质、粗纤维、碳水化合物等营养元素。在立夏前后多吃水果，有助于身体的健康，特别是儿童，更应该多吃，有利于补充其生长所需要的维生素。

但并不是任何时间都适合吃水果。上午吃水果有利于消化吸收，通畅肠胃，而且水果的清新滋味能让人更好地开始一天的工作；睡前吃水果则会给肠胃带来负担，尤其是凉性的瓜类，入睡前最好不食用。

**喝粥补水可解除“夏打盹儿”**

人们常说的俗语“春困秋乏夏打盹儿”中的“夏打盹儿”正是用于形容立夏之后，人们嗜睡成瘾、食欲不振的状态。中医学认为，这主要是由于暑湿脾弱所致。

健脾可祛除暑湿。中医学家建议，最好的健脾方式是在早晚进餐时多喝些山药粥、薏米粥、莲子粥等。可以在即将熬制好的粥里加一点儿荷叶，以增强清热祛暑、养胃清肠、生津止渴的功效。此外还可适当服用一些专门祛暑湿的药物，如藿香正气水等。

**儿童、老人宜多吃泥鳅**

泥鳅的营养价值很高，在立夏时节，儿童多吃泥鳅，可以促进骨骼的生长发育；老年人多吃泥鳅，可以抵抗高血压等心血管疾病，并可延缓血管的衰老。具体食用方法如下：

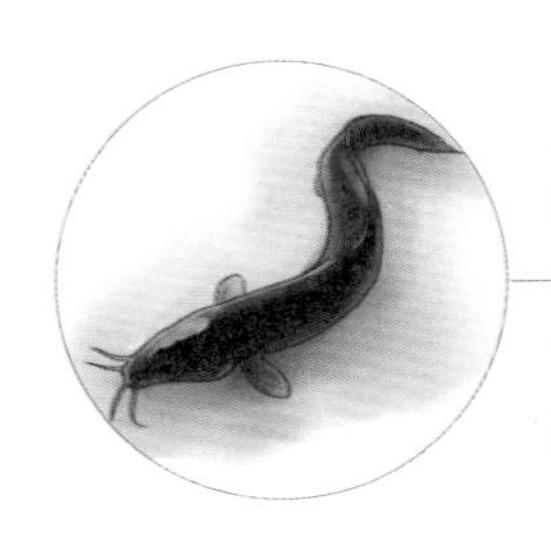

1　挑选泥鳅时，宜选体形较为粗壮，体表光滑，对外部刺激反应较快的上等泥鳅。

2　泥鳅最好在清水中饲养 2~3 天，或者在盐水中泡几个小时，让其排出体内的泥土。此外，下锅之前用酒浸泡泥鳅，可以增添其鲜味，口感更好。

立夏时节，可以适当食用泥鳅豆腐汤。

◎泥鳅豆腐汤

【材料】泥鳅 250 克，豆腐 350 克。
【调料】食用油、干红辣椒、葱末、姜末、蒜片、酱油、醋、盐、味精、料酒各适量。
【制作】①将泥鳅处理干净后焯一下水。②豆腐洗净，切块。③油烧热，下入泥鳅用小火煎炸，放入葱末、姜末、蒜片爆香，加入豆腐块、酱油、干红辣椒、盐、料酒、醋、清水，大火烧沸，小火炖半个小时，放入味精调味后即可食用。

### 多食樱桃可调气活血

樱桃的铁含量胜过其他任何一种水果。春夏之际食用樱桃，有助于调气活血、平肝祛热、补血养心，还能帮助身体及时排出毒素。挑选樱桃时，以果蒂新鲜、果皮厚而韧、果实红艳饱满、肉质肥厚者为佳。樱桃可直接食用或榨汁饮用，也可作为烹饪食材，但加热时间不宜超过 10 分钟，否则将会造成营养流失。调气活血可食用银耳樱桃粥。

◎银耳樱桃粥

【材料】水发银耳 20 克，樱桃 30 克，大米 100 克，糖桂花 5 克，冰糖适量。
【制作】①将银耳洗净后撕瓣。②樱桃洗净。③大米淘净，泡半小时。④锅中加 1000 毫升清水，放大米大火烧开。⑤改小火熬至米软烂，加银耳和冰糖，煮 10 分钟，下入樱桃、糖桂花拌匀即可。

## 立夏药膳养生：益气活血，养血安神

### 提高免疫力饮用佛手瓜核桃猪瘦肉汤

饮用佛手瓜核桃猪瘦肉汤可促进机体细胞的再生和机体受损后的修复，还可以提高人体免疫功能，延年益寿，消除疲劳。

◎佛手瓜核桃猪瘦肉汤

【材料】佛手瓜150克，猪瘦肉100克，核桃肉30克，莲子30克，红枣3颗，姜1片，盐适量，冷水适量。
【制作】①将佛手瓜洗净，去皮，切厚块。②洗干净核桃肉和莲子。③红枣去核洗干净。④将猪瘦肉洗净，汆烫后再冲洗干净。⑤锅中加入适量水烧滚，下入佛手瓜、核桃肉、莲子、猪瘦肉、红枣和姜片，水滚后改小火煲约两个小时，下盐调味后即可食用。

## 益气、活血食用醪糟豆腐烧鱼

食用醪糟豆腐烧鱼具有益气、生津、活血、消肿、散结的功效，不仅有助于孕妇利水消肿，也适合哺乳期妇女通利乳汁。

◎醪糟豆腐烧鱼

【材料】豆腐1块，鲜鱼1条，姜末、蒜末、醪糟各1大匙，辣豆瓣酱2大匙，葱花半大匙，料酒1大匙，酱油2大匙，盐半小匙，白糖2小匙，醋半大匙，香油1小匙，水淀粉适量。

【制作】①锅中放油烧热，将鱼的两面稍微煎一下，盛出。②放入姜、蒜末爆香，再放入辣豆瓣酱和醪糟同炒，放入料酒、酱油、盐、白糖一起煮滚，放入鱼和豆腐，一起烧煮约10分钟。③煮至汁已剩一半时，将鱼和豆腐盛出装盘。④再以水淀粉勾芡，并加醋、香油炒匀，把汁淋在鱼身上，撒上葱花即可食用。

## 补益心脾、养血安神，饮用桂圆粥

饮用桂圆粥可补益心脾，养血安神。尤其适用于劳伤心脾、思虑过度、身体瘦弱、健忘失虑、月经不调等症。

◎桂圆粥

【材料】桂圆25克，粳米100克，白糖少许。
【制作】①将桂圆同粳米一起放入锅中，加适量水，熬煮成粥。②调入白糖即成。
【禁忌】饮用桂圆粥忌饮酒、浓茶、咖啡等。

**清芬养心，调理脾气，食用荷叶凤脯**

食用荷叶凤脯可以清芬养心，升运脾气。可作为常用补虚之品，尤为适宜夏季食补。

### ◎荷叶凤脯

【材料】鲜荷叶两张，剔骨鸡肉250克，水发蘑菇50克，火腿30克，玉米粉12克，食盐、鸡油、料酒、白糖、葱、姜、胡椒粉、香油、味精各适量。

【制作】①将鸡肉、蘑菇均切成薄片，火腿切成10片，葱切短段、姜切薄片，荷叶洗净，用开水稍烫一下，去掉蒂梗，切成10块三角形备用。②蘑菇用开水焯透捞出，用凉水冲凉，把鸡肉、蘑菇一起放入盘内加盐、味精、白糖、料酒、胡椒粉、香油、玉米粉、鸡油、姜片、葱段搅拌均匀，然后分放在10片三角形的荷叶上，再各加一片火腿，包成长方形，码放在盘内，上笼蒸约2个小时，若放在高压锅内只需15分钟即可。③出笼后可将原盘翻于另一空盘内，拆包即可。

**滋润生津，饮用黄瓜蛋汤**

饮用黄瓜蛋汤有助于滋润生津。适用于阴虚内热所致的咽干咽痛、声音嘶哑、心烦失眠等症。经常食用能滋润咽喉。

### ◎黄瓜蛋汤

【材料】黄瓜4条，鸡蛋2个，生姜15克，葱10克，独头蒜15克，黄花15克，盐10克（分两次用），酱油10克，醋6克，料酒15克，白糖40克，味精1克，菜籽油250毫升（实耗70毫升），湿淀粉30克。

【制作】①先将生姜洗净切成薄片，葱洗净切成葱花，蒜剥去皮切成薄片。②黄花用水发胀，洗净，摘去蒂头。③黄瓜洗净切去两端，再切成刀花状，用盐将切好的黄瓜腌10分钟，压出水分。④鸡蛋打散，将酱油、醋、白糖、料酒、味精调成汁待用。⑤锅置火上，加菜籽油烧至七成热时，将黄瓜沾满蛋液后放入油锅炸至表面呈黄色捞出，放入碗中。⑥锅内放入菜籽油30毫升，待油热时下姜片、蒜片，出香味后，下入黄花和兑好的汁，烧开后下黄瓜煮至入味时，最后用湿淀粉勾芡起锅装盘即可。

**清热解毒，利湿祛痰，食用鱼腥草拌莴笋**

食用鱼腥草拌莴笋可清热解毒，利湿祛痰。对肺热咳嗽，痰多黏稠，小便黄少、热痛等症均有较好的疗效。

◎鱼腥草拌莴笋

【材料】鱼腥草 50 克，莴笋 250 克，大蒜、葱各 10 克，姜、食盐、酱油、醋、味精、香油各适量。

【制作】①将鱼腥草摘去杂质老根。洗净切段，用沸水焯后捞出，加食盐搅拌腌渍待用。②莴笋削皮去叶，冲洗干净，切成 1 寸长粗丝，用盐腌渍沥水待用。③葱、姜、蒜择洗后切成葱花、姜末、蒜末待用。④将莴笋丝、鱼腥草放入盘内，再加入酱油、味精、醋、葱花、姜末、蒜末搅拌均匀，淋上香油即可食用。

## 立夏起居养生：居室要通风消毒，适当午睡

### 居室要通风、消毒，窗户要遮阳防晒

夏季，要重视对居室的布置。一是应全面打扫一下居室，该收的东西（如棉絮、棉衣等）要全部收入橱内，有条件的话，要调整好影响室内通风的家具，以保证室内有足够的自然风。二是要在室内采取必要的遮阳措施，设法减少或避免一些热源和光照，窗子应挂上浅色窗帘，最好是在窗户的玻璃上贴一层白纸（或蜡纸）以求凉爽。还有就是居室要加强消毒。由于此时病菌繁殖很快，造成痢疾、伤寒、霍乱等肠道传染病增多和流行，所以居室要经常用适量的消毒液进行消毒。此外，由于传播病菌的媒介主要是苍蝇，所以，消灭苍蝇，也是预防肠道传染病的关键之一。

### 立夏昼长夜短，宜适当午睡

在立夏之后，由于白昼时间较长，夜晚的时间较短，人们总感觉睡得不够。所以，夏天养成午睡的习惯便显得十分必要。但值得注意的是，午睡时间并不是睡得越久越好，最佳的午睡时长为一个小时。如果午睡时间过长，反而会让人体感到疲惫。

**不宜坐着或趴着睡**

睡姿十分重要。不宜坐着睡或者趴着睡，头靠着沙发、椅子午睡会造成头部缺氧而出现“脑贫血”，而趴着睡则容易压迫胸腹部，并使手臂发麻。

**不宜午餐后立刻午睡**

不宜在午餐之后立刻午睡，最好休息 10 ~ 30 分钟。这是因为饭后人的消化器官要开始工作，而人在睡眠时，消化机能会相应降低。

### 醒后头昏、头痛、心悸的人不宜午睡

对大多数人来说，适当的午睡是有益身心健康的，但有些老人在午睡醒来后会出现头昏、头痛、心悸以及疲乏等症状，那么这些人是不宜午睡的。另外还有以下四种人不宜睡午觉：

不宜午睡人群

65 岁以上者

年纪大的老人大多患有动脉硬化症，午饭后血液吸收了营养黏稠度高，这种情况下午睡，血液流通较慢，还会为“中风”埋下隐患。

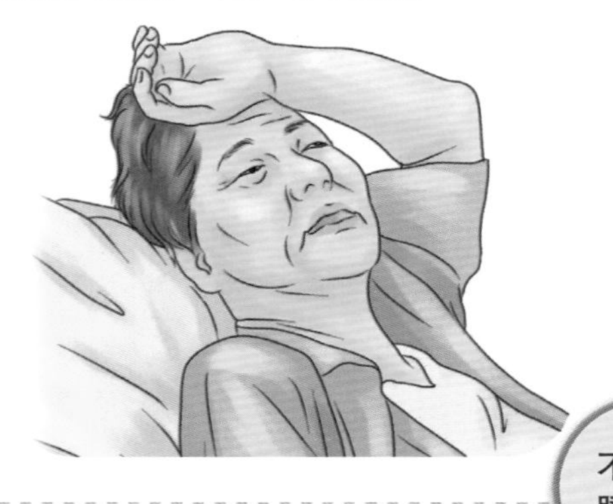

低血压患者

低血压患者在午睡后可能出现大脑暂时性供血不足，甚至还会发生昏厥乃至休克的现象，因此不适宜午睡。

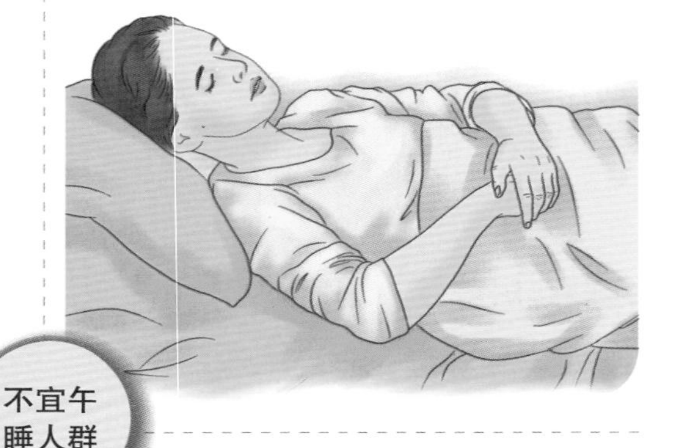

血循环障碍者

脑血管硬化而时常出现头晕症状的人，午睡时心率较慢，脑部的血流量较少，易引发自主神经功能紊乱，从而诱发其他的疾病。

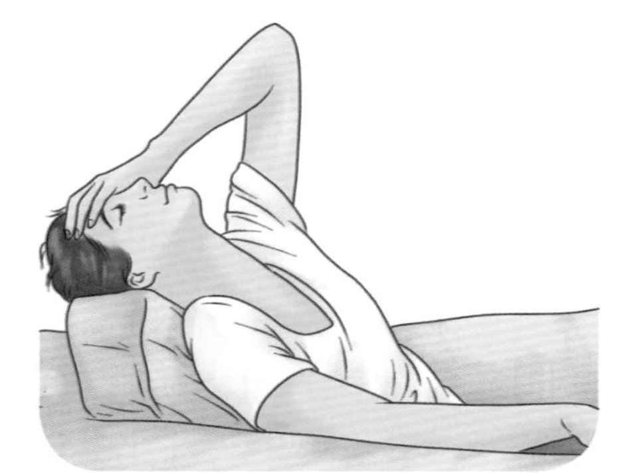

体重超标的人

午睡是脂肪储存的好时机，体重严重超标的人是不宜进行午睡的，应饭后做适量的运动，避免体重继续增加。

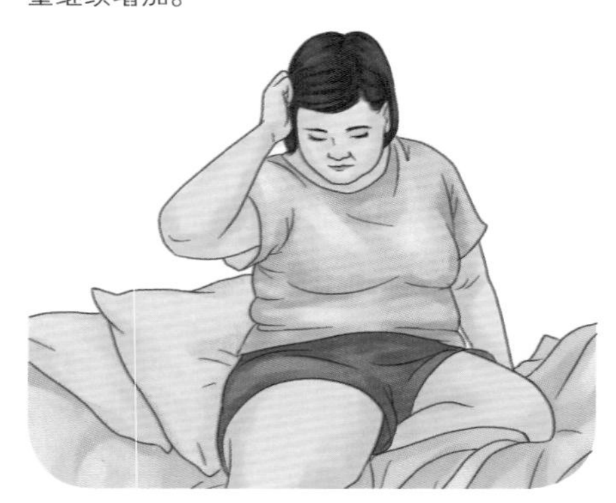

## 立夏运动养生：运动要适可而止

### 立夏锻炼身体要适时、适量和适地

在进入夏季后，天气有所变化，因此，立夏运动应该讲究的三个原则是适时、适量和适地。

### 适时

运动的时间最好选择在清晨或者傍晚，这时候阳光不太强烈，可以避免强紫外线对皮肤和身体造成损害，应尽量避免上午 10 点后到下午 4 点前进行户外活动。

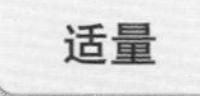

由于人体能量的消耗在夏季会有所增加，因此运动的强度不宜太大。建议每次的锻炼时间可控制在一小时之内，若需锻炼更长时间，可以在锻炼半小时之后休息 5 ~ 10 分钟再继续锻炼；同时还要注意及时补充水分和营养。

### 适地

最好选择在户外进行运动，如公园、湖边、庭院等视野开阔、阴凉通风的地方都是较好的运动地点。如果条件有限只能进行室内运动的话，最好打开门窗，让空气保持通畅。

### 运动后四注意

禁止在运动后立即喝冷饮，以免肠胃血管突然收缩而造成胃肠不适，甚至猝死。

尽量不要饮用过多的水，以免给胃肠和心脏带来较重的负担。

不要在运动后马上冲凉水澡，以免造成体温调节功能失调，而引起热伤风。

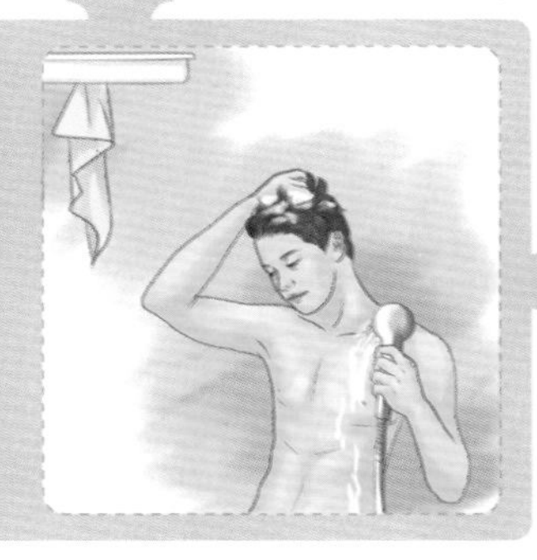

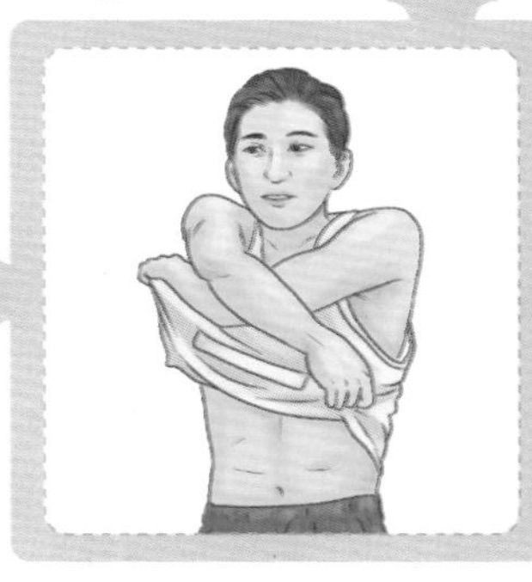

尽快更换汗湿的衣物，以免着凉诱发感冒、风湿或者关节炎等疾病。

### 立夏跑步健身要防止中暑和着凉感冒

立夏节气，人们选择跑步健身时要讲究科学，如果不注意锻炼的方法，很容易引起中暑等疾病，影响身体健康。故夏天进行健身跑时应该注意以下几点事项：

一是跑步时间最好选择在较凉快的清晨和傍晚，跑步的地方最好是平整的道路、河流两旁和树荫下，最好不要在反射热能强的沥青路和水泥路面上跑。

二是因为夏天跑步时出汗多，水分消耗多，需要适当补充身体因出汗而失去的水分和盐分。特别要注意饮水卫生，不要喝生水，也不要一次喝水太多，要多次少量地喝些淡盐水或低糖饮料，以防止身体因缺乏矿物质而引起痉挛。

三是健身跑后满头大汗，不要贪图一时凉快而用凉水洗澡。因为这时身体的血管处在扩张状态，汗毛孔又敞开着，洗冷水澡最易着凉而引起感冒。

四是夏季经常下雨，跑步时被雨淋以后，要马上用毛巾擦干身体，换上干燥的衣服，防止着凉而发生感冒。

五是夏天昼长夜短，睡眠时间少，天热跑步的运动量又比较大，为了让身体休息好，中午应睡一会儿午觉，对身体健康更有帮助。

六是夏天练跑步，还要和其他体育锻炼相结合，如游泳、球类、打拳等，这样才能使身体得到比较全面的发展，而且还能提高锻炼兴趣。

## 与立夏有关的耳熟能详的谚语

### 立夏无雷声，粮食少几升

这句谚语是人们根据长期的劳动经验总结出来的一句通俗易懂的立夏节气谚语，常流行于陕西关中地区。关中的冬小麦多在此时开始灌浆，小麦灌浆时不仅要求有较高的气温（平均气温 20 ~ 22℃），而且要求土壤相对湿度在 75%以上，日温差较大。在这个时段，如果雨水过少，天气干旱，气温过高，便容易出现“干热风”灾害，小麦会出现青干、扎芒、秕粒，导致严重减产；如果阴雨过多，气温低于 12℃，则不利于灌浆，且小麦容易“青干”，也会导致减产。如果此时小雷阵雨较多，且气温保持在 20℃以上，但又不会过高，空气相对湿度及土壤相对湿度适中，则有利于灌浆乳熟，小麦将会高产。所以，此时如果遇到天气干旱的情况，有灌溉条件的地区，应及时浇灌“灌浆水”，从而保障冬小麦正常生长发育。

### 夏三朝遍地锄

立夏以后，由于气温升高，农田里杂草容易丛生，每隔三五天就要锄草一次，否则就不好锄了，因此，人们常说“夏三朝遍地锄”。部分地区也用“一天不锄草，三天锄不了”的谚语来说明这种情况。

# 第 2 章
# 小满：小满不满，小得盈满

小满是一年二十四节气中的第八个节气。二十四节气的名称多数可以从字面上加以理解，但是“小满”听起来有些令人难以理解。小满是指麦类等夏熟作物灌浆乳熟，籽粒开始饱满，但还没有完全成熟，因此称为小满。每年阳历 5 月 21 日或 22 日当太阳到达黄经 60° 时为小满。

## 小满气象和农事特点：多雨潮湿，谷物相继成熟

### 气温高、湿度大，夏熟作物相继成熟

小满共分为三候：“一候苦菜秀；二候靡草死；三候麦秋至。”是说小满节气中，苦菜已经枝叶繁茂，而喜阴的一些枝条细软的草类在强烈的阳光下开始枯死，此时麦子开始成熟。《月令七十二候集解》中说：“小满者，物至于此小得盈满也。”这句话的意思是自然界的植物此时比较茂盛、丰满了，麦类等夏收作物的籽粒开始饱满，但还不到最饱满的时候。小满节气，除东北和青藏高原外，我国各地平均气温都达到 22℃以上，夏熟作物自南而北相继成熟，苏南地区 5 月底进入夏收夏种大忙季节。此时应抓住晴好天气抢收小麦，因为小麦成熟期短，容易落粒，又因此时气温高、湿度大，麦粒极易发芽霉烂。棉苗长到三四片真叶时要及时定苗、补苗、移苗。

南方地区民间农谚赋予了小满新的寓意：“小满不满，干断田坎”“小满不满，芒种不管”。用“满”来形容雨水的盈缺，指出小满时田里如果蓄不满水，就可能造成田坎干裂，甚至芒种时也无法栽插水稻。因为“立夏小满正栽秧”“秧奔小满谷奔秋”，小满正是适宜水稻栽插的季节。水稻栽插与降水量有着直接的关系，华南中部和西部，常有冬干春旱的现象，大雨来临又较迟，有些年份要到 6 月大雨才姗姗而来，最晚甚至可迟至 7 月，加之小满节气雨量不多，平均降水量仅 40 毫米，降水量自然不能满足栽秧需水量，所以在小满时节华南地区抵抗夏旱很重要。俗话说“蓄水如蓄粮”“保水如保粮”，为了抗御干旱，除了改进耕作栽培措施和加快植树造林外，特别需要注意抓好头年的蓄水保水工作。除此之外，也要注意可能出现的连续阴雨天气对小春农作物收晒的影响。

### 小满的节侯与农事

1. 太阳到达黄经60° 时为“小满”节气。此时我国大部分地区日均气温在22℃以上。

2. 小满时节，麦粒看似饱满,但还没有成熟。古籍中有“四月中，小满者，物至于此小得盈满”，小满由此得名。

3. 在北方小满节气意味着淮河以北的黄淮、华北冬麦区，小麦已接近成熟，最忌高温干旱天气。

**小满时节干热风危害小麦生长发育**

干热风指的是一种自然风，是由高气温、低湿度形成的。它主要危害小麦的生长发育，使小麦蒸腾急速增大，使其体内水分失调而枯死。发生干热风是有条件的，干热风发生的时间与地理位置、海拔高度、小麦品种及其生育期有关。一般从5月上旬开始由南向北、由东向西北逐渐推移，到7月中下旬结束。黄淮冬麦区5月上旬到6月中旬易发生干热风，华北地区5月下旬到6月上旬出现干热风。春麦区的黄河河套及河西走廊地区的干热风一般发生在6月中旬到7月中旬。对北方的冬麦区来说，小麦的乳熟期容易发生干热风。遇到气温在30℃以上，相对湿度小于30%，风速达2米/秒的时候，农作物就会受害；当气温在35℃以上，湿度在25%以下，风速大于3米/秒的时候，称为严重干热风，此时，农作物会严重受到灾害。

小满时节，不但要采取一些有效的防风措施以预防干热风和突如其来的雷雨大风的袭击。还要注意浇好“麦黄水”，抓紧麦田病虫害的防治工作，以增强麦子的良好长势。

**小满时节不仅要防“小满寒”，还要防暑**

在小满节气期间，西北高原地区已经进入了雨季，作物生长旺盛，一片欣欣向荣的景象，但有较强冷空气南下时，赣、浙、闽、粤等省5月下旬至6月上旬会出现连续3天以上日平均气温低于20℃、日最低气温低于17℃的低温阴雨天气，这种气候影响了这些地区的早稻稻穗发育和扬花授粉，此时俗称“五月寒”，人们又把它称为“小满寒”。

从气候特征来看，在小满节气到芒种节气期间，全国各地都渐次进入了夏季，南北温差进一步缩小，降水进一步增多。小满以后，黄河以南到长江中下游地区开始出现35℃以上的高温天气，这时还应注意做好防暑工作。

## 小满主要民俗：祭车神、祭蚕、“捻捻转儿”、求雨

### 祭车神——祝福水源涌旺

在一些农村地区古老的小满习俗就是祭车神。在相关的传说里，“车神”是一条白龙。在小满时节，人们在水车基上放置鱼肉、香烛等物品祭拜，最有趣的地方是，在祭品中会有一杯白水，祭拜时将白水泼入田中，此举有祝福水源涌旺的意思。

### 祭蚕——用面粉制成茧状，象征蚕茧丰收

因相传小满节气是蚕神的诞辰，所以江浙一带在小满节气期间有一个祈蚕节。我国农耕文化以“男耕女织”为典型，女织的原料北方以棉花为主，南方以蚕丝为主。蚕丝需靠养蚕结茧抽丝而得，所以我国南方农村尤其是江浙一带养蚕极为兴盛。

蚕是应被娇养的“宠物”，没有一定的经验一般很难养活。气温、湿度，桑叶的冷、热、干、湿等均会影响蚕的生存。由于蚕难养，古代人们把蚕视作“天物”。人们在四月放蚕时节举行祈蚕节，是为了祈求“天物”的宽恕和养蚕有个好的收成。

祈蚕节由于没有固定的日子，因此各家在哪一天“放蚕”便在哪一天举行，但前后差不了两三天。南方许多地方建有“蚕娘庙”“蚕神庙”，养蚕人家在祈蚕节均到“蚕娘”“蚕神”前跪拜，供上酒、水果、丰盛的菜肴。特别要用面粉制成茧状，用稻草扎一把稻草山，将面粉制成的“面茧”放在上面，以象征蚕茧丰收。

### 小满动三车

小满节气的时间正值初夏，此时蚕茧结成，正待采摘缫丝。在江南地区，自小满之日起，蚕妇煮蚕茧开动缫丝车缫丝，取菜籽至油车房磨油，天旱则用水车戽水入田，这就是民间所说的“小满动三车”。

### 看麦梢黄——女儿回娘家问候夏收的准备情况

关中地区在小满时节有个习俗，就是每年麦子快要成熟的时候，出嫁的女儿都要到娘家去探望，问候夏收的准备情况。这一风俗叫作“看麦梢黄”，极富诗意。女婿、女儿如同过节一样，携带礼品如油旋馍、黄杏、黄瓜等，去慰问娘家人。农谚云：“麦梢黄，女看娘，卸了杠枷，娘看冤家。”意思是在夏忙之前，女儿去询问娘家的麦收准备情况，而忙完之后，母亲再回过头来探望女儿的情况。

### 夏忙会——为了交流和购买生产工具等

在有些地方小满时还会举办夏忙会，设有骡马市、粮食市、农具生产市、布匹、

小吃、杂货市等，其主要是为了人们交流和购买生产工具、买卖牧畜、粜籴粮食等，会期一般 3 ~ 5 天，届时还会邀请剧团唱大戏以助热闹。

**狗沐浴——给狗洗澡，为了祭祀狗神**

一般在小满节气期间，在宁波地区有一个习俗，就是给狗洗澡，也就是狗沐浴。相传，这是为了祭祀狗太公，也就是狗神，这一习俗延续至今。

**求雨——反映了原始信仰对龙的崇拜**

小满期间久旱无雨，人们便要求雨，各地都有求雨之风。古时求雨，多以“龙”为对象，反映了原始信仰对龙的崇拜。其仪式有请龙、晒龙（把龙王塑像抬出来曝晒）、还龙（举行龙会送其还庙）等。后来偶像转换，有些地方也向“刘猛将”“关公”等求雨。总之，民间各地组织的求雨活动，都是期盼能够早日下雨，以解农作物急需雨水的燃眉之急。

**“捻捻转儿”寓意“年年赚”**

小满前后人们所吃的一种节令食品是“捻捻转儿”。因为“捻捻转儿”与“年年赚”谐音，寓意吉祥，所以很受人们的喜爱。小满前后，田里的麦子完成了吐穗、扬花、授粉等生长环节后，正在灌浆，籽粒日趋饱满。人们便把籽粒壮足、刚刚硬粒还略带柔软的大麦麦穗割回家，搓掉麦壳，用筛子、簸箕等把麦粒分离出来，然后用锅炒熟，将其放入石磨中磨制，石磨的磨齿中便会出来缕缕长约寸许的面条，纷纷掉落在磨盘上。人们将这些面条收起，放入碗中，加入黄瓜丝、蒜苗、麻酱汁、蒜末，就做成了清香可口、风味独特的“捻捻转儿”。这种面条可凉吃，也可在面条内先拌入少量开水，再拌入调味料，其味不变。没有大麦的人家，有时也用小麦麦穗制作，但味道没有大麦麦穗做成的好吃。

**油茶面：品尝当年新面**

小满前后人们所吃的另一种节令食品是“油茶面”。小满过后，农民最高兴的事就是能够吃到当年的新面。这时，人们会把已经成熟的小麦割回家中，磨成新面，然后把面粉放入锅内。用微火炒成麦黄色，然后取出。再在锅中加入香油，用大火烧至油将冒烟时，立即倒入已经炒熟的面粉中，搅拌均匀。最后，将黑芝麻、白芝麻用微火炒出香味；核桃炒熟去皮，剁成细末，连同瓜子仁一起倒入炒面中拌匀即成。食用时用沸水将“油茶面”冲搅成稠糊状。然后放上适量的白糖和糖桂花汁搅匀即可。也可以根据自己的喜好在“油茶面”中加入盐或其他调味品食用。

**小满“抢水”：旧时人们重视水利排灌**

旧时民间还有一种农事习俗“抢水”。旧时人们用水车排灌，可谓农村的一件大事。

## 小满时节主要民间风俗习惯

### 祭蚕

小满时节，江浙一带举行祭蚕活动。养蚕人家将面粉制成蚕状，置于用稻草堆成的稻草山上，祈求蚕茧丰收。

### 求雨

小满期间久旱无雨，人们对龙心怀敬畏，向龙跪拜求雨，期盼雨水早日降临，以解农作物急需雨水的燃眉之急。

### 捻捻转儿

小满前后，人们将颗粒饱满的麦穗慢慢磨成面条，俗称“捻捻转儿”。“捻捻转儿”与“年年赚”谐音，寓意吉祥，深受大家喜爱。

### 油茶面

小满前后小麦成熟，农民从田间割回小麦磨成面粉，制成大碗的茶油面。无论大人小孩儿，吃到当年的新面都是最值得高兴的一件事。

### 吕祖诞

农历四月十四为吕祖神诞，民众及道教信徒多于神诞日赴道观中吕祖殿烧香奉祀，或还愿，或祈愿。

### 药王诞

药王诞辰是民间传统纪念日。俗说药王生于农历四月二十八，届时要举办药王庙会等纪念、享祀药王。

在民间，水车一般于小满时节启动，民谚“小满动三车”中就有一车是水车。在水车启动之前，农户以村落为单位举行“抢水”仪式。举行这种仪式时，一般由年长执事者召集各户，在确定好的日期的黎明时分燃起火把，在水车基上吃麦糕、麦饼、麦团，待执事者以鼓锣为号，群人以击器相和，踏上小河边上事先装好的水车，数十辆一齐踏动，把河水引灌入田，直至河水中空为止。“抢水”表明了人们对水利排灌的重视。

**吕祖诞："神仙生日"**

吕祖诞是民间的传统纪念日。俗传吕祖吕洞宾生于农历四月十四，故此日称“吕祖诞”或“神仙生日”。据史载，吕洞宾是唐末五代时的道士，姓吕名喦，号纯阳，自称回道人。相传他年少时熟读经史却屡试不第，遂浪迹江湖。后在长安酒肆中偶遇钟离权，在庐山遇火龙真人，得传“犬道天遁剑法，龙虎金丹秘文”，一百多岁时仍然童颜不改，且步履轻盈，健步如飞，仿若神仙。全真道教奉其为五祖之一，故称其为“吕祖”。吕洞宾在民间八仙中是传说最多、最著名的一位神仙，同时也是在民间影响最大、被普遍尊奉的神明之一。所以在其诞日，许多地方要举办吕祖庙会，庙会期间有一定的商贸、游玩活动。有些地方在这天还有剪千年蒀的习俗，即剪掉千年蒀的旧叶子，扔在大街上。千年蒀即万年青，因“蒀”与“运”同音，故用以祝吉。有一些地方在吕祖诞这一天还有种植千年蒀的习俗。

**浣花日：纪念唐代女英雄浣花夫人**

浣花日是汉族传统的纪念日，在每年的农历四月十九。此俗主要流行于四川成都一带。当日，人们成群结队地宴游于成都西郊的浣花溪旁。据说这是为了纪念唐代女英雄浣花夫人而设的。据史载，浣花夫人是唐代节度使崔宁之妻任氏。唐大历三年（768年），崔宁奉召进京，留其弟崔宽守城。这时，泸州刺史杨子琳以精骑数千突袭成都，崔宽屡战皆败，眼看城不可保，此时任氏当机立断，出家资十万募集勇士，组织部队，并亲自披挂上阵，抵抗杨子琳的攻击，致使叛兵败逃，解除了成都之围。相传，浣花夫人生于四月十九，于是后人为了纪念她，就将此日定为了一个重要的节日——浣花日（唐、宋、元三代为四月十九，明始改定为三月三日）。

**农历四月二十八是药王的生日**

民间俗传农历四月二十八是药王的生日，届时要举行祭祀、举办药王庙会等活动，以贺药王生日。我国在不同时代、不同地区流行的药王形象并不一致，神话传说中的伏羲、神农都被奉为“药王”，此外还有黄帝、扁鹊、华佗、邳彤、三韦氏、吕洞宾、李时珍等，但最著名的药王是唐代的孙思邈。他著有《千金要方》《千金翼方》，宋徽宗曾封其为“妙应真人”。

## 小满饮食养生：素食为主，适量食冷饮、薏米和苋菜

### 小满时节应多以素食为主

小满过后，天气较为炎热，人体汗液的分泌也会相对较多，在选择食物的时候应以清淡的素食为主。但要注意的是，素食所含有的营养元素较为单一，所以还应适当搭配些其他的食物，以保持均衡的营养。

要想达到均衡摄取营养元素的目的，就应该选择不同的素食品种，最常见的就是蔬菜和水果，其中颜色较为浓烈的营养较丰富。在功效上，应该选择有养阴、清火功效的蔬果，如冬瓜、黄瓜、黄花菜、水芹、木耳、荸荠、胡萝卜、山药、西红柿、西瓜、梨和香蕉等。另外，最好搭配一些仿荤的素食一起食用，使营养更加均衡，如豆类、坚果类、菌类等都是很好的选择。

### 适当吃些冷饮可消除食欲不振

夏季，因为天气炎热，人体会出现一些不良的生理反应，如无精打采、食欲不振等。此时应该在膳食上进行合理的安排，可以适当食用些冷饮，在解渴去火的同时，也能促进消化。但食用冷饮的时候要注意卫生，也要适量，否则有可能诱发食物中毒、痢疾、病毒性肝炎等疾病。食用冷饮时应注意以下两点：

忌食用冷饮过量。食用过多不利于消化，还会减少营养的有效吸收。急慢性肠胃病患者更不要吃冷饮。另，婴幼儿也不宜过量食用冷饮。

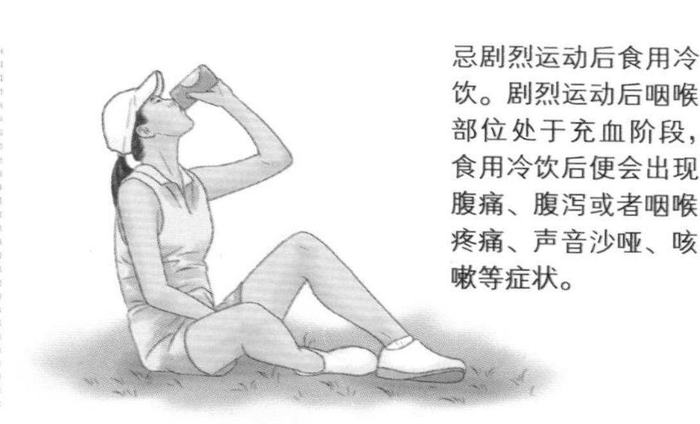

忌剧烈运动后食用冷饮。剧烈运动后咽喉部位处于充血阶段，食用冷饮后便会出现腹痛、腹泻或者咽喉疼痛、声音沙哑、咳嗽等症状。

### 祛除内热、健脾利湿可多食薏米

薏米被人们誉为“谷类之王”，在祛除内热、健脾利湿上有显著的功效。由于小满前后雨下得比较多，湿气相对比较重，薏米便成了这一时期最为理想的一种养生食材。

挑食薏米时，可选择上等的薏米，上等薏米的颗粒完整饱满，颜色偏白，粉屑较少。由于薏米较难煮透，最好在烹饪之前用温水浸泡 2 ～ 3 小时，然后再加入其他的米类一起熬制。

百合薏米粥可祛除内热、健脾利湿。

◎百合薏米粥

【材料】薏米50克，百合15克，蜂蜜适量。
【制作】①将薏米、百合分别洗净放入锅内，加水适量。②小火熬煮至薏米熟烂，再加入蜂蜜调匀即可食用。

**清热止血、消除郁结可吃些苋菜**

在阴雨天，人们容易感到困乏，此时应该适当食用一些苋菜，因为苋菜有清热止血、消除郁结的功效，可以帮助人们远离湿邪、振作精神。

在选择苋菜时，应选择叶子小、根茎完整且容易掐断、没有切口、须子较少的品种。应该注意的是，苋菜的烹调时间不宜太长。

食用粉蒸苋菜利于清热止血、消除郁结。

◎粉蒸苋菜

【材料】苋菜500克，大米100克，大料、花椒粒、陈皮、盐、香油、鸡精各适量。
【制作】①将大米淘净，加入花椒粒、大料、陈皮，用冷水浸泡一夜。②将泡好的大米晾干。苋菜洗净，切段。③小火将大米炒至焦黄，用粉碎机打碎。④苋菜加盐、鸡精、香油、米粉拌匀。⑤上锅大火蒸15分钟，淋入香油即可食用。

## 小满药膳养生：消暑健脾，平肝生津

**消暑解渴、健脾开胃，饮用节瓜鱼尾汤**

节瓜鱼尾汤有健脾开胃、消暑解渴的功效。可用于小儿夏天口干，食欲不振，可作为开胃佐膳。

◎节瓜鱼尾汤

【材料】大鱼尾1条，节瓜1个，姜、盐适量。
【制作】①节瓜去皮切成块。②大鱼尾撒入少许盐腌制片刻，放入油锅中煎至两面皆黄色，铲起。③锅底留余油爆姜，倒入适量水煲滚。④下入节瓜、鱼尾，待节瓜熟后，撒入盐调味即可食用。

**补血养颜，消斑祛色素，服用西红柿荸荠汁**

西红柿荸荠汁有补血养颜、丰肌泽肤、消斑祛色素、补益脾胃、调中固肠的功效。

### ◎西红柿荸荠汤

【材料】西红柿、荸荠各 200 克，白糖 30 克。

【制作】①先将荸荠洗干净，去皮，切碎，放入榨汁机中榨取汁液。②西红柿洗干净，切碎，用榨汁机榨成汁。③把西红柿、荸荠的汁液倒在杯中混合，加入白糖搅匀即可饮用。

**补脾开胃、利水祛湿，饮用赤小豆绿头鸭汤**

赤小豆绿头鸭汤可补脾开胃、利水祛湿，可用于治疗腰膝酸软、气血不足、骨质疏松等症。

### ◎赤小豆绿头鸭汤

【材料】赤小豆 30 克，绿头鸭 1 只，料酒 10 克，葱 10 克，姜 3 克，盐 3 克，鸡精 3 克，胡椒粉 3 克，鸡油 30 克，水适量。

【制作】①将赤小豆去掉泥沙，清洗干净。②绿头鸭宰杀后，去毛、内脏及爪。③姜切片，葱切段。④将赤小豆、鸭肉、料酒、姜、葱同时放入锅内，加入水。⑤用大火烧沸，再用小火炖煮 40 多分钟。⑥加入盐、鸡精、鸡油、胡椒粉即可食用。

**清热解毒、生津止渴，饮用茭白白菜汤**

茭白白菜汤可清热解毒，生津止渴，通利二便。适用于消渴、黄疸、小便不利、大便难下、胸闷烦渴、痢疾、风疮以及维生素缺乏症、肥胖症等。

### ◎茭白白菜汤

【材料】茭白 250 克，白菜 250 克，盐、味精、香油等适量。

【制作】①将茭白、白菜切碎后备用。②锅内加入适量水烧开，放入茭白、白菜，用大火煮至菜熟，再加入调味品，然后淋上少许香油即可食用。

【禁忌】茭白因含草酸较多，所以，不可与含钙丰富的食品同食，否则会影响钙的正常吸收。

**温中健脾、利水消肿，食用青椒炒鸭块**

青椒炒鸭块可温中健脾、利水消肿。

◎青椒炒鸭块

【材料】青椒 150 克，新鲜鸭脯肉 200 克，鸡蛋 1 个，黄酒、盐、干淀粉、鲜汤、味精、水淀粉、植物油等适量。

【制作】①将鸭脯肉切成 2 寸长、6 分宽的薄片，用水洗净后控干。②将鸡蛋取蛋清和干淀粉、盐搅匀，与鸭片一起拌匀上浆。③青椒去籽、去蒂洗净后切片。④锅烧热后加油烧至四成热，将鸭片下锅，用勺划散，炒至八成熟时，放入青椒，待鸭片炒熟，倒入漏勺淋油。⑤锅内留少许油，加入盐、黄酒、鲜汤烧至滚开后，再将鸭片、青椒倒入。⑥用水淀粉勾芡，放入味精后翻炒几下装盘即可食用。

## 小满起居养生：避雨除湿，冷水澡健美瘦身

**避雨除湿，预防皮肤病**

小满节气期间气温明显升高，雨量增多，下雨后，气温下降很快，所以这一节气中，要注意气温变化，雨后要添加衣服，不要着凉受风而患感冒。又由于天气多雨潮湿，所以若起居不当必将会引发风湿症、风疹、湿疹、汗斑、香港脚、湿性皮肤病等症状。

小满时节洗冷水浴能增强机体的新陈代谢和免疫功能；但是，冷水浴虽好，却不是每个人都适合的，如体质弱者或患有高血压、关节炎的人就不宜洗冷水澡，以免对身体造成不必要的伤害。

夏天因气候闷热潮湿，所以正是皮肤病发作的季节。《金匮要略·中风历节篇》中记载：“邪气中经，则身痒而瘾疹。”可见古代医学家对此早已有所认识。此病的病因主要有以下三点：一是湿郁肌肤，复感风热或风寒，与湿相搏，郁于肌肤皮毛腠理之间而患病。二是由于肠胃积热，复感风邪，内不得疏泄，外不得透达，郁于皮毛腠理之间而患病。三是与身体素质有关，吃鱼、虾、蟹等食物过敏导致脾胃不和，蕴湿生热。郁于肌肤导致皮肤病。

**因人而异洗冷水澡健美瘦身**

小满节气之后，因为天气渐热，许多人就会有洗冷水澡的习惯。现代医学研究证明，冷水浴不失为一种简便有效的健身方法。冷水浴是利用低于体表温度的冷水对人体的刺激，增强机体的新陈代谢和免疫功能。进行冷水浴锻炼的人，其淋巴细胞明显高于不进行冷水浴锻炼的人。另外，冷水可以刺激身体产生更多的热量来抵御寒冷，

并因此消耗体内的热量，使其不被当作脂肪储存起来，从而使人体态健美。

**小满饮用冷饮要有所控制**

随着天气逐渐变热，大多数人还喜爱用冷饮消暑降温。但冷饮过量会导致一些疾病，应予以重视。冷饮过量的一般常见病症是腹痛，特别是小孩腹痛。由于小儿消化系统发育尚未健全，过多进食冷饮后，使胃肠道骤然受凉，刺激了胃肠黏膜及神经末梢，引起胃肠不规则的收缩，从而导致腹泻。冷饮过量引起头痛也是一种常见的症状，有些人会发生剧烈头痛，这可能是人体的三叉神经支配着口腔、牙齿及面部、头皮等部位的感觉，对冷的刺激较敏感的人，冷饮入口后，对分布在口腔内的三叉神经造成刺激并反射到头面部，就会引起太阳穴部位的疼痛。还有些人冷饮吃得太多可致咽部发炎，这是由于咽喉部黏膜的血管多，当冷饮通过时，黏膜遇冷收缩，血流变少，咽部抵抗力降低，则使隐藏在咽部等口腔里的病菌趁机活跃，引起嗓子发炎、疼痛，甚至可诱发喉痉挛。此外，有些患有慢性支气管炎的病人若吃过量冷饮就会引起支气管黏膜下血管的收缩，可导致支气管炎急性发作。所以从小满节气开始，对冷饮一定要有所控制，切不可过量饮用，以免对身体造成伤害，甚至患上肠胃疾病。

**小满过后要预防蚊子叮咬**

小满节气后，随着天气的逐渐变热，蚊子的数量也慢慢变多。蚊虫向来为人们所厌恶，尤其对有婴幼儿的家庭来说，蚊子更是让人头疼。它们不仅会对人们的生活产生不良影响，还会传播疟疾、流行性乙型脑炎、丝虫病、登革热等疾病。那么，炎炎夏日怎样才能预防蚊虫叮咬呢？

蚊子通常最喜欢藏在背光且有些潮湿的地方，如壁橱内、沙发后。所以定期的大扫除尤为重要。另外可以安置纱窗、纱门来阻挡蚊子进入房间。还要将暂时不用的积水及时进行清理，如花盆、水盘、水缸、水桶内的积水。消灭蚊虫，可采用市场常见的杀虫剂、蚊香、电蚊拍等。

## 小满运动养生：时尚活动——森林浴

**森林浴——省钱、便利、时尚的活动**

人们常说的森林浴就是通过在树林中散步、运动、休息等多种方式，利用森林中的自然环境对人体的影响来促进身心健康的一种自然疗法。森林空气中负离子的含量与海滨、原野一样，最为丰富，是闹市区的几十倍，甚至数百倍之多。而负离子与阳光及其他营养素一样，是人类生命活动中不可缺少的物质，所以被称为“空气中的维生素”和“长寿素”。它能促进肌体的新陈代谢，强健各器官的功能，对增加皮肤弹性、减少皱纹、延缓衰老都有一定的作用。在负离子含量丰富的地方呼吸，有如雷阵雨过后那种神清气爽的感觉。并且，森林中的许多植物都能产生具有抑菌、杀菌功能的挥发性物质，树木还能减少噪声、吸附尘埃、净化空气，所以，在森林中散步、运动、休息就能够获得更多的有益健康的天然成分。

骄阳似火的夏季，阳光下的世界令人生畏，但是只要走进绿叶浓荫的树林里，就会有一股清凉、舒心的微风扑面而来，让人顿觉舒畅。

**小满时节运动要预防中暑**

酷热的夏季，特别是我国的南方和长江中下游的气温比较高，进行体育锻炼要特别注意防暑。但在夏季，不能不进行体育锻炼，因为越是恶劣的条件，越能锻炼人的机体的适应能力和提高心理素质。但锻炼时应注意以下几点：

**要根据运动强度合理调整呼吸方式**

小满时节运动，由于运动量较大且出汗较多，所以，在运动的时候尤其需要注意气息吐纳的方式和节奏。

呼吸能够氧化分解糖、蛋白质、脂肪等物质，而且还能产生身体所需的能量，增强肌肉收缩的强度。如果呼吸的方式不恰当，有可能会造成体内缺氧，使得气血往头部运行，令人感到头昏、恶心、倦怠，造成四肢的协调稳定性降低，甚至发生昏厥。

| 夏季锻炼注意事项 | |
|---|---|
| 1 | 中午最好不要安排体育锻炼，但可以参加游泳运动 |
| 2 | 不要在太阳直射下进行锻炼，要找阴凉处和通风的场所进行体育锻炼 |
| 3 | 有些运动项目，如长跑、划船等，如果要在太阳下运动，必须注意防晒，可戴太阳帽和穿浅色、宽大、透气的运动服等 |
| 4 | 注意运动负荷不宜过大，增加间歇时间和次数，并且应多在阴凉通风处休息 |
| 5 | 因夏季人体运动时出汗多，随时要注意加强水分和盐分的补充，以保证正常的机体代谢平衡，有利于避免中暑 |
| 6 | 夏季运动后要洗温水澡，一方面可以放松机体，另一方面还可以防止中暑 |
| 7 | 夏季要保证夜晚充足的睡眠，在中午要睡午觉，人体睡眠不好，疲劳得不到消除，所以在身体运动过程中更容易中暑 |

所以，正确的呼吸方法显得尤为重要。

需要注意的是，要按照不同的运动来对气息进行适当的调整。合理的呼吸，有助于增强肺活量，为机体提供足够的氧气，并促进新陈代谢，延缓疲劳等症状。

## 与小满有关的耳熟能详的谚语

### 小满不满，麦有一险

这句谚语是说在小满期间（小满后芒种前），如果田里的水量不够，且遇“干热风”这一气象灾害的侵袭，势必会影响小麦的灌浆乳熟，致使小麦出现籽实瘦秕的现象。所以，此期间要注意浇好“麦黄水”（小麦快要黄熟时所浇的水），以增强小麦的长势，抵御风灾的侵袭，否则小麦就会有减产的危险。

### 小满不满，干断田坎；小满不满，芒种不管

二十四节气中的第八个节气是小满。古书记载：“斗指甲为小满，万物长于此少得盈满，麦至此方小满而未全熟，故名也。”这是说从小满开始，北方大麦、冬小麦等夏收作物已经结果，籽粒渐见饱满，但还未成熟，相当于乳熟后期，所以叫小满。它是一个表示物候变化的节气。南方地区的农谚赋予小满以新的寓意：“小满不满，干断田坎”“小满不满，芒种不管”。把“满”用来形容雨水的盈缺，指出小满时田里如果不蓄满水，就可能会造成田坎干裂，甚至到芒种时也无法栽插水稻。

### 秧奔小满谷奔秋

华南的夏旱严重与否，和水稻栽插面积的多少有直接的关系；而栽插的迟早，又与水稻单产的高低密切相关。华南中部和西部，常有冬干春旱，大雨来临又较迟，有些年份要到阳历 6 月大雨才姗姗来迟，最晚甚至可迟至 7 月。加之常年小满节气雨量不多，使得水源缺乏的华南中部夏旱更为严重。俗话说“蓄水如蓄粮”“保水如保粮”。为了抗御干旱，特别需要注意抓好蓄水保水工作。但是，也要注意可能出现的连续阴雨天气对小春农作物收晒的影响。西北高原地区，这时多已进入了雨季，农作物生长旺盛。所以小满正是适宜水稻栽插的季节，正所谓“秧奔小满谷奔秋”。

# 第3章
# 芒种：东风染尽三千顷，折鹭飞来无处停

芒种是二十四节气中的第九个节气，也是进入夏季的第三个节气。每年的阳历6月5日左右，太阳到达黄经75° 就是芒种。芒种字面的意思是“有芒的麦子快收，有芒的稻子可种”。《月令七十二候集解》：“五月节，谓有芒之种谷可稼种矣。”此时中国长江中下游地区也即将进入多雨的黄梅时节。

梅雨时节，江南梅子黄熟，阴雨绵延不绝，烟雾缭绕，笼罩着小桥流水人家。

## 芒种气象和农事特点：天气炎热，抢收小麦，忙插秧

俗话说“春争日，夏争时”，“争时”即这个忙碌的时节最好的写照，从字面上理解，“芒”是指有芒的作物，如大麦、小麦。“种”有两个意思，一是种子的“种”；一是播种的“种”。《月令七十二候集解》解释：“五月节，谓有芒之种谷可稼种矣。”意指大麦、小麦等有芒作物的种子已经成熟，抢收十分急迫。在北方大部分地区，芒种也是晚谷、黍、稷等农作物播种的繁忙季节。人们常说“三夏”大忙季节，即由此而来。古代，人们将芒种分为三候：“初候螳螂生；二候鵙始鸣；三候反舌无声。”在这一节气中，螳螂在去年深秋产的卵因感受到阴气初生而破壳生出小螳螂；喜阴的伯劳鸟开始在枝头出现，并且感阴而鸣；与此相反，能够学习其他鸟鸣叫的反舌鸟，却因此时感应到了阴气的出现而停止了鸣叫。

芒种节气是一个典型的反映农业物候现象的节气。时至芒种，四川盆地的麦收季节已经过去，中稻、甘薯移栽接近尾声。大部地区中稻进入返青阶段，秧苗嫩绿，一派生机。“东风染尽三千顷，折鹭飞来无处停”，生动地描绘了芒种时田野的秀丽景色。到了芒种时节，四川盆地内尚未移栽的中稻，应该抓紧栽插；如果再推迟，因气温升高，水稻营养生长期缩短，而且生长阶段又容易遭受干旱和病虫害，产量必然不高。甘薯移栽至迟也要赶在夏至之前；如果栽甘薯过迟，不但干旱的影响会加重，而且待到秋季时温度下降，也不利于薯块膨大，产量亦将会明显降低。

### 天气炎热，农忙夏收、夏种和夏长

芒种时节，我国大部分地区的农业生产处于“夏收、夏种、夏长”的“三夏”大

忙季节。

**芒种有三忙**

芒种时节，南方的双季晚稻要注意稻蓟马等病虫的防治。

**忙夏收**

指必须抓紧一切有利时机对小麦等作物进行抢割、抢运、抢脱粒，以防异常天气的危害。

**忙夏种**

指夏玉米、夏大豆等夏种作物，因其可生长期是有限的，为保证到秋霜前收获，须尽量提早播种栽插，才能取得较高的产量。

**忙夏长**

“芒种”节气之后雨水渐多，气温渐高，棉花、春玉米等春种的庄稼已进入生长高峰，要进行追肥补水、除草、防病治虫等各项管理。

## 梅雨对庄稼有害还是有利

芒种期间，我国江淮流域的雨量增多，气温升高，在初夏会出现一种连阴雨天气，空气非常潮湿，天气异常闷热，日照少，有时还伴有低温。各种器具和衣物容易发霉，一般人称这段时间为“霉雨季节”。又因为此时正是江南梅子黄熟之时，所以也称之为“梅雨天”或“梅雨季节”。

梅雨形成的原因是，冬季结束后，冷空气强度削弱而北退，南方暖空气相应北进，伸展到长江中下游地区，但这时北方的冷空气仍有相当势力，于是冷暖空气在江淮流域相峙，形成准静止锋，便出现了阴雨连绵的天气。

“梅雨季节”要持续一个月左右。暖空气最后战胜冷空气，占领江淮流域，梅雨天气结束，雨带中心转移到黄淮流域。进入梅雨的日子叫“入梅”。梅雨结束的日子叫“出梅”，具体日期因所处地理位置的不同而略有偏差。如果以太阳黄经 80° 的位置来算，入梅的时间应该是公历 6 月 12 日左右，经过一个月，在 7 月 11 日为出梅日。有的年份 5 月就入梅，这叫早梅雨，出梅最晚的在 8 月初。有的年份没有明显的梅雨，这叫作空梅。而我国民间一般认为天干中的“壬”为天河之水，所以将芒种后的第一个“壬”日立为入梅的日子，将夏至后的第一个“庚”日立为出梅的日子。时间大概只有半个多月。

梅雨季节时间长，雨量大，容易造成洪涝灾害；出现短梅雨期或空梅时，这个地区会发生干旱。所以，梅雨期到来的早晚、持续时间的长短以及这一时期的雨量，对禾谷的丰收有着重要的意义，所以民间百姓也非常重视梅雨季节。

## 芒种农历节日：端午节——纪念屈原

每年农历的五月初五为端午节，“五”与“午”相通，“五”又为阳数，故又称端阳节、午日节、五月节、艾节、端午、重午、夏节等，它是我国汉族人民的传统节日，大多数年份的端午节都在芒种节气期间。虽然名称不同，但各地人民过节的习俗是相同的。端午节是我国两千多年的旧习俗，每到这一天，家家户户都悬钟馗像、挂艾叶及菖蒲、吃粽子、赛龙舟、饮雄黄酒、佩香囊、游百病、备牲醴等。

端午节的来历，耳熟能详的说法就是纪念屈原。此说最早出自南朝梁代吴均《续齐谐记》和北周宗懔《荆楚岁时记》的记载。据说，屈原于五月初五自投汨罗江，死后为蛟龙所困，世人哀之，每到此日便投五色丝粽子于水中，以驱蛟龙。又传，屈原投汨罗江后，当地百姓闻讯马上划船捞救，直行至洞庭湖，终不见屈原的尸体。那时，恰逢雨天，湖面上的小舟会集在岸边的亭子旁。当人们得知是打捞贤臣屈大夫时，再次冒雨出动，争相划进茫茫的洞庭湖。为了寄托哀思，人们荡舟江河之上，此后才逐渐发展成为龙舟竞赛。端午节吃粽子、赛龙舟与纪念屈原相关，唐代文秀《端午》诗：“节分端午自谁言，万古传闻为屈原。堪笑楚江空渺渺，不能洗得直臣冤。”

悠久的历史使得端午节的礼俗活动缤纷异彩，时至今日，端午节仍是我国人民心中一个十分重要的节日。

### 赛龙舟——纪念屈原举行的一种活动

据史料记载，龙舟由来已久，和吃粽子的传说一样，也是为了纪念屈原。古代龙舟很华丽，如描绘龙舟竞渡的《龙池竞渡图卷》（元人王振鹏所绘），图中龙舟的龙头高昂，硕大有神，雕镂精美，龙尾高卷，龙身还有数层重檐楼阁。如果是写实的，则可证古代龙舟之华美了。又如《点石斋画报·追踪屈子》绘芜湖龙舟，也是龙头高昂，上有层楼。有些地区的龙舟还存有古风，非常精丽。

在龙船竞渡前，首先要请龙、祭神。如广东龙舟，在端午前要从水下起出，祭过在南海神庙中的南海神后，安上龙头、龙尾，再准备竞渡。并且买一对纸制小公鸡置于龙船上，认为可保佑船平安。闽、台则往妈祖庙祭拜。如四川、贵州等个别地区直接在河边祭龙头，杀鸡滴血于龙头之上。

在湖南汨罗市，竞渡前必先往屈子祠朝庙，将龙头供在祠中神位祭拜，披红布于龙头上，再安龙头于船上竞渡，既拜龙神，又纪念屈原。而在屈原的家乡丹阳（今湖北秭归东南），也有祭拜屈原的仪式流传。在湖南、湖北地区，祭屈原与赛龙舟是紧密相关的。屈原逝去后，当地人民也曾乘舟送其灵魂归葬，因此也有此风俗。

人们在划龙船时，以唱歌助兴，因而龙船歌也广泛流传起来。如湖北秭归划龙船时，有完整的唱腔、词曲，根据当地民歌与号子融汇而成，歌声雄浑壮美，扣人心弦，且有“举楫而相和之”之遗风。

**吃粽子——为了纪念屈原**

端午节的经典食品是粽子，在民俗文化领域，我国民众把端午节的龙舟竞渡和吃粽子都与屈原联系起来。在屈原的故乡还流传着一个故事。

据说屈原投汨罗江以后，有天夜里，屈原故乡的人忽然都梦见屈原回来了。他峨冠博带，一如生前，只是面容略带几分忧戚与憔悴。乡亲们高兴极了，纷纷拥上前去，向他行礼致敬。屈原一边还礼，一边微笑着说：“谢谢你们的一片盛情，楚国人民这样爱憎分明，没有忘记我，我也死而无憾了。”

在话别时，众人们发现屈原的身体大不如过去，就关切地问道：“屈大夫，我们给你送去的米饭，你吃到了没有？”“谢谢，”屈原先是感激，接着又叹气说，“遗憾哪！你们送给我的米饭，都给鱼虾龟蚌这般水族吃了。”乡亲们听后都很焦急：“要怎样才能不让鱼虾们吃掉呢？”屈原想了想说：“如果用箬叶包饭，做成有尖角的角黍（现在的粽子），水族见了，以为是菱角，就不敢去吃了。”

到了第二年端午节，乡亲们便用箬叶将米饭包成许多角黍，投入江中。可是端午节过后，屈原又托梦说：“你们送来的角黍，我吃了不少，可是还有不少给水族抢去了。”大家又问他：“那还有什么好法子呢？”屈原说：“有办法，你们在投放角黍的舟上，加上龙的标记就行了。因为水族都归龙王管，到时候，鼓角齐鸣，桨桡翻动，它们以为是龙王送来的，就再也不敢来抢了。”

千百年来，因为这个传说，粽子便成了最受人欢迎的端午节食品。

**悬钟馗像——驱邪除魔**

钟馗捉鬼，也是端午节的习俗。在江淮地区，家家都悬钟馗像，用以镇宅驱邪。

传说，开元年间，唐明皇自骊山讲武回宫，疟疾大发，梦见二鬼，一大一小，小鬼穿大红无裆裤，偷杨贵妃的香囊和明皇的玉笛，绕殿而跑。大鬼则穿蓝袍戴帽，捉住小鬼，挖掉其眼睛，一口吞下。明皇喝问，大鬼奏曰：臣姓钟名馗，即武举不第，愿为陛下除妖魔。明皇醒后，疟疾痊愈，于是令画工吴道子照梦中所见画成钟馗捉鬼之画像，通令天下于端午时，一律张贴此画像，以驱邪除魔。

**挂艾草、菖蒲、榕枝——祈求平安**

人们在端午节时，门口挂艾草、菖蒲（蒲剑）或石榴、胡蒜，都是有原因的。通常将艾草、菖蒲用红纸绑成一束，然后插或悬在门上。菖蒲在天上属五瑞之首，被百姓视为百阳之气，因为生长在水中，而且形状非常像宝剑，所以被方士们称为“水剑”，当时人们认为其拥有“百阳之气”，插在门口可以避邪，后来此风俗引申为“蒲剑”，百姓用其祛除不祥，以保平安。

# 端午节主要民间风俗习惯

## 吃粽子

端午节吃粽子，是中国的传统习俗。每年农历五月初五，家家户户都要浸糯米、洗粽叶、包粽子。粽子花样繁多，口味南北各异。

## 赛龙舟

每逢端午节都会举行赛龙舟活动。龙舟船头装有各式木雕龙头，色彩绚丽，形态各异，开赛号令一响，船员齐力划桨，奋勇争先，只只龙舟犹如离弦之箭。

## 挂艾草、菖蒲、榕枝

端午节时，人们用红纸将艾草、菖蒲、榕枝绑成一束，插在门上。菖蒲被视为百阳之气，又形似宝剑，古人认为将其插在门上可以祛除不祥，保佑平安。

## 长命缕

长命缕是汉族端午节的吉祥物和饰物。端午当天，家长会把五彩的长命缕系在小孩的手腕或脖颈上，希望孩子们能够健康成长，免除瘟病。

## 戴香包

香包是古代端午节时人们必戴的装饰品。戴香包颇有讲究，意蕴丰富，比如戴荷花寓意鸟语花香，戴彩蝶寓意比翼双飞。

## 饮雄黄酒

一些地方在端午节时有饮雄黄酒的习俗。人们将雄黄倒入酒中饮用，并用雄黄酒在小孩儿额头画“王”字，以雄黄驱毒，借猛虎镇邪。

艾草是一种可以治病的药草，插在门口可使身体健康，在我国古代就一直是药用植物。针灸里面的灸法，就是用艾草作为主要成分，放在穴位上进行灼烧来治病。有关艾草可以驱邪的传说已经流传很久，主要是它具备医药的功能。民间也有在房前屋后栽种艾草、求吉祥的习俗。中国台湾民间在端午时贴“午时联”，它的作用和灵符一样，有些午时联上还写有“手执艾旗招百福，门悬蒲剑斩千邪”的句子。

榕枝的意义是祈求身体矫健，“插榕较勇龙，插艾较勇健。”也有地方习俗是挂石榴、胡蒜或山丹，认为胡蒜可以除邪治虫毒。“山丹方剂治癫狂，榴花悬门避黄巢。”在这句诗中提到石榴花与黄巢，其中还有一个故事。黄巢之乱的时候，有一次黄巢经过一个村庄，正好看到一个妇女背着一个较大的孩子，却牵着一个年纪较小的，黄巢非常好奇，就询问原因。那位妇人不认识黄巢，所以就直接说因为黄巢来了，杀了叔叔全家，只剩下这个唯一的命脉，所以万一无法兼顾的时候，只好牺牲自己的骨肉，保全叔叔的骨肉。黄巢听了大受感动，告诉妇人只要门上悬挂石榴花，就可以避黄巢之祸。事实上，石榴也是一种药材，有祛病的功效。这个民俗也反映了百姓们祈求平安、健康的美好希望。

**长命缕**

“长命缕”又名“续命缕”“避兵缯”“五色丝”“长命寿线”“长命锁”等，汉族端午节吉祥物兼饰物。农历五月初五，妇女们用红、黄、蓝、白、黑或红、黄、蓝、绿、紫五色丝线或绒线，拴在儿童手臂、手腕（男左女右）等处；或悬挂于儿童胸前、蚊帐、摇篮。据说，五色丝象征五色龙，可以免除瘟病，使人健康长寿。

长命缕用红、黄、蓝、绿、紫五种颜色（有的地方为红、黄、绿、白、黑或红、黄、蓝、白、黑五种颜色）的线搓成彩色线绳或做成日、月、星、花、草、鸟、兽等的形状。端午之时系在孩子的手腕、脚腕和脖子上，也叫“五彩长命缕”“续命缕”“五彩缕”“五色线”“五色丝”“宛转绳”“花花绳”“健牛绳”“长命锁”“长索”“朱索”“百索”“目索线”“辟兵缯”等，是端午节必备的物品。长命缕的五种颜色代表东、南、西、北、中五方，也有说代表金、木、水、火、土五行的。端午节日佩戴长命缕，据说可以驱毒避邪，对小孩子来说也是漂亮的小装饰品。富贵人家会在五彩绳上缀饰金锡饰物，挂于项颈。也有人将此配饰结成各种中国结戴在胸前。

汉代应劭的《风俗通》中记载：“五月五日，以五色丝系臂，名长命缕。”由此可见，端午戴长命缕的习俗至今已有两千多年了。

**戴香包——防病健身，万事如意**

香包又称香囊、香袋、荷包等，有用五色丝线缠成的，有用碎布缝制的，内装香料（用中草药白芷、川芎、芩草、排草、山柰、甘松、高本行制成），佩戴于胸前，香气扑鼻。这些随身携带的袋囊，内容几经变化，从吸汗的蚌粉，驱邪的灵符、铜钱，避虫的雄黄粉，发展成装有香料的香囊，制作也日趋精致，此物件成了端午节特有的民间工艺品。

戴香包也颇有讲究。老年人为了防病健身，一般喜欢戴梅花、菊花、桃子、苹果、荷花、娃娃骑鱼、娃娃抱公鸡、双莲并蒂等形状的，象征着鸟语花香、万事如意、夫妻恩爱、家庭和睦。小孩喜欢的是飞禽走兽类的，如老虎、豹子、猴子上竿、斗鸡赶兔等。青年人戴香包最讲究，如果是热恋中的情人，那多情的姑娘很早就要精心制作一两枚别致的香包，赶在节前送给自己的情郎。小伙子戴着心上人赠送的香包，自然要引起周围人的评论，夸奖小伙的对象心灵手巧。

**饮雄黄酒——避邪**

雄黄作为一种中药药材，它可以作为解毒剂、杀虫药。古代人认为雄黄可以克制蛇、蝎等百虫，“善能杀百毒、辟百邪、制蛊毒，人佩之，入山林而虎狼伏，入川水而百毒避”。中国神话传说中常出现用雄黄来克制修炼成精的动物的情节，比如变成人形的白蛇精不慎喝下雄黄酒，失去控制现出原形。古人不但把雄黄粉末撒在蚊虫容易滋生的地方，还饮用雄黄酒以祈望能够避邪，自己身体健康不生病。

传说屈原在投江以后，屈原家乡的人们为了不让蛟龙吃掉屈原的遗体，纷纷把粽子、咸蛋抛入江中。有一位老医生拿来了一坛雄黄酒倒入江中，说是可以药晕鱼龙，可保护屈原。一会儿，水面果真浮起一条蛟龙。于是，人们把这条蛟龙拉上岸，抽其筋，剥其皮，之后又把龙筋缠在孩子们的手腕和脖子上，再用雄黄酒抹七窍，认为这样便可以使孩子免受虫蛇伤害。据说这就是端午节饮雄黄酒的来历。时至今日，我国不少地方都有饮雄黄酒的习惯。

在端午节这一天，人们把雄黄倒入酒中饮用，并把雄黄酒涂在小孩儿的耳、鼻、额头、手、足等处。典型的方法是用雄黄酒在小孩儿额头画“王”字，一借雄黄以驱毒，二借猛虎（“王”似虎的额纹，又虎为兽中之王，因以代虎）以镇邪，这样做是希望能够使孩子们不受蛇、虫的伤害。

**采百药——防御疾病**

采百药，又叫“采百草”。农历五月正是天气炎热、疾病多发的季节，很多毒蛇害虫在此时期开始繁殖活跃起来，容易给人造成危害。为了防御疾病，保持健康，到了端午之时，人们便要遍寻百草，采集药材。《清嘉录》介绍了苏州“采百草”的习俗：士人采百草之可疗疾者，留以供药饵，俗称“草头方”。药市收癞蛤蟆，刺取其沫，谓之“蟾酥”，为修合丹丸之用，率以万计。人家小儿女之未痘者，以水畜养癞蛤蟆五个或七个，俟其吐沫。过午，取水煎汤浴之，令痘疮稀。《吴郡岁华纪丽》说：

“今吴俗，亦于午日，采百草之可疗疾者……又收蜈蚣蛇虺，皆以备攻毒之用。”南宋吴自牧《梦粱录·五月》：“此日采百草或修制药品，以为辟瘟疾等用，藏之果有灵验。”采来的草药除在端午节用于饮食、沐浴、薰烟的物品和门饰外，还有的地方将百草晒干后收藏备用。

### 吃茶蛋、腌蛋——逢凶化吉，免除灾祸

在许多地方，端午节吃的一种重要食品还有鸡蛋、鸭蛋，安徽太湖、江西南昌地区，端午节就要煮茶蛋和盐水蛋吃。蛋壳涂上红色，用五颜六色的网袋装着，挂在小孩子的脖子上，意思是祝福孩子能够逢凶化吉，平安无事。

在浙江、山东等地，在端午节这一天，家里的主妇清晨就将事先准备好的大蒜和鸡蛋放在一起煮，供一家人早餐时食用。有的地方，还在煮大蒜和鸡蛋时放几片艾叶，认为吃了可以明目。在曲阜、邹县一带，称鸡蛋为“龙蛋”。在河南，主妇们早上将鸡蛋煮熟后，放在孩子的肚皮上滚几下，然后去壳让孩子吃掉。据说这样可以免除孩子的灾祸，日后孩子也不会犯肚子疼。

## 芒种主要民俗：送花神、斗草、送扇子

### 送花神——表达对花神的感激之情

我国每年农历二月初二花朝节上迎花神。芒种已近五月间，芒种过后便是夏日，百花开始凋零，民间多在芒种日举行祭祀花神仪式，摆设多种礼物为花神饯行，也有的人用丝绸悬挂花枝，以示送别，同时表达对花神的感激之情，盼望来年花神能够再次降临人间。南朝梁代崔灵思《三礼义宗》说：“五月芒种为节者，言时可以种有芒之谷，故以芒种为名，芒种节举行祭饯花神之会。”因为芒种节在农历五月间，故又称“芒种五月节”。据《金瓶梅》第五十二回中记载：“吴月娘因交金莲：‘你看看历头，几时是壬子日？’金莲看了说道：‘二十三是壬子日，交芒种五月节。’”

送花神这种习俗今天已经不存在了，在《红楼梦》第二十七回“滴翠亭杨妃戏彩蝶，埋香冢飞燕泣残红”说：“至次日乃是四月二十六日，原来这日未时交芒种节。尚古风俗：凡交芒种节的这日，都要设摆各色礼物，祭饯花神，言芒种一过，便是夏日了，众花皆卸，花神退位，须要饯行。然闺中更兴这件风俗，所以大观园中之人都早起来了。那些女孩子们，或用花瓣柳枝编成轿马的，或用绫锦纱罗叠成干旄旌幢的，都用彩线系了。每一棵树上，每一枝花上，都系了这些物事。满园里绣带飘摇，花枝招展，更兼这些人打扮得桃羞杏让，燕妒莺惭，一时也道不尽。”由此可见大户人家芒种节为花神饯行的热闹场面。

## 端午时节主要民间风俗习惯

**送花神**

端午时节，百花开始凋谢，古时，民间总会举行隆重的祭祀花神仪式。人们将彩线系在树的花枝上，感激花神给人类带来的美，盼望来年再次相会。

**斗草**

每年端午节期间，人们相约去郊外采药，收获之余，经常举行报花草名比赛。或是以叶柄相勾，捏住相拽，断者为输，输者再换一叶相斗，妙趣横生。

**送扇子**

送扇子是端午节的一项习俗。一些地方在端午节期间，女婿会给岳父送扇子，希望岳父足智多谋，多富多贵。

### “斗草”：寓教于乐、文采风雅、童趣自然

“斗草”是流行于中原和江南地区的一种民间游戏。斗草之戏源于采集百草为药的活动。起源无从考证，今人普遍认为与中医药学的产生有关。它在周代时就已经出现了，但直到南北朝时，才变成端午节时的习俗活动。“斗草”一般用草做比赛对象，主要有两种斗法。一种是“文斗”，即众人采到花草后聚到一起，一人报出自己的花草名，其他人各以手中的花草来对答，谁采的草种多，对答的水平高，坚持到最后，谁就是赢家。此种玩法没有一些相关的植物知识和文学修养是不行的。另一种是“武斗”，即比赛双方先各自采摘具有一定韧性的草，最好是车前草，然后相互交叉成“十”字状，并各自用力拉扯，以草不断的一方为获胜者。“斗草”，无论是“文斗”还是“武斗”，它所蕴含的文采风雅或是童趣自然，可谓寓教于乐，在娱乐的同时也增加了见识。

### 送扇子

端午节的到来，预示着闷热的盛夏即将来临。炎炎夏日，即使是静坐不动也会汗流浃背，在这种环境中，人们非常渴望凉爽。古时候没有空调降温，只有用扇子来扇风降温，因此许多地方有着在端午节送扇子的风俗习惯。

传说端午节送扇子的习俗与唐太宗有关，据史料记载，贞观十八年五月初五，唐

太宗对长孙无忌等人说："五日旧俗，必用服玩相贺。今朕赐诸君飞白扇二枚，庶动清风，以增美德。"唐太宗在端午节赐扇子给臣下，其意是鼓励部下扇动清廉之风。此后，五月初五送扇子成为风尚，到了宋代乃至明清时期都一直有这个倡廉传统习俗。时至今日，很多地方仍保持着端午节送扇子的习俗，只不过变成了亲人之间的相互赠送。当然，各地端午送扇子的具体内容是不大一样的，有的地方是媳妇给公婆送扇子，有的地方是娘家给新出嫁的女儿送扇子，但更多的是女婿给岳父母家送扇子。端午送扇子是有讲究的，面对种种不同的扇子，要根据送的对象做好选择，如送给岳父的是羽扇，寓意他老人家像诸葛亮一样足智多谋、多富多贵；送给岳母的是檀香木扇，象征着她老人家青春不老、品德馨香；送给妻兄的是大蒲扇，表明他成家立业，能够主事；送给妻妹的是绢丝扇，祝福她温柔贤淑、郎君合意；送给妻弟的是折叠扇，暗示他学业有成，人才出众。

随着时代的变迁，端午节不仅仅送扇子，还要送其他物品。福州一带，媳妇除了给公婆送扇子之外，还要送鞋袜、团粽等物品。在河南西峡，娘家要给新出嫁的姑娘送去衣料、手巾、扇子等物，俗称"送扇子"。五月五送扇子的习俗并不是各地通行，有些地方忌讳送扇子，因此，假若到了一个陌生地方，在给他人送小礼品之前，最好是入乡随俗，以免弄巧成拙。

## 芒种饮食养生：吃粽子解暑，吃鸽肉或莴笋清热解毒

### 芒种吃粽子解暑讲究多

芒种时节气温的波动较为剧烈，在此期间，人们很容易上火。而粽子则是民间的解暑圣品。中医认为，粽子的原料糯米和包粽子的竹叶、荷叶都有清热去火的功效，可以预防和缓解咽喉肿痛、口舌生疮、粉刺等症状。如果想达到降火的功效，最好选择以红枣、栗子做馅的粽子。红枣味甘性温，可以养血安神，而栗子则有健脾补气的功效。适当吃一些这两种食材做馅的粽子，对人体健康十分有益。应该注意的是，粽子虽然有解暑功效，又是节日佳品，但不能贪食。因为糯米的黏性较大，吃得太多会伤到脾胃，引起腹胀、腹泻等。尤其是老人和儿童，因其消化系统较为脆弱，更不能多吃粽子。即使是脾胃较好的人，也应该"少食多餐"，不宜每餐都以粽子为主食。由于粽子中所含有的膳食纤维一般较少，所以容易造成肥胖或便秘。如果食用粽子后出现肠胃不适，可以喝一些清淡的汤水，如冬瓜汤、竹笋汤、丝瓜汤等，半个小时后再吃些水果，以此来增加纤维的摄取，以保证营养均衡。

另外，糖尿病患者尽量不要吃以红枣、豆沙等糖分较高的食材做馅的粽子，而高血压患者则应该尽量少吃肉馅粽子和猪油豆沙馅粽子。

## 芒种补盐应适量

在芒种之后，气温会越来越高，人体中的盐分也会因为出汗而逐渐流失。许多人习惯在喝水或者吃饭的时候多加点儿盐来补充盐分，这是不错的选择。但要注意补充盐分应适量，尤其是给儿童补充盐分更不可过量。

盐分摄取量≤6克/日

芒种之后可以增加盐分补充，但一定要适量。这里的盐量不仅仅指作为调味品的盐的用量，还包括酱油、咸菜、咸鸭蛋以及其他含盐食物之中的含盐量。

盐作为人们日常生活中不可或缺的调味品，它可以使人们的膳食更加丰富多彩。而缺了盐，不仅饮食淡而无味，人的身体也会变得疲乏无力。但是盐分的摄取也不宜过多，太多的盐分会诱发支气管哮喘、感冒、胃炎、脱发等疾病，并可能加重糖尿病和心血管疾病，盐的摄入量过多对少年儿童的危害则更为严重。

那么应该每天摄取多少盐分才算适宜呢？世界卫生组织认为，成年人每天所需的盐量不超过6克，儿童则按照体重相应减少。所以我们在食用咸泡菜、腌咸菜、咸鱼、虾酱等高盐食品时都应该谨慎。

## 清热解毒可多食用鸽肉

鸽肉具有清热解毒、生津止渴、调精益气之功效，是食补食疗的上佳选择。在芒种适当吃一些鸽肉，不但可以调养精气神，而且还具有辅助治疗头晕目眩、记忆力衰退、血虚闭经、恶疮疥癣等症状的作用。挑食鸽肉时应该挑选体形较大、活力充沛的肉鸽。烹饪鸽肉时最好采用清蒸或者煲汤的方式。山药玉竹鸽肉汤能够最大限度地保存鸽肉中的营养成分。

### ◎山药玉竹鸽肉汤

【材料】山药100克，玉竹50克，白条乳鸽两只。

【调料】葱段、姜片、盐、味精、料酒、胡椒粉各适量。

【制作】①鸽子收拾好洗净，切块。②山药去皮，洗净，切块。③玉竹用开水泡软。④山药焯烫。⑤水中加料酒，放入鸽肉焯烫。⑥将山药、玉竹、鸽肉、葱段、姜片放入锅中，大火烧开4～5分钟，加盖小火炖10分钟，撒入盐、味精、胡椒粉调味后即可食用。

## 芒种时节可多食莴笋

因为莴笋中钾离子的含量比钠盐高20倍，所以在盛夏时节食用莴笋，可以使体内的盐分趋于平衡，还可以清热解毒、去火利尿，在缓解高血压和心脏病方面有一定效果。生吃莴笋可有效地保留其丰富的营养素。由于莴笋叶具有比其根茎更高的营养价值，所以应尽量把叶和根茎一同进行烹饪更好。

粉皮拌莴笋具有清热解毒、去火利尿的功效。

◎粉皮拌莴笋

【材料】粉皮 100 克，莴笋 500 克。
【调料】醋、盐、味精、香油、蒜泥各适量。
【制作】①将粉皮掰段后洗净，用清水泡软，焯熟，捞出放凉。②将莴笋去皮后洗净，切片，焯熟，捞出放凉。③取一空盘，放入粉皮和莴笋，加入醋、盐、蒜泥、味精、香油拌匀即可食用。

## 芒种药膳养生：滋阳清热，除烦止渴，全方位养护

### 滋五脏之阳、清虚劳之热，食用陈皮绿豆煲老鸭

陈皮绿豆煲老鸭具有滋五脏之阳、清虚劳之热、养胃生津的功效，是夏日的滋补佳品。

◎陈皮绿豆煲老鸭

【材料】老鸭半只，冬瓜 500 克，绿豆 100 克，陈皮 1 块，姜 1 片、胡椒粉、盐各适量。
【制作】①先将鸭切去一部分肥膏和皮，切成大块氽汤后，洗干净，沥干，备用。②绿豆略浸软，冲洗干净，沥干。③陈皮浸软，刮瓤，洗干净。④冬瓜连皮和籽，洗干净，切成大块，待用。⑤烧滚适量清水，放入以上所有材料，待水再次滚起，改用中小火煲至绿豆糜烂和材料熟软及汤浓，加入调味料即可，盛出后趁热食用。

### 清肝明目、利咽消肿，饮用菊槐绿茶饮

菊槐绿茶饮具有清肝明目、利咽消肿、安神醒脑之功效。

◎菊槐绿茶饮

【材料】菊花、槐花、绿茶各 5 克，沸水 250 毫升。冷水适量。
【制作】①菊花、槐花用冷水漂洗干净。②将菊花、槐花、绿茶放入杯内，加入沸水，闷泡 5 分钟。

### 清暑解热、除烦止渴，饮用冰糖绿豆苋菜粥

冰糖绿豆苋菜粥具有清暑解热、除烦止渴、缓解紧张情绪的功效。

#### ◎冰糖绿豆苋菜汤

【材料】绿豆、苋菜各50克，粳米100克，冰糖10克，清水1500毫升。

【制作】①绿豆和粳米淘洗干净，将绿豆在凉水中浸泡3小时，粳米浸泡半小时，捞起，沥干水分。②苋菜洗干净，切成5厘米长的段。③锅中加入1500毫升凉水，将绿豆、粳米依次放入，置旺火上烧沸。④再改用小火熬煮40分钟，加入苋菜段、冰糖，再继续煮10分钟。

### 滋补肝肾、添精止血。清热补钙，饮用白菊花乌鸡汤

白菊花乌鸡汤可以滋补肝肾、添精止血、清热补钙，可治疗贫血、肾虚遗精、崩漏带下等症。

#### ◎白菊花乌鸡汤

【材料】乌鸡1只，新鲜白菊花50克，料酒10克，葱10克，姜5克，盐3克，味精2克，胡椒粉2克，香油20克，清水2800毫升。

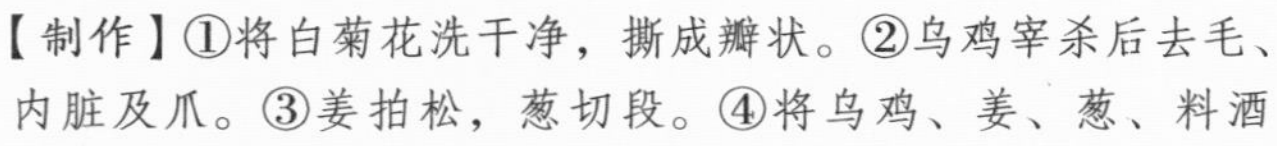

【制作】①将白菊花洗干净，撕成瓣状。②乌鸡宰杀后去毛、内脏及爪。③姜拍松，葱切段。④将乌鸡、姜、葱、料酒同放炖锅内，加水2800毫升。⑤置武火上烧沸，再用文火炖煮35分钟。⑥加入白菊花、盐、味精、胡椒粉、香油后即可食用。

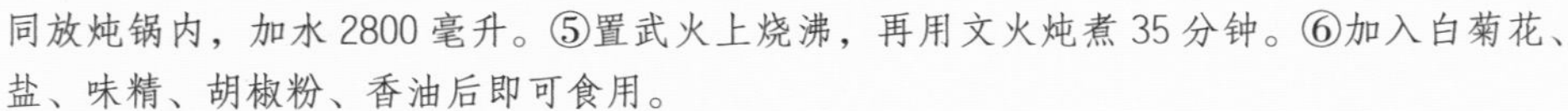

## 芒种起居养生：膀爷做不得，房间勤通风

### 芒种时节不要贪凉光脊梁

芒种节气中，有些人经常光着脊梁，误以为这样凉快，其实并非如此。众所周知，皮肤覆盖在人体表面，具有保护、感觉、调节体温、分泌、排泄、代谢等多种功能。在人体皮肤上有几百万个汗毛孔，每天约排汗1000毫升，每毫升汗液在皮肤表面蒸发可带走246焦耳的热量。当外界气温超过35℃，人体的散热主要依赖皮肤的汗液蒸发，加速散热，使体温不致过度地升高。

如果此时光着脊梁，外界的热量就会趁机进入皮肤，且不能通过蒸发的方式达到

散热的目的，反而感到闷热。若穿点儿透气好的棉、丝织衣服，使衣服与皮肤之间存在着微薄的空气层，而空气层的温度总是低于外界的温度，这样就可达到防暑降温的效果。

### 空调房间要定时通风换气

如今很多人都不想离开空调房间，以避酷暑之苦，殊不知空调给人们带来凉爽的同时，也给人带来负面影响。由于门窗紧闭和室内的空气污染，使室内氧气缺乏；再加上恒温环境，自身产热、散热调节功能失调，就会使人患上所谓的“空调病”。

所以，夏季的空调房室温应控制在 26 ~ 28℃比较合适，最低温度不得低于 20℃，室内外温差不宜超过 8℃；若久待空调房间，应定时通风换气，杜绝在空调房抽烟；长期生活与工作在空调房间的人，每天至少要到户外活动 4 小时，年老体弱者和高血压患者不宜在空调房间久留。

## 芒种运动养生：手里常握健身球，勤到草地、鹅卵石地面走

### 芒种时节适宜玩健身球

芒种时节，天气越来越炎热，老年人外出的时间也就逐渐变少。不过，并不一定非要到室外，在家中做一些运动量较小的运动，只要持之以恒坚持锻炼，也可以达到健身养生的效果。玩健身球锻炼身体，其运动量小，也不受场地、气候的限制，故玩健身球也是老年人室内运动的不错选择。

健身球的体积比较小，让健身球转动需要用到手指、手掌、手腕各部位的力量，所以常玩健身球对人体有十分好的保健作用，还可以用来预防疾病。中医学认为养生、抗衰最关键的是要“通其经络、调其气血”，而在人的双手上，各有六条经络分别与体内五脏六腑相连。在手掌、掌心、手指的末端，还有许多能行气活血的穴位。用五指把玩健身球，可以对这些穴位进行良性的刺激，使气血得以通畅，从而达到通经活络、祛病延年的效果。现代医学理论认为，人的双手上有十分丰富的血管和神经，长期把玩健身球，可以促进双手的血液循环，并增强心肌收缩力、改善冠状动脉血流量，同时还能对高血压、冠心病、脑血栓后遗症、指腕部关节炎、末梢神经炎等病症有一定的防治作用。

**光脚在草地或鹅卵石上散步**

芒种节气中生物代谢旺盛，生长迅速。在这一时节散步，可促使更多的血液回到心脏，改善血液循环，提高心脏的工作效率；还有助于减轻体重，有利于放松精神，减少忧郁与压抑情绪，提高人体免疫力。最佳方法是光脚在刚割过的草地或者鹅卵石上散步。人的足底有很多内脏反射区，光脚在刚割过的草地或者鹅卵石上散步，可以对足底的敏感点进行刺激，对身心健康也大有好处。

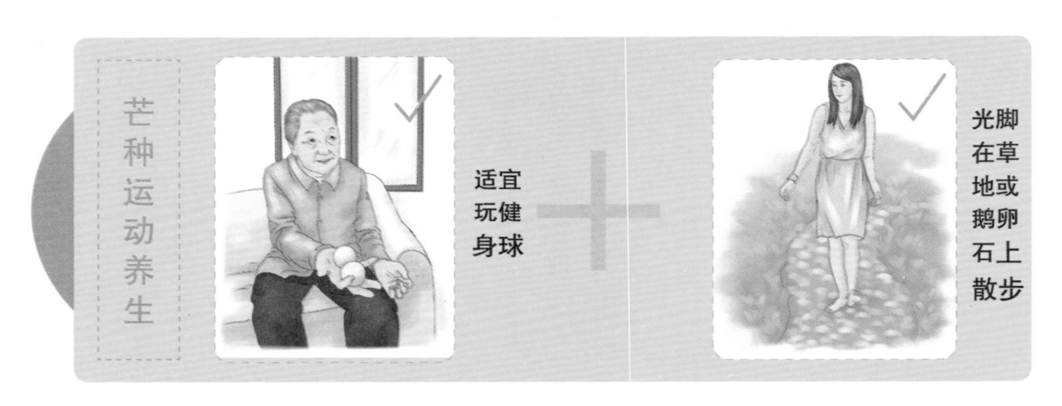


## 与芒种有关的耳熟能详的谚语

**虎口夺粮，龙口夺食**

芒种期间，经常会遇到大风、暴雨或冰雹等异常的天气，于是人们便把这时抢收小麦叫作“虎口夺粮，龙口夺食”。这里的“虎”指大风，“龙”则指暴雨、冰雹等。如此时遭遇一场大风，或者一场暴雨、冰雹，会使小麦无法及时收割、脱粒而导致倒伏、落粒、穗上发芽、烂麦场等，致使庄稼受到严重损失。所以农家在这段时间内，要根据气象情况来安排抢收小麦的时间。

**芒种夏至天，走路要人牵；牵的要人拉，拉的要人推**

这句谚语流行于江西一带，意思是说，现在这个时节，人很容易犯懒。夏季气温升高，空气湿度增加，体内汗液也无法通畅地发散出来，因此不管是体内小环境，还是外界大环境，都以湿热为主，所以人容易觉得累，不想动，所以就有了“芒种夏至天，走路要人牵；牵的要人拉，拉的要人推”的说法。

# 第 4 章
# 夏至：夏日北至，仰望最美的星空

夏至节气是二十四节气中最早被确定的节气之一。在每年阳历的 6 月 21 日或 22 日，太阳到达黄经 90° 时，为夏至日。据《恪遵宪度抄本》中记载："日北至，日长之至，日影短至，故曰夏至。至者，极也。"夏至这天，太阳直射地面的位置到达一年的最北端，几乎直射北回归线，北半球的白昼时间到达极限，在我国南方各地从日出到日落大多为 14 小时左右，越往北越长。如海南的海口市这天的日长约 13 小时多一点儿，杭州市为 14 小时，北京约 15 小时，而黑龙江的漠河日长则可达 17 小时以上。

## 夏至气象和农事特点：炎热的夏天来临，准备防洪抗旱

古代，人们将夏至分为三候：

**夏至有三候**

夏至时节天气闷热，空气对流旺盛，暴雨增多。一些喜阴的生物开始出现，而阳性的生物却开始衰退了。

**初候，鹿角解**

麋与鹿虽属同科，但古人认为，二者一属阴一属阳。鹿的角朝前生，所以属阳。夏至日阴气生而阳气始衰，所以阳性的鹿角便开始脱落。而麋因属阴，所以在冬至日角才脱落。

**二候，蜩始鸣**

雄性的知了在夏至后因感阴气之生便鼓翼而鸣。

**三候，半夏生**

半夏是一种喜阴的药草，因其在仲夏的沼泽地或水田中出生而得名。

过了夏至以后，太阳直射地面的位置将会逐渐南移，北半球的白昼日渐缩短。所以，民间还有"吃过夏至面，一天短一线"的说法。

俗话说"不过夏至不热，夏至三庚数头伏"。夏至这天虽然白昼最长，太阳角度最高，但并不是一年中天气最热的时候。因为接近地表的热量，这时还在继续积蓄，并没有达到最多的时候。俗话说"热在三伏"，真正的暑热天气是以夏至和立秋为基

点计算的。在阳历7月中旬到8月中旬，我国各地都进入高温天气，此时，有些地区的最高气温可达到40℃左右。

夏至时节，意味着炎热天气的正式开始，之后天气会越来越热，而且是闷热。

夏至时节正是江淮一带的“梅雨”季节，这时正是江南梅子黄熟期，空气非常潮湿，冷、暖空气团在这里交汇，并形成一道低压槽，导致阴雨连绵的天气。在这样的天气下，器物会发霉，人体也觉得不舒服，一些蚊虫繁殖速度很快，一些肠道性的病菌也很容易滋生。这时要注意饮用水的卫生，尽量不吃生冷食物，防止传染病发生和传播。

夏至过后，我国南方大部分地区农业生产因农作物生长旺盛，杂草、病虫迅速滋长蔓延，进入田间管理时期，高原牧区则开始了草肥畜旺的黄金季节。

夏至以后各地区的气象和农事特点

|  |  |
|---|---|
| 华南西部 | 雨水量显著增加，使入春以来华南雨量东多西少的分布形势逐渐转变为西多东少。如有夏旱，一般这时可望解除。近30年来，华南西部在阳历6月下旬出现大范围洪涝的次数虽不多，但程度却比较严重。因此，要特别注意做好防洪准备 |
| 华南西部 | 夏至节气是华南东部全年雨量最多的节气，往后常受副热带高压控制，出现伏旱。为了增强抗旱能力，夺取农业丰收，在这些地区抢蓄伏前雨水也是一项非常重要的措施 |
| 长江中下游地区 | 此时，在正常年份正处于“梅天下梅雨”的梅雨期，黄淮平原处于“云来常带雨”的雨季，这就为农作物创造了一个水热同季非常有利的生长环境 |
| 淮河以南 | 早稻抽穗扬花，田间水分管理要足水抽穗，湿润灌浆，干干湿湿，既满足水稻结实对水分的需要，又能透气养根，保证活熟到老，提高籽粒重量。夏播工作要抓紧扫尾，已播的要加强管理，力争全苗。出苗后应及时间苗定苗，移栽补缺。各种农田杂草和庄稼一样，此时生长也很快，不仅与作物争水争肥争阳光，而且携带多种病菌和害虫。所以，抓紧时间中耕锄地在这一时期是极重要的增产措施之一。棉花已经现蕾，营养生长和生殖生长两旺，要注意及时整枝打杈，中耕培土，雨水多的地区要做好田间清沟排水工作，防止水涝和暴风雨的危害。各种秋果树此时也需要认真地护果防虫，以提高果品的质量 |

**闷热暴雨到来，防洪防汛开始**

夏至节气的到来，使地面受热强烈，空气对流旺盛，午后至傍晚常易形成雷阵雨天气。这种热雷雨骤来疾去，降雨范围小，人们称之为“夏雨隔田坎”。唐代诗人刘禹锡曾巧妙地借喻这种天气，写出“东边日出西边雨，道是无晴却有晴”的著名诗句。但对流天气带来的强降水，并不都像诗中描写的那么美丽，也常常会带来局部地区的灾害。

夏至时节，我国大部分地区的气温普遍较高，日照充足，作物生长很快，需水较多。此时的降水对农业产量影响很大，有“夏至雨点值千金”之说。此时长江中下游地区的降水量一般可满足农作物生长的需求。

**夏天也有九九——夏九九，对应冬九九**

在过去，我国各地流行“夏九九”之说。“夏九九”是以夏至日作为头九的第一天，每九天为一九，顺次称为一九、二九……直到九九，共 81 天，其间要经历夏至、小暑、大暑、立秋、处暑、白露六个节气。《豹隐纪谈》中也有《夏至九九歌》的记载：“一九二九，扇子不离手。三九二十七，吃茶如蜜汁。四九三十六，争向街头宿。五九四十五，树头秋叶舞。六九五十四，乘凉不入寺。七九六十三，入眠寻被单。八九七十二，被单添夹被。九九八十一，家家打炭壑。”这些民谚是劳动人民对自然界仔细观察而总结出来的经验和智慧，在当时科学技术尚不发达的年代，对指导农事活动有很大的帮助。不过在人们的习惯中，所谓“九九”，一般还是指“数九寒天”。

## 夏至农历节日：观莲节——莲花的生日

我国每年阴历六月二十四是观莲节，民间以此日为荷诞，即荷花的生日。宋代已有此节，明代俗称荷花生日。在水乡江南一带，此日是举家赏荷观莲的盛大民俗节日。泛舟赏荷，笙歌如沸，流传数代，遍染荷香，观莲节也成为汉族最优美而浪漫的节日之一。

荷花在华夏文化中，是一种非常独特的花卉。荷集花、叶、香三美于一体，亭亭玉立，出淤泥而不染，是历代文人墨客吟咏的对象。李白赞之，“清水出芙蓉，天然去雕饰”；杨万里笔下，“接天莲叶无穷碧，映日荷花别样红”；苏东坡咏之，“荷背风翻白，莲腮雨褪红”。荷花独具风姿神韵，更被赋予了内在独有的君子特质：“出淤泥而不染，濯清涟而不妖。”“莲，花之君子者也。”莲之气质，通透、洁净、澄明如水，是理想人格品质的象征。荷花在中医和我国饮食文化中也占有特殊的地位。荷叶清热解暑，荷花活血化痰，莲须清心固肾，莲子心清心安神，又养心补肾，藕可生、可熟、可药，被李时珍称为“灵根”。诗人赞荷：“冷比雪霜甘比蜜，一片入口沉疴痊。”莲花也是佛教的象征物，喻佛法的清净无染。莲花也有爱情和繁衍后代之意。因为荷花所特有的外在美与内在美的和谐统一，以及荷花与人们生活的紧密联系，所以形成了情趣盎然的华夏“荷文化”。

夏日的江南，荷花盛开，赏荷、采莲成为流行的民俗活动，并逐渐演绎成为荷花的诞辰日。

# 观莲节主要民间风俗习惯

## 观莲花

莲花，又称凌波仙子，风露佳人，它清新脱俗，独具风韵。每年农历六月二十四为“观莲节”，人们在莲花丛中泛舟，赏莲戏水。

## 放荷灯

观莲节放荷灯是传统习俗。夏至时节的夜晚，人们乘着小船，在湖心放荷灯。荷灯随波浮动，星光点点，表达了对逝去亲人的悼念和对活着人们的祝福。

**观莲花——消夏纳凉**

早在宋代时起，每年的农历六月二十四日，民间便至荷塘泛舟赏荷、消夏纳凉，荡舟轻波，采莲弄藕，享受皓月遮云的夏夜风情，好不惬意。在我国，南起海南岛，北至黑龙江省的富锦，东临上海至台湾，西至天山北麓，全国大部分地区都有荷花的踪影。其中最著名的赏荷胜地有北京、杭州、济南、济宁、洪湖、昆明、新都、肇庆这几个地方。

除此之外，我国观赏荷花的胜地还有湖南洞庭湖、扬州瘦西湖、河北白洋淀、承德避暑山庄、台湾台南县白河镇等处。在这些地方，都可以看到荷花的芳容，使人们领略到“红衣翠扇映清波”的美景。

**放荷灯——对逝去亲人的悼念**

放荷灯是华夏民族传统习俗，用以表达对逝去亲人的悼念，对活着的人们祝福。夏至时节的夜晚，人们以天然长柄荷叶为盛器，燃烛于内，让小孩子拿着玩耍，或将莲蓬挖空，点烛做灯；或以百千盏荷灯沿河施放，随波逐流，闪闪烁烁，十分好看。夜色阑珊，杨柳风中，有暗香袭人；田田荷叶间，一盏盏闪烁的荷灯随波浮动，点点的星光散落于天上人间；跳动的火苗，照耀出放灯人当时的心情。

**观莲节男女约会**

在观莲节时，青年男女们便有了亲密接触的机会，他们纷纷借此美好时光表白心中的爱情，有诗说："荷花风前暑气收，荷花荡口碧波流。荷花今日是生日，郎与妾船开并头。"

## 夏至主要民俗：夏至吃面、品莲馔、求雨、戴枣花

### 夏至面——天渐短、三伏将到

我国民间自古以来，就有"冬至饺子夏至面"的说法，夏至吃面是很多地区的重要习俗。而这天为什么要吃面呢？有多方面的原因和说法。

**夏至吃面的原因和说法**

**（1）象征着夏至这天的白昼时间最长**

用面条的长比拟夏至的长昼时间，正如我们在过生日的时候也吃面，为的是取一个好彩头。夏至以后，正午太阳直射点逐渐南移，北半球的白昼长度日渐缩短，因此，我国民间有"吃过夏至面，一天短一线"的说法。

**（2）预示着三伏天即将来临**

气候上，夏至以后气温继续升高，再过二三十天就会迎来一年中最热的时候。古人通过各种途径来消暑度夏，其中最重要的一种方式就是丰富的节日饮食，如夏至面。早在魏晋时古人就有伏日吃"汤饼"的习俗，汤饼就是后世面条、面片汤的雏形。夏至过后就是三伏天，所以夏至面又叫作"入伏面"。

**（3）夏至新麦登场要尝新**

夏至吃面，有人认为，夏至时，黄河流域夏收刚刚完毕，新麦上市，于是古人夏至吃面尝新，庆祝丰收。从气候和营养学上来说，夏至前后，气候炎热，潮闷多雨，人们常常食欲不振，消瘦憔悴，素有"苦夏"之扰。在饮食上，夏季宜多食助消化类的杂粮，尤以清淡为好。以此而言，面条是最好的时令食品，热面可发汗去湿，凉面有降温祛火之效；且面条制作简单易行，食用方便，其中所加各种蔬菜等的营养成分能被人体很好地吸收。

### 品莲馔——夏至应季食品

古人在夏至节气这一天还有品尝莲馔的习俗。馔是佳肴的意思，莲馔就是用莲花各部分做的食物。莲的花、叶、藕、子都是制作美味佳肴的上品。早在唐朝时，人们就有在观莲节吃绿荷包饭的习俗。柳宗元《柳州峒民》诗云："郡城南下接通津，异服殊音不可亲。青箬裹盐归峒客，绿荷包饭趁墟人。"诗中的所说的绿荷包饭就是现今广州和福州的名食"荷包饭"。

明末屈大均在《广东新语》中记载了荷包饭的制作方法："东莞以香粳杂鱼肉诸味，包荷叶蒸之，表里透香，名曰荷包饭。"荷叶有一种特殊的清香味，因而被广泛

用于制作食品，莲花、莲子自古就是制作食品的原料。宋朝人喜欢将莲花花瓣捣烂，掺入米粉和白糖蒸成莲糕食用；明清时则习惯将莲花花瓣制成荷花酒。慈禧太后还把白莲花制成的酒赏赐给亲信大臣，称为玉液琼浆。宋朝的玉井饭和元朝的莲子粥，都是以莲子为主要原料制作而成的古典美食。时至今日，人们还十分喜爱食用莲子制成的美味补品。藕更是人们经常食用的食品，如今用藕制成的花色菜肴也琳琅满目。

**夏至时节，吃鸡蛋，治苦夏**

夏至节气后的第三个庚日为初冥伏，第四庚日为中伏，立秋后第一个庚日为末伏，总称伏日。伏日人们食欲不振，往往比常日消瘦，俗谓之“苦夏”。山东有的地方夏至日吃生黄瓜和煮鸡蛋来治“苦夏”，入伏的早晨只吃鸡蛋不吃别的食物。

**伏日牛喝麦仁汤，身强力壮**

夏至节气这一天，山东临沂地区有给牛改善饮食的习俗。伏日煮麦仁汤给牛喝，据说牛喝了身子壮，能干活，不淌汗。民谣说：“春牛鞭，舐牛汉（公牛），麦仁汤，舐牛饭，舐牛喝了不淌汗，熬到六月再一遍。”

**夏至吃狗肉——可避邪**

夏至时节，在岭南地区有吃狗肉之习俗，俗语说：“夏至狗，没啶走（无处藏身）。”夏至杀狗补身，使当天的狗无处藏身，但不能在家宰杀，要在野外。

民间关于吃狗肉这一习俗，有一种说法，夏至这天吃狗肉能祛邪补身、抵御瘟疫等。“吃了夏至狗，西风绕道走”，大意是人只要在夏至日这天吃了狗肉，其身体就能抵抗西风恶雨的入侵，少感冒，身体好。正是基于这一良好愿望，成就了“夏至狗肉”这一独特的民间饮食文化。当然，夏至吃狗肉，也应适可而止，不要吃得太多，以免引起消化不良等肠胃疾病。

据有关资料记载，夏至杀狗补身，相传源于战国时期秦德公即位次年，六月酷热，疫疠流行。秦德公便按“狗为阳畜，能辟不祥”之说，命令臣民杀狗避邪，后来便形成了夏至杀狗的习俗。

**求雨——祈求风调雨顺**

正当南方担心夏至雨水过多时，多旱的北方则有求雨风俗，主要有京师求雨、龙灯求雨等，古时人们通过这些仪式祈求风调雨顺。但是，雨水过多以后，为了晴天到来，人们又施术止雨，如民间剪纸中的扫天婆就是止雨巫术。有些地方把本来是巫术替身的扫晴娘也奉为止雨求晴之神。过去，在农历六月二十四，还多祭祀二郎神（二郎神即李冰的次子，民间供奉他为水神）以祈求风调雨顺。天旱了，请二郎神降雨；雨多了，便会请二郎神放晴。

# 夏至民俗习惯

## 品莲馔

古人在夏至节气这一天还有品尝莲馔的习俗，莲馔就是用莲花的花、叶、藕、子各部分做的食物。

## 夏至面

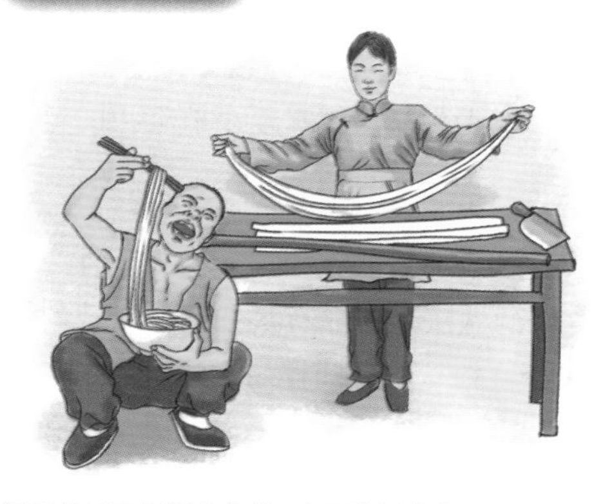

夏至前后正好新麦收获，吃面尝新成为必然。所以，“夏至吃面”的习惯，源远流长。

## 伏日牛喝麦仁汤

夏至节气这一天，山东临沂地区有给牛改善饮食的习俗。

## 两面黄

“两面黄”是夏至时节常吃的一种食物。面条煮熟后，用平底锅将面条两面煎黄，浇上汤汁，美味可口。

## 求雨

多旱的北方则有求雨风俗，主要有京师求雨、龙灯求雨等，人们通过这些仪式祈求风调雨顺。

## 夏至戴枣花

在夏至时节，有些地方的女子有戴枣花的习俗。

### 夏至节——先秦确立的节气

夏至节气，是先秦古人确立的四大节气（春分、夏至、秋分、冬至）之一，后来逐渐成为重要的民俗节日——“夏至节”。由于夏至是农作物生长最快的时节，也是发生病虫害、水灾、旱灾最频繁的时期，这对于农作物来说，都是极为不利的。农作物受害的程度将直接决定粮食的丰歉。在古时，由于科技不发达，人们常在夏至节举行祭祀仪式，祈求禳灾避邪，以求五谷丰登。祭祀对象、祭祀仪式及供品也因地域不同、民族不同而多有差异。一般的祭祀对象多为祖先、土地神（或称地母）、水神等。因为祖先庇佑子孙，土地神主宰农作物的收获，水神主管降雨。早在周朝时，祭祀天地只是皇帝的特权，平民百姓无权祭祀。土地祭仪式非常隆重，一般由帝王亲自主持，所有参加土地祭的王公大臣及神职人员都必须先行斋戒。现坐落于北京安定门外的地坛，就是明清皇帝夏至祭祀土地神的地方。随着时代的不断发展，土地祭也成了民间的一项重要活动。汉族民间土地祭多在土地庙、田间等地进行。祭祀供品以面食为主，因为夏至正是小麦收获的时节，用新小麦做成面条供奉，亦有让土地神尝新之意，一来表达对今年丰收的感谢；二来祈求来年消灾解难、再获丰收。因夏天炎热，凉面（即过水捞面）在此时节最适宜食用，所以夏至节人们常以凉面祭祀土地神。后来有些地区也采用馄饨、凉粉、凉皮、荔枝或狗肉等做供品。现在夏至节祭祀的习俗已基本消失，但吃面的习俗流传至今。

### “两面黄”——夏至节俗食品

夏至时节所吃的一种节俗食品“两面黄”，它的做法和口味有很多种。大致的做法是：先将面条煮熟，捞出后用冷水冲凉，放入少许精盐和香油拌匀；然后将平底煎锅置火上，锅内放油抹匀，将煮好的面条摊平铺放在锅内，用大火将面条煎至呈金黄色翻身，将两面煎黄，盛于盘中。然后根据自己的口味爱好，做好汤汁。比如用锅中的余油炒虾仁、肉丝、韭黄、香菇等，并加入适量的调味料，炒匀后盛出，将其淋在煎好的面饼上即可。

### 夏至戴枣花——避邪

在夏至时节，有些地方还有女子头上戴枣花的习俗。俗传此日女子头上戴枣花可避邪。每当夏至时节，树梢的知了开始鸣叫，乡下枣花盛开，小星星似的米黄色枣花幽幽飘香。妇女们便一起去采集枣花，然后互相戴在头上。年长的妇女在戴枣花时，嘴里还念念有词：“脚麻脚麻，头上戴朵枣花”。

### “止麦蠹”——祈求粮食不遭虫害

人们常说的“止麦蠹”是古时民间的一种农事风俗。这种风俗是因为古时科技不发达，人们为了祈求粮食不遭受虫害而想出的一种方法。类似于一种巫术。其具体做法是：在夏至日当天，采集野菊花烧成灰，将菊花灰撒在麦囤里。俗传这样可以止住麦蛾、麦蚜等害虫。这种习俗起源很早，据《荆楚岁时记》中记载："是日（夏至）取菊为灰。以止小麦蠹。"

## 夏至饮食养生：多食酸味，宜吃果蔬

### 固表止汗，多食酸味

由于人们在夏至时节出汗较多，盐分的损失较大，身体中的钠等电解质也会有所流失，所以除了需要补充盐分以外，还要食用一些带有酸味的食物。

中医理论认为，夏至时节应该多食用带有酸味的食物，以达到固表止汗的效果。《黄帝内经·素问》中记载有："心主夏，心苦缓，急食酸以收之。"说的便是夏季需要食用酸性的食物来收敛心气。

### 吃凉面防暑、降温

夏至节气的到来意味着炎热天气的开始，不少地方的人们都会选择食用凉面解暑。南方人一般食用的是麻油拌面、阳春面、过桥面等，而北方人在这时主要吃的是打卤面和炸酱面。

### 夏至时节应多吃杀菌类蔬菜

夏至时节，各种可致病微生物的生长繁殖也相对较快，所以食物十分容易腐坏变质。再加上此时人体肠道的防御能力变弱，非常容易受到细菌的侵袭，因此病从口入的现象也时有发生。

在此时期，人们在饮食上应该注意以下几点：

夏至饮食养生

夏至时节建议食用的酸性食物有山茱萸、五味子、五倍子、乌梅等，这些食物除了可以生津、去腥解腻之外，还可以增加食欲。

凉面可防暑、降温、解除饥饿，并且富含人体所必需的营养物质，如淀粉、粗纤维、维生素等，对人体十分有益。但需注意的是，凉面中的蛋白质含量较少，所以还应该适当搭配一些肉类、豆制品、鸡蛋等，以达到营养的均衡。

应多吃杀菌类蔬菜，如韭菜、青蒜、蒜苗、大蒜、洋葱、大葱等。

| 夏至饮食注意要点 | |
|---|---|
| 1 | 尽量不要吃剩菜剩饭 |
| 2 | 切忌过量食用冷饮 |
| 3 | 不食用过期、无标志、包装破损的食品 |
| 4 | 不吃或少吃路边摊贩卖的麻辣烫、凉菜或者熟食 |
| 5 | 不吃生的和生腌的水产品 |
| 6 | 应多吃些“杀菌”类的蔬菜，如韭菜、青蒜、蒜苗、大蒜、洋葱、大葱等 |

**消暑利尿、补充水分，可多吃绿豆**

绿豆被人们称为“济世之良谷”，是夏至时节应该多吃的食品，它有消暑利尿、补充水分和矿物质之功效。

应选择上等的绿豆食用，上等的绿豆一般颗粒饱满、杂质较少、颜色鲜亮。不宜用铁质炊具来煮绿豆。不要把绿豆煮得过熟，这样会造成其营养成分流失，从而影响其清热解毒的功效。要注意在服药期间不能食用绿豆食品，尤其是服用温补药时，更不能食用绿豆食品。

绿豆南瓜羹可消暑利尿、补充水分。

**◎绿豆南瓜羹**

【材料】南瓜、绿豆各300克，盐适量。

【制作】①绿豆用清水淘洗干净，放入盆中，加盐腌片刻，用清水冲洗。②南瓜洗净，去皮、瓤和子，切块。③锅内倒入500毫升冷水，大火烧沸，下入绿豆煮5分钟左右。④再次煮沸后下入南瓜块，加盖，改用小火煮至豆烂瓜熟，加盐调味后即可食用。

**排毒、祛热解暑宜吃空心菜**

因空心菜属于凉性蔬菜，在夏至时服用空心菜汁液可以祛热解暑、排出毒素并降低血温。将其榨汁后饮用可以缓解食物中毒的症状，外用则有利于祛肿解毒。最好选用上好的空心菜食用，其根茎较为细短、叶子宽大新鲜且无黄斑。由于空心菜不宜久放，所以存放时间最好不要超过3天。烹饪时最好用旺火快炒，以防止其营养成分流失。

清炒空心菜有祛热解暑之功效。

◎清炒空心菜

【材料】空心菜 500 克。

【调料】植物油、盐、葱花、蒜末、味精、香油各适量。

【制作】①空心菜洗净，沥水。②炒锅内放入植物油烧至七成热，加入葱花、蒜末爆香，放入空心菜炒至八成熟，加盐、味精翻炒，淋入香油，搅拌均匀后装盘即可食用。

**食用凉拌莴笋利五脏、通经脉**

◎凉拌莴笋

【材料】鲜莴笋 350 克，葱、香油、味精、盐、白糖等适量。

【制作】①莴笋洗净去皮，切成长条小块，盛入盘内加精盐搅拌，腌 1 小时，滗去水分，加入味精、白糖拌匀。②将葱切成葱花撒在莴笋上，锅烧热放入香油，待油热时浇在葱花上，搅拌均匀即可。

**补虚损、益脾胃食用奶油冬瓜球**

奶油冬瓜球具有清热解毒、生津除烦之功效。还具有补虚损、益脾胃的疗效。

◎奶油冬瓜球

【材料】冬瓜 500 克，炼乳 20 克，熟火腿 10 克，精盐、鲜汤、香油、水淀粉、味精各适量。

【制作】①冬瓜去皮，洗净削成圆球，入沸水略煮后，倒入冷水使之冷却。②将冬瓜球排放在大碗内，加盐、味精，鲜汤上笼用武火蒸 30 分钟取出。③把冬瓜球放入盆中，汤倒入锅中加炼乳煮沸后，用水淀粉勾芡，冬瓜球入锅内，淋上香油搅拌均匀，最后撒上火腿末出锅。

## 夏至药膳养生：清热解暑，健脾益气

### 清热、解毒、祛痘，饮用百合绿豆粥

**◎百合绿豆粥**

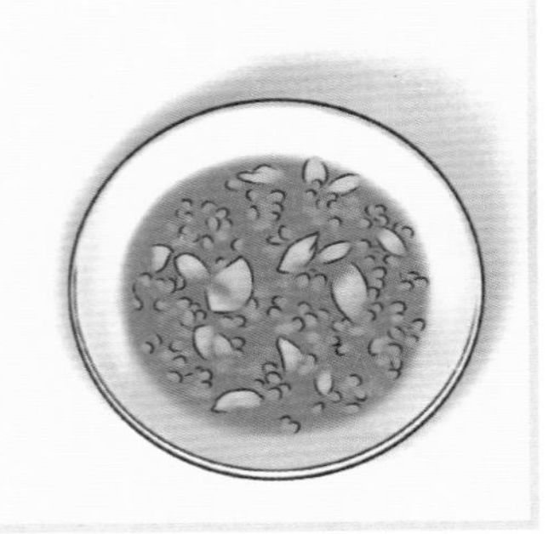

【材料】粳米 60 克，绿豆 50 克，百合 20 克，冰糖 10 克，冷水 1200 毫升。

【制作】①粳米、绿豆淘洗干净，绿豆用冷水浸泡 3 小时，粳米浸泡半小时。②百合去皮后清洗干净掰瓣。③把粳米、百合、绿豆放入锅内，加入约 1200 毫升冷水，先用旺火烧沸，然后转小火熬煮至米烂豆熟，加入冰糖调味，即可食用。

### 润肤、乌发、美容，食用太极金笋羹

**◎太极金笋羹**

【材料】鸡胸肉 100 克，胡萝卜 400 克，熟火腿末 15 克，鸡蛋清 50 克，湿淀粉 25 克，盐 4 克，味精 2 克，香油 3 克，色拉油 6 克，鸡汤 800 克，鸡油 30 克，清水适量。

【制作】①将胡萝卜用清水洗干净，用刀切成薄片，下沸水锅中煮约 1 分钟捞起，放进搅拌器内，加入少许鸡汤，搅成泥状备用。②将鸡胸肉去筋皮，切成薄片。盛在冷水碗内，浸泡 20 分钟后捞出晾干，剁成泥，盛在碗里，加入鸡蛋清，用手勺慢慢搅匀，调成稀浆鸡肉末。③炒锅加入鸡汤 100 克，将鸡汤烧至五六成热时，加入湿淀粉和鸡肉末将其煮到微沸，放入盐、味精、香油，拌匀备用。④炒锅中加入色拉油，放入胡萝卜泥略炒，加入剩余鸡汤和火腿末煮沸，放入盐、味精、鸡油和匀后装入汤碗中，把煮好的鸡肉末点缀在胡萝卜羹上即可食用。

### 清热解暑、宁心安神，食用荷叶茯苓粥

荷叶茯苓粥具有清热解暑、宁心安神、止泻止痢（对心血管疾病、神经衰弱者亦有疗效）之功效。

**◎荷叶茯苓粥**

【材料】粳米或小米 100 克，茯苓 50 克，荷叶 1 张（鲜、干均可），白糖适量。

【制作】先将荷叶煎汤去渣，把茯苓、洗净的粳米或小米加入药汤中，同煮为粥，放入白糖，出锅即可食用。

## 夏至起居养生：注意清洁卫生，预防皮肤病

### 及时清洗凉席，预防皮肤病

炎炎夏日，许多人喜欢睡在凉席上来乘凉，但有些人睡了凉席之后，皮肤上会出现许多小红疙瘩，而且十分痒，这是螨虫叮咬而导致的螨虫皮炎症的典型症状。

在酷暑时节，人体排出许多汗液，而皮屑、灰尘等很容易混合在汗液中滴落在凉席的缝隙间，为螨虫创造了繁殖的温床。所以夏季一定要定期清洗凉席，最好每星期清洗一次。清洗时要先把凉席上的头发、皮屑等污垢拍落，然后再用水进行擦洗。如果是刚买的凉席或者已经一年没有使用的凉席，要先用热水反复地进行擦洗，然后放在阳光下暴晒几个小时。这样才能把肉眼看不见的螨虫和虫卵消灭干净。夏天用完凉席之后，也可以用这个方法清洗后保存。

人们在选择凉席时，如果对草、芦类的凉席过敏，可以选用竹子或者藤蔓编制的凉席。过敏的症状大多是出现豆粒大小、淡红色的疙瘩，奇痒无比，此种过敏属于接触性皮肤病的一种症状。

夏至起居养生

1. **及时清洗凉席，预防皮肤病**

清洗凉席，还可以把樟脑丸敲碎，均匀地洒在席面上，卷起凉席，一小时后把樟脑丸的碎末清理干净，再用清水进行擦洗，最后放在阳光下暴晒。

2. **勤洗澡，水温要比体温稍高**

合适温度的洗澡水不仅可以洗净汗液中的废物，还可以消除一天的疲惫，可谓一举两得。

### 勤洗澡，水温要比体温稍高

夏至节气过后，因天气炎热人体会分泌出较多的汗液。汗液的主要成分是水，占到 98% ~ 99%。此外还含有尿素、乳酸等有机物和氯化钠、钙、镁等无机物。这些化学成分与尿液中的化学成分相当，如果水分蒸发了，这些无机物和有机物仍然会停留在皮肤上，皮肤就有可能长痱子，甚至还会引发皮炎。

要想彻底清除掉残留在皮肤表面的污垢，最简单的方法就是洗澡。由于天气较为炎热，建议每天早晚各洗一次。要用温水而不是用冷水。因为冷水会刺激毛孔，令毛细血管收缩，影响内热的散发和身体毒素的排出。温水可以使体表的血管扩张，促进血液循环，改善皮肤状况，消除疲劳，增强身体的免疫力。一般来说，人们在夏天洗澡时，水温以 38 ~ 42℃为宜。

## 夏至运动养生：顺应时节，游泳健身

### 夏至开始下水游泳健身

夏至是阳气最旺的时节，可以通过游泳等体育锻炼来活动筋骨，调畅气血，养护阳气。因此，夏至运动养生，游泳是不错的选择，但是游泳需注意以下几个问题：

| 夏季游泳注意事项 | |
| --- | --- |
| 应选择适合的游泳场所 | 不要到污染水域和有礁石、淤泥、漩涡、急流、水草的危险水域游泳。最好到海滨浴场或游泳池中去，避免到没有开放的水域中游泳 |
| 应做好下水前的各种准备活动 | 下水前要充分做好准备活动，再用水擦洗脸部、胸部和四肢等部位，使身体逐渐适应游泳池中的水温，防止游泳时发生抽筋 |
| 应注意游泳卫生 | 患肝炎、皮肤病、眼病、肺结核、艾滋病等传染性疾病的人，不宜进入公共游泳场所；游泳后，要用自来水或温水冲澡，最好用眼药水滴眼 |
| 应注意游泳时间安排 | 一般来说，在饱餐和饥饿时，不宜游泳。饭前腹中空空，血糖较低，不能耐受游泳时的体力消耗；饱餐后立即游泳，胃部因受水的压力作用，易引起疼痛与呕吐。而且，游泳时，血液进入运动的肌肉，消化道的血液减少了，会影响食物的消化与吸收。妇女在经期不宜进行游泳运动 |

夏至运动养生

1. 游泳为夏至健身佳选

炎炎夏日，人们若能畅游在清凉舒适的碧波中，不仅感觉暑热顿消，还能增添些许生活情趣，锻炼身体，收到健美之效。

2. 夏至时节尽量避免日光晒伤

因为日光中有一种红外线，这种红外线在夏季更为强烈。日光长时间照射机体，光线就会透过毛发、皮肤、头骨等射到脑细胞，会引起大脑发生病变，同时会造成机体各器官发生机能性和结构性病变。

### 夏季运动要预防日光晒伤

在炎热的夏季，强烈的日光照射机体时间过长，会损害身体健康。不但会造成机体各器官发生机能性和结构性病变，且日光对皮肤的长时间暴晒，会出现皮肤发红、瘙痒、刺痛、起皮、水泡、水肿和烧灼感等症状。当然，经常参加体育锻炼的人，机体抵抗日光照射的能力会强一些，但也需注意以下几点：

| | |
|---|---|
| 1 | 在日光下进行锻炼，刚开始的时间不宜太长，要逐步延长时间，使机体逐渐适应。皮肤由白转黑是机体产生的一种保护性适应，所以这种变化属于正常现象 |
| 2 | 夏季在阳光下运动时，可以涂一些氧化锌软膏或护肤油、防晒霜等，以便保护皮肤免遭晒伤 |
| 3 | 锻炼时间一般安排在早晚为好 |
| 4 | 如果在运动时不慎皮肤被晒伤，可用复方醋酸铝液做湿敷或涂以冷膏；若水泡破溃，可涂硼酸软膏（5%）、氧化锌软膏、甲紫液和正红花油等药物治疗 |

## 与夏至有关的耳熟能详的谚语

### 吃了夏至面，一天短一线

因夏至是继端午节之后一个重要的夏季节气，多为农历五月中下旬（公历 6 月 22 日左右），夏至这天，太阳直射地面的位置到达一年的最北端，几乎直射北回归线，北半球的白昼最长，且越往北越长。夏至以后，阳光直射地面的位置逐渐南移，北半球的白昼日渐缩短。

### 不过夏至不热，夏至三庚数头伏

夏至虽表示夏天已经到来，但还不是最炎热的时候，夏至后的一段时间内气温仍继续升高，再过二三十天，一般才是最热的天气。过了夏至，我国南方这时往后常受副热带高压控制，出现伏旱。华南西部雨水量显著增加，使入春以来华南雨量由东多西少的分布形势，逐渐转变为西多东少。如遇夏旱，一般这时也能够解除。

# 第5章

# 小暑：盛夏登场，释放发酵后的阳光

我国每年阳历的7月7日或8日，太阳到达黄经105° 时为小暑。从小暑开始，炎热的盛夏正式登场了。《月令七十二候集解》中记载："六月节……暑，热也，就热之中分为大小，月初为小，月中为大，今则热气犹小也。"暑，即炎热的意思。小暑就是小热，意指极端炎热的天气刚刚开始，但还没到最热的时候。全国大部分地区都基本符合这一气候特征。全国的农作物从此都进入了茁壮成长的阶段，需加强田间管理工作。

## 小暑气象和农事特点：极端炎热开始，农田忙于追肥、防虫害

### 盛夏正式登场，农事忙于追肥、防虫害、抗旱和防洪

小暑时节大地上便不再有一丝凉风，而是所有的风中都带着热浪。《诗经·七月》中描述蟋蟀的字句有："七月在野，八月在宇，九月在户，十月蟋蟀入我床下。"文中所说的八月即是夏历的六月，即小暑节气的时候，由于炎热，蟋蟀离开了田野，到庭院的墙角下以避暑热。在这一节气中，老鹰也因地面气温太高而喜在清凉的高空中活动。

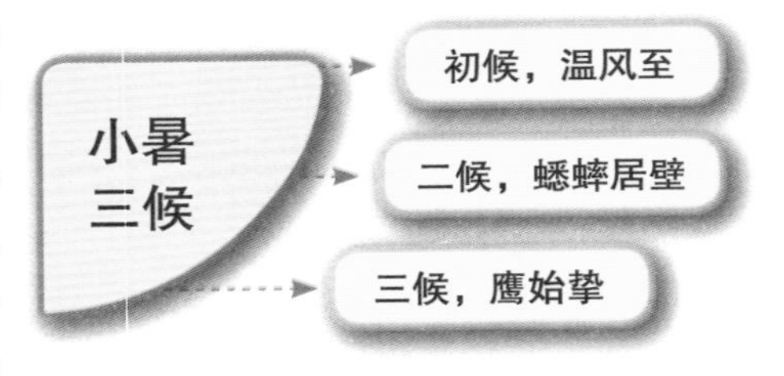


小暑期间，南方地区平均气温为26℃左右。一般的年份，7月中旬华南、东南低海拔河谷地区，开始出现日平均气温高于30℃、日最高气温高于35℃的集中时段，这种气温对杂交水稻抽穗扬花非常不利。除了事先在农作物布局上应该充分考虑此因素外，已经栽插的要采取相应的补救措施。在西北高原北部，小暑时节仍可见霜雪，此时相当于华南初春时节的景象。

从小暑节气开始，长江中下游地区的梅雨季节先后结束，东部淮河、秦岭一线以北的广大北方地区开始了来自太平洋的东南季风雨季，自此降水明显增加，且雨量比较集中；华南、西南、青藏高原也处于来自印度洋和我国南海的西南季风雨季中；而长江中下游地区则一般为副热带高压控制下的高温少雨天气，常常出现的伏旱对农业生产影响很大，及早蓄水防旱在此时显得十分重要。农谚有"伏天的雨，锅里的米"之说，这时出现的雷雨、热带风暴或台风带来的降水虽对水稻等农作物生长十分有利，

但有时也会给棉花、大豆等旱农作物及蔬菜造成不利影响。

有些年份，小暑节气前后来自北方的冷空气势力仍然较为强劲，在长江中下游地区与南方暖空气狭路相逢，势均力敌，出现锋面雷雨。有谚语云："小暑一声雷，倒转作黄梅。"小暑时节的雷雨常是"倒黄梅"天气的信息，预兆雨带还会在长江中下游地区维持一段时间。

小暑时节，除东北与西北地区收割冬、春小麦等农作物外，农业生产上此时主要是忙着田间管理。早稻处于灌浆后期，早熟品种在大暑前就要成熟收获，要保持田间干干湿湿。中稻已拔节，进入孕穗期，应根据长势追施肥，促穗大粒多。单季晚稻正在分蘖，应及早施好分蘖肥。双晚秧苗要防治病虫，于栽秧前5 ~ 7天施足"送嫁肥"。

**及时预防雷暴：一种危害巨大的天气现象**

小暑时节，我国南方大部分地区已进入雷暴最多的季节。雷暴是一种剧烈的天气现象，是积雨云云中、云间或云地之间产生的一种放电现象。雷暴发生时往往电闪雷鸣。有时也可只闻雷声，是一种中小尺度的强对流天气现象。出现时间以下午为多，有时夜间因云顶辐射冷却，云层内温度层结变得很不稳定，云块翻滚，也可能出现雷暴，即夜雷暴。产生雷暴天气现象的主要条件是大气层结不稳定。对流层中、上部为干冷平流，下部为暖湿平流，最易生成强雷暴。强雷暴常伴有大风、冰雹、龙卷风、暴雨和雷击等，是一种危险的天气现象。

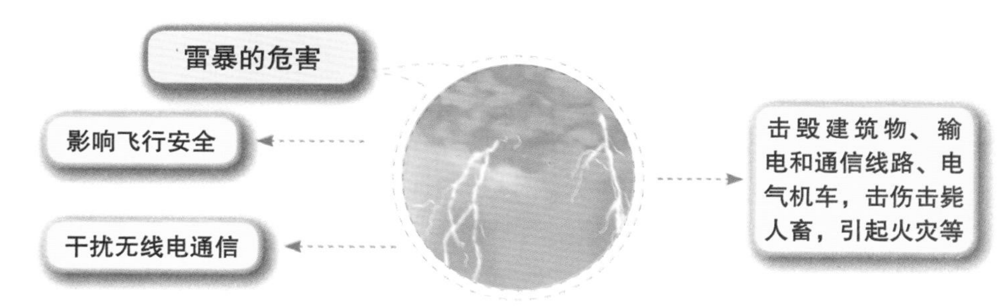


## 小暑农历节日：六月六天贶节——回娘家节

**回娘家——消仇解怨、免灾去难**

关于这个习俗的由来，还有一个小故事：

据说，在春秋战国时期，晋国有个宰相叫狐偃，他是保护和跟随文公重耳流亡列国的功臣之一。被封相后狐偃勤理朝政，十分精明能干，晋国上下对他都很敬重。每逢六月初六狐偃过生日的时候，总有无数的人给他拜寿送礼。狐偃便慢慢地骄傲起来。时间一长，人们对他不满了。但狐偃权高势重，人们都敢怒不敢言。

当时的功臣赵衰是狐偃的亲家，他对狐偃的作为很反感，就直言相劝。但狐偃听不进苦口良言，当众责骂亲家。赵衰年老体弱，不久就被气死了。赵衰的儿子恨岳父不讲仁义，便决心为父报仇。

到了第二年，晋国夏粮遭灾，狐偃出京放粮，临走时说，六月初六一定赶回来过生日。狐偃的女婿得到这个消息，决定六月初六大闹寿筵，杀狐偃，报父仇。狐偃的女婿见到妻子，问她："像岳父那样的人，天下的老百姓恨不恨？"狐偃的女儿对父亲的作为也很生气，顺口答道："连你我都恨他，还用说别人？"狐偃的女婿就把计划说出来。狐偃的女儿听了，脸一红一白，说："我已是你家的人，顾不得娘家了，你就看着办吧！"

狐偃的女儿从此以后整天心惊肉跳，她恨父亲狂妄自大，对亲家绝情。但转念想起父亲的好，觉得亲生女儿不能见死不救。最后她在六月初五跑回娘家告诉母亲自己丈夫的计划。母亲听后大惊，急忙派人连夜给狐偃送信。

狐偃的女婿见妻子逃跑了，知道机密败露，便闷在家中等狐偃来收拾自己。

到了六月初六,一大早，狐偃亲自来到亲家府上，他见了女婿就像没事一样，翁婿二人并马回相府去了。那年拜寿筵上，狐偃说："老夫今年放粮，亲见百姓疾苦，深知我近年来做事有错。今天贤婿设计害我，虽然过于狠毒，但事没办成，也是为民除害、为父报仇，老夫决不怪罪。女儿救父危机，尽了大孝，理当受我一拜。望贤婿看在我面上，不计仇恨，两相和好！"

自此以后，狐偃真心改过，翁婿比以前更加亲近。

为了永远吸取这个教训，狐偃在每年六月六都要请回闺女、女婿团聚一番。后来，老百姓纷纷仿效，也都在每年六月六接回闺女，以应消仇解怨、免灾去难的吉利。天长日久，相沿成习，流传至今，人们称此日为姑姑节。

古时女儿回娘家是经常性的，但是什么时候能回，要看夫家是否空闲，如农忙时节、节日期间，女儿就要在丈夫家生活。而农历六月是农闲期间，为女儿回娘家提供了方便条件，民谚说"六月六，请姑姑"，因此，妇女回娘家是天贶节的重要内容。此时，小孩也要跟随母亲去姥姥家，归来时，在前额上印有红记，作为避邪求福的标记。河南妇女回娘家时，要包饺子、敬祖先。妇女要在祖坟旁边挖四个坑，每个坑中都放上饺子作为扫墓的供品。

**晒书——防霉**

古时民间传说，九天玄女赐给宋江一部天书，让他替天行道，扶危济贫。正因为有农历六月六降天书的故事，又传说当天是龙晒鳞的日子，天晴日朗，当时又处于盛夏，多雨易霉，这种多雨天对书籍的保存十分不利，因此只要遇到晴天就要将书籍拿出来曝晒。

**晒衣——晒死隐藏的虫蚁**

河南民间有句谚语："六月六晒龙衣，龙衣晒不干，连阴带晴四十五天。"此时从佛寺、道观乃至各家各户，都有晒衣物、器具、书籍的风俗。广西清晨各家宰鸡鸭宴饮后，全家动员将衣服、棉被、鞋子、首饰、箱笼等拿到晒坪上曝晒，用夏日的阳光晒死隐藏的虫蚁。晒一两小时后，要翻转再晒，然后搬回厅堂内凉一下，叠好后再放入箱笼。

**祭祀虫王神——驱虫**

小暑时节，由于天气的原因，六月间百虫滋生，尤其是蝗虫对农业有很大的威胁。古代人们一方面积极捕蝗，如利用火烧、以网捕捉、用土掩埋、众人围扑等方法，尽力消灭蝗虫；另一方面则祭祀青苗神、刘猛将军、蝗蝻太尉等虫王神。

**翻经节——保护珍贵文化遗产**

据资料记载，早在宋代，六月六就已经被定为一个节日，叫作天贶节。贶，是赐予的意思。当时的皇帝赵恒，十分信奉道教，一心想得道成仙，有一年六月初六，宋真宗突然宣称，上天保佑他，赐给了他一部天书。随后他就把这天定为了天贶节，并且还在泰山山顶建筑了一座天贶殿以示纪念。帝王一时心血来潮，编出了一则无稽之谈，当然没有多少人赞同，这个天贶节没过多久便被人们遗忘了。

但农历六月六被作为一个节日，在另外一种形式下传到了近代。清末董玉书所著的《芜城怀旧录》卷一中记述："石塔寺，即古木兰院，旧存藏经，寺僧每于夏季展晾。"这就是佛寺里的翻经节。

扬州民间的写经和佛教丛林里的藏经，在全国都是很有影响的，所以扬州寺院里的晒经，尤为重要。早在隋代，由于隋炀帝的大力提倡，扬州成为全国佛教中心之一。扬州刻经多，藏经也多，市区三百多座寺庙、庵堂里所藏的经卷不计其数。梅雨季节里，衣物容易生霉，经书也易发霉生蠹，寺院里就在每年六月六把经书翻开，摊在烈日下曝晒，人们便把这天叫作翻经节。

寺院里晒经是为了保护我国珍贵的文化遗产。古时，有些信佛的妇女在这天也主动地到寺庙里参与翻经念佛，但她们的翻经是另有目的，她们认为一生中到寺庙里参加十次翻经，来世就可以转为男身。顾禄《清嘉录》卷六记载："诸丛林各以藏经曝烈日中，僧人集村妪为翻经会。谓翻经十次，他生可转男身。"这当然是愚昧可笑之谈，到了近代，此俗便逐渐消亡了。

如今，翻经节的民俗活动已渐渐被人们遗忘，仅少数地方还保留至今。在六月六日早晨，江苏东台全家老少都要互道恭喜，并吃一种用面粉掺和糖油制成的糕屑，有"六月六，吃了糕屑长了肉"的说法。还有"六月六，家家晒红绿，家家晒龙袍"的俗谚。红绿指五颜六色的各种衣服。关于“家家晒龙袍”，在扬州有个传说，据说乾隆皇帝在扬州巡游的路上恰遭大雨，淋湿了外衣，又不好借百姓的衣服替换，只好等雨过天晴，将湿衣晒干再穿，这一天正好是六月六，因而此日有“晒龙袍”之说。江南地区，经过黄梅天，藏在箱底的衣物容易发霉，取出来晒一晒，可免霉烂。此外，这日还有给猫、狗洗澡的趣事，有句俗谚叫作“六月六，猫儿狗儿同洗浴”。

**六月六求平安**

在一年四季中，盛夏和腊月是对老弱病残者最有威胁的两个季节。这两个季节发病率高，死亡率高，因此在农历六月六要特别注意人畜安全。山东临朐地区在六月六祭山神，祈求“男人走路不害怕，女人走路不见邪”。大象是最受人们欢迎的动物，

## 六月六主要民间风俗习惯

**回娘家**

晋南地区称六月六为“回娘家节”。每逢六月六，出嫁的老少姑娘们都要回家歇脚，与家人团聚。

**晒衣晒书**

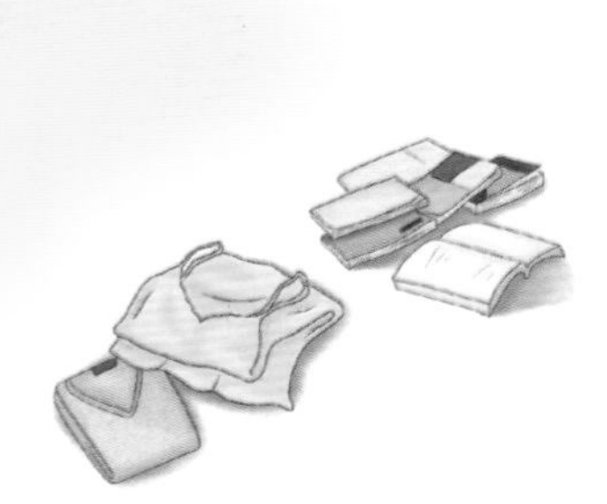

民间在六月六有晒衣晒书的习俗。因为这一时节天气潮湿，书籍衣物容易生霉，所以要在阳光下曝晒。

**祭祀虫王神——驱虫**

六月六“虫王节”。祈求能驱逐害虫，确保庄稼丰收。

**六月六求平安**

六月六求平安。民间常以大象为吉利的象征，在这一天一些地方给大象沐浴，以求吉利。在山东临朐，人们祭拜山神，祈求平安。如果此时正逢阴雨连绵的天气，人们就会剪出扫天婆、驱云婆婆等纸人，以求驱散阴云。纸人皆为妇女形象，手持扫帚或树枝，做驱云赶雨的姿势。

也用于杂技，农历六月六要为大象沐浴，在民间吉祥图案中也常以大象为吉利的象征。除洗象外，六月六也洗其他牲畜。另一种求平安的方式是在大雨将至之际，如天气连阴不止，闺中儿女将剪好的纸人悬挂在门的左边，称扫晴娘。人们企图利用扫晴娘把阴云驱散，以期迎来阳光充足的晴天。这种剪纸在中国北方广为流传，如陇东地区称为扫天婆、扫天娃娃、驱云婆婆等。这些纸人皆为妇女形象，手各持扫帚或树枝，做驱云赶雨的姿势。

除此之外，在农历六月六这天还有不少娱乐活动。广东地区有划龙舟活动。山东地区认为农历六月六是荷花生日，因此在节日期间赏荷、采莲，市场上还出售荷花玩具，妇女或儿童还喜欢用荷花的汁液染指甲。

### 虫王节——祈求人畜平安、生产丰收

每年农历六月六是民间的虫王节。为了祈求人畜平安、生产丰收，在六月六还有不少宗教活动。辽宁盖州有八腊庙会，是一种驱虫祈雨的活动；北京善果寺有数罗汉活动，以占卜吉凶；山东民间在农历六月六祭东岳大帝神，举行东岳庙会。农历六月六又是麦王生日。山东民间还认为农历六月六是海蜇生日，如果当天下雨，海蜇就会丰收。农历六月六开始进入夏闲，妇女纺纱织布，准备过冬的衣料。

## 小暑主要民俗：尝新米、吃饺子、吃面、吃藕

### 食新——小暑节气尝新米

在过去，民间有小暑时节“食新”的习俗，即在小暑过后尝新米，农民将新割的稻谷碾成米后，做好饭供祀五谷大神和祖先，然后人人吃尝新酒等。据说“吃新”乃“吃辛”，是小暑节后第一个辛日。一般买少量新米与老米同煮，加上新上市的蔬菜等。所以，民间有“小暑吃黍，大暑吃谷”之说。民谚还有“头伏萝卜二伏菜，三伏还能种荞麦”“头伏饺子二伏面，三伏烙饼摊鸡蛋”的说法。

### 吃饺子——消除“苦夏”

人们头伏吃饺子是一种传统习俗。伏天，人们食欲不振，往往比常日消瘦，俗谓之“苦夏”，而饺子正是开胃解馋的食物。徐州人入伏吃羊肉，称为“吃伏羊”，这种习俗可上溯到尧舜时期，在民间有“彭城伏羊一碗汤，不用神医开药方”之说法。徐州人对吃伏羊的喜爱从当地民谣“六月六接姑娘，新麦饼羊肉汤”中便可见一斑。

### 吃面——辟恶

在伏天吃面的习俗至少从三国时期就已开始了。《魏氏春秋》中记载：“伏日食汤

## 小暑民俗习惯

### 食新

小暑过后尝新米，再用新割的稻米供奉五谷大神和祖先。

### 吃饺子

头伏天天气湿热，人们食欲不振，日渐消瘦，吃饺子最为相宜，日渐成俗。

### 吃藕

暑天人们易焦躁上火，多吃鲜藕，可以清热养血除烦。

### 吃黄鳝

民间有“小暑黄鳝赛人参”的说法。小暑食黄鳝能补中益气、补肝脾、除风湿、强筋骨。

饼，取巾拭汗，面色皎然。”这里的汤饼就是热汤面。《荆楚岁时记》中说：“六月伏日食汤饼，名为辟恶。”五月是恶月，六月亦沾恶月的边，故也应“辟恶”。伏天还可吃过水面、炒面。所谓炒面是用锅将面粉炒干炒熟，然后用水加糖拌着吃，这种吃法早在汉代就已经有了，唐宋时更为普遍，不过那时是先炒熟麦粒，然后再磨面食之。唐代医学家苏恭说，炒面有解烦热、止泻、实大肠之功效。

**吃藕——小暑节气时令食品**

在民间还有小暑吃藕的习俗，藕有大量的碳水化合物及丰富的钙、磷、铁等和多种维生素，钾和膳食纤维比较多，具有清热、养血、除烦等功效，适合夏天食用。鲜藕以小火煨烂，切片后加适量蜂蜜，可随意食用，有安神入睡之功效，也可治血虚失眠之症状。

### 小暑吃黄鳝——有益健康

人们常说：小暑黄鳝赛人参。黄鳝生于水岸泥窟之中，以小暑前后一个月的鳝鱼最为滋补味美。夏季往往是慢性支气管炎、支气管哮喘、风湿性关节炎等疾病的缓解期，而黄鳝性温味甘，具有补中益气、补肝脾、除风湿、强筋骨等作用。根据冬病夏补的说法，小暑时节最宜吃黄鳝，黄鳝的蛋白质含量较高，铁的含量比鲤鱼、黄鱼高出一倍以上，并含有多种矿物质和维生素。黄鳝还可降低血液中胆固醇的浓度，防治动脉硬化引起的心血管疾病，对食积不消引起的腹泻也有较好的作用，所以小暑前后吃黄鳝对人体健康大有益处。

## 小暑饮食养生：勤喝水、饮食清淡，吃紫菜补肾养心

### 养成经常喝水的习惯

在《本草纲目》的首篇中就记载了水的重要性。水是生命之源。如果缺乏食物，人的生命可以维持几周，但如果没有水，人能存活的时间就只有几天了。据现代医学家的研究，水有运送养分和氧气、调节体温、排泄废物、促进新陈代谢、帮助消化吸收、润滑关节六大功能。如果人缺了水，人体就会出现代谢功能紊乱并诱发多种疾病。如果感觉到口干舌燥，那就是身体已经发出了极度缺水的信号了。这个时候脱水已经危及了身体的健康，所以不要等到口渴了再补充水分，在平时就要养成经常喝水的好习惯。

因为在小暑前后气温会突然间攀升，人体很容易缺失水分，所以要及时地进行补充。除直接喝水之外，也可以动手煮一些绿豆汤、莲子粥、酸梅汤等营养汤类。这些汤类不仅能够止渴散热，还有助于清热解毒、养胃止泻。

人们补水不一定仅限于喝水或者喝饮料，也可以食用一些水分较多的新鲜蔬果。例如含水量高达 96%的冬瓜，还有黄瓜、丝瓜、南瓜、苦瓜等。这些含钾量高含钠量低的瓜类食物不仅可以补水，还可起到降低血压、保护血管的作用。

### 小暑时节应清淡饮食，芳香食物可刺激食欲

小暑时节的天气十分炎热，人的神经中枢会陷入紧张的状态，而此时内分泌也不十分规律，消化能力较差，容易使人食欲不振。所以应注意清淡饮食，选择一些带有芳香气味的食物。

我们在超市中还可以买到含芳香成分的花茶，如玫瑰花、兰花、茉莉、桂花、丁香花等。饮用这些花茶可以开胃提气、提神散瘀，同时有滋润肌肤的功效。经常服用还可能使身体散发出淡淡的体香，清香宜人。

人们常吃的蔬菜中，许多都带有挥发性的芳香物质，如葱、姜、蒜、香菜等，这些食物都能很好地刺激食欲；还有许多水果也含有芳香物质，如适当地食用柑橘类也有助于人体的消化吸收。

## 小暑时节，病患或产妇宜食鳝鱼

因小暑时节的鳝鱼鲜嫩而有营养，十分适宜身体虚弱的病患或产妇食用。应选择体大肥硕，颜色呈灰黄色的鳝鱼，最好不要购买灰褐色的鳝鱼。鳝鱼应现杀现烹，并且一定要煮熟，半生不熟的鳝鱼不能食用。

山药鳝鱼汤有补中益气、强筋骨等作用。

### ◎山药鳝鱼汤

【材料】淮山药 300 克，鳝鱼 1 条，香菇 3 朵。

【调料】葱段、姜片、盐、料酒、植物油、味精、胡椒粉、白砂糖、香菜段各适量。

【制作】①鳝鱼清洗干净，切段，切成一字花刀，焯透。②淮山药去皮，切滚刀块，焯水。③炒锅中放入植物油烧热，放淮山药炸至微黄捞出。④锅留底油烧热，下姜片、葱段爆香，放鳝鱼、香菇、料酒、开水、淮山药烧开。⑤用小火炖 5 分钟，撒入盐、胡椒粉、白砂糖、味精、香菜段炒匀即可食用。

## 清热化痰、补肾养心吃紫菜

在炎热的夏天应该多喝点儿紫菜汤以消除暑热，保持新陈代谢的平衡。

购买时应选择上等的紫菜，因其表面光泽、叶片薄而均匀，颜色呈紫褐色或者紫红色，其中无杂质。如果紫菜在凉水浸泡后呈现出蓝紫色，说明紫菜已经被有害物质污染，此时就不宜再食用。

紫菜肉粥具有清热化痰、补肾养心的功效。

### ◎紫菜肉粥

【材料】猪肉末25克，大米100克，紫菜少许，盐适量。

【制作】①大米淘洗干净，用冷水浸泡30分钟，捞出沥水。②紫菜洗净，撕成小片。③将砂锅中倒入适量清水，放入大米、猪肉末，大火煮沸后改用小火熬至黏稠。④加入紫菜、盐，再用大火煮沸即可食用。

## 小暑药膳养生：清暑解热、健脾利湿

### 补充营养、清暑解热，食用八宝莲子粥

八宝莲子粥具有补充营养、清暑解热、缓解紧张情绪之功效。

### ◎八宝莲子粥

【材料】莲子100克，糯米150克，青梅、桃仁各30克，小枣40克，瓜子仁20克，海棠脯50克，瓜条30克，金糕50克，白葡萄干20克，糖桂花30克，白糖150克，清水2000毫升。

【制作】①将糯米淘洗干净，用冷水浸泡发胀，放入锅中，加入约2000毫升冷水，用旺火烧沸后，改用小火慢煮成稀粥。②将小枣洗干净，用温水浸泡1小时；莲子去皮，挑去莲心，放入凉水盆中，与小枣一同入笼蒸半小时。③青梅切成丝；瓜条切成小片；桃仁用开水发开，剥去黄皮，切成小块；瓜子仁用冷水洗干净沥干；海棠脯切成圆形薄片；白葡萄干用水浸泡后洗干净沥干；金糕切成丁。④白糖加冷水和糖桂花调成汁。⑤将制成的所有辅料摆在粥面上，放入冰箱内冷却后，将糖桂花汁淋在上面即可食用。

### 健脾止泻、清热安神，饮用薏仁绿豆猪瘦肉汤

薏仁绿豆猪瘦肉汤具有健脾止泻、轻身益气、清热安神之功效。

### ◎薏仁绿豆猪瘦肉汤

【材料】绿豆150克，瘦猪肉150克，薏仁38克，红枣4颗，盐、冷水适量。

【制作】①薏仁和绿豆淘洗干净；红枣去核，洗干净。②瘦猪肉洗干净后汆烫，再冲洗干净。③煲滚适量水，下入薏仁、绿豆、猪瘦肉、红枣，烧开后改文火煲2小时，撒入盐调味即可食用。

**清热解毒、疗疮疡，食用炒绿豆芽**

炒绿豆芽具有清热解毒、疗疮疡之功效。

**◎炒绿豆芽**

【材料】绿豆芽500克，花椒几粒，植物油、食盐、白醋、味精各适量。

【制作】①将绿豆芽洗净，沥干水分，油锅烧热，锅中放入花椒，烹出香味。②将绿豆芽下锅爆炒几下，倒入白醋继续翻炒数分钟，起锅时放入食盐、味精，装盘即可食用。

**补虚、止汗，食用素炒豆皮**

素炒豆皮有补虚、止汗之功效。适合多汗、自汗、盗汗者食用。

**◎素炒豆皮**

【材料】豆皮2张，植物油、葱、味精、食盐、香油各适量。

【制作】①将豆皮切成丝，葱洗净切丝。②油锅烧至六成热，葱丝下锅，烹出香味，③将豆皮丝入锅翻炒，随后加入食盐，翻炒数分钟后，加入味精，淋上香油搅拌均匀起锅即可。

**健脾利湿、补虚强体，食用蚕豆炖牛肉**

蚕豆炖牛肉具有健脾利湿、补虚强体之功效。

**◎蚕豆炖牛肉**

【材料】瘦牛肉250克，鲜蚕豆或水发蚕豆120克，食用盐少许，味精、香油各适量。

【制作】①牛肉切小块，先在热水内余一下，捞出沥水。②将砂锅内放入适量的水，待水温时，将牛肉入锅，炖至六成熟。③将蚕豆放入锅中，开锅后改文火。④放入盐煨炖至肉、豆熟透，加入味精、香油，出锅即可食用。

**清热、生津、止渴，饮用西瓜西红柿汁**

西瓜西红柿汁具有清热、生津、止渴之功效。对于夏季感冒，口渴，烦躁，食欲不振，消化不良，小便赤热者尤为适宜。

◎西瓜西红柿汁

【材料】新鲜西红柿 3 个（大小适中），西瓜半个。

【制作】①将西瓜去皮、去籽，西红柿用沸水冲烫，剥皮去籽。②将西瓜、西红柿同时榨汁，两液合并，随量饮用。

## 小暑起居养生：合理着装防紫外线，雨后不坐露天的凳子

### 小暑时节要合理着装防紫外线

小暑时节，穿着合理能起到降温消暑的作用，十分有利于身体健康。

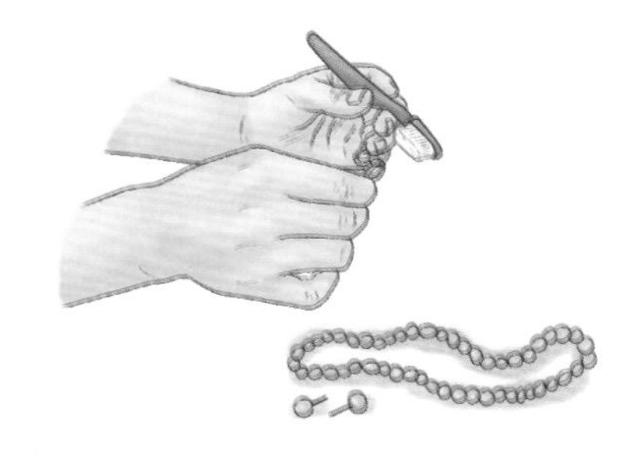

1. 应经常把随身佩戴的首饰摘下来擦洗。由于夏季天气炎热，人们的汗液分泌较多，佩戴首饰的部位容易汗湿而滋生许多细菌。经常把佩戴的首饰摘下来，并对首饰和皮肤接触的部位进行擦洗，可以防止皮肤受到感染。尤其是皮肤容易过敏的人，在选择佩戴首饰的时候一定要注意。

2. 应尽量选择穿红色衣服。红色可见光的波长最长，对于吸收日光中的紫外线非常有效，可以保护皮肤。不宜选择白色的棉质服装，因此类衣物常含有荧光增白剂，很有可能会将紫外线反射到脸部。

3. 应佩戴能抵挡紫外线的太阳镜。由于小暑时节阳光强烈，如果太阳镜没有防紫外线功能，那么可能比不佩戴太阳镜更容易受到紫外线的侵害，从而使眼睛受到损伤。由于儿童的眼睛娇嫩，遇到强光更容易遭受损害，所以他们更需要佩戴太阳镜。但要注意的是，6 岁以下的儿童不适宜长时间佩戴太阳镜，因为他们的视觉功能还未发育成熟，长时间佩戴太阳镜可能会引发弱视；对他们来说，较为妥当的方式是在阳光强烈的时候佩戴，等阳光变弱时就及时将太阳镜取下。

### 雨后天晴尽量不要坐露天的凳子

有句俗语说："冬不坐石，夏不坐木。"所谓"夏不坐木"，指的是夏天不应该在露天的木凳上坐太长时间。木质椅凳在夏季容易吸纳和集聚潮气，天气转好之后，潮气便会向外散发。如果在潮湿的椅子上坐得太久，很有可能会得痔疮、风湿或者关节炎等疾病，还有可能会伤害脾胃，引起消化不良等肠胃疾病。

民间还有一种说法叫作"夏天不坐硬"，指的是老年人在夏天不宜坐在太硬的地方。因为人坐下时，坐骨直接与座位接触，而坐骨的顶端是滑囊，滑囊能分泌液体以

减少组织的摩擦。但对于老年人来说，由于体内激素水平降低，滑囊的功能有所退化，分泌的液体会随之减少。加上在夏季时着装很薄，有的老人身体较瘦，坐在板凳上，坐骨结节将直接与板凳接触，可能会导致坐骨结节性滑囊炎，对身体造成损伤。

小暑期间如果要在户外乘凉，最好准备个薄垫子。如果没有垫子，最好不要在木椅上坐太久，特别是刚下过雨后的木椅。

因为夏季空气湿度大，并且雨水多，木质的凳子、椅子受到风吹雨淋，里面会积聚很多潮气。

## 小暑运动养生：常到海滨、山泉、瀑布或旷野散步

### 到负离子多的地方运动对身体有益

负离子有助于降血压、调节心律。人们在通风不良的室内，常感到头昏脑涨；在海滨、山泉、瀑布或旷野，则感到空气清新、精神舒畅，是因为这些地方的负离子含量较多。

生活中许多自然现象都可激发负离子的产生，例如龙卷风、海浪、下雨等。因此，冒着霏霏的细雨，到室外散步、嬉戏，享受大自然赐予的温馨，对身体健康也尤为有益。

小暑时节的雨，会给人带来一丝凉意，此时更适合雨练。雨练并不一定要淋雨，打着伞或在敞开门的室内练也可享受带有负离子的空气。当然，如果喜欢雨水淋身带来的快意，也是可以的。

### 悠闲洒脱散步（散步时间为早晨），可使全身适度活动

按照中医理论，小暑是人体阳气旺盛的时候，春夏养阳，人们要注意劳逸结合，保护人体的阳气。这时，高温天气下，心脏排血量明显下降，各脏器的供氧力明显变

**小暑运动养生**

**1. 到负离子多的地方运动**

负离子有利于人的身体健康，但需达到一定浓度。据研究，大城市中的房间里，负离子密度最低；乡村田野里，空气中含有的负离子较多；山谷和瀑布附近，空气中的负离子密度最高。

**2. 小暑时节尽量避免日光晒伤**

夏季宜选在早晨散步。因早晨凉爽清新的空气、宁静舒适的环境更有利于散步。散步时要心平气和，可以边走边欣赏景物，或聆听悦耳的鸟鸣，或听音乐、听广播。

弱，要注重养“心”。这时要做到起居有常，适当运动，多静养。晨练不宜过早，以免影响睡眠。夏季人体能量消耗很大，运动时更要控制好强度，运动后别用冷饮降温。小暑之时，运动宜以散步为主。

散步是一项较为和缓的运动，它的频率与人体生物钟最合拍、最和谐，散步不拘形式，不受环境的限制，运动量较小，特别适合于夏季运动养生的需要。

散步时通过四肢自然而协调的动作，可使全身得到适度的活动，而且对足部起到很好的按摩效果。研究证实，双脚肌肉有节奏的收缩，可以促进血液循环，缓解心血管疾病。同时，散步还能增强消化功能，促进新陈代谢，可防治中老年常见的消化不良、便秘、肥胖等疾病。散步对肺脏功能的改善也极为有利，还能起到健脑安神的作用。而且，步行运动能促进肌糖原和血液中葡萄糖的利用，抑制了饭后血糖的升高，减少了糖代谢时胰岛素的消耗量，可有效降低血糖浓度。

## 与小暑有关的耳熟能详的谚语

### 小暑天气热，棉花整枝不停歇

小暑时节，大部分棉区的棉花开始开花结铃，是生长最为旺盛的时期，在重施花铃肥的同时，要及时整枝、打杈、去老叶，以协调植株体内养分分配，增强通风透光，改善群体小气候，减少蕾铃脱落。盛夏高温是蚜虫、红蜘蛛等多种害虫盛发的季节，适时防治病虫是田间管理上的又一重要环节，所以人们总结出了“小暑天气热，棉花整枝不停歇”的谚语。

### 小暑一声雷，倒转作黄梅

小暑时期出现的雷雨和热带风暴或台风带来的降水，虽然对水稻等农作物生长十分有利，但有时也会给棉花、大豆等旱作物及蔬菜造成不利影响。也有的年份，小暑前后北方冷空气势力仍较强，在长江中下游地区与南方暖空气势均力敌，出现锋面雷雨。小暑时节的雷雨常是“倒黄梅”的天气情况，预示着降雨天气还会再维持一段时日。

### 小暑交大暑，热得无处躲

小暑时节的到来，标志着我国大江南北进入炎热时节，但小暑并不是一年中最炎热的时间，小暑时节气温有高有低，后期天气也不一样。特别是小暑和大暑交接的时间，比较炎热，因此农谚说：“小暑交大暑，热得无处躲。”

# 第 6 章

# 大暑：水深火热，龙口夺食

每年的公历 7 月 22 日和 23 日之间，太阳到达黄经 120°，为大暑节气。与小暑一样，大暑也是反映夏季炎热程度的节令，而大暑表示天气炎热至极。

## 大暑气象和农事特点：炎热之极，既防洪又抗旱、保收

### 最炎热的时期，既要预防洪涝，又要抗旱保收

《月令七十二候集解》中记载：“六月中……暑，热也，就热之中分为大小，月初为小，月中为大，今则热气犹大也。”这时正值“中伏”前后，是一年中最热的时期，气温最高，农作物生长最快，大部分地区的旱、涝、风灾也最为频繁，抢收抢种，抗旱排涝防台风和田间管理等任务很重。

大暑传统上分为三候：

大暑有三候

大暑时节，民间有饮伏茶、晒伏姜、烧伏香等习俗。

初候，腐草为萤

“腐草为萤”，在这一时期的夜晚，萤火虫会在腐草败叶上飞来飞去，寻机捕食。

二候，土润溽暑

大暑时节，土壤高温潮湿，很适宜水稻等水生作物的生长。

三候，大雨时行

大暑伏天，在雨热同季的潮热天气，天空中随时都会形成雨水落下。

大暑的三个物候现象说明了：大暑时节，正值中伏前后，天气进入了一年中最炎热的时期。此时也正逢雨热同季，雨量比其他月份明显增多，农家在这个时期既要时刻注意暴雨侵袭，预防洪涝灾害的发生，又要做好抗旱保收的田间准备工作。

### “三大火炉”城市——南京、武汉和重庆

大暑节气最突出的特点就是热，极端的热。这样的天气给人们的工作、生产、学

习、生活各方面都带来了很多不良影响。一般来说，在最高气温高于 35℃时，中暑的人会明显增多；而在最高气温达 37℃以上的酷热天气里，中暑的人数会急剧增加。特别是在副热带高压控制下的长江中下游地区，骄阳似火，风小湿度大，更使人感到闷热难当。全国闻名的长江沿岸“三大火炉”城市南京、武汉和重庆，平均每年炎热日就有 17 ~ 34 天之多，酷热日也有 3 ~ 14 天。其实，比“三大火炉”更热的地方还很多，如安庆、九江、万县等，其中江西的贵溪、湖南的衡阳、四川的开县等地全年平均炎热日都在 40 天以上，在此期间，整个长江中下游地区就如同一个“大火炉”，做好防暑降温工作显得尤其重要。

## 大暑主要民俗：斗蟋蟀、吃荔枝、吃仙草、送大暑船

### 斗蟋蟀——大暑时节的一项娱乐活动

斗蟋蟀活动始于唐代，盛行于宋代，清代时益发讲究，蟋蟀要求无“四病”（仰头、卷须、练牙、踢腿），外观颜色也有尊卑之分，“白不如黑，黑不如赤，赤不如黄”，体形要雄而矫健。蟋蟀相斗，要挑重量与大小差不多的，用蒸熟后特制的日草或马尾鬃引斗，让它们互相较量，几经交锋，败的退却，胜的张翅长鸣。旧时城镇、集市，多有斗蟋蟀的赌场，今已被废除，但民间仍保留此项娱乐活动。这项活动自兴起，后经历了宋、元、明、清四个朝代，又从民国发展至今，前后经历了八九百年的漫长岁月。这一活动始终受到人们的广泛喜爱，长盛不衰。

### 过大暑：吃荔枝、羊肉——祈求免除牲畜病疾

福建莆田人在大暑节气这一天，有吃荔枝、羊肉的习俗，叫作“过大暑”。荔枝是莆田特产，其中如宋家香、状元红、十八娘红等是优良品种，古今驰名。在大暑节前后，荔枝已是满树流丹、十里飘香的成熟时候了。荔枝含有大量的葡萄糖和多种维生素，具有丰富的营养价值，所以吃鲜荔枝可以滋补身体。莆田人在大暑节气这天，先将鲜荔枝浸于冷井水之中，大暑节时刻一到便取出品尝。这时候吃荔枝，最惬意、最滋补。于是，有人说大暑吃荔枝和吃人参的营养价值一样高。

莆田大暑的另一种节令食品便是米糟，就是将米饭和白米拌在一起发酵，透熟成糟；到大暑那天，把米糟切成一块块，加些红糖煮食。

大暑时节，莆田人在这一天也要以荔枝、羊肉互赠亲友。

古时东北一带是皇家的马场和边贸市场所在，大暑日，此地有马王的生日一说，当地人曾一度有祭祀之习俗，仪式隆重，祈求能免除牲畜的病疾。特别是锦州，马王庙遍及城乡，各县均有马王日的记载。而在山东枣庄市，不少市民来到当地的羊肉汤馆“喝暑羊”，这是鲁南地区喝羊肉汤过大暑的一种习俗。

## 大暑时节主要民俗习惯

### 斗蟋蟀

斗蟋蟀也称斗蛐蛐、斗促织。我国斗蟋蟀的历史悠久，源远流长，是具有浓厚东方色彩的中国特有的文化生活，也是中国的艺术。它主要发源于中国的长江流域与黄河流域中下游，宁津蟋蟀是历史上历代帝王斗蟋蟀的进贡品种。蟋蟀对环境的适应性非常强，只要有杂草生长的地方，蟋蟀就可能生长生存。但如果要想蟋蟀生长得个大体强、皮色好，对地质、地貌、地形就很有讲究了。古书上说，北方硬辣之虫生于立土高坡，这就说明地形、地貌与蟋蟀的发育体质有很大的关系。很多书上也提到，深色土中出淡色虫大多善斗，淡色土中出深色虫必凶。

### 半年节

在台湾省有过“半年节”的民俗，由于大暑是农历的六月，是全年的一半，所以在这一天拜完神明后，全家会一起吃“半年圆”。

### 吃羊肉

莆田大暑时节有一种独特的风味菜肴——温汤羊肉。羊肉性温补，食用、药用皆宜。把羊宰后，去毛和内脏，整只放进滚烫的锅里翻烫。捞起放入大陶缸中，再把锅内的滚汤注入，泡浸一定时间后取出。吃时，把羊肉切成片，肉肥脆嫩，味鲜可口。大暑节这天早晨，羊肉上市，供不应求。

### 送大暑船

送“大暑船”为“大暑节”的一项民俗活动。大暑船须在大暑节前赶造成功，大暑节时人们将贡品置于船上，众人齐力，让船趁着落潮大水飘向茫茫大海，以此来供奉五圣，表达虔诚之心，祈求风调雨顺，五谷丰登，生活安康。

**“半年节”——象征团圆与甜蜜**

在台湾地区有过“半年节”的民俗，由于大暑是农历的六月，是全年的一半，所以在这一天拜完神明后，全家会一起吃“半年圆”。“半年圆”是用糯米磨成粉再和上红面搓成的，大多会煮成甜食来品尝，象征团圆与甜蜜。

**吃仙草——活如神仙不会老**

广东地区有大暑时节吃仙草的习俗。仙草又名凉粉草、仙人草，唇形科仙草属草本植物，是重要的药食两用植物资源，有神奇的消暑功效。仙草的茎叶晒干后可以做成烧仙草，广东一带叫凉粉，是一种消暑的甜品，本身也可入药。有句民谚曰：“六月大暑吃仙草，活如神仙不会老。”烧仙草是台湾地区著名的小吃之一，有冷、热两种吃法。烧仙草的外观和口味类似港澳地区流行的另一种小吃龟苓膏，都具有清热解毒的功效。大暑还是吃菠萝的时候，据说此时节的菠萝不酸，是品尝的好时机。

**送大暑船——祈求祛病消灾**

送大暑船是椒江葭芷一带的民间习俗。这一习俗始于清同治年间，当时台州葭芷一带常有病疫流行，尤以大暑节前后为甚。人们以为是五圣（相传五圣为张元伯、刘元达、赵公明、史文业、钟仕贵五位，均系凶神）所致，于是在葭芷江边建立五圣庙，乡人有病向五圣祈祷，许以心愿，祈求祛病消灾，事后以猪羊等供奉还愿。葭芷地处椒江口附近，沿江渔民居多，为保一方平安，遂决定在大暑节集体供奉五圣，并用渔船将供品沿江送至椒江口外，为五圣享用，以表虔诚之心。此举为送大暑船之初衷。

大暑船的大小与普通渔船中的大捕船相当，长约 15 米，宽 3 米余，船内设有神龛、香案，以备供奉。船内载有猪、羊、鸡、鱼、虾、米、酒等食品，还有水缸、缸灶、火刀、桌、椅、床、榻、枕头、棉被等一应俱全的船上生活用品，并备有刀、矛、枪、炮等自卫武器，米皆用小袋盛装，每袋一升，为千家万户所施。

大暑船须在大暑节气来临之前赶制成功。大暑节前数日，于五圣庙建道场，宴请和尚做法事，还愿者纷纷将礼品送到庙内，以备大暑节装船。船须由一两名老大驾驶到椒江口处，然后老大改乘所带之小舢板回来，让大暑船趁落潮大水，渐渐远离海岸，飘向茫茫大海。驾船老大须挑选驾船技术高且享有较高威信之人，并于五圣像前跪拜三叩头之后方可上船。放船时，众求神还愿者双手捧香，于江岸向船跪拜遥祝，口念佛号送船，一时间诵声雷动，场面蔚为壮观。

## 大暑饮食养生：及时补充蛋白质，早餐忌吃冷食

### 吃含钾食物有助健康

大暑期间，人们劳作或者活动，一会儿就会大汗淋漓。汗液分泌过多可能会令人手脚无力、疲惫不堪。通常情况下，人们会饮用淡盐水来补充汗液中流失的钠成分，但却忽略了和钠同时随汗液排出体外的钾元素。从食物中吸收钾元素是大暑时节在饮食上应该注意的一个重点。

### 疲劳、嗜睡应及时补充蛋白质

大暑时节，正值盛夏，此时气温很高，人们常常选择每天只食用黄瓜、西红柿、西瓜等蔬菜和水果，这种做法是不值得提倡的。夏季的“清淡”饮食指的并不是只吃蔬菜和水果，而是应少吃油脂含量高、辛辣或者煎炸的食品。

进入大暑节气以后，高温天气会加快人体的新陈代谢，从而大量消耗蛋白质。如果只吃蔬菜水果，就会造成蛋白质缺乏，体质下降，人体会感到疲劳、嗜睡、精神不济；到了秋冬天气变冷的时候更容易得病。所以应摄入足够的蛋白质，以保证均衡营养。

### 早餐吃冷食易伤胃气

大暑时节虽然天气湿热，但也不可贪凉，尤其是早餐。为了保护脾胃，建议早餐

大暑饮食养生

1. **多吃含钾食物**

茶叶中富含钾元素，要想补充钾，首先可以通过喝茶的方式。其次可以选择同样富含钾元素的食物，如菠菜、番茄、红薯、土豆等，这些食物中也含有相当多的钾元素。

2. **补充蛋白质**

补充蛋白质，可以适当地吃一些瘦肉、鸡蛋或者喝些牛奶，这些食物中都含有丰富的蛋白质。

3. **早餐不要吃冷食**

冷食虽然可以除去燥热感，但它也会给人体的健康带来损害。

4. **吃些牛蒡清热解毒**

选择牛蒡时应注意，上等的牛蒡表面较为光滑、体形较为顺直，没有杈根、没有虫痕。

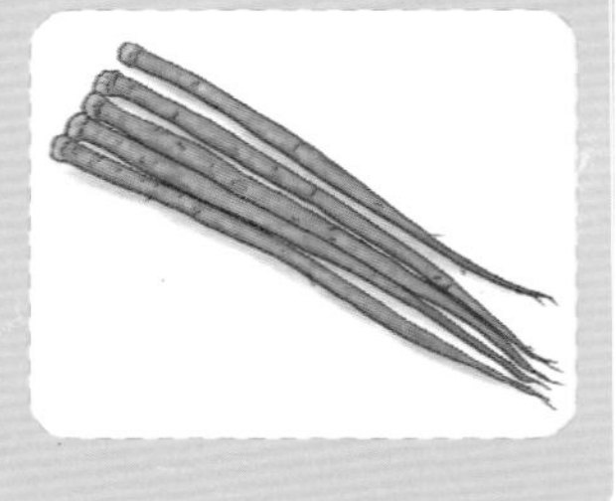

尽量吃些热的食物。由于夜晚的阴气在早晨还未彻底消除，气温还没有回升，人体内的肌肉、神经、血管都还处于收缩的状态，如果吃凉的早餐，会让体内各个系统收缩得更厉害，不利于血液循环。或许初期并不会感觉到胃肠不适，但持续的时间一长或者年龄渐长以后，喉咙就会有痰，而且很容易感冒或者有其他的小毛病，这些都是因为伤了胃气的缘故。

**清热解毒、润肺润嗓可吃些牛蒡**

大暑时节食用牛蒡，有助于清热解毒、祛风湿、润肺润嗓，并对风毒面肿、咽喉肿痛及由于肺热引发的咳嗽疗效显著。在炒制时，最好爆炒几下便出锅，这样有利于保留牛蒡中的营养成分。

素炒牛蒡根丝具有清热解毒、润肺润嗓之功效。

**◎素炒牛蒡根丝**

【材料】上等牛蒡根300克，熟白芝麻适量。

【调料】植物油、酱油、料酒、白砂糖各适量。

【制作】①牛蒡根去皮，洗净，切丝。②炒锅中倒入植物油烧热，放入牛蒡根丝略炒，加入酱油、料酒、白砂糖炒熟，撒上白芝麻即可食用。

**滋阴润胃、利水消肿可吃鸭肉**

因鸭肉能够清热解毒、滋阴润胃、利水消肿，所以非常适合在夏末秋初食用，不仅能够祛除暑热，还能为人体补充营养。鸭肉以富有光泽、有弹性而且没有异味者为上品。在煮鸭肉的时候可以适当地加入少许腊肉、香肠和山药，可以在增加营养成分之余，使鸭肉口感更好。

滋阴润胃、利水消肿可吃红豆煮老鸭。

**◎红豆煮老鸭**

【材料】白条老鸭1只（约1500克），红豆50克。

【调料】葱段、姜片、料酒、盐、味精、胡椒粉各适量。

【制作】①将红豆淘洗干净。②炖锅内放入红豆、老鸭、料酒、姜片、葱段，加3000毫升水。③大火烧沸，改小火炖煮50分钟。④放入盐、味精、胡椒粉，搅匀即可食用。

## 大暑药膳养生：健脾清暑、减肥降脂、降低血压

### 补脾养胃、养颜祛痘：服用苦瓜萝卜汁

苦瓜萝卜汁具有清热解暑、补脾养胃、养颜祛痘之功效。

**◎苦瓜萝卜汁**

【材料】新鲜白萝卜 100 克，蜂蜜 20 克，新鲜苦瓜 1 个。

【制作】①苦瓜洗净、去瓤，切成小块：白萝卜洗干净，去皮、切成小块。②将苦瓜块和白萝卜放入榨汁机中，搅成汁液。③将苦瓜汁倒入杯中，加入蜂蜜拌匀后即可。

### 清热解毒、降低血压：饮用当归天麻羊脑汤

当归天麻羊脑汤具有清热解毒、生津止渴、降低血压之功效。

**◎当归天麻羊脑汤**

【材料】桂圆肉 20 克，羊脑 2 副，当归 20 克，天麻 30 克，生姜 3 片，盐 5 克，热水 500 毫升。

【制作】①将当归、天麻、桂圆洗干净，用清水浸泡。②将羊脑轻轻放入清水中漂洗，去除表面黏液，撕去表面黏膜，用牙签或镊子挑去血丝筋膜，清洗干净，用漏勺装着放入沸水中稍烫即捞起。③将以上原料置于炖锅内，注入沸水 500 毫升，加盖，文火炖 3 小时，撒入盐调味即可。

【禁忌】虚寒者可加少量白酒调服。阴虚阳亢、头痛者慎用。

### 减肥降脂、解暑清热：食用荷叶糯米粥

荷叶糯米粥具有减肥降脂、解暑清热、健脾止泻之功效。

**◎荷叶糯米粥**

【材料】鲜荷叶 2 张，糯米 200 克，白糖 30 克，白矾 5 克，冷水适量。

【制作】①糯米淘洗干净。用冷水浸泡 2 小时，然后入锅加适量冷水，先用旺火烧沸，再改用小火熬至八成熟。②白矾加少量水溶化。③在另外一口锅的锅底垫 1 张荷叶，上面洒上少许白矾水。将糯米粥倒入锅内，上面再盖 1 张荷叶，用旺火煮沸，加入白糖调味即可。

**生津止渴、健脾清暑：食用炝拌什锦**

炝拌什锦具有生津止渴、健脾清暑、解毒化湿之功效。

◎炝拌什锦

【材料】嫩豆角50克，西红柿50克，豆腐1块．木耳15克，香油、植物油、精盐、味精、葱末、花椒各适量。

【制作】①将豆腐、西红柿、嫩豆角、木耳均切成丁。②锅内加水烧开，将豆腐、西红柿、嫩豆角、木耳分别焯透，捞出沥干水分，装盘备用。③炒锅烧热，倒入植物油，把花椒下锅，炝出香味，再将葱末、盐、西红柿、味精一同加入锅内，搅拌均匀，倒在烫过的豆腐、嫩豆角、木耳上，淋上香油搅匀即可。

【注意】因豆角中含有血球凝集素A，有毒，加热后毒性可大为减弱。所以豆角一定要焯透。

**清热通窍、消肿利尿：食用清拌茄子**

清拌茄子具有清热通窍、消肿利尿、健脾和胃之功效。

◎清拌茄子

【材料】嫩茄子500克，香菜15克，蒜、米醋、酱油、白糖、香油、味精、花椒、精盐各适量。

【制作】①茄子削皮洗净，切成小片，放入碗内，撒上少许盐，再投入凉水中，泡去茄褐色，捞出放蒸锅内蒸熟，取出晾凉。②蒜捣成碎末。③将炒锅置于火上烧热，加入香油，下花椒炸出香味后，连油一同倒入小碗内，加入酱油、白糖、米醋、精盐、味精、蒜末，调成汁，浇在茄片上。④香菜择洗干净，切段，撒在茄片上即可食用。

## 大暑起居养生：睡眠时间要充足，衣服要选择天然面料

### 大暑时节，要保持充足的睡眠

大暑节气期间，天气已达炎热高峰。在日常起居上，要保持充足的睡眠。睡时要先睡眼，再睡心，渐渐进入深层睡眠。不可露宿，室温要适宜，不可过凉或过热，室内也不可有对流的空气，即人们常说的“穿堂风”。

清晨醒来，要先醒心，再醒眼，并在床上先做一些保健的气功，如熨眼、叩齿、

鸣天鼓等，再下床。早晨可到室外进行一些健身活动，但运动量不可过大，以身体微汗为度，当然，最好选择散步或静气功。中午气温高不要外出，而此时居室温度亦不可太低。

**气温越高反而要增加些衣服**

研究资料显示，如果人体身处 18 ~ 28℃的气温中，大约有 70%的体温会通过皮肤辐射、对流和传导散发出体外；当人体的温度与气温相当时，人体便会完全靠汗液的分泌来散发热量；而当气温超过体温（36.8℃左右）时，皮肤不仅不能散发热量，反而会从周围的环境中吸取热量。所以，大暑时节倘若衣着过于单薄，这样做不仅达不到降温的效果，反而还会使体温升高。

如果想要夏季感觉凉爽，可以选择一些吸湿性较好的衣物。经过测量，当气温处在 24℃，相对湿度在 60%左右时，蚕丝品的吸湿率约为 10%，而棉织品约为 8%，在所有的衣物材质中，合成纤维的吸湿性最差，吸湿率不到 3%。所以夏天可以根据个人情况选择真丝、天然棉布、高支府绸等面料的衣物，以达到吸湿降温的效果。

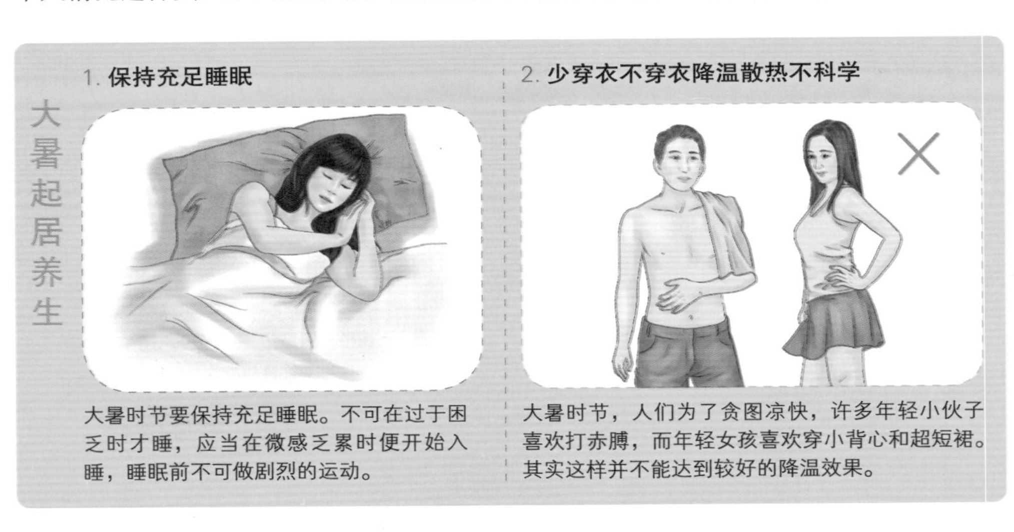


大暑时节要保持充足睡眠。不可在过于困乏时才睡，应当在微感乏累时便开始入睡，睡眠前不可做剧烈的运动。

大暑时节，人们为了贪图凉快，许多年轻小伙子喜欢打赤膊，而年轻女孩喜欢穿小背心和超短裙。其实这样并不能达到较好的降温效果。

## 大暑运动养生：双手轮换扇扇子，既消暑又防肩周炎

**左右双手扇扇子，既消暑又锻炼身体**

如今，由于人们的生活条件日益改善，基本上家家户户都安装了空调和电扇，于是手摇扇子逐渐被人们遗忘。其实在酷热的大暑时节经常手摇一把扇子，对于消暑降温、预防疾病和保持身体健康都是很有好处的。天气炎热的时候，通过摇动扇子，不仅可以锻炼手臂上的肌肉，使手上的关节更加灵活，还能调节身体的血液循环，有效

大暑运动养生

1. **双手轮换扇扇子，既消暑又健身**

扇子的体积较小，携带方便。在纳凉的时候，边说话边缓缓摇扇，既可以消暑降温、驱赶蚊虫，又能达到健身养生的功效。

2. **大暑运动要适时适量**

大暑时节，运动量不宜过大。因为，春夏宜养阳，而剧烈的运动可致大汗淋漓，不但伤阴，也伤阳气。因此，大暑时节锻炼的项目常以散步、慢跑、太极拳、广播体操为宜。

地预防肩周炎。

在一般情况下，多数老年人的脑溢血会发生在右脑，这很有可能是因为左手缺乏运动而使得右脑的血管缺乏锻炼所致。所以在炎热的天气里，老年人最好用左手来摇扇子。这样一来，左侧肢体的灵活性就能得到改善，从而使右脑得到锻炼，还能有效地预防脑血管疾病的发生。

大暑节气期间，很多人因为贪图一时的凉快而直接使用风扇或者空调，结果很容易患上感冒。而手摇扇子的风速和风力都比电风扇和空调要小得多，不易使人感冒，这种纳凉方法很值得推荐。

**夏季运动要因人而异，适时、适量**

夏季保健运动，最好选择在清晨或傍晚天气较凉爽时进行。场地宜选择在河湖水边、公园庭院等空气新鲜的地方。有条件者还可以到森林、海滨地区去疗养、度假，以度过炎炎夏日。

不少人误以为运动越激烈越好，甚至在运动期间即使出现不舒服，仍忍着继续下去。这样易导致体力透支，对身体健康十分不利。因此，当锻炼到较为舒适的时候，不应再增加运动量，此时应慢慢减少或者停止运动。一般来说，身体健康的人，在做运动后，适量地出汗会使身体有一种舒服的畅快感，运动量应该以此为度。

## 与大暑有关的耳熟能详的谚语

**大暑不割禾，一天少一箩**

人们常说“禾到大暑日夜黄”，对我国种植双季稻的地区来说，一年中最紧张、最艰苦、顶烈日战高温的战斗已拉开了序幕。俗话说："早稻抢日，晚稻抢时""大暑不割禾，一天少一箩"，适时收获早稻，不仅可减少后期风雨造成的危害，确保水稻丰收，而且可使双季晚稻适时栽插，争取足够的生长期。要根据天气的变化，灵活安排，晴天多割，阴天多栽，要在阳历7月底以前栽完双季晚稻，最迟则不可迟过立秋。

**大暑天，三天不下干一砖**

大暑是一年中最炎热的时期，酷暑盛夏，水分蒸发特别快，尤其是长江中下游地区正值伏旱期，旺盛生长的农作物对水分的要求更为迫切，真是"小暑雨如银，大暑雨如金"。棉花花铃期叶面积达一生中最大值，是需要水分的高峰期，要求田间土壤湿度占田间持水量在70%~80%为最好，低于60%就会受旱而导致落花落铃，必须立即灌溉。要注意灌水不可在中午高温时进行，以免土壤温度变化过于剧烈而加重蕾铃脱落。大豆开花结荚也正是需水临界期，对缺水的反应十分敏感。农谚说"大豆开花，沟里摸虾"，出现旱情应及时浇灌，这就是人们常说的"大暑天，三天不下干一砖"。

# 第四篇　秋处露秋寒霜降

## ——秋季的6个节气

# 第 1 章
# 立秋：禾熟立秋，兑现春天的承诺

立秋，田野里的稻谷已开始逐渐褪去绿衣换成斑驳的金黄，一颗颗稻粒慢慢地变得饱满，这是春天播下的希望，如同我们约定的那样，开始兑现春天的承诺，禾熟立秋。

## 立秋气象和农事特点：秋高气爽，开始收获

### 秋高气爽，进入收获的季节

立秋，是二十四节气中的第十三个节气。每年公历 8 月 8 日前后，太阳黄经为 135° 是立秋。秋，春华秋实，是植物快成熟的意思。立秋一般预示着炎热的夏天即将过去，秋天即将来临，草木开始结果，进入收获季节。

由于全国各地地理位置的南北差异、地表以及海拔的差异较大，全国不可能都在立秋这一天进入秋天。

立秋之后虽然一时暑气难消，还有“秋老虎”的酷热，但总的趋势是天气逐渐凉爽。如果按照气候学上以（5 天）平均气温为 10 ~ 22℃为春、秋的标准，那么在我国除了那些纬度偏北和海拔较高的地区以外，立秋时多数地方未入秋，仍然处于炎夏之中，即使在东北的大部分地区，此时也还看不到秋风扫落叶的枯黄景色。立秋以后，中部地区早稻收割、晚稻移栽，大秋作物进入重要生长发育时期。

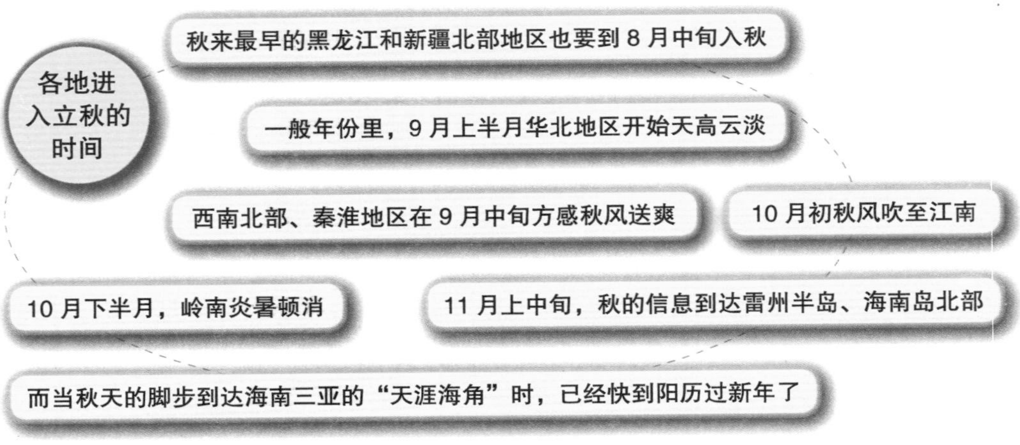

各地进入立秋的时间

秋来最早的黑龙江和新疆北部地区也要到 8 月中旬入秋

一般年份里，9 月上半月华北地区开始天高云淡

西南北部、秦淮地区在 9 月中旬方感秋风送爽

10 月初秋风吹至江南

10 月下半月，岭南炎暑顿消

11 月上中旬，秋的信息到达雷州半岛、海南岛北部

而当秋天的脚步到达海南三亚的“天涯海角”时，已经快到阳历过新年了

**南方、北方农田追肥、秋耕、播种和防虫**

立秋时节，全国北方、南方地区气温仍然较高，各种农作物生长旺盛，中稻开花结实，单季晚稻圆秆，大豆结荚，玉米抽雄吐丝，棉花结铃，甘薯薯块迅速膨大，对水分要求都很迫切，此时受旱会给农作物收成造成损失。因此有“立秋三场雨，秕稻变成米”“立秋雨淋淋，遍地是黄金”之说。晚稻生长在气温由高到低的环境里，必须抓紧温度较高的有利时机，追肥耘田，加强管理。秋季也是棉花保伏桃、抓秋桃的重要时期，“棉花立了秋，高矮一齐揪”，除对长势较差的田块补施一次速效肥外，打顶、整枝、去老叶、抹赘芽等要及时跟上，以减少烂铃、落铃，促进棉花正常成熟和吐絮。

南方地区茶园秋耕要尽快进行，农谚说：“七挖金，八挖银。”秋挖可以消灭杂草、疏松土壤、提高深水蓄水能力，若再结合施肥，可使秋梢长得更好。立秋前后，华北地区的大白菜要抓紧播种，以保证在低温来临前有足够的热量条件生长成熟，争取高产优质。若播种过迟，生长期缩短，菜棵小且包心不坚实。立秋时节也是多种作物病虫危害集中的时期，如水稻三化螟、稻纵卷叶螟、稻飞虱、棉铃虫和玉米螟等，要加强预测预报和防治。北方的冬小麦也即将开始播种，应该尽早做好整地、施肥的准备工作。

## 立秋农历节日：七夕节

### 七夕节

七夕节源于中国家喻户晓的牛郎织女的爱情传说。农历七月初七这一天是人们俗称的七夕节。七夕节又称乞巧节、女儿节（亦称女儿节、少女节），别称双七（此日，月、日皆为七）、香日（俗传七夕牛郎织女相会，织女要梳妆打扮、涂脂抹粉，以至满天飘香）、星期（牛郎织女二星所在的方位特别，一年才能一相遇，故称这一日为星期）、巧夕（因七夕有乞巧的风俗）、女节（七夕节以少女拜仙及乞巧、赛巧等为主要节俗活动，故称女节）、兰夜（农历七月古称“兰月”，故七夕又称“兰夜”）等。七夕是传统节日中最具浪漫色彩的一个节日，也是姑娘们最为重视的日子之一。

传说农历七月七日的夜晚，是牛郎与织女在天河相会的日子，民间则有妇女乞求智巧之事。“七七”之夜，是青年男女谈情说爱、共结百年之好的时候，更是才女们一展才华、巧女们争奇斗巧的时候，也是家庭和睦、老幼和谐、共享天伦的时候。

最早相关资料《夏小正》记载：“七月，初昏，织女正东向。”汉代出现描写牛郎织女故事的雏形。《古诗十九首》有“迢迢牵牛星，皎皎河汉女……盈盈一水间，脉脉不得语”的句子，《淮南子》上还出现了“乌鸦填河成桥而渡织女”的传说。民间已有七夕看织女星和穿针、晒衣服的习俗。晋代葛洪《西京杂记》中记载：“汉彩女常以七月七日穿七孔针于开襟楼，俱以习之。”当时太液池西边建有“曝衣楼”，专供宫女七月七日晾晒衣服之用。到晋朝时，民间出现了向牛女二神祈求赐福的活动，这些就是后来“乞巧”活动的萌芽状态。

宋朝时陈元靓《岁时广记》转引周处《风土记》中记载：“七月七日，其夜洒扫庭除，露施几筵，设酒脯时果，散香粉于筵上，祈请河鼓（即牵牛）、织女。”并说，如见天空有奕奕白气或光耀五色，就是二星相会的征兆，人们可拜求乞富、乞寿、乞子。南朝时梁任昉《述异记》中也记载了较为完整的牛郎织女的传说。

再到后来的唐宋诗词中，妇女乞巧也曾多次被提及，唐朝王建有诗说：“阑珊星斗缀珠光，七夕宫娥乞巧忙。”据《开元天宝遗事》记载：唐太宗与妃子每逢七夕在清宫夜宴，宫女们各自乞巧，这一习俗在民间也经久不衰，代代相传。

乞巧节在宋元之际已经相当隆重，京城中还设有专卖乞巧物品的市场，世人称为“乞巧市”。宋代罗烨、金盈之编辑的《醉翁谈录》中说：“七夕，潘楼前买卖乞巧物。自七月一日，车马嗔咽，至七夕前三日，车马不通行，相次壅遏，不复得出，至夜方散。”从描述这个乞巧市购买乞巧物的热闹情况，可以很容易判断出当时乞巧节的节日隆重程度。

**牛郎织女的传说**

传说天上有个织女星，还有一个牵牛星，织女和牵牛偷偷地自由恋爱，且私订了终身。但是，天条律令是不允许男女私自相恋的。织女是王母娘娘的孙女，王母娘娘一怒之下，便将牵牛贬下凡尘了，惩罚织女没日没夜地织云锦。

有一天，众仙女们向王母娘娘恳求去人间游玩一天，王母娘娘当天心情比较好，便答应了她们。她们看到织女终日忙忙碌碌不停地织锦，便一起向王母娘娘求情让织女也共同前往，王母娘娘也心疼受惩后的孙女，便答应她们众姐妹的请求。

话说牵牛被贬下凡之后，投胎到凡间一个农民家中，取名叫牛郎。牛郎是个聪明、忠厚的小伙子，后来父母下世，他便跟着哥嫂一起过日子，哥嫂待牛郎非常刻薄。一年秋天，嫂子让牛郎去放牛，给他九头牛，却让他等有了十头牛时才能回家，牛郎没说话，只是默默地赶着牛进了山。在草深林密的山上，牛郎坐在树下暗自伤心，他不知道何时才能有十头牛才能回家。这时，有位须发皆白的老人出现在他的面前，问他为何伤心，牛郎如实相告。得知他的遭遇后，老人安慰他：“孩子，别难过，在伏牛山里有一头病倒的老牛，你去好好喂养它，等老牛病好以后，你就可以赶着它回家了。”老人说完话后就消失了。

牛郎翻山越岭，走了很远的路，终于在伏牛山脚下找到了那头病倒的老牛。他看到老牛病得不轻，就去给老牛打来一捆捆草，一连喂了好多天，老牛吃饱了，开口说出了自己的身世。原来老牛是天上的金牛星，因触犯天条被贬下天庭，摔坏了腿，无法动弹。老牛还告诉牛郎，自己的腿伤需要用百花的露清洗一个月才能痊愈。

牛郎不怕辛苦，到处采集花露，悉心地照料了老牛一个月，直到老牛病好后，牛郎兴高采烈地赶着十头牛回了家。

牛郎回到家后，嫂子对他仍旧不好，曾几次要加害他，都被老牛设法相救，嫂子最后把牛郎赶出家门，牛郎只要了那头老牛做 伴。

有一天，老牛对牛郎说："牛郎，今天你去一趟碧莲池，那儿将有几个仙女来洗澡，其中穿红色衣服的那个女子人品最好，你把她的衣服藏起来，随后穿红衣的仙女就会成为你的妻子。"牛郎便听老牛的话去了碧莲池，拿走了红色的仙衣。仙女们见有人来了，便纷纷穿上衣裳，像鸟儿般的飞走了，只剩下没有衣服穿无法飞走的仙女，她就是织女。织女见自己的仙衣被一个小伙子抢走，又羞又急，却又无可奈何。这时，牛郎走上前来，对她说，要她答应做他妻子，他才能还给她的衣裳。织女定睛一看，这个小伙子就是自己朝思暮想的牵牛，便含羞答应了他。

牛郎和织女生了一男一女两个孩子，他们满以为能够终身相守，白头到老。可是，纸里包不住火，王母娘娘知道这件事后，勃然大怒，发誓一定要派遣天兵天将捉拿织女回天庭问罪。

有一天，织女正在做饭，牛郎匆匆赶回，眼睛红肿着告诉织女："牛大哥死了，他临死前说，要我在他死后，将他的牛皮剥下放好，有朝一日，披上它，就可飞上天去。"织女一听，心中明白，老牛就是天上的金牛星，只因替被贬下凡的牵牛说了几句公道话，也被贬下天庭。它怎么会突然死去呢？织女琢磨着自己偷偷来到凡间的事可能暴露了。织女便让牛郎剥下牛皮保存下未，然后厚葬了老牛。

突然有一天，天空狂风大作，雷鸣闪电交加，天兵天将从天而降，不容分说，押解着织女便飞上了天空。正飞着、飞着，织女听到了牛郎的声音："织女，等等我！"织女回头一看，只见牛郎用一对箩筐，挑着两个儿女，披着牛皮赶来了。慢慢地，他们之间的距离越来越近了，织女可以看清儿女们可爱的模样了，可就在这时，王母娘娘驾着祥云赶来了，她拔下头上的金簪，往他们中间一划，刹那间，一条波涛滚滚的天河横在织女和牛郎之间。

织女眼望着天河对岸的牛郎和可爱的儿女们，直哭得声嘶力竭，牛郎和孩子也哭得死去活来。王母娘娘看到此情此景，也为牛郎织女的爱情所感动，于是网开一面，同意让牛郎和孩子们留在天上，并且限定每年七月初七，让他们全家团圆一天。

从此以后，牛郎织女相会的七月初七，喜鹊从四处飞来为他们搭桥。

**乞巧：盼蜘蛛结网、吃饺子、咬住铜钱和针、针线活比赛**

乞巧活动是七夕节最传统的习俗。在山东济南、惠民、高青等地的人们陈列瓜果乞巧，如有蜘蛛结网于瓜果之上，就意味着乞得巧了。女孩对月穿针，以祈求织女能

# 七月初七主要民间风俗习惯

## 乞巧

七夕之夜，民间有妇女乞求智巧的活动。女子对月穿针，以祈求织女能赐以巧技，或者捉蜘蛛一只，放在盒里，第二天开盒如已结网称为得巧。

## 吃巧果

七夕期间，女子们将面粉、白糖、芝麻等物做成各种精妙的形状，炸熟后食用，来祈求能有巧智，心灵手巧。

## 拜织女

七夕当夜，女子们会相约一起祭拜织女，祈求赐予巧智和如意郎君。祭拜后嬉戏玩耍，互诉心事。

## 听悄悄话

七夕夜有听悄悄话的风俗。相传，七夕之夜月圆之时，在葡萄架下能听到牛郎织女说悄悄话。

## 拜魁星

俗传七月初七是魁星的生日，民间谓“魁星主文事”。闽东一带读书人于“七夕”更有“拜魁星”之俗，祈求保佑自己考运亨通。

## 青苗会

“青苗会”是农人祈祷风调雨顺和五谷丰登的活动。每年农历七月初七，各村各庄的农民潮水般涌向“青苗会”举办地参加活动，整个“青苗会”弥漫着节日的欢乐气氛。

赐以巧技，或者捉蜘蛛一只，放在盒里，第二天开盒如已结网称为得巧。而鄄城、曹县、平原等地吃乞巧饭乞巧的风俗十分有趣：七个要好的姑娘集粮集菜包饺子，把一枚铜钱、一根针和一个红枣分别包到三个水饺里，乞巧活动以后，她们聚在一起吃水饺，传说吃到铜钱的有福，吃到针的心灵手巧，吃到枣的很早结交到如意郎君且早婚。

陕西一带的女孩子们采取竞争比赛进行乞巧活动。她们用稻草扎成一米多高的“巧姑”（又叫巧娘，即织女）形象，并让它穿上女孩子的绿袄红裙，坐在庭院里；女孩子们供上瓜果，并端出事先育好的豆芽、葱芽，剪下一截，放入一碗清水中，浮在水面上，看月光下的芽影，来占卜她们的巧拙；并比赛穿针引线，看谁做得又快又好；举行剪窗花比赛，看谁剪得花样既好看又快。

福建一带的姑娘不仅组织乞巧活动，而且还有乞子、乞寿、乞美和乞求爱情的活动。进行的乞巧活动一般有两种：一种是“卜巧”，即采用占卜的办法来判断自己是巧还是笨；另一种是“赛巧”，即采用针线活比赛的办法，看谁穿针引线快，谁就得巧，慢的称“输巧”，“输巧”者要将事先准备好的丰盛礼物奖励给得巧者。

**取河水饮用辟邪治病**

广西部分地区传说农历七月初七这一天，七仙女要下凡到河里洗澡，喝其洗澡水可避邪治病延寿。此水名称作“双七水”。人们在这天鸡鸣时，争先恐后地到河边挑水，取回后倒入事先买好的新水瓮储存起来，待日后慢慢饮用。

清朝道光年间（1821 — 1851 年），《西宁县志》记载七夕之水：“五更汲井华水或河水贮之，以备用。”《苍梧县志》也曾记载：“取河水、井水贮瓮，经久不变味，谓之‘银河水’。”《贵县志》也曾记载：“汲河水贮藏瓮中，名曰‘七月七水’，中热毒者每以之调药。”《罗定志》中也曾记载七夕水说：“是日汲水，谓之‘天孙圣水’，以备醯酱、药饵之用。”由此可见，七夕节到河里取水饮用辟邪治病的习俗由来已久了。

**拜仙：拜织女、拜魁星**

1. 拜织女

七夕节，少女、少妇“拜织女”。少女、少妇们组织自己的朋友或邻里们，少则五六人，多则十来人，一起祭拜织女。祭拜的一般仪式是：在月光下摆一张桌子，桌子上置茶、酒、水果、五子（桂圆、红枣、榛子、花生，瓜子）等祭品；又有鲜花几朵，束红纸，插瓶子里，花前放置一个小香炉。参加拜织女的少女、少妇们，斋戒一天，沐浴停当，都按时到主办的家里来，到案前焚香礼拜后，大家一起围坐在桌前，一面吃花生、瓜子，一面朝着织女星座默念自己的心事。如果少女们希望长得越来越漂亮或者将来嫁个如意郎君，少妇们希望能够早生贵子、丈夫能够有出息等，都可以向织女星祈祷。拜织女一般要进行到半夜时分才会散场。

2. 拜魁星

传说七月初七是魁星爷的生日。民间谓“魁星主文事”，想求取功名的读书人特别崇敬魁星，因此多数读书人在七夕这天祭拜魁星爷，祈求他保佑自己考运亨通、金榜题名。魁星爷就是魁斗星，廿八宿中的奎星，为北斗七星的第一颗星，也称魁星或魁首。古代士子中状元时称“大魁天下士”或“一举夺魁”，都是因为当时人们认为魁星爷主掌考运的缘故。

“拜魁星”活动仪式亦在月光下举行。祭品隆重，不可缺的是羊头（公羊，留须带角），煮熟，两角束红纸，置盘中，摆于“魁星”像前。其他祭品茶酒等随便。参加拜魁星的：于烛月交辉中进行，鸣炮焚香礼拜罢，就在香案前围桌会餐。席间必玩一种“取功名”的游戏助兴，以桂圆、榛子、花生三种干果，代表状元、榜眼、探花三鼎甲，以一人手握上述三种干果各一颗，往桌上投，随它自行滚动，某种干果滚到某人跟前停止下来，那么，就预示着某人中状元、榜眼或探花；如投下的干果各方向都滚偏，则大家都没有“功名”，须重新再投，称“复考”；都投中，称“三及第”；其中二颗方位不正——比如桂圆、榛子都不中，只花生到某人跟前，而某人即中“探花”。这样投一次，饮酒一巡，称“一科”，而谓“这科出探花”，大家向“探花”敬酒一杯。敬酒的“落第考生”下“一科”继续“求取功名”，而有了“功名”的不参加。这样吃喝玩乐，一直玩到在座都功成名就为止。最后散场时鸣炮烧纸镪，“魁星爷”像也和纸镪一起焚烧，等于谢过魁星爷并且道别。

**吃巧果：祈盼自己或友人灵巧**

七夕节民间习俗吃巧果。巧果又称作“乞巧果子”，花样较多。主要的原材料是油、面、糖、蜜。巧果的制作方法是：先将白糖放在锅中熔为糖浆，然后和入面粉、芝麻，拌匀后摊在案上擀薄，晾凉后用刀切为长方块，最后折为梭形面巧胚，入油炸至金黄即成。手巧的女子，还会捏塑出各种与七夕传说有关的花样。此外，乞巧时用的瓜果也可多种变化。或将瓜果雕成奇花异鸟，或在瓜皮表面浮雕图案，称为“花瓜”。巧果及花瓜是最普通的七夕食品。在浙江的杭州、宁波、温州等地，在七夕这一天，人们还会用面粉制作各种小型拟物食品，放到油锅里煎炸后称“巧果”。巧果做成后，到晚上陈列到庭院中的几案上，摆上巧果、莲蓬、白藕、红菱等，家人和亲友围坐在一起，一边欣赏浩瀚的夜空，一边品尝各种巧果和其他食品，人人祈盼自己或亲友会变得灵巧起来。

**青苗会：期望当年好收成**

七夕节，民间有些地方举办“青苗会”。“青苗会”是纯朴善良的稻农们敬畏大自然，期望风调雨顺和上天保佑五谷丰登的祈祷活动。

七月七这天日头上一竿，“青苗会”准备就绪，祭台上摆好三牲五谷，上方悬挂身着龙袍、长髯飘逸的龙王像。震耳欲聋的鞭炮响过后，会场鸦雀无声。在司礼“开祭”的唱声中，鼓乐齐鸣，与会男女跪伏在地三叩九拜。庄严肃穆的典礼完毕，接踵而来的便是民间大戏。

“青苗会”活动，从太阳东升到暮色降临，戏台前面的宴席上，男士们猜拳行令喝酒，打麻将、推牌九、掷骰子，女士们品尝着美味佳肴、干果，谈论着东家长、西家短，拉开家常话。人们玩得兴高采烈，如同钻入蜂箱一样，人声鼎沸，热闹之极。

还有一些农民趁这空闲时间手提土特产礼物、穿着过年的行头走亲访友。“青苗会”要整整热闹十天。戏台上好戏连台，有秦腔、新疆曲子，剧目以传统古装戏为主。一直闹腾到七月十七，“青苗会”最后一个高潮来临。清晨人们从四面八方赶到会场，在祭台前燃烛焚香，再进行一次祭祀仪式后，恭送吃好喝好的龙王爷和诸位神仙上天，这就如同现在一些大型活动的闭幕式仪式一样。紧接着再大开宴席，宴请各组织代表和农民，不分男女老少均可入席，全部由农会出资，免费美餐一顿，至此本年度“青苗会”结束。据说龙王爷和诸位神仙看了大戏、享用了供品后，就会保佑人们当年丰收。

**七夕夜听悄悄话**

传说每年的七月七夜晚，有许多少女们偷偷躲在长得茂盛的瓜棚下，或者在葡萄架下静静地听，可以隐隐约约地听到仙乐奏鸣，听到织女和牛郎在互诉相思之情。相传如果姑娘们在夜深人静之时能听到牛郎织女相会时的悄悄话，那么待嫁的姑娘日后便能赢得千年不渝的真正爱情。

**送巧人：希望孩子心灵手巧**

七夕节浙江台州地区流行送巧人。清代光绪《玉环厅志・风俗篇》中记载：七夕，亲友买巧酥相馈赠。七夕前，许多民间糕点铺及作坊，准备面粉加糖酥，喜欢在木模中压成二寸来长织女形象的酥糖，然后，头足染上各种颜色，俗称“巧人”“巧酥”，出售时又称为“送巧人”。七夕节这一天，孩子的舅舅、姑母、义父，都必须购买，赠送给外甥、内侄或义子。至今，此风俗还在一些地区流行。长辈们都希望自己的小孩子能够像织女般心灵手巧。

## 立秋主要民俗：戴楸叶、贴秋膘、摸秋、尝秋鲜

**戴楸叶：寓报秋意**

每逢立秋之日，各地农村有戴楸叶的风俗。楸叶，即楸树之叶。楸是大戟科落叶乔木，最高可达 3 丈，干茎直耸可爱，叶大，呈圆形或广卵形，叶嫩时为红色，叶老

后只有叶柄是红的。据说，当时人们认为立秋日戴楸叶，可保一秋平安。据唐代陈藏器《本草拾遗》中记载，唐朝时立秋这天，长安城里开始售卖楸叶，供人们剪花插戴，可见立秋日戴楸叶的习俗由来已久。《临安岁时记》："立秋之日，男女咸戴楸叶，以应时序。"北宋孟元老《东京梦华录》卷八记载："立秋日，满街卖楸叶，妇女儿童辈，皆剪成花样戴之。"南宋周密《武林旧事》卷三记载："立秋日，都人戴楸叶、饮秋水、赤小豆。"吴自牧《梦粱录》卷四记载："立秋日，太史局委官吏于禁廷内，以梧桐树植于殿下，俟交立秋时，太史官穿秉奏曰：'秋来。'其时梧叶应声飞落一二片，以寓报秋意。都城内外，侵晨满街叫卖楸叶，妇人女子及儿童辈争买之，剪如花样、插于鬓边，以应时序。"可见南宋在立秋这天戴楸叶的情景，与北宋相同。戴楸叶历经唐、宋、元、明、清各朝，一直流传，至今不衰。

进入近代，民间各地也有立秋日戴楸叶的习俗。河南郑县盛行立秋日男女戴楸叶。山东地区这天必有一两片楸叶凋落，表示秋天到了。胶东和鲁西南地区的妇女儿童采集来楸叶或桐叶，剪成各种花样，或插于鬓角，或佩于胸前。现在某些农村，每年立秋前后，不仅戴楸叶，而且还有人把楸叶或树枝编成帽子，在阳光下戴上，既可以乘凉，又可以消暑，平平安安进入"处暑""白露"。

**贴秋膘：大鱼大肉进补**

立秋，民间有"贴秋膘"的习俗。民间流行在立秋当天以悬秤称人，将体重与立夏时称的重量对比，来检验肥瘦，体重减轻叫"苦夏"。那时人们对健康的评判，往往只以胖瘦做标准。瘦了需要大"补"，补的办法就是"贴秋膘"，吃味厚的美食佳肴，当然首选吃肉。"以肉贴膘"，流行于北京、河北等华北地区。尤其在北京，立秋这一天，普通百姓家吃炖肉，讲究一点儿的家庭吃白切肉、红焖肉，以及肉馅饺子、炖鸡、炖鸭、红烧鱼。这个习俗源自北方农村，由于以前我国北方农村地区的生活水平比较低，经过夏季辛苦劳作，人们精力损耗较大，为了弥补劳动者身体的劳损，到了立秋节气就要做些营养丰富的菜肴，给那些壮劳力补补身子，也就是所谓的"贴秋膘"。后来，随着城区的不断扩大，部分农村早已圈进城市，但是民俗还是保留了下来。随后，城里也潜移默化地流行起"贴秋膘"的习惯。

**摸秋：摸秋不算偷，丢秋不追究**

在"立秋"之夜，民间有"摸秋"的风俗。人们悄悄结伴去他人的瓜园或菜地中摸回各种瓜果、蔬菜，俗称"摸秋"。丢了"秋"的人家，无论丢多少，也不追究，据说立秋夜丢失点"秋"还吉利呢。这天夜里没有小孩子的妇女，在小姑或其他女伴的陪同下，到瓜园或菜地，暗中摸索摘取瓜豆。按照传统风俗，立秋夜瓜豆任人采摘，田园主人是不允许责怪的，即使发现了，也装作没有看到，甚至暗中帮忙"摸秋""逃

## 立秋时节重要的民俗习惯

### 贴秋膘

经历了夏日的辛勤劳作，人们在立秋这天欢聚一堂，享受美味的肉食，补充劳动所消耗的精力，预防因季节转换而得痢疾等疾病。

### 摸秋

在我国的许多地区，中秋之夜流行着摸秋的习俗。结婚后未生育的女子，中秋之夜会乘着月光，在小姑子或其他女伴的陪同下，到别人家的田中去偷摘瓜豆。

### 尝秋鲜

入秋后，正是山货、干果、水果、蔬菜丰收之时，百姓人家讲究“尝秋鲜”，人们认为吃新粮新蔬果最富有营养。

### 秋社

立秋过后，大家为了感谢上天的恩赐，带来了一年好收成，在一起举行祭祀仪式，祈求来年的风调雨顺。并且在家中准备美食，款待宾客。

跑”。姑嫂归家再迟，家长也不许非难。此俗清代以前就有，民国以来仍流传在民间。如在商洛竹林关一带，立秋夜里，孩子们在月亮还未出来时，照例钻进附近的秋田里，摸一样东西回家。人们视“摸秋”为游戏，不作为偷盗行为论处。过了这一天，家长会严肃约束孩子，不准到别人瓜田、菜地里拿人家的任何东西。据说这个风俗源于元末农民起义军的一次行军转移活动。

传说在元末的时候，淮河流域出现了一支农民起义军，参加起义队伍的将士们都是农民出身，他们饱受元军的兵燹之苦，对兵扰民之事深恶痛绝。这支队伍纪律严明，所到之处，秋毫不犯。一天，这支起义军转移到淮河岸边，深夜不便打扰百姓，便旷野露天宿营。少数士兵饥饿难忍，在路边田间摘了一些瓜果、蔬菜做饭充饥。此事被义军首领知晓，按军法当斩。天明准备将他们按军法处置时，村民得知这支队伍不拿百姓一针一线的军规后，纷纷端来饭食请队伍笑纳，并向主帅求情，设法开脱士兵的过错，村里一位老人随口说道："按祖传规矩，八月摸秋不为偷。"那几个士兵因此获免死罪。那天晚上正好是立秋，从此民间便留下了"摸秋"的风俗习惯。

**咬秋：吃西瓜防病，吃饺子五谷丰登**

立秋这天有吃西瓜的习俗，叫作"咬秋"，俗称"咬瓜"，意为天气转凉，西瓜少了。"咬秋"寓意炎炎盛夏难耐，忽逢立秋，将其咬住不放。北京的习俗是立秋那天早上吃甜瓜，晚上吃西瓜；江苏各地立秋时刻吃西瓜"咬秋"，认为可以防治生秋痱子。在江苏无锡、浙江湖州一带，传说立秋日吃西瓜、喝烧酒，可以避免患上疟疾。

天津等地也流行"咬秋"，但"咬秋""咬"的是西瓜，天津讲究在立秋的那一时刻吃西瓜或香瓜，认为可免腹泻。清朝张焘的《津门杂记·岁时风俗》中记载："立秋之时食瓜，曰咬秋，可免腹泻。"清代在立秋前一天把瓜、蒸茄、香糯汤等放在院子里晾一晚，到立秋当日吃下，主要是为了清除暑气和避免痢疾。

在上海郊区农村，咬秋这个习俗变成了向亲友邻舍馈赠西瓜。平日吃的都是自家种的瓜，但这天必须吃亲友送来的瓜，除调换口味外，主要是通过互相品尝，发现良种，交流改进种植技术。

在山东，立秋当天，年长者会在堂屋正中，供一只盛满五谷杂粮的碗，上面插上三炷香以祭拜，祈求立秋以后风调雨顺、五谷丰登。大多数人家会在立秋祭拜过后，全家人围在一起，齐上阵剁肉馅、擀饺子皮、包饺子，煮饺子，一起吃饺子"咬秋"。

**吞服红豆、"补秋屁股"**

传说有些地区为了预防疟疾的泛滥，在立秋日用凉水吞服红豆，河南郑县把红豆称为"避疟丹"，浙江地区多用井水来吞食红豆。在云南镇雄，据唐宋时记载："先以布袋盛红豆入井底，及时取出，男女老幼各吞数粒，饮生水一盏，以为不患痢疾。再后来，人们用五色或七色布，剪成大、小不同方块，错角重叠，粘连缝就，载于小儿衣后，叫作'补秋屁股'。"可见，吞服红豆、"补秋屁股"预防疾病、辟邪的民俗早在唐宋时期就已盛行了。

**尝秋鲜，吃饺子、渣和茄饼**

传说旧北京时，立秋新粮一上市，人们就都忙着去集市或粮栈买新粮，有"尝秋鲜儿"的习俗。用新麦面包饺子或吃炸酱面，用黄澄澄的新棒子渣熬粥，用新高粱米煮捞后蒸锅红米饭，看着做好的饭食高兴，吃起来更觉得格外香。有些城里百姓还自己有个小石磨，买些老棒子粒自己推磨磨成渣和粉，熬出来的棒子面粥，蒸的黄金塔式的窝窝头，再就点儿自酿的大酱、炸成的虾米皮酱或自家腌制的酱萝卜，吃起来味香，别提多舒坦。老北京人秋后爱吃螃蟹，除街市大饭庄可品尝外，也有从北京东边海河运来的螃蟹等，由商贩挑担在胡同里叫卖。螃蟹富含蛋白质等，民间有用秋蟹养生之说，据说吃蟹可活血化瘀、消肿止痛、强筋健骨，因此大受欢迎。立秋后街市里的水果摊有大量新鲜瓜果上市，果农及小贩也赶着大马车、挎篮、挑担在胡同里吆喝着叫卖新鲜的玉米、莲藕、菱角、鸡头米、落花生、酸枣儿、葫芦形的大枣、京白梨、香槟子、沙果儿、大柿子以及核桃、栗子等众多瓜果，这些新鲜的瓜果成为孩子们爱吃的零食，也让北京人大大地尝了个秋鲜儿。

在我国东部沿海山东胶东半岛地区，立秋之日的饮食也很有讲究，中午的饭食一般吃水饺或面条，招远、龙口称“入伏的饺子立秋的面”，长岛、莱阳、海阳等地则说是“立秋的饺子入伏的面”。在山东诸城和莱西地区，吃一种用豆末和青菜做成的小豆腐，俗称“渣”，在江苏苏州一带，立秋这一天用茄子调和面粉做茄饼吃。

这些食俗基本上都是为了预防立秋后腹泻、痢疾等疾病，足见我国劳动人民颇为重视立秋后常见病的防范。

**祓秋：消暑**

立秋之日，家家户户吃西瓜、脆瓜，儿童还吃炒萝卜籽或炒白药，俗称“祓秋”。在浙江定海一带，立秋这一天，儿童食蓼曲（俗名“白药”）、莱菔子，以为可去积滞。浙江舟山一带，则是给小孩子吃萝卜子、炒米粉等拌和的食物，以防积滞。浙江镇海、奉化一带，给儿童吃绿豆粥，服酒曲，认为孩子吃了以后会长得快，长得壮。民间“祓秋”这个习俗，据说主要是为了消暑。

**饮水消暑**

在江浙一带，有立秋时饮用刚从井中新打的“新鲜水”的习俗，据说这样既可免生痱子，又可止痢疾。在四川东、西部还流行喝“立秋水”，即在立秋正刻（立秋时分，目前多数市场随处可见的年历小册子上都标有立秋的具体时间），全家老小聚在一起各饮一杯水，认为可消除积暑，以防疟痢，秋来不闹肚子。

**秋社：祭祀土地神**

秋社原是秋季祭祀土地神的日子，始于汉代，后来定在立秋后第五个戊日。古代五谷收获已毕，官府与民间皆于此日祭祀诸神报谢。宋时有食糕、饮酒、妇女归宁之俗。后世，秋社渐微，其内容多与中元节（七月半）合并。唐韩偓《不见》中记载：“此身愿作君家燕，秋社归时也不归。”宋孟元老《东京梦华录·秋社》中记载：“八月秋社，各以社糕、社酒相赍送。贵戚、宫院以猪羊肉、腰子、肚肺、鸭、饼瓜姜之属，切作棋子、片样，滋味调和，铺于板上，谓之‘社饭’，请客供养。人家妇女皆归外家，晚归，即外公妻舅皆以新葫芦儿、枣儿为遗，俗云宜良外甥。市学先生预敛诸生钱作社会……归时各携花篮、果实，食物、社糕而散。春社、重午、重九，亦是如此。”宋吴自枚《梦粱录·八月》中记载：“秋社日，朝廷及州县差官祭社稷于坛，盖春祈而秋报也。”清顾禄《清嘉录·七月·斋田头》中记载：“中元，农家祀田神，各具粉团、鸡黍、瓜蔬之属，于田间十字路口再拜而祝，谓之斋田头。案：韩吕黎诗：‘共向田头乐社神。’又云‘愿为同社人，鸡豚宴春秋……则是今之七月十五日之祀，犹古之秋社耳。”在一些地方，至今仍流传有“做社”“敬社神”“煮社粥”的说法。

## 立秋饮食养生：少辛增酸，进食“温鲜”食物

### “贴秋膘”有讲究

到了立秋日，很多人开始进补大鱼大肉“贴秋膘”，这是北方地区的一种传统习俗。但是这种进补做法也不宜放开肚皮胡吃海喝，否则适得其反，将引发新的疾病。进补应该适量，并且要吃对东西。

首先要保持体内酸碱度平衡（蔬菜、水果、豆制品、栗子）。通常人体中的血液呈弱碱性，要是吃了太多鱼、肉等酸性食物，容易让血液的酸碱平衡破坏，导致高血压、高脂血症、痛风、脂肪肝等病症。在适当“贴秋膘”的同时，还应该适量补充蔬菜、水果，并且食用豆制品、栗子等碱性食物。

其次要根据身体实际情况选择适合的食物（豆芽、菠菜、胡萝卜、芹菜、小白菜、莴笋等新鲜蔬菜）。对于身体健康的人来说，正常的饮食，营养就足够了，完全没有必要刻意吃太多的营养食品。适当吃些豆芽、菠菜、胡萝卜、芹菜、小白菜、莴笋等新鲜蔬菜，不仅可以补充身体所需的营养，而且还具有减肥功效。

### “少辛增酸”保健康

立秋以后天气逐渐变凉、阴长阳消。这个时节养生的关键在于“养收”，即吃些祛除燥气、补气润肺、有益肝脾的食物，坚持“少辛增酸”的原则以保持健康的身体。“少辛”也就是避免吃葱、姜、蒜、韭菜、辣椒等辛味的食品。由于肺属金，在金秋时节，肺气较为旺盛，“少辛”的作用就是不让肺气过盛，以免伤及肝脏。立秋时节，为了提高肝脏功能，避免肺气伤肝，建议适当多吃些石榴、葡萄、山楂、橄榄、苹果、柚子等水果。

### 适当食用“温鲜”食物

入秋天以后，气温逐渐降低，如果还延续夏天的饮食喜好，大量吃生鲜瓜果，会造成体内湿邪过盛，对脾胃产生不良的影响，引发腹部疼痛、腹泻、痢疾等胃肠疾病，也就是许多人经历的“秋瓜坏肚”之苦。

建议立秋过后适当食用一些有利于胃的“温鲜”食物，使胃肠消化系统得以畅通

运行。适当食用一些温热性质的新鲜瓜果有助于慢性胃肠道疾病的调养。另外，用餐也应该有所讲究，尽量有规律，还应做到少量多餐，不吸烟不喝酒。

◎橄榄杨梅汤

【材料】新鲜橄榄10颗、杨梅15颗。
【做法】①橄榄、杨梅分别淘洗干净。②砂锅内倒入适量水，放入橄榄、杨梅。③小火熬成汤即可饮用。

### 生津止渴、利咽祛痰可食用橄榄

橄榄具有生津止渴、利咽祛痰的功效，还被中医称作“肺胃之果”。进入立秋时节，天气干燥，多吃橄榄可以起到润喉的作用，并可缓解咳嗽、咯血、肺部发热等症状。橄榄以外皮呈金黄色、果皮无斑、形状端正、果实饱满为上乘。如果颜色极为青绿，可能是经过了矾水的浸泡，倘若食用，有害身体健康。如果将橄榄和各种肉放在一起炖熬，那么食用后可以起到活络筋骨的效果。但是橄榄的味道又酸又涩，建议一次不要食用太多。

饮用橄榄杨梅汤也具有生津止渴、利咽祛痰之功效。

### 吃百合可预防季节性疾病

百合含有蛋白质、脂肪、糖、淀粉及钙、磷、铁、维生素B、维生素C等营养素，还含有一些特殊的营养成分，如秋水仙碱等多种生物碱。这些成分综合作用于人体，不仅具有良好的营养滋补之功，而且还对秋季气候干燥而引起的多种季节性疾病有一定的防治作用。

新鲜的百合既可以做菜食用，又具有滋补人体的功效。由于立秋时节的天气比较干燥，适当食用百合可以预防季节性的疾病。挑选百合以柔软、颜色洁白、表面有光

◎百合枸杞土鸡汤

【材料】水发百合50克，土鸡1只，枸杞子10克，盐、醪糟、啤酒、葱、姜片、植物油等适量。
【制作】①土鸡洗干净，切成块，加啤酒腌制10分钟。②百合、枸杞子淘洗干净。③锅中倒入水，下鸡块，烧开后捞出，过冷水，捞出沥水。④炒锅倒油加热，放姜片煸香，倒入鸡块翻炒两三分钟，倒入开水，加醪糟，倒入砂锅中炖45分钟左右。⑤倒入百合、枸杞子再炖20分钟，加入盐调味，放入葱花即可食用。

泽、无过多的斑痕、鳞片肥厚饱满为上乘。百合可以搭配薏米食用，这样组合既比较好吃，又有利于营养的吸收。

立秋时节，预防季节性疾病可以食用百合枸杞土鸡汤。

**滋阴益胃、凉血生津，食用生地粥**

生地粥具有滋阴益胃、凉血生津之功效，也可以作为肺结核、糖尿病患者之膳食。

◎生地粥

【材料】生地黄 25 克，大米 75 克，白糖适量。

【制作】①生地黄（鲜品洗净细切后，用适量清水在火上煮沸约 30 分钟后，滗出药汁，再复煎煮一次，两次药液合并后浓缩至 100 毫升，备用）。②将大米洗净煮成白粥，趁热加入生地汁，搅匀，食用时加入适量白糖调味即可。

**补脾润肺食用黄精煨肘**

黄精煨肘具有补脾润肺之功效，对脾胃虚弱、饮食不振、肺虚咳嗽、病后体弱者尤为适宜。

◎黄精煨肘

【材料】黄精 9 克，党参 9 克，大枣 5 枚，猪肘 750 克，生姜 15 克，葱适量。

【制作】①黄精切薄片，党参切短节，装纱布袋内，扎口。②大枣洗净待用。③猪肘刮洗干净入沸水锅内焯去血水，捞出待用。④姜、葱洗净拍破待用。⑤以上食物同放入砂锅中，注入适量清水，置武火上烧沸，撇尽浮沫，改文火继续煨至汁浓肘黏，去除药包，肘、汤、大枣同时盛入碗内即可食用。

**生津止渴，和胃消食，食用五彩蜜珠果**

◎五彩蜜珠果

【材料】苹果 1 个，梨 1 个，菠萝半个，杨梅 10 粒，荸荠 10 粒，柠檬 1 个，白糖适量。

【制作】①苹果、鸭梨、菠萝洗净去皮，分别用圆珠勺挖成圆珠，荸荠洗净去皮，杨梅洗净待用。②将白糖加入 50 毫升清水中，置于锅内烧热溶解，冷却后加入柠檬汁，把五种水果摆成喜欢的图案，将糖汁倒入水果之上，即可食用。

### 健脾开胃，填精，益气，食用醋椒鱼

#### ◎醋椒鱼

【材料】黄鱼1条，香菜、葱、姜、胡椒粉、黄酒、麻油、味精、鲜汤、白醋、盐、植物油各适量。

【制作】①黄鱼洗净后剞成花刀纹备用，葱、姜洗净切丝。②油锅烧热，鱼下锅两面煎至金黄，捞出淋干油。③锅内放少量油，热后，将胡椒粉、姜丝入锅略加煸炒，随即加入鲜汤、酒、盐、鱼，烧至鱼熟，捞起放入深盘内，撒上葱丝、香菜。④锅内汤汁烧开，加入白醋、味精、麻油搅匀，倒入鱼盘内即可食用。

## 立秋药膳养生：补骨添髓、滋阴降火、解暑消烦

### 清热解毒、补骨添髓，食用醪糟老姜蟹

醪糟老姜蟹具有清热解毒、补骨添髓、养筋活血、通经活络之功效。

#### ◎醪糟老姜蟹

【材料】醪糟2大匙，老姜50克，螃蟹2只，葱4根，盐、白糖等适量。

【制作】①姜清洗干净，切成片。②葱淘洗干净，切成段备用。③螃蟹淘洗干净，去除鳃及肺叶，切成块。④锅中放入油烧热，倒入姜片爆香，倒入螃蟹拌炒至蟹肉发白，撒入调料，小火焖煮15分钟。⑤再倒入葱段，开大火翻炒至汤汁收干，起锅即可食用。

### 补脾养胃、补肾涩精，食用鲫鱼砂仁羹

鲫鱼砂仁羹具有补脾养胃、补肾涩精之功效，主要治疗体虚疲劳、肾虚遗精、带下等症状。

#### ◎鲫鱼砂仁羹

【材料】新鲜鲫鱼500克，缩砂仁、荜拨、陈皮各10克，胡椒20克，大蒜2瓣，葱末3克，盐2克，酱油6克，泡辣椒8克，食用油15克，水适量。

【制作】①鲫鱼开肠破肚，去鳞、鳃和内脏，清洗干净。②把陈皮、缩砂仁、荜拨、大蒜、胡椒、泡辣椒、葱末、盐、酱油等调料塞入鲫鱼肚内备用。③炒锅内放入食用油烧热，将鲫鱼放入锅内煎熟，再倒入水适量，炖煮成羹即可食用。

**清热生津、解暑消烦，饮用木耳辣椒煲猪腱汤**

木耳辣椒煲猪腱汤适用于干咳、便秘、心烦口渴、面色无华等症状。

◎木耳辣椒堡猪腱汤

【材料】新鲜猪腱 300 克，木耳 20 克，红枣 4 颗，辣椒 1 个，盐、水等适量。

【制作】①把木耳用温水浸透发开，洗干净切成块。②红枣淘洗干净，去核。③辣椒洗净去蒂，去籽，切成丝状。④猪腱肉清洗干净。⑤将所有材料放入开水中，用中火煲 1 小时，再放入适量盐调味。

**健脾开胃、滋阴降火，食用八宝粥**

八宝粥具有健脾开胃、滋阴降火、养颜润肺之功效，适用于面色无华、肌肤干燥老化严重的虚弱之人。

◎八宝粥

【材料】花生仁、桂圆、莲子、松仁、红枣、葡萄干各 50 克，糯米 150 克，红豆 100 克，白糖 200 克，水适量。

【制作】①糯米淘洗干净，用冷水浸泡 2 ~ 3 小时，捞出沥干，倒入锅中，加适量水煮熟取出备用。②花生仁、红豆、莲子淘洗干净，分别用冷水浸泡变软，倒入锅中，加适量冷水煮至熟软。③倒入糯米粥及桂圆、红枣、松仁煮至浓稠状，再放入葡萄干和白糖，搅拌均匀，接着煮 15 分钟，起锅即可食用。

## 立秋起居养生：早睡早起、规律作息、消除秋乏

**早卧早起，与鸡俱兴**

立秋时节天高气爽，在起居上，应该采取“早卧早起，与鸡俱兴”之策略，也就是说应该顺应季节变化调整作息，早卧早起以养阴舒肺。早卧以顺应阳气之收敛，早起为使肺气得以舒展，且防收敛之太过。立秋乃初秋之季，暑热未尽，虽有凉风时至，但天气变化无常，即使在同一地区，也极有可能会出现“一天有四季，十里不同天”的状况，因此穿衣不宜太多，否则会影响机体对气候转冷的适应能力，反而容易导致受凉患上感冒。

**保持有规律的作息，逐渐消除秋乏**

随着夏季的酷热渐渐离去，秋天悄然而至，这时人们便会觉得疲惫困倦，精力不

济。这主要是因为人的身体在立秋时节进入自我休整的阶段，即所谓的“秋乏”。这是一种正常的生理现象，秋乏是人体由于夏季过度消耗而进行的自我补偿，同时也是机体为了适应金秋的气候而进行的自我修整，它能使机体内外的环境达到平衡，是一种保护性的反应。“秋乏”可以通过逐渐适应和调节来消除，不用担心它会影响正常生活。但是需要注意的是，为了补充夏天消耗的能量，这个时节要适时摄取营养，同时通过适当的运动来顺应气候的变化，加强身体适应入秋气候的变化能力。另外还要保持规律的作息。建议晚上 10 点以前入睡，中午适当午休，从而使秋乏得以逐渐消除。

## 立秋运动养生：轻松慢跑，预防感冒、秋燥和疲劳

### 立秋以后轻松慢跑好处多

过了立秋日之后，气温会慢慢降下来。在经历了酷暑和湿闷后，人们会倍感秋季的凉爽和舒适。人体会顺应时节的变化，使阴精阳气都处于收敛内养的状态，身体的柔韧性和四肢的伸展度都不如夏季。因此秋季运动不宜太激烈，最好慢慢地增加运动量，避免阳气损耗。如果能在秋天坚持运动，则能提高心血管系统功能，还能使大脑皮层保持灵活，使人精力充沛，同时还能提高机体的免疫力，并能够起到抵抗寒冷刺激的作用。运动之后会产生更多的胃液，肠胃蠕动加快，所以消化吸收功能会得到提高。秋天天气凉爽，气候宜人，适合户外散步、慢跑、倒走或者爬山等运动项目。

实践证明，进行轻松的慢跑运动，能够增强呼吸功能，可使肺活量增强，提高人体通气和换气能力；能改善脑的血液供应和脑细胞的氧供应，减轻脑动脉硬化，使大脑能正常地工作；能有效地刺激代谢，延缓身体机能老化的速度；可以增加能量消耗，减少由于不运动引起的肌肉萎缩及肥胖症，并可使体内的毒素等多余物质随汗水及尿液排出体外，从而有助于减肥健美；持之以恒的慢跑还会增加心脏收缩时的血液输出量、降低安静心跳率、降低血压，增加血液中高密度脂蛋白胆固醇含量，提升身体的作业能力；进行轻松的慢跑还可以减轻心理负担，保持良好的身心状态。轻松慢跑还可控制体重，预防动脉硬化，调整大脑皮层的兴奋和抑制过程，消除大脑疲劳。轻松慢跑运动还可使人体产生一种低频振动，可使血管平滑肌得到锻炼，从而增加血管的张力，能通过振动将血管壁上的沉积物排出，同时又能防止血脂在血管壁上的堆积，这在防治动脉硬化和心脑血管疾病上有重要的意义。

### 立秋运动要预防感冒、秋燥和疲劳

立秋时节，一早一晚温差逐渐增大，这个时节运动要预防感冒、秋燥和疲劳等疾病发生。

1. 预防感冒

立秋晨练，要根据气温的变化，适时增减衣物。运动后如果衣服被汗水打湿，不要穿着潮湿的衣服吹风，否则容易感冒。另外，切忌没有运动就脱衣服。

2. 预防秋燥

立秋以后，容易出现口干舌燥、喉咙肿痛、鼻出血、便秘等症状。这些情况主要是由于低温和干燥的环境容易使肝气受影响，或偏旺，或偏衰，从而引发上述症状。所以，锻炼身体的同时，要注意补充水分，常吃具有滋阴润肺功效和补液生津作用的梨、蜂蜜、银耳、芝麻等食物。

3. 预防肢体受伤

运动前要根据自己的身体状况，合理安排热身运动的活动量，把关节和肌肉活动开再进行锻炼运动。由于立秋以后气温逐渐降低，会降低肌肉神经和关节韧带的灵活性，如果直接进入强度较大的运动状态，往往容易发生拉伤扭伤等肢体损害。

4. 预防疲劳

锻炼身体也要讲究限度。比较好的锻炼效果是感觉出身体发热、有汗，锻炼后身体感觉轻松舒适。假若锻炼后觉得疲惫不堪，甚至头晕头痛、胸闷心悸、食欲减退，就表明锻炼有些过度了。因此锻炼时一定要结合身体实际状况，量力而行，合理安排锻炼强度。

## 与立秋有关的耳熟能详的谚语

### 雷打秋，冬半收。立秋晴一日，农夫不用力

这两句谚语是说立秋日如果听到雷声，冬季时农作物就会歉收；如果立秋日天气晴朗，必定会风调雨顺，农民不会有旱涝之忧，来年会有个好收成。

### 立秋三场雨，秕稻变成米；立秋雨淋淋，遍地是黄金

中国大部分地区立秋前后气温仍然较高，各种农作物生长旺盛，中稻开花结实，大豆结荚，玉米抽雄吐丝，棉花结铃，甘薯薯块迅速膨大，对水分要求都很迫切，此期受旱会给农作物最终收成造成难以补救的损失。所以就有“立秋三场雨，秕稻变成米”“立秋雨淋淋，遍地是黄金”的说法。

### 棉花立了秋，高矮一齐揪

立秋后也是棉花保伏桃、抓秋桃的重要时期，俗话说“棉花立了秋，高矮一齐揪”，此时除对长势较差的田地补施一次速效肥以外，打顶、整枝、去老叶、抹赘芽等工作也要及时跟上，以减少烂铃和落铃，促进棉花正常成熟吐絮。

### 七挖金，八挖银

立秋时节茶园秋耕要尽快进行，人们常说“七挖金，八挖银”，因为秋挖可以消灭杂草，疏松土壤，提高保水蓄水能力，若再结合施肥，可使秋梢更加旺盛。

# 第 2 章
# 处暑：处暑出伏，秋凉来袭

处暑出伏，处暑以后，我国大部分地区气温日较差增大，秋凉也时常来袭。这个时节昼暖夜凉的条件对农作物体内干物质的制造和积累十分有利，庄稼成熟较快，民间有“处暑禾田连夜变”之说。

## 处暑气象和农事特点：早晚凉爽，农田急需蓄水、保墒

### 处暑时节白天热早晚凉

处暑时节是反映气温变化的一个节气。“处”含有躲藏、终止的意思，“处暑”表示炎热暑天结束了。每年 8 月 23 日前后，太阳黄经为 150° 是处暑节气。这个时期火热的夏季已经基本到头了，暑气就要散尽了。处暑是温度下降的一个转折点。节令到了处暑，气温进入了显著变化阶段，逐日下降，已不再是暑气逼人的酷热天气。节令的这种变化，自然也在农事上有所反映。前人留下的大量具有参考价值的谚语，如“一场秋雨一场凉”“立秋三场雨，麻布扇子高搁起”“立秋处暑天气凉”“处暑热不来”等，就是对处暑时节气候变化的直接描述。但总的来说，处暑时节的明显气候特点是白天热，早晚凉，昼夜温差大，降水少，空气湿度低。

### 处暑禾田连夜变，雨水充沛是关键

处暑时节，大部分地区气温逐渐下降。由于很快就要进入秋收之际，因此适量的降水还是十分有必要的。我国大部分地区气温日较差增大，昼暖夜凉的条件对农作物体内干物质的制造和积累十分有利，庄稼成熟较快，民间有“处暑禾田连夜变”之说。对正处于幼穗分化阶段的单季晚稻来说，充沛的雨水又显得十分重要，遇有干旱要及时灌溉，否则导致穗小、空壳率高。处暑前后，春山芋薯块膨大，夏山芋开始结薯，夏玉米抽穗扬花，都需要充足的水分供应，此时受旱对产量影响十分严重。从这点上说，“处暑雨如金”一点儿也不夸张。处暑以后，除华南和西南地区外，我国大部分地区雨季即将结束，降水逐渐减少。特别是华北、东北和西北地区应该尽快采取措施蓄水、保墒，以防秋种期间出现干旱而延误冬季农作物的播种期。

## 处暑农历节日：中元节——鬼节

中元节是在每年农历的七月十五。中元节又称“七月节”或“盂兰盆会”，为三

## 中元节重要的民俗习惯

**祭祖**

每到中元节，民间有祭祀祖先的习俗。人们在农历七月十五这天祭祀祖先，并以供奉祭品、烧纸烛、放河灯等仪式，普度诸多的孤魂野鬼。

**中元普度**

中元节，人们会请道士做法事，以三牲五果普度十方孤魂野鬼，顺带祈祷风调雨顺、国泰民安。

大鬼节之一。中元节是道教的说法，“中元”之名起于北魏。中元节与除夕、清明节、重阳节，是中国传统节日里祭祖的四大节日。《道藏》载：“中元之日，地官勾搜选众人，分别善恶……于其日夜讲诵是经，十方大圣，齐咏灵篇。囚徒饿鬼，当时解脱。”民间则多是在此节日纪念去世的亲人、朋友等，并对未来寄予美好的希望。

关于中元节的传说很多，道教最主要的为修行记说“七月中元日，地官降下，定人间善恶，道士于是夜诵经，饿节囚徒亦得解脱”。传说阎罗王于每年农历七月初一，打开鬼门关，放出一批无人奉祀的孤魂野鬼到阳间来享受人们的供祭。七月的最后一天，这批孤魂野鬼重返阴间，鬼门关重新关闭。

传说佛教盂兰盆节起源于“目连救母”的故事，《大藏经》记载了“目连救母”的故事。佛陀弟子中，神通第一的目连尊者，惦念过世的母亲，他用神通看到母亲因在世时的贪念业报，死后堕落在恶鬼道，过着吃不饱的生活。目连于是用他的神力化成食物，送给他的母亲，但母亲不改贪念，见到食物到来，生怕其他恶鬼抢食，贪念一起，食物到她口中立即化成火炭，无法下咽。目连虽有神通，身为人子，却救不了母亲，十分痛苦，请教佛陀如何是好。佛陀授意目连：农历七月十五是结夏安居修行的最后一日，法善充满，在这一天，盆罗百味，供巷僧众，功德无量，可以凭此慈悲心，救渡其亡母。随后目连遵照佛陀旨意，于农历七月十五用盂兰盆盛珍果素斋供奉其母，母亲最终获得食物。

中元节的祭祀内涵，一是阐扬怀念祖先的孝道，二是发扬推己及人、乐善好施的义举。这两个方面均是从慈悲、仁爱的角度出发，具有健康、向上、激励人学善向善的作用。但是，我们在庆赞中元的同时，也应该跳脱迷信色彩，客观认识现实生活的人情世故。

**七月歌台——祭祀祖先、普度众生**

在传统的习俗里，中元节是个祭祀祖先、普度众生的重大节日。每逢农历七月中元节，民间组织举行隆重庆祝活动，无论是商业区或是居民区，都可以看到庆中元的红色招纸，张灯结彩、设坛、酬神，寺庙也分别建醮，街头巷尾上演地方戏曲、祭拜祈福、歌台唱歌等，处处呈现一派热闹非凡的景象。

**中元普度——祈求平安顺利**

中元节是重要的民俗节日。民间传说人死后会变成鬼魂，悠游于天地之间。中元普度祭拜无子嗣的孤魂野鬼，让它们也能享受到人世间的温暖，是中国传统伦理思想“博爱”的延伸。人们会在农历七月初一至七月三十之间，择日以酒肉、糖饼、水果等祭品举办祭祀活动，以慰在人间游荡的众家鬼魂，并祈求自己全年平安顺利。较为隆重者，甚至请僧、道诵经作法超度亡魂。也有人会在这段时间请出地藏菩萨、目连尊者等佛像放置高台以消弭死者亡魂的戾气。温州一带，每到七月底，家家户户都会点香球（柚子插上香）来祭拜地藏王；宁波等一些地区也会在门前插上几支清香以祭告亡灵；福建闽南一带地区，其祭拜活动就更丰富多彩了。

**祭祖——保佑五谷丰登**

中元节是中国民间的一个传统祭祖节日，人们在农历七月十五这天祭祀祖先，并以供奉祭品、烧纸烛、放河灯等仪式，普度诸多的孤魂野鬼。民间传说祖先也会在中元节返家探望子孙，故需祭祖，但祭祀活动一般在七月底之前进行就可以，并不局限于特定的一天。某些地方通过一定仪式，夜晚接祖先灵魂回家，每日晨、午、昏，供三次茶饭，直到七月三十日送回为止。送回时，烧纸钱衣物，称烧“包衣”。在江西、湖南一些地区，中元节是比清明节或重阳节更重要的祭祖日。近年来，庆祝中元十分普遍，排场也十分讲究。晋南地区习惯用纸做灯，焚烧于坟前，意喻亡人前程光明。祭奠祖宗的食品喜用包子。如果先人亡故满三年，儿女们要在这一天脱去孝服，改穿常衣，俗称换孝。晋北一带上坟祭奠祖宗，习惯用“馍馍”，“馍馍”用面粉制作，圆形，中间点一个红点。摆完供品，烧完纸后，回家时要从地里拽几棵谷子和麻，用绿色纸条缠绕捆扎，立放在窗前，另外供奉面人一尊。中元节后移到房顶，摆放是有讲究的，根部朝里边，谷穗露在外面，称为拣麻谷，据说这样做可以保佑五谷丰登。

**投标福物——中元节慈善活动**

七月十五中元节，拜祭过后，就开始进行精彩的投标福物了，福物有些是中元会组织的会员及热心人士捐赠的，花样繁多，有神像、俗称“乌金”的火炭、米桶、元宝、大彩票、发糕、酒、电器用具、儿童玩具等，应有尽有。投标时多由炉主出马，声似洪钟地把出标人的价钱喊出，然后听见宴席间这里那里不停地高喊出价标福物的声音，好不热闹。而出价者也十分阔气，所以开价十分慷慨，尤其是商界成功人士。一般情况下，中元节的组委会负责人会把这笔开标的可观款项拿来作为慈善基金，或者会员的福利基金，同时，也可以为下一年举办中元节会活动做好资金准备，例如请歌台或地方戏曲助兴等。

**放河灯——美好祝愿**

放河灯（也常写为“放荷灯”），是华夏民族传统的习俗，用以对逝去亲人的悼念，对活着的人们祝福。

民间七月十五祭奠去世的人，最隆重的纪念活动要数放河灯了。人们习惯用木板加五色纸，制作成各色彩灯，中间点蜡烛。有的人家还要在灯上写明亡人的名讳。商行等则习惯做一只五彩水底纸船，称为大法船。传说可将一切亡灵超度到理想的彼岸世界。船上要做一人持禅杖，象征目连，也有的做成观世音菩萨。入夜，将纸船与纸灯置放河中，让其顺水漂流。人们依据灯的漂浮状况来判断亡魂是否得救。如果灯在水中打旋，便被认为让鬼魂拖住了。如果灯在水中沉没，则被认为亡魂得到拯救，已经转生投胎了。如果灯漂得很远或靠岸，则被认为亡魂已经到达彼岸世界，位列天国仙班了。总之，一切都是美好的祝愿。

放河灯活动，要数晋西北的河曲放河灯最为壮观了。晋西北的河曲县城，紧临黄河，河道开阔，水流平缓。每年到了农历七月十五夜晚，全城百姓扶老携幼齐聚黄河岸边的戏台前广场，竞观河灯，场面十分热闹。各色彩灯顺水漂移，小孩子紧盯着自家的河灯看它能漂多远。老人们嘴里念念有词，不断地祈祷。如今的放河灯民俗，已经成为人们娱乐的活动项目了。

**放焰口——风调雨顺、五谷丰登**

放焰口，是一种佛教仪式，是根据《救拔焰口饿鬼陀罗尼经》而举行的施食饿鬼之法事。该法会以饿鬼道众生为主要施食对象；施放焰口，则饿鬼皆得超度，亦为对死者追荐的佛事之一。焰口原是佛教用语，形容饿鬼渴望饮食，口吐火焰。和尚向饿鬼施食叫放焰口。我国民间从梁代开始，中元节举办设斋、供僧、布田、放焰口等活动。这一天，人们事先在街口村前搭起法师座和施孤台，法师座前供着超度地狱鬼魂的地藏王菩萨，下面供着一盘盘面制桃子、大米，施孤台上立着三块灵牌和招魂幡。过了中午，人们纷纷把全猪、全羊、鸡、鸭、鹅及各式发糕、果品等摆到施孤台上。主持人分别在每件祭品上插一把蓝、红、绿的三角纸旗，上书“盂兰盛会”“甘露门开”等字样。仪式在庄严肃穆的庙堂音乐中开始。紧接着法师敲响引钟，带领座下众僧诵念各种偈语和真言，然后施食，将一盘盘面桃子和大米撒向四方，反复三次。人们把这种仪式称作“放焰口”。到了晚上掌灯的时候，人们还要在自家门口烧香祭拜，把香插在地上，越多越好，象征着风调雨顺、五谷丰登。

**抢孤——可获得神鬼庇护**

抢孤是一种庙会活动，即民间在中元普度后，会将祭祀的供品提供民众抢夺。传说由于七月普度鬼魂群集，为了防止这些鬼魂流连忘返，因此有人创造了“抢孤”活动。据说当鬼魂看到一群比自己还要凶猛抢夺祭品的人时，会被吓得迅速逃跑。在普度的广场上搭起高丈余的台子，上面放满各式各样的供品。普度完毕，主持人一声令下，大家就蜂拥而上抢夺供品。近年来中国台湾宜兰县城再度举办此活动，仍沿袭旧制，在近四层楼高的棚子上放置十三盏食物和纯金牌。参加的队伍以每五人一组，每队各据一根柱子，待主办者一声令下，选手便向柱子上攀爬。由于有了严格的游戏规则和安全保障措施，所以没有杂乱无章的场面，后来逐渐演变成为一项民俗体育活动。

## 处暑主要民俗：开渔节、吃鸭子

**开渔节——欢送渔民开船出海**

处暑时节，沿海地区为了节约渔业资源，同时也是为了促进当地旅游业的发展，从而诞生了一种文化搭台、经济唱戏的开渔节活动。对于沿海渔民来说，处暑以后是渔业收获的时节，每年处暑期间，在浙江省沿海都要举行一年一度的隆重的开渔节，决定在东海休渔结束的那一天，举行盛大的开渔仪式，欢送渔民开船出海。中国多个地区有类似的节日，比如象山开渔节、舟山开渔节、江川开渔节等。较为著名的是象山开渔节，也称作中国开渔节、石浦开渔节等。

**处暑吃鸭子——防“秋燥”**

处暑时节是气温由热转凉的交替时期。随着处暑节气的来临，雨量会逐渐减少，燥气开始生成，人们普遍会感到皮肤、口鼻相对干燥，所以应注意防“秋燥”。这个节气饮食应遵从处暑时节润肺健脾的原则，人体经过整个炎热夏季，热积体内，调养好脾胃，有利于体内夏季郁积的湿热顺利排出。而鸭味甘性凉，因此民间流传有处暑

## 处暑时节重要的民俗习惯

### 吃鸭子

处暑时节是气温由热转凉的交替时期，燥气开始生成。鸭味甘性凉，有滋补、养胃、补肾、除劳热骨蒸、消水肿、止热痢、止咳化痰等作用。因此民间流传有处暑吃鸭子的习俗。

### 开渔节

中国沿海地区为了节约渔业资源，促进当地旅游业的发展，诞生了节日庆典活动——开渔节。中国多个地区有类似的节日，比如象山开渔节、舟山开渔节、江川开渔节等。

吃鸭子的习俗。具体做法也是一个和尚一道法，五花八门，有烤鸭、子姜鸭、白切鸭、核桃鸭、柠檬鸭、荷叶鸭等。北京至今还保留着这一民俗，到了处暑这一天，北京许多人都会到稻香村连锁店里去买鸭子吃等。

## 处暑饮食养生：少吃苦味食物，健脾开胃宜吃黄鱼

### 处暑养生忌吃苦味食物

处暑时节秋燥尤为严重。而燥气很容易损伤肺部，这就是这个时节各种呼吸系统疾病的发病率会明显攀升的直接原因。同时，肺与其他各器官，尤其是胃、肾密切相关，因此秋天肺燥常常和肺胃津亏同时出现。肺燥津亏具有口鼻干燥、干咳甚至痰带血丝、便秘、乏力、消瘦以及皱纹增多等典型症状。在五味之中，苦味属于燥，而苦燥对津液元气的伤害很大。“肺病禁苦”一说在《金匮要略·禽兽鱼虫禁忌并治第二十四》中就有所记载，而且《黄帝内经·素问》中也提到“多食苦，则皮槁而毛拔”。因此处暑养生要少食苦瓜、羊肉、杏、野蒜等苦燥之物。假若已经出现肺燥津亏的症状，那么就要及时冲泡麦冬、桔梗、甘草等饮用，或者吃些养阴生津的食物来润肺，例如秋梨、萝卜、藕、香蕉、百合、银耳等均可。

### 不要急于“大补”

虽然夏天已经过去，但是人们可能会由于炎热天气的影响还是没有食欲，此时进食仍然较少，身体的各项消耗却不少，因此处暑时节适当吃些补品，对身体是很有好

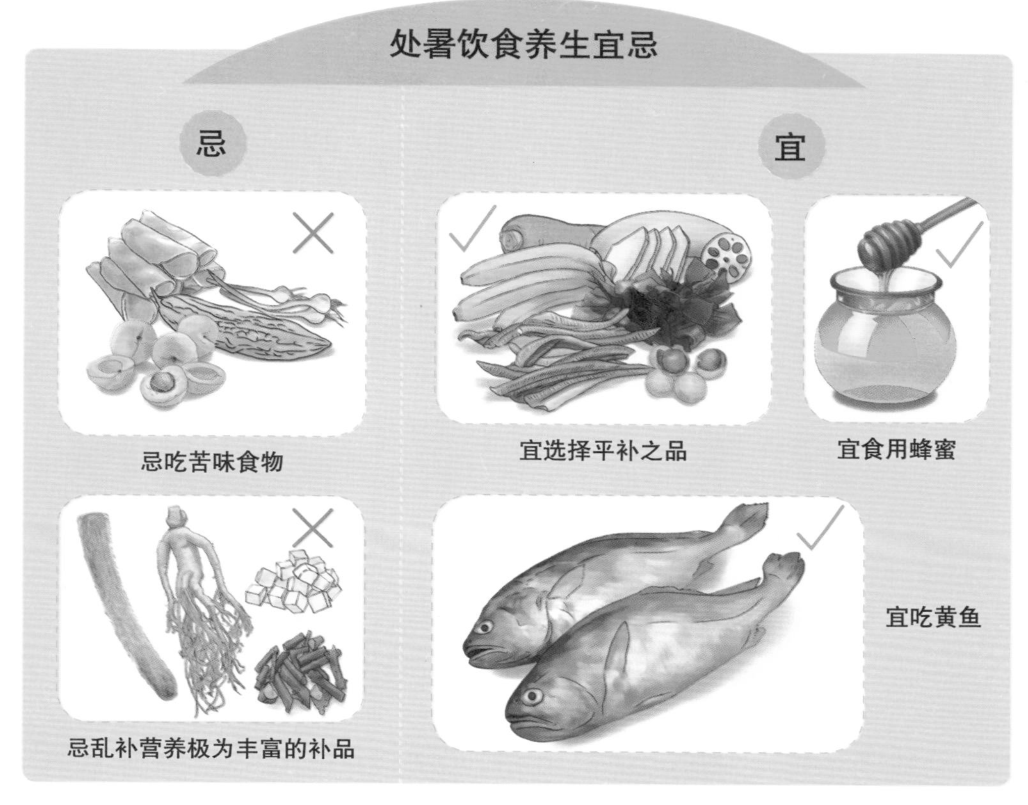


处的。不过同时也要避免乱补，更不要盲目服用人参、鹿茸、甲鱼、阿胶等营养极为丰富的补品进行“大补”。这个时期人们脾胃功能一般较弱，是由于夏天人们为了驱火祛暑，常吃一些苦味食物或是冷饮所导致，因此这个节气大量食用过于滋腻的补品，脾胃一下子适应不了，容易引发消化不良的肠胃疾病。

这个时节，进补可以采取循序渐进的办法，可以选择那些“补而不峻”“润而不腻”的平补之品（下文中每一类选一两样即可），这样既营养滋补，又容易消化吸收。蔬菜可以选择：番茄、平菇、胡萝卜、冬瓜、山药、银耳、茭白、南瓜、藕、百合、白扁豆、荸荠、荠菜等；水果、干果可以选择：柑橘、香蕉、梨、桂圆、红枣、柿、芡实、莲子、花生、栗子、黑芝麻、核桃等；水产、肉类可以选择：海蜇、海带、黄鳝、蛇肉、兔肉等。建议身体较弱、抵抗力差、患有慢性病的，不要随意选择滋补品，最好在医生的指导下进行合理的进补。

**润肺养肺可食用蜂蜜**

蜂蜜具有润肺养肺之功效，可以有效防止秋燥对人体的伤害。挑选以气味纯正、有淡淡的花香，颜色呈透明或半透明，挑起可见柔性长丝、不断流者为上品。

蜂蜜的存放和使用要注意以下几个方面：

| | |
|---|---|
| 1 | 不要用金属及塑料容器存放蜂蜜。 |
| 2 | 冲服蜂蜜的水温最好不超过60℃。 |
| 3 | 蜂蜜的最佳食用时间为饭前0.5～1.5小时或饭后2～3小时。 |
| 4 | 食用蜂蜜要适可而止：建议每次半两到一两。 |

润肺养肺也可以食用牛膝当归蜜膏。

◎牛膝当归蜜膏

【材料】牛膝和当归各50克，肉苁蓉500克，蜂蜜适量。

【制作】①牛膝、当归、肉苁蓉分别淘洗干净，润透。②牛膝、当归、肉苁蓉倒入锅内，加入适量水，小火煎，每间隔20分钟取药液1次，加入水后再煎，共取药液3次。③把取出的3份药液混合搅匀，小火熬浓，加入蜂蜜，烧开，放冷后即可食用。

### 升举阳气，健脾开胃宜吃黄鱼

黄鱼具有升举阳气、健脾开胃、祛病养生之功效。升举阳气，健脾开胃可以食用清蒸黄鱼。

◎清蒸黄鱼

【材料】新鲜黄鱼1条，葱段、香菜叶、姜丝、料酒、盐等适量。

【制作】①黄鱼开肠破肚清洗干净，鱼身两面划花刀，装入盘中。②鱼身两面均匀抹上料酒、盐，鱼肚中放入葱段、姜丝，入锅蒸10分钟后取出，撒上香菜叶即可食用。

## 处暑药膳养生：防止便秘、平肝降压、清热生津

### 防治大便秘结，贫血，食用嫩姜爆鸭片

嫩姜爆鸭片可以防治阴虚水肿、虚劳食少、虚羸乏力、脾胃不适、大便秘结、贫血、浮肿、肺结核、营养性不良水肿、慢性肾炎等疾病。

◎嫩姜爆鸭片

【材料】嫩姜1块，新鲜鸭胸肉1块，葱2根，料酒1大匙，盐、胡椒粉各少许，酱油2大匙，糖、淀粉等适量。

【制作】①鸭肉切成薄片，拌入料酒、盐、胡椒粉腌半小时，然后过油捞出沥干。②姜切成薄片。③葱切成小段。④热油2大匙爆香姜片，倒入鸭肉同炒，放入葱白、酱油、糖、淀粉拌炒均匀。⑤出锅前再放入葱段，翻炒均匀即可食用。

**清热解暑，平肝降压，饮用苦瓜菊花汤**

苦瓜菊花汤具有清热解暑、平肝降压之功效。此外还能够治疗肝火上炎或肝阳上亢引起的高血压以及血压升高所致的头晕心慌等症状。

◎苦瓜菊花汤

【材料】新鲜苦瓜250克，白菊花10克，冷水适量。

【制作】①苦瓜洗干净，切开，去瓤、子，切成薄片。②白菊花淘洗干净，放入锅内，倒入水后放入苦瓜片，大火烧开，稍煮片刻即可食用。

**清热生津、祛斑美白，食用首乌百合粥**

首乌百合粥具有清热生津、解暑消烦、利咽润肠、祛斑美白之功效，适用于便秘、干咳、心烦口渴、面色无华等症状。

◎首乌百合粥

【材料】何首乌、黄精各20克，百合25克，糙米100克，白果10克，红枣10颗，蜂蜜30克，水适量。

【制作】①何首乌、黄精淘洗干净，缝入纱布袋中。②糙米淘洗干净，用冷水浸泡4个小时，捞出沥干水分。③百合去皮，洗干净切瓣，焯水烫透，捞出沥干水分。④白果去壳，切开，去掉果中白心。⑤红枣洗干净备用。⑥锅中倒入适量水，先将糙米放入，用大火烧开后倒入其他材料，然后改用小火慢熬成粥。⑦待粥凉以后加入蜂蜜搅拌均匀，即可食用。

## 处暑起居养生："秋冻"要适可而止

### 处暑后秋冻要灵活掌握

入秋以后，不要马上就穿上厚厚的保暖衣服，而是要让身体适当"挨冻"。

"春捂秋冻"是古代劳动人民流传下来的重要的养生方法。所说的"秋冻"是指入秋以后，气温下降，不要马上就穿上厚厚的保暖衣服，而是要让身体适当"挨冻"，也就是民间所说的七分寒。这是由于处暑以后，天气虽然已经开始转凉，可是由于"秋老虎"的影响，气温不会一下子降得很低，有时还有可能气温忽然升高使人感觉酷热难受，因此，这个时节适当"秋冻"，是最好的养生之道。"秋冻"的好处在于，适当的"挨冻"可以提高我们的身体对寒冷的防御能力，从而增强身体在深秋以及入冬后呼吸系统对寒冷的适应能力，降低呼吸系统疾病的发病概率。虽然"秋冻"的好处甚多，但是"秋冻"的同时还要注意以下几个方面：

"秋冻"注意事项

| | |
|---|---|
| 1 | 有慢性病的患者或者体质差的人应避免"秋冻"，因为这类人受冻之后身体容易出现病情加重或者不适，反而对身体不利 |
| 2 | "秋冻"要适可而止，切忌盲目挨冻，若昼夜温差大，也要适时灵活增减衣物，否则容易患呼吸道或心血管疾病 |
| 3 | 晚上休息的时候不要挨冻，要盖好被子，否则处于睡眠状态的人容易感染风寒 |

### 处暑时节要保证良好的睡眠质量

处暑节气，天气凉爽，人们的睡眠质量会大大提高。但是，这个时节为了拥有更好的睡眠质量，还应该注意以下几个方面：

**1. 睡前不要发脾气**

临睡前发脾气会导致气血紊乱，使人失眠，而且消极的情绪还会影响身体健康，容易使肝火上升。

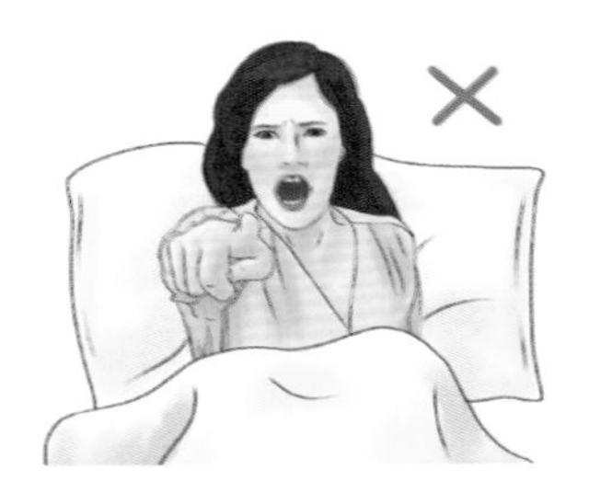

**2. 睡前进食有害健康**

睡前饮食会加重肠胃负担，不但容易造成消化不良，还会影响到睡眠质量。

**3. 睡前请勿饮茶**

茶中的咖啡因能使中枢神经系统兴奋，使人很难进入梦乡。

**4. 睡前避免太兴奋**

如果睡前太兴奋，大脑神经就会持续兴奋，使人难以入睡，导致早晨不想起床。

**5. 躺下不要卧谈**

卧谈不但会使人因兴奋难以入睡，而且躺着说话有损肺部健康，往往还会产生口干舌燥的症状。

**6. 睡觉尽量不要张口**

张着口睡觉不但会因为吸入冷空气和灰尘而伤肺，还会导致胃部着凉，引发其他疾病。

**7. 睡时忌讳吹迎面风**

睡觉开着窗户，假若窗户对着床，容易吹迎面风，此时如果不注意保暖，易受风邪侵袭。

**8. 睡觉不要用被子掩面**

被子捂住面部睡觉会使人呼吸困难，甚至造成全身缺氧，早晨起床浑身乏力、头重脚轻。

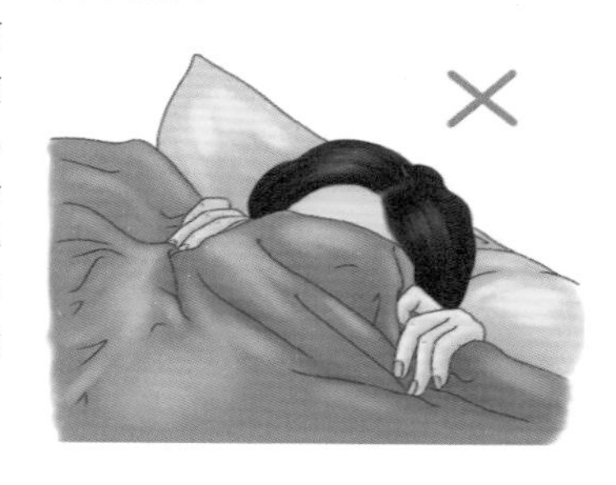

## 处暑运动养生：秋高气爽，运动宜早动晚静

### 秋高气爽，户外散步运动

处暑节气，常到户外去散步，呼吸新鲜空气，是最简单的运动养生方式。散步运动量虽然不大，却能使人全身都运动起来，非常适合体质弱，有心脏病、高血压等无法进行剧烈运动的中老年人。散步不仅能帮助我们活动全身的肌肉和骨骼，还能加强心肌的收缩力，使血管平滑肌放松，从而有效预防心血管疾病。另外，散步还有助于促进消化腺分泌和胃肠蠕动，从而改善人的食欲。同时，多散步还能增大肺的通气量，提高肺泡的张开率，从而使人的呼吸系统得到有效锻炼，改善肺部功能。

## 散步要领

1. 外出散步时衣服要穿着舒适、宽松，处暑时天气已经开始转凉，切勿因穿得过于单薄而受寒，但也不要穿得太厚，以免行动不便。老人或体质弱的人出于安全考虑，可以拄一根拐杖。

2. 户外散步前要先舒展一下筋骨，简单做做准备活动，做做深呼吸，然后再慢慢走，以便达到较好的运动效果。

3. 户外散步时心情要放松，保持平常的心态。这样，全身的气血才会畅通，百脉流通，达到其他运动所达不到的轻松健身效果。

4. 户外散步时不要慌张，保持从容不迫的状态最好，还要忘掉所有的烦心琐事，令自己心神放松，无忧无虑。

5. 户外散步时要把握好速度，不要太快，每分钟保持六七十步最佳。可以走一会儿停下来稍事休息，然后再接着走，也可坐下少歇片刻。

6. 户外散步的强度要根据自身实际情况，切勿有疲惫不堪的感觉，也不要走到气喘吁吁。特别是年老体弱的人更应该把握好运动强度，否则会适得其反，更有甚者会酿出其他意想不到的后果。

7. 进行户外散步活动，不要过于迷信一些口头禅。人们一直都相信“饭后百步走，活到九十九”，确实也有很多人这样去做了。科学研究表明，这种做法实际上并不科学。吃完饭后，消化器官需要大量的血液进行工作。如果这个时候运动，血液就不能很好地供给消化系统，从而影响肠胃的蠕动和消化液的分泌，导致消化不良。对于心血管疾病患者和老人来说，饭后散步带来的不利影响尤其严重。在此建议，户外散步尽量在饭后两个小时以后进行为最佳。

### 秋季运动宜早动晚静

处暑时节气温日变化波动较大，常常是早晚凉风习习、清风阵阵，中午骄阳似火，半夜寒气逼人。这个时节运动健身必须掌握这种气温变化规律。处暑的早晨，虽然有点儿凉风习习，但气温随着太阳的升起而逐渐上升。坚持早锻炼，可以提高肺脏的生理功能和机体耐寒冷能力。而且适宜的晨练运动，还可以使人的身体一整天维持良好状态。这对于一些慢性疾病，如高血压、动脉硬化、肺结核、胃溃疡等，都有较为明显的疗效。不过，晨练要尽量选好运动项目，运动量不宜过大，要尽量保持身体虽有些发热，但不会大量出汗。这样的运动量能使你在锻炼结束后，感到浑身舒服、精神焕发、步履轻松，效果最好。而处暑的夜晚，阵阵清风阵阵凉，会让人感到寒气逼人，人体必须增加产热，才能抵御外界的寒冷环境。并且，随着夜越来越深，寒气会越来越重。此时，若过多地运动，会使人体的阳气不断散失，有悖秋季养生的原则。处暑早晨锻炼的项目，以打太极为最佳之选。太极拳是我国历史悠久的传统运动项目。其动作前后贯通，连绵不断，轻松柔和，给人以协调、自然之美感，且具有宝贵的健身价值和医疗价值。其“心静无杂念，用意不用力”的原则，非常适合中老年人。若晚上能坚持静养，如盘腿静坐，腰直头正，调匀呼吸，不急不缓，让自己处于自然放松状态，则不仅可以锻炼忍耐腰酸腿痛的意志，还可以排除思想上的杂念和烦恼，使心情舒畅。静坐能够加强体内血液的循环，增强肺活量，加快新陈代谢速度，起到防病抗病的效果。

打太极是处暑晨练非常适宜的项目

## 与处暑有关的耳熟能详的谚语

### 一场秋雨（风）一场寒

处暑时期，我国真正进入秋季的只是东北和西北地区。但每当冷空气影响我国时，若空气干燥，往往会带来刮风天气，若大气中有暖湿气流输送，往往会形成一场秋雨。每每风雨过后，特别是下过雨后，人们会感到比较明显的降温，所以人们常说：“一场秋雨（风）一场寒。”

### 大暑小暑不是暑，立秋处暑正当暑

处暑以后，南方天气也有渐凉的表现，只不过没有北方那么明显。《大气科学词典》进一步指出：秋老虎一般发生在阳历八九月份之交以后，持续一周至半月，甚至更长时间。有不少年份，立秋热，处暑依然热，所以人们总结出了“大暑小暑不是暑，立秋处暑正当暑”这句谚语。

# 第 3 章

# 白露：白露含秋，滴落乡愁

白露时节，是一年中温差最大的时节，夏季风和冬季风将在这里激烈地邂逅，说不清谁痴迷谁，谁又留恋谁，只有难舍难分的纠缠。白露临近中秋，自然容易勾起人的无限离情。白露，注定是思乡的。白露含秋，滴落三千年的乡愁。

## 白露气象和农事特点：天高气爽，千家万户忙秋收、秋种

### 天高气爽，云淡风轻

阳历 9 月 8 日前后，太阳黄经为 165° 就是白露节气。白露时节，全国大部分地区天高气爽，云淡风轻，气温渐凉、晚上草木上可以见到白色露水。露水是由于温度降低，水汽在地面或近地物体上凝结而成的水珠。此时，天气转凉，地面水汽结露最多。所以，白露实际上是表示天气已经转凉。一个春夏的辛勤劳作，经历了风风雨雨，送走了高温酷暑，迎来了气候宜人的收获季节。俗话说：“白露秋分夜，一夜冷一夜。”这个时节夏季风逐渐被冬季风所接管，多吹偏北风，冷空气南下逐渐频繁，加上太阳直射地面的位置南移，北半球日照时间变短，日照强度减弱，夜间常晴朗少云，地面辐射散热快，因此温度下降也逐渐加速。

### 既是收获的时节，也是播种的时节

白露是收获的时节，也是播种的时节。东北平原开始收获谷子、大豆和高粱，华北地区秋季农作物成熟，大江南北的棉花正在吐絮，进入全面分批采收的农忙。西北、东北地区的冬小麦开始播种，华北的秋种也即将开始，正在紧张筹备送肥、耕地、防治地下害虫等准备工作。黄淮地区、江淮及以南地区的单季晚稻已扬花灌浆，双季双晚稻即将抽穗，都要抓紧目前气温还较高的有利时机浅水勤灌。待灌浆完成后，排水落干，促进早熟。秋茶正在采制，同时要注意防治叶蝉的危害。白露之日后，全国大部分地区降水明显减少。东北、华北地区 9 月份降水量一般只有 8 月份的 1/4 至 1/3，黄淮流域地区有一半以上的年份会出现夏秋连旱，这种旱情对冬小麦的适时播种来说是最主要的威胁。华南和西南地区白露后却常常秋雨绵绵，四川盆地这时甚至

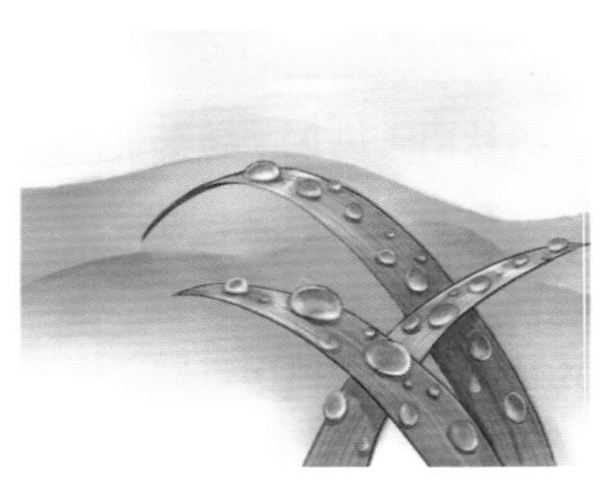

白露时节，气温渐凉、晚上草木上可以见到白色露水。

是一年中雨日最多的时节。过量的秋雨对农作物的正常成熟和收获也将有害。

## 白露主要民俗：吃番薯、喝白露茶和酒、祭禹王

### 吃番薯——消除胃酸、胃胀

番薯具有抗癌功效，中医还以它入药。番薯叶有提高免疫力、止血、降糖、解毒、防治夜盲症等保健功能。经常食用有预防便秘、保护视力的作用，还能保持皮肤细腻、延缓衰老。很多地方的人们认为白露期间应多吃番薯，认为吃番薯丝和番薯丝饭后就不会发生胃酸和胃胀，所以就有了在白露节吃番薯的习俗。

### 白露茶——清香甘醇

一提到白露，爱喝茶的人便会想到喝“白露茶”。白露时节，茶树经过夏季的酷热，此时正是生长的极好时期。白露茶既不像春茶那样鲜嫩，不经泡，也不像夏茶那样干涩味苦，而是有一种独特甘醇的清香味，特别受品茶爱好者的青睐。

### 白露米酒——风味独特、营养丰富

湖南资兴兴宁、三都、蓼江一带历来就有酿酒习俗，特别是白露时节，几乎家家户户酿酒。这个时节酿出的酒温中含热，略带甜味，称作“白露米酒”。白露米酒中的精品是“程酒”，这是因为取程江水酿制而得名。《水经注》中记载：“县有渌水，出县东侠公山西北，流而南屈注于耒，谓之程乡溪，郡置酒馆醖于山下，名曰‘程酒’，献同酃也。”《九域志》中记载：“程水在今郴州兴宁县，其源自程乡来也，此水造酒，自名‘程酒’，与酒别。”程乡就是今天的三都、蓼江一带。资兴从南宋到民国初年称兴宁，故有郴州兴宁县之说。白露米酒的酿制除取水、选定节气颇有讲究外，方法也相当独特。先酿制白酒（俗称“土烧”）与糯米糟酒，再按一定的比例，将白酒倒入糟酒里，装坛待喝。如制程酒，须掺入适量糁子水（糁子加水熬制），然后入坛密封，埋入地下或者窖藏，亦有埋入鲜牛栏淤中的，待数年乃至几十年才取出饮用。埋藏几十年的程酒色呈褐红，斟之现丝，易于入口，清香扑鼻，且后劲极强。清光绪元年（1875 年）纂修的《兴宁县志》中记载：“色碧味醇，愈久愈香”“酿可千日，至家而醉”。《梁书・文学下・刘杳传》记载，南朝梁文学家任昉与友刘杳闲谈，“昉又曰：‘酒有千日醉，当是虚言。’杳云：‘桂阳程乡有千里酒，饮之至家而醉，亦其例也。’”南朝梁时，兴宁隶属于桂阳郡。在苏南籍和浙江籍的老南京中还保留着自酿白露米酒的习俗，旧时苏浙一带人们每年白露时节一到，家家酿酒，用以待客，常有人把白露米酒带到城里享用。白露米酒保留了发酵过程中产生的葡萄糖、糊精、甘油、醋酸、矿物质及芳香类物质。其营养物质多以低分子糖类和肽、氨基酸的浸出物状态存在，容易被人体消化吸收。其香味浓郁、酒味甘醇、风味独特、营养丰富的特

性深受人们喜爱。

**吃龙眼——大补**

民间有“白露必吃龙眼”的说法。特别是福州一带，传说在白露这一天吃龙眼有大补的奇效，吃一颗龙眼相当于吃一只鸡的营养。龙眼本身就有益气补脾、养血安神、润肤美容等多种功效，还有助于治疗贫血、失眠、神经衰弱等很多种疾病。龙眼还含有丰富的葡萄糖、蔗糖和蛋白质等，含铁量也比较高，可在提高热能、补充营养的同时促进血红蛋白再生，从而达到补血的效果。科学研究发现，龙眼肉除了对全身有补益作用外，对脑细胞特别有效，能增强记忆，消除疲劳，经常吃龙眼，能够降低细胞癌变的概率，有使脸色红润、气色变佳的良好美容效果，它还能使头发变黑，是相当难得的美味与食疗效果兼备的水果。白露时节的龙眼个个颗大，核小味甜口感好，因此白露时节龙眼是再好不过的食物。

**十样白——祛风气（关节炎）**

白露时节，民间有过白露节的习俗。特别是浙江温州一带，尤其是苍南、平阳等地在白露之日有采“十样白”（也有“三样白”的说法）来煨乌骨白毛鸡（或鸭子）的习俗，制作出的乌骨白毛鸡（或鸭子），据说食用后可以滋补身体，祛风气（关节炎）。这“十样白”就是十种带“白”字的中草药，如白木槿、白毛苦等中草药。

**祭禹王——祭祀治水英雄大禹**

白露时节是太湖人祭禹王活动规模较大的日子。禹王就是传说中的治水英雄大禹，太湖畔的渔民称他为“水路菩萨”。每年正月初八、清明、七月初七和白露时节，太湖人将举行祭禹王的香会，其中以清明、白露春秋两祭的声势比较浩大，历时一周之久。

**打核桃，吃核桃——白露节令食品**

白露时节是核桃成熟的时期。白露一过正好是上山打核桃的农忙时间，因此农谚中有“白露打核桃、吃核桃”的说法，然而这并不是因为核桃成熟才如此说，主要是白露节气到来后，天气渐冷，人体需要一些温补的东西让身体逐渐适应上涨的阴气，而核桃是非常适合的节令食品。核桃原名叫胡桃，又名羌桃、万岁子或长寿果。据《名医别录》中记载：“此果出白羌湖，汉时张骞出使西域，始得终还，移植秦中，渐及东土……”羌湖古时指现在的南亚、东欧及国内新疆、甘肃和宁夏等地。张骞将其引进中原地区时，称作“胡核”。据史料记载，319 年，晋国大将石勒占据中原，建立后赵时，由于其忌讳“胡”字，所以把胡桃改名为核桃，此名一直延续

## 白露民俗习惯

### 喝白露茶

白露节气之前采摘的茶叶叫早秋茶，从白露之后到十月上旬，采摘的茶叶叫晚秋茶。相比早秋茶，晚秋茶的味道更好一点儿，深受茶客喜爱。

### 吃番薯

番薯味甘，性平。能补脾益气，宽肠通便，生津止渴，祛宿瘀脏毒，舒筋络。正适合白露时节食用。

### 喝白露米酒

白露时节，南方一些地区有酿酒习俗。每年白露节一到，家家酿酒，待客接人必喝自酿米酒。其酒温中含热，略带甜味，称“白露米酒”。

### 祭禹王

禹王是传说中治水英雄大禹，渔民称为“水路菩萨”。每年正月初八、清明、七月初七和白露时节，民间都要举行祭禹王的香会。

至今。

核桃具有健胃、补血、润肺、养神之功效。《神农本草经》中记载久食核桃可以轻身益气、延年益寿。唐朝孟诜著《食疗本草》中记载，吃核桃仁可以开胃，通润血脉，使骨肉细腻。宋代刘翰等著《开宝本草》中记载，核桃仁“食之令肥健，润肌，黑须发，多食利小水，去五痔”。明代李时珍著《本草纲目》中记载，核桃仁有“补气养血，润燥化痰，益命门，处三焦，温肺润肠，治虚寒喘咳，腰脚重疼，心腹疝痛，血痢肠风”等功效。因此白露时节，不仅是收获核桃的时间，而且是吃核桃、养身体的时候。核桃的营养价值很高，与扁桃、腰果、榛子一起，列为世界四大干果，核桃产地遍及全球，主要生产区分布在美洲、欧洲和亚洲。在海外，核桃被美誉为“大力士食品”“营养丰富的坚果”“益智果”；在国内有“万岁子”“长寿果”“养人之宝”之美称。

## 白露饮食养生：喝粥饮茶有讲究，慎食秋瓜防腹泻

### 白露时节，喝粥有讲究

白露时节，人们往往会出现脾胃虚弱、消化不良的症状，抵抗力也明显有所下降。这个时节多吃点儿温热的、有补养作用的粥食，对健康大有裨益。白露喝粥养生要注意以下几个方面：

白露喝粥注意事项

| | |
|---|---|
| 熬粥容器有讲究 | 熬粥时使用的容器也有讲究，最好用砂锅，尽量不用不锈钢锅和铝锅 |
| 谷类熬粥可适当添加辅料 | 用大米、糯米等谷类熬粥喝可以健脾胃、补中气、泻秋凉以及防秋燥，还可以根据自己的实际身体状况，在熬粥过程中适当添加一些豆类、干果类等辅料，以达到更好的饮食调养效果 |
| 喝粥时尽量不要加糖 | 人们喝粥的时候喜欢加糖，其实这样是不好的，尤其是对老年人。老年人的消化功能已经有所下降，糖吃得太多，容易在腹部产生胀气，影响营养吸收 |
| 喝粥时，不可同食的食物 | 喝粥时，不要与油腻、黏性大的食物同食，否则容易造成消化不良，如果长期混合吃下去，将会患上消化不良的疾病 |
| 糖尿病人尽量不要在早晨喝粥 | 由于粥是经过较长时间熬制出来的，各种谷类中的淀粉会分解出来，进入人体后很快就会转化成葡萄糖，这种情况对糖尿病患者是非常不利的，很容易使血糖升高，发生危险 |

### 品白露茶，饮白露酒

白露时节的露水是一年中最好的。民间认为白露时节的露水有延年益寿的功效，便在白露那天承接露水，制作白露茶，煎后服用。白露茶深受饮茶爱好者的喜爱，因为白露时节天气转凉，凝结的露水对茶树有很好的滋养功效，所以这时的茶叶会有一种独特的滋味，甘醇无比。白露茶历经春夏两季，不像春茶那样不耐泡，也少了夏茶的燥苦，它不凉不燥、温和而清香，并且还具有提神醒脑、清心润肺、温肠暖胃之功效。

此外，白露时节，古人还使用白露露水酿成白露酒，这样的酒较为香醇。据说用白露当天取自荷花上的露水酿成的秋白露品质最好，也最为珍贵。在江浙一带，至今还流传着饮用白露酒的习俗，白露时节，人们酿制米酒来招待客人。这样的白露米酒以糯米、高粱、玉米等五谷杂粮为主，并用天然微生物纯酒曲发酵，品味起来温热香甜，并且含有

白露节承接露水，制作白露茶。

丰富的维生素、氨基酸、葡萄糖等营养成分。白露时节适量饮用白露酒，可以生津止渴。另外白露酒具有疏通经络、补气生血的功效。

**养阴退热、补益肝肾宜吃乌鸡**

乌鸡是白露时节的滋补佳品，素有“禽中黑宝”之美称，乌鸡具有养阴退热、补益肝肾之功效。挑选时以体形比肉鸡略小，肉质软嫩，毛孔粗大且胸部平整，鸡肉无渗血为上品。烹饪乌鸡时最好连骨一起用砂锅小火慢慢炖，这样烹制出来的乌鸡滋补效果最好。

**养阴退热、补益肝肾，食用鲜奶银耳乌鸡汤**

养阴退热、补益肝肾可以食用鲜奶银耳乌鸡汤。

**◎鲜奶银耳乌鸡汤**

【材料】新鲜乌鸡 1 只，水发银耳 20 克，百合 40 克，猪瘦肉 230 克，鲜奶、姜片、盐等适量。

【制作】①乌鸡、瘦猪肉，分别淘洗干净，切成块，略焯。②银耳洗净，撕成小瓣。③百合淘洗干净。④锅内放入乌鸡、猪瘦肉、银耳、百合、姜片、适量清水，大火烧开。⑤再用小火煲两小时左右，放入鲜奶拌匀，再煮 5 分钟，撒入盐调味即可食用。

**吃南瓜，可改善秋燥症状**

南瓜含有丰富的维生素 E 和 β－胡萝卜素。β－胡萝卜素可以在人体内转化为维生素 A。维生素 A、维生素 E 具有增强机体免疫力之功效，对改善秋燥症状有明显的疗效。挑选时以颜色金黄、瓜身周正、个大肉厚、无伤烂的为佳。维生素 E 和 β－胡萝卜素都属于脂溶性营养素，因此食用时应用油烹调，以确保人体能够充分吸收内含的丰富营养。

山药南瓜粥可以改善秋燥症状。

**◎山药南瓜粥**

【材料】山药、南瓜各 30 克，大米 50 克，盐适量。

【制作】①南瓜洗净，削去皮、瓤，切成丁。②山药洗干净去皮，切成片。③大米淘洗干净，用清水浸泡半小时，捞出沥水。④锅内倒入适量水，放入大米，大火烧开后放入南瓜、山药，改用小火继续熬煮，待米烂粥稠，撒入盐调味即可食用。

【用法】建议每次 100 克左右。

### 白露时节慎食秋瓜防腹泻

白露时节，天气逐渐转凉。人的肠胃功能也会由于气候的变化而变得敏感，假若还继续生食大量的瓜果，那么就会更助湿邪，损伤脾阳。脾阳不振就会引起腹泻、下痢、粪便稀薄而不成形等急性肠道疾病。这个时节，民间有“秋瓜坏肚”的说法，因此这个时节应该慎食秋瓜以防腹泻。

但并非所有人秋季吃瓜都会腹泻，这和每人的体质有关，有人阴虚，有人阳虚，一般秋季吃瓜腹泻的人多为阳虚体质。脾胃虚寒的人更应该禁食秋瓜。

秋天比较干燥，吃寒性食物会损阳气，吃热性食物又会加重体燥，造成伤津。而比如莲子、梨、太子参等既能够养阳又不至伤津的食物比较适合在秋天食用。

## 白露药膳养生：利尿通乳、安神助眠，益气补虚、温中暖下

### 利尿通乳、安神助眠，食用芡实茯苓粥

芡实茯苓粥具有消毒解热、利尿通乳、消渴、安神助眠之功效。

◎芡实茯苓粥

【材料】芡实、茯苓粉各50克，粳米100克，桂圆肉20克，温水、冷水、盐各适量。

【制作】①把芡实粉、茯苓粉放在一起，用温水调制成糊状。②粳米洗净，用冷水浸泡半小时，捞起，沥干水分。③锅中加入适量水，将粳米、桂圆肉放入，用大火烧开，缓缓倒入芡实茯苓糊，搅拌均匀，改用小火熬煮。④看到米烂成粥时，撒入盐调好味，稍焖片刻，即可盛起食用。

### 益气补虚、温中暖下，饮用薏仁荷叶瘦肉汤

薏仁荷叶瘦肉汤具有益气补虚、温中暖下、抗击压力之功效，对虚劳羸瘦、腰膝疲软、产后虚冷、心内烦躁等症状有疗效。

◎薏仁荷叶瘦肉汤

【材料】薏仁50克，新鲜荷叶半张，瘦猪肉250克，料酒5克，盐、味精各3克，冷水适量。

【制作】①薏仁、荷叶淘洗干净。②瘦猪肉清洗干净，切成薄片。③薏仁、荷叶同放锅内，倒入适量水，用大火烧开，再改用小火煮半个小时，去掉荷叶，加入瘦猪肉，撒入盐、味精，搅拌均匀煮熟即可食用。

## 白露起居养生：袒胸露体易受凉，防止秋燥和“秋季花粉症”

### 白露天气转凉，切勿袒胸露体

白露时节，夜间较冷，一早一晚气温低，正午时分气温仍较热，是秋天日温差最大的时节。俗话说：“白露勿露身，早晚要叮咛。”便是告诫人们白露时节天气转凉，不能袒胸露体，提醒人们一早一晚要多添加些衣服。事实上，白露时节虽然没有深秋那么冷，可是早晚的温差已经非常明显了，如果不注意保暖很容易着凉感冒，并且容易使肺部感染风寒。此时燥气与风寒容易结合形成风燥，对肺部以及皮毛、鼻窍等肺所主的部位造成伤害。如果感染到筋骨，则容易出现风湿病、痛风等肢体痹症。白露时节，建议睡觉时把凉席收起来，换成普通褥子，关好窗户，换掉短款的睡衣，并把薄被子准备在身旁备用。年老体弱的人更要注意根据天气适时添加衣服、被褥，以免着凉患病。

### 白露时节要及时预防秋燥

白露时节还要注意预防“秋燥”，“秋燥”顾名思义就是因为秋季气候干燥而引起的身体不适。人们常说燥邪伤人，容易耗人津液，并且出现口干、唇干、鼻干、咽干及大便干结，皮肤干裂等症状。身体上的不适必然会引起精神上的浮躁，因此要及时预防秋燥。多喝水是最简单的解决办法，每天早晚必须喝水，尽量保证身体有充足的水分。对于一般人群来说，预防秋燥，简单实用的药膳、食疗即可，完全没有必要进行刻意的大补特补。

白露起居养生

1. 白露时节不宜再穿着太少

民谚有“白露不露身”之说，意思是白露时不要再穿背心短裤。《养生论》中记载：“秋初夏末，不可脱衣裸体，贪取风凉。”这也是在告诫人们，入秋以后要穿长衣长裤，以免受凉。

2. 饮食药膳抗秋燥

可以多吃一些富含维生素的食品，如柚子、西红柿等。还可选用一些清肺化痰、滋阴益气的中草药，例如人参、沙参、西洋参、百合、杏仁、川贝等。

2. 饮食药膳抗秋燥

花粉过敏的症状有似于感冒。白露时节是藜科、蓖麻、肠草和向日葵等植物开花的时候，这些植物的花粉就是诱发过敏体质者出现“花粉热”的罪魁祸首。

### 白露时节要预防“秋季花粉症”

白露时节秋高气爽，是人们外出旅游的最佳时期。但是此时，常常有不少游客在旅游期间出现类似感冒的症状。发生鼻痒、连续流清鼻涕、打喷嚏，有时眼睛流泪、咽喉发痒，甚至还有人耳朵发痒等。这些表现很容易让人联想到感冒，深秋季节早晚温差很大，特别是当活动量增加后脱掉外衣，就更容易被误认为受了寒凉，而被当作感冒来误诊。其实这种情况，不一定是感冒，而有可能是“花粉热”。“花粉热”有两个基本发病因素：一个是个体体质的过敏；另一个是不止一次地接触和吸入外界的过敏源。由于各种植物的开花季节具有明显的季节性，所以对某种或几种抗原过敏者的发病也就具有明显的季节性了。白露时节也是许多植物开花传粉的季节，所以要警惕预防“秋季花粉症”。

## 白露运动养生：赤脚活动已不宜，最佳运动是慢跑

### 白露时节不要赤脚运动

白露时节，气温下降，地面寒气一天比一天重。许多人喜欢在外面运动，这样脚底心就很容易遭到寒气侵袭。人的脚底心为人体中重要的保健区域，秋凉之后必须穿袜，以免寒气从脚心入侵。因此这个时节，不但不能赤脚，而且还应当穿上袜子防寒。

### 白露时节最佳运动——慢跑

白露时节，天气渐渐变凉，人体的各项生理功能相对减弱，此时应该适当增加活动量，以增强心肺功能和身体的抗寒能力。因此，“动静相宜”就成为这个时节运动养生的特点，而符合这个特点的最佳运动就是慢跑。

### 白露旅游时要预防疲劳性足部骨折

秋高气爽的白露时节是旅游的最佳时间。但是，人们在尽情游玩的同时要提防疲劳性足部骨折，这种骨折也被称作“行军骨折”。尤其中老年人更要引起重视。行走时间过长、足肌过度疲劳很容易引发此种慢性骨折。

**疲劳性足部骨折预防措施**

| | |
|---|---|
| 1 | 晚上抬高双足睡觉，促进血液回流。 |
| 2 | 睡前用热水泡脚，增强血液循环。 |
| 3 | 按摩双足，放松肌肉，缓解疲劳。 |
| 4 | 尽量穿平跟旅游鞋。 |

白露运动养生须知

1. 白露时节不要赤脚运动

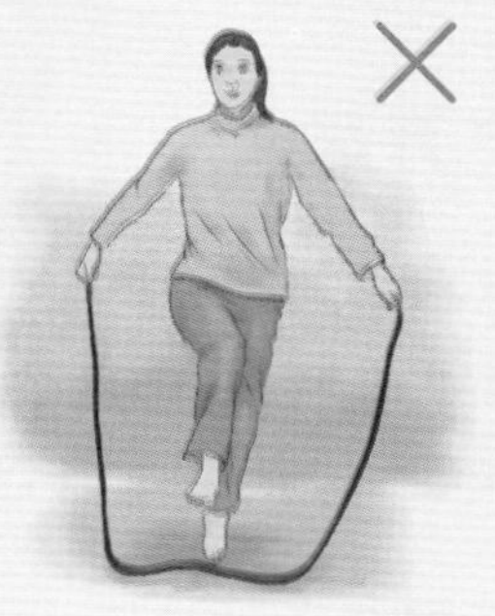

白露过后除了要穿保暖性能好的鞋袜外，还要养成睡前用热水洗脚的习惯，热水泡脚除了可预防呼吸道感染性疾病外，还能使血管扩张、血流加快，改善脚部皮肤和组织营养，可减少下肢酸痛的发生，缓解或消除白天的疲劳。

2. 白露时节慢跑为佳

慢跑时间要根据自己的身体状况而定，慢跑时间不要太长，以每天30～40分钟为宜，当全身感到有微微的出汗时就停止，以防感冒。慢跑的步伐要轻快，双臂自然地摆动，全身肌肉要放松，呼吸要深、长、细缓而有节奏。

3. 预防疲劳性足部骨折

疲劳性足部骨折的临床症状最初表现为足痛，走路多、劳累后加重，随走路时间的延长疼痛加剧，以致最后疼痛难忍无法行走。预防疲劳性骨折应注意在旅游途中或长距离行走时的足部保健。

## 与白露有关的耳熟能详的谚语

### 八月雁门开，雁儿脚下带霜来

白露时节的到来，在每年农历八月，一些候鸟如黄雀、椋鸟、树鹨、柳莺、绣眼、沙锥、麦鸡、大雁等对气候的变化相当敏感，于是它们集体向南方迁徙，为过冬做准备。这些候鸟大都选择仲秋的月明风清之夜，好像是给人们发出了信号，预示着天气变冷了，让人们抓紧时间收割庄稼，且多添一些衣服，以便迎接寒冷季节的到来。

### 处暑十八盆，白露勿露身

人们常说的谚语："处暑十八盆，白露勿露身。"这两句话的意思是说，处暑仍很炎热，每天须用一盆水洗澡，过了十八天，到了白露，因天气转凉，就不要赤膊裸体了，以免着凉感冒。

### 白露天气晴，谷米白如银

白露期间，华南日照时间较处暑骤减一半左右，这种递减趋势会一直持续到冬季。白露时节的上述气候特点，对晚稻抽穗扬花和棉桃爆桃是不利的，也影响中稻的收割和翻晒，所以人们根据此种气候特点，总结出了"白露天气晴，谷米白如银"的说法。

# 第 4 章
# 秋分：秋色平分，碧空万里

秋分是美好宜人的时节，秋高气爽，丹桂飘香，蟹肥菊黄。秋分平分秋色，万山红遍，层林尽染。秋分带走初秋的淡雅，迎来深秋的斑斓。

## 秋分气象和农事特点：凉风习习，田间秋收、秋耕、秋种忙

### 秋分时节，凉风习习，碧空万里

秋分是二十四节气中的第十六个节气，每年阳历 9 月 23 日前后，南方的气候由这一节气起才始入秋。太阳黄经为 180° 是秋分。我国古籍《春秋繁露 · 阴阳出入上下篇》中记载："秋分者，阴阳相半也，故昼夜均而寒暑平。"秋分这一天同春分一样，阳光几乎直射赤道，昼夜几乎相等。秋分是表征季节变化的节气。从这一天起，阳光直射位置继续由赤道向南半球推移，北半球开始昼短夜长。根据我国旧历的记载，这一天刚好是秋季九十天的一半，因而称秋分。但在天文学上规定北半球的秋天是从秋分开始的。秋分时节，长江流域及其以北的广大地区，均先后进入了秋季，日平均气温都降到了 22℃以下。北方冷气团开始具有一定的势力，大部分地区雨季已经结束，凉风习习，碧空万里，风和日丽，秋高气爽，丹桂飘香，蟹肥菊黄。秋分是气候宜人的时节，也是农业生产上重要的节气。秋分后太阳直射的位置南移到南半球，北半球得到的太阳辐射逐渐减少，这个时节地面散失的热量越来越多，气温降低的速度也越来越快。

### 秋分时节秋收、秋耕、秋种忙不停

由于秋季降温越来越快的缘故，秋收、秋耕、秋种的"三秋"大忙显得格外紧张。秋分棉花吐絮，烟叶也由绿变黄，正是收获的黄金时机。华北地区已经开始播种冬小麦，长江流域及南部广大地区正忙着晚稻的收割，抢晴耕翻土地，准备油菜播种。秋分时节的干旱少雨或连绵阴雨是影响"三秋"正常进行的主要不利因素，特别是连阴雨会使即将到手的农作物倒伏、霉烂或发芽，造成严重损失。"三秋"大忙，贵在"早"字。及时抢收秋收农作物可免受早霜冻和连阴雨的危害，适时早播冬季农作物可争取充分利用冬前的热量资源，培育壮苗安全越冬，为来年奠定丰产的基础。这个时节，南方的双季晚稻正是抽穗扬花的时候，也是晚稻能否高产的关键时期，早来低温阴雨形成的"秋分寒"天气，是双季晚稻开花结实的主要威胁，因此必须认真做好

防御准备工作，保障晚稻高产丰收。

## 秋分农历节日：中秋节

农历八月十五，是我国传统的中秋佳节。这时是一年秋季的中期，因此被称为中秋。农历把一年分为四季，每个季节又分为孟、仲、季三个时段，中秋也称作仲秋。八月十五夜，人们仰望天空如玉如盘的朗朗明月，自然会期盼家人团聚。远在他乡的游子，也借此寄托自己对故乡和亲朋好友的思念之情，因此中秋节又称“团圆节”。

民间很早就有“秋暮夕月”的习俗。夕月，即祭拜月神。

据说古代齐国姑娘丑女无盐，年幼时曾虔诚拜月，随后以超群品德入宫，某年八月十五宫里赏月，天子在月光下见到了她，觉得她美丽动人，于是就册封她为皇后，中秋拜月习俗由此而来。传说月中嫦娥，以美貌著称，所以许多少女拜月，愿“貌似嫦娥，面如皓月”。在唐朝，中秋赏月颇为盛行。在北宋京师，八月十五夜，不论贫富、男女老少，都要穿上成人的衣服，焚香拜月说出心愿，祈求月亮神的庇护。南宋时，民间以月饼相赠，取团圆之义。有些地方还有舞草龙、砌宝塔等活动。明清以来，中秋节的风俗更加盛行；许多地方形成了烧斗香、树中秋、点塔灯、放天灯、走月亮、舞火龙等特殊风俗。

中秋节有着悠久的历史，和其他传统节日一样也是慢慢发展、延伸形成的，古代帝王有春天祭日、秋天祭月的礼制，早在《周礼》一书中已有“中秋”一词的说法了。后来的贵族和文人学士也效仿起来，在中秋节，对着天上月亮，观赏祭拜，寄托情怀，这种习俗慢慢成为一个传统的活动，一直到了唐代，这种祭月的风俗更为人们所重视，中秋节定为固定的节日，《唐书》中记载有“八月十五中秋节”，中秋节盛行于宋朝，明清时期已与元旦齐名，成为重要的传统节日之一。

**嫦娥奔月的传说**

后羿射下了天上的九个太阳，为民除害，深受天下百姓的尊敬和爱戴。随后他娶了美丽善良的嫦娥姑娘做他的妻子。后羿除了传艺狩猎外，终日和妻子在一起，人们都羡慕这对郎才女貌的恩爱夫妻。不少有志之士慕名前来投师学艺，心术不正的逢蒙也混了进来。一天，后羿到昆仑山访友求道，巧遇由此经过的王母娘娘，便向王母娘娘求得两颗长生不老的仙丹。据说，服下一颗仙丹的人可以长生不老，服下两颗仙丹的人就能即刻升天成仙。后羿舍不得撇下妻子，只好暂时把两颗仙丹交给嫦娥珍藏起来。

嫦娥将仙丹藏进梳妆台的百宝匣时，被小人逢蒙偷窥到了，他想偷吃仙丹成仙。三天后，后羿率众徒外出狩猎，心怀鬼胎的逢蒙假装生病留了下来。待后羿走后不久，逢蒙手持宝剑闯入内宅后院，威逼嫦娥交出仙丹。嫦娥知道自己不是逢蒙的对手，危急之时，她打开百宝匣，拿出两颗仙丹一口气吞了下去。嫦娥吞下仙丹后，身子立刻感觉轻飘飘能够飞了，她于是飞出窗口，向天空飞去。由于嫦娥牵挂着丈夫后羿，便飞落到距离人间最近的月亮上。

太阳落山时，后羿又累又饿回到家里，没有看见爱妻嫦娥，便询问侍女们是怎么回事。侍女们哭着向他讲述了白天发生的事。后羿既惊又怒，抽剑去杀恶徒，不料逢蒙早已逃亡。后羿气得捶胸顿足，悲痛欲绝，仰望着夜空呼唤爱妻的名字。朦胧中他惊奇地发现，当天晚上的月亮格外明亮，恰好这天是农历八月十五，而且月亮里有个晃动的身影酷似嫦娥。他飞一般地朝月亮追去，可是他追三步，月亮退三步，他退三步，月亮进三步，无论如何也追不上月亮。

后羿思念妻子嫦娥心切，便派人到嫦娥喜爱的后花园里摆上香案，放上她平时最爱吃的蜜食鲜果，遥祭在月宫里的嫦娥。老百姓们听说嫦娥奔月成仙的消息后，每年到农历八月十五，纷纷在月下摆设香案祭拜嫦娥，为漂亮、善良的嫦娥祈求吉祥平安。

**赏月、望月**

赏月的风俗来源自祭月，严肃的祭祀后来变成了轻松的欢娱。《礼记》中记载有“秋暮夕月”，夕月即祭拜月神。到了周代，每逢中秋夜都要举行祭月活动。人们在大香案上摆上月饼及西瓜、苹果、李子、葡萄等时令水果，等月亮挂到半空时便开始祭拜。民间中秋赏月活动大约始于魏晋时期，但是没有形成习俗。到了唐朝，中秋赏月颇为盛行，许多诗人的名篇中都有咏月的诗句。待到宋时，形成了以赏月活动为中心的中秋民俗节日，正式定为中秋节。与唐人不同，宋人赏月更多的是感物伤怀，常以阴晴圆缺，喻人情事态，即使中秋之夜，明月的清光也掩饰不住宋人的伤感。但对宋人来说，中秋还有另外一种形态，即中秋是世俗欢愉的节日。宋代的中秋夜是不眠之夜，夜市通宵营业，赏月游人，达旦不绝，热闹非凡。可见在宋代，中秋赏月之风更加盛行。《东京梦华录》中记载：“中秋夜，贵家结饰台榭，民间争占酒楼赏月。”京城大多数的店家、酒楼在这一天都要重新装饰门面，牌楼上扎绸挂彩，出售新鲜水果或者精制食品，老百姓们纷纷登上楼台看热闹，一些有钱人家以及读书人在自己的楼台亭阁摆上食品或安排家宴、饮酒作诗赏月。

时至今日，民间许多地方还有望月的习俗。安徽一带民谚云：“云掩中秋月，雨打上元灯。”黄河中下游地区，中秋节的晚上男女老少登高望月，称月亮的明暗可以卜来年元宵节天气的阴晴。

**吃月饼：团团圆圆**

月饼象征着团圆。月饼又称作胡饼、宫饼、小饼、月团、团圆饼等，是古代中

# 中秋节主要民俗习惯

## 拜月

中秋节，民间有拜月的习俗。拜月由祭月而来，中国的祭月仪式从周代起就有，祭月时间是在中秋月出时开始祭祀。中秋拜月，是向月神表示敬意，中秋无论能否看到月亮，都可以拜月。向月亮的方位摆放祭桌祭拜即可。

## 赏月

中秋时节，北方干冷气流南下，空气中水汽降低，天空中的云雾少了，因而出现秋高气爽、夜空如洗的天气，这个时期月亮显得格外皎洁，使人容易产生月到中秋分外明的感觉。皎洁的明月会给人带来美的感受，适合全家人坐在一起欣赏交流。

## 吃月饼

月饼是深受中国人民喜爱的中秋节传统节日特色食品。月圆饼也圆，象征着团圆和睦，在中秋节这一天，月饼是必食之品。中秋节吃月饼的习俗于唐代开始，至明、清发展成为全民共同的饮食习俗。时至今日，月饼品种更加繁多，风味因地各异。其中京式、苏式、广式、潮式等月饼广为中国南北各地的人们所喜食。

## 团圆馍

团圆馍是在面饼上雕出各种花纹，在两层面饼中间夹有一层芝麻。精美的花纹体现出妇女的心灵手巧，当中的芝麻营养丰富，圆形的面饼寓意着团圆，全家分食象征着福泽全家，是中秋节含义最深刻的食物。

秋祭拜月神的供品，流传下来就形成了中秋吃月饼的习俗。每逢中秋，皓月当空，合家团聚，品饼赏月，尽享天伦之乐。月饼的制作从唐代以后越来越考究。苏东坡有诗云：“小饼如嚼月，中有酥和饴。”清朝杨光辅也曾写道：“月饼饱装桃肉馅，雪糕甜砌蔗糖霜。”看来当时的月饼和现在已颇为相近了。

《西湖游览志余》中记载：“八月十五谓中秋，民间以月饼相送，取团圆之意。”《帝京景物略》中也记载：“八月十五祭月，其饼必圆，分瓜必牙错，瓣刻如莲花。……其有妇归宁者，是日必返夫家，曰团圆节。”中秋节晚上，部分地区还有烙“团圆”的习俗，即烙一种象征团圆、类似月饼的小饼子，饼内填充桂花、芝麻、包糖和蔬菜等，外压月亮、桂树、兔子等图案。祭月之后，由家中年长者将饼按人数分切成块，每人一块，如有人不在家即为其留下一份，保存起来，表示人人有份、合家团圆。

如今的月饼，各地因地区不同，人们口味不同和用料、调味、形状的差别，形成不同文化风格的月饼品种。目前主要的月饼品种有京式、苏式、广式、潮式、滇式等多种。

**走月亮：联姻、求子**

中秋佳节，走月亮简称“走月”，又称作“踏月”“游月”“玩月”等。中秋节天高气爽，女士们结伴乘着月色，尽情畅游于街市或郊野阡陌，或进出尼庵，摆设香案，望月展拜，或唱歌跳舞，弹琴吹奏，通宵达旦，即使名门闺秀，也突破规矩，盛妆出游，无人阻止。有的姑娘，悄悄约上恋人；有的借出游之机，寻求佳偶。南京过去“走月”还有一种特殊风俗，凡没生育的妇女，要去夫子庙，随后跨过一座桥，有的要走过更多的桥而不许重复，这就不仅动体力，还须动智力，传说经过“走月”的静沐月光后，不久将能怀孕。

**玩花灯：秉灯夜游，灯来灯往**

中秋是我国三大灯节之一，过节要玩花灯。中秋玩花灯大多集中在南方。当然，中秋没有像元宵节那样的大型灯会，玩灯主要是在家庭、儿童之间进行的。花灯包括各式各样的彩灯，如芝麻灯、蛋壳灯、刨花灯、稻草灯、鱼鳞灯、谷壳灯、瓜子灯及鸟兽花树灯。广州、香港的小孩在家长协助下，用竹纸扎成兔子灯、阳桃灯或正方形的灯，横挂在短杆中，再竖到高杆上，高挂起来，彩光闪耀，为中秋喜添美景。广西南宁除了用竹纸扎各式花灯让儿童玩耍外，还有很朴素的柚子灯、南瓜灯、橘子灯。所谓柚子灯，是将柚子掏空，画出图案，穿上绳子，在里面点上蜡烛就可以了。南瓜灯、橘子灯也是将瓤掏出后制作而成的。这些灯外表朴素而制作简易，很受欢迎。近年来，南方不少地区，在中秋夜布置灯会前，利用机器制造出采用电灯照亮的大型现代彩灯，还有用塑料电子元器件制成的各式各样的新型电子智能花灯供儿童玩耍，虽然花灯更上档次、花样繁多，但少了一种旧时手工花灯的纯朴之美。

**烧塔：纪念元末农民起义**

烧塔是中秋传统节日民间开展的一项民俗活动。

相传烧塔是汉人反抗元朝残暴统治的起义信号。元朝统治天下以后，采取种族歧视的政策，蒙古贵族没收了汉人的马匹和兵器。剥夺人民游神赛会的权利，甚至不容许百姓夜行和夜间点火。元朝末年，黄河连年水灾，物价飞涨，人民流离失所，饥寒交迫。此时。韩山童、刘福通等白莲教首领便利用宗教做掩护，发动农民起义。元顺帝至正十一年（1352 年）夏天，刘福通领导的白莲教——红巾军在皖北豫南一带举起反元旗帜，得到全国各地的普遍响应。潮汕人民为与周边统一步调，按事前密约，于农历八月十五这一天，在空旷地方用瓦片砌塔，燃烧大火，作为起义行动信号，一齐动手，宰杀那高居人民头上的蒙古贵族。后来，烧塔便成为中秋佳节习俗世代流传下来。

民间中秋节潮汕烧塔多为青少年娱乐活动，中秋节前夕，人们就忙碌起来，四处捡拾残破瓦片，积聚枯树枝、废木片木块，于中秋下午就开始砌瓦塔。塔的大小高低，依据积聚瓦片的多寡及参与者的年龄层次而定，十岁左右的孩子砌的是小瓦塔，一般只有两三尺高。青年砌的规模较大，由于他们年龄大些，会从四方八面搬来瓦片，故砌的瓦塔往往有五六尺到一丈多高。瓦塔累砌也有讲究，大瓦塔的塔基要铺上红砖条或灰砖块，然后按“品”字形的格局构建。为了使塔身通风透气和造型美观，大的瓦塔常是两片瓦片合在一起按“品”字形架放。塔下留出两个门，一个用于投放燃料，另一个掏出木灰，塔的上端留出烟囱，供吐火舌之用。砌建瓦塔地方，大都在旷埕与广场，在同一场地中，有时砌上几个瓦塔。中秋节夜晚，月亮升至半空以后开始点火，瓦塔开始燃烧起来，至燃烧猛烈时，瓦片被烧得通红透亮，塔口的火焰直冲云天，就在这个时候，人们把粗粒的海盐，一大把一大把地撒向塔里，瓦塔发出像鞭炮一样的噼噼啪啪响声，再撒上硫黄，燃放出蓝色光焰，十分壮观，招引广大群众围观欣赏。有的地方，还把烧塔习俗作为活动竞赛项目，塔建得高大、燃烧得剧烈，经集体评议后可以给予奖励。

**兔儿爷：祈求中秋顺遂吉祥**

兔儿爷流行于北京、天津等地区，又称“彩兔”。传说古时候，老北京城里突然闹起了瘟疫，家家户户都有病人，吃什么药都不管用。嫦娥看到人间烧香求医的情景，心里十分难过，就派玉兔到人间去为百姓消灾治病。于是，玉兔变成一个少女来到了北京城。她走了一家又一家，治好了很多病人。人们为了感谢玉兔，都要送给她东西。

可玉兔什么也不要，只是向别人借衣服穿。这样，玉兔每到一处就换一身装扮，有时候打扮得像个卖油的，有时候又像个算命的，一会儿是男人装束，一会儿又是女人打扮。为了能给更多的病人治病，玉兔就骑上马、鹿、狮子或老虎，走遍了老北京城内外，直到瘟疫消除。为了纪念玉兔给人间带来的吉祥和幸福，人们便用泥塑造了玉兔的形象，每到农历八月十五那一天，家家都要供奉玉兔——“兔儿爷”，以祈中秋顺遂吉祥。

人们常见的“兔儿爷”，一般都是铜盔金甲的武士模样，而且，插在头盔上的野鸡翎只有一根。老北京有句歇后语：“兔儿爷”的翎子——独挑。后来，“兔儿爷”又由单个武士，发展成整出武戏的“兔儿爷”，如《长坂坡》《天水关》《战马超》《八蜡庙》等，其服装、道具，无一不和舞台上相似。再后来，又有了反映人们日常生活的“兔儿爷”，甚至人们充分发挥想象力还把“兔奶奶”也请到了供桌上，让他们夫唱妇随，二者的衣着打扮，也随着时代变迁而与时俱进。

**舞火龙——驱除瘟疫**

传说很早以前，香港铜锣湾大坑区在一次风灾袭击后，出现了一条大蟒蛇，四处作恶，伤害人畜，村民们非常气愤，齐心协力把它降服，不料次日蟒蛇不翼而飞。数天后，大坑区便开始发生瘟疫。这时，村中父老忽获菩萨托梦，说是只要在中秋佳节舞动火龙，便可将瘟疫驱除。随后年年岁岁，中秋节舞火龙就传承下来。

舞火龙活动也是香港中秋节最富有传统特色的习俗。从农历八月十四晚起，香港铜锣湾大坑地区就一连三晚举行盛大的舞火龙活动。这火龙长约 70 多米，用珍珠草扎成 32 节的龙身，插满了长寿香。盛会之夜，所有大街小巷，一条条蜿蜒起伏的火龙在灯光与龙鼓音乐下欢腾起舞，观众人山人海，场面非常壮观。

**团圆馍——祈盼团团圆圆**

中秋佳节，民间有吃团圆馍的习俗。陕西长安、河南豫西等地区家家户户中秋节要做团圆馍吃。吃时切成许多尖牙的形状，给全家每人分一牙，如果有人短期外出，可以保存下来，等他（她）回来再吃；假若姑娘已经出嫁了，也要派人送去。此举目的也是祈盼全家团团圆圆，和和美美。

## 秋分主要民俗：吃秋菜、送秋牛

秋分时节和清明时节有些民俗相类似，秋分时节也有扫墓祭祖的习惯，称作“秋祭”。一般秋祭的仪式是，扫墓祭祖前先在祠堂举行隆重的祭祖仪式，杀猪、宰羊，请鼓手吹奏，由礼生念祭文等。扫墓祭祖活动开始时，首先扫祭开基祖和远祖坟墓，全族和全村男女老少都要出动，规模很大，队伍往往达几百甚至上千人。开基祖和远祖

## 秋分时节主要民间风俗习惯

吃秋菜

秋分时节，野外秋菜生长繁茂，全家老小都去田野里采摘秋菜，既锻炼身体，又可以补充营养。

秋分也粘雀子嘴

当麻雀啄食汤圆时，会被粘住嘴，就无法啄食成熟的麦子，减少了农田的损失，保证收成。

墓扫完之后，分房扫祭各房祖先坟墓，最后各家扫祭家庭私墓。大部分客家地区秋季祭祖扫墓，都从秋分或更早一些时候便开始祭祖扫墓，一般会持续到九月的重阳节。

**吃秋菜：家宅安宁、身强力壮**

秋分时节，民间很多地方要吃一种称作“野苋菜”的野菜，有的地方也称之为“秋碧蒿”，这就是“吃秋菜”的习俗。秋分一到，全家老小都挎着篮子去田野里采摘秋菜。在田野中搜寻时，多见嫩绿的、细细的约有巴掌那样长短的秋菜。一般人家将采回的秋菜与鱼片“滚汤”食用，炖出来的汤叫作“秋汤”。有民谣这样说：“秋汤灌脏，洗涤肝肠。阖家老少，平安健康。”人们争相吃秋菜，目的是祈求家宅安宁、身体强壮有力。

**送秋牛：送“秋牛图”**

秋分时节，民间挨家挨户送秋牛。送秋牛其实就是把二开红纸或黄纸印上全年农历节气，还要印上农夫耕田的图样，美其名曰“秋牛图”。送图者都是些民间能言善辩、能歌善舞之人，主要说些秋耕吉祥，不违农时的话，每到一家便是即景生情，见啥说啥，说得主人乐呵呵，捧出钱来交换“秋牛图”。言辞虽然即兴发挥，随口而出，但句句有韵动听。民间俗称“说秋”，说秋之人便叫“秋官”。据说秋分遇到“秋官”吉祥。

**秋分也粘雀子嘴**

秋分之日，民间这一天部分地区农民按习俗放假休息，家家户户要吃汤圆，与春分之日雷同，还要将十几个或二三十个不用包心的汤圆煮好，用细竹叉扦着置于室外田边地坎，这就是传说中的“粘雀子嘴”，寓意是阻止雀子破坏庄稼，保佑当年五谷丰登。

## 秋分饮食养生：食物多样化，保持阴阳平衡

### 阴阳平衡，食物要多样化

秋分时节，天气逐渐由热转凉，昼夜均等，因此，这个时节养生也要遵循阴阳平衡的原则。使阴气平和，阳气固密。“阴阳平衡”是中医的说法，其实这与现代医学中的“营养均衡”有异曲同工之妙。想要均衡营养，就必须要做到不挑食，保证食物的多样化和蛋白质、脂肪、碳水化合物、维生素、矿物质、膳食纤维以及水等营养素的平衡摄入。夏季天气炎热，人们食欲大多有所下降，很容易缺乏营养，所以到了秋天，要保证营养的充足和平衡。另外，一日三餐的合理安排也很重要，要遵循早吃饱、午吃好、晚吃少的原则，适当调配。吃东西时，切忌囫囵吞枣，尽量要细嚼慢咽，这样才能使肠胃更好地消化和吸收食物中的营养，而且还有利于保持肠道内的水分，起到生津润燥益气的功效。

### 补骨添髓，宜多吃螃蟹

螃蟹具有清热解毒、补骨添髓之功效。秋分时节多吃螃蟹有助于体内运化，调节

**秋分时节吃螃蟹注意要点**

秋分时丹桂飘香，蟹肥菊黄。这时的螃蟹最为肥美。

**没有蒸熟或煎炸的生螃蟹不能吃**

一是螃蟹身体中往往有寄生肺吸虫，生吃螃蟹会使肺吸虫也进入人体内；二是螃蟹好食腐败之物，各种病菌和毒素都会积累在螃蟹肠胃里，如果生吃很容易引起食物中毒。

**死螃蟹不能吃**

螃蟹在死亡后，其体内的组氨酸分解会产生组胺。组胺是一种对人体有毒的物质，而且螃蟹体内组胺的积累量会随着其死亡时间的延长而增多，毒性也会越大。更重要的是，即使螃蟹清蒸或煎炸完全熟透了，组胺的毒性也不会被破坏掉，因此已经死了的螃蟹就不要烹饪食用了。

**不吃内脏没去除干净的螃蟹**

螃蟹烹饪前，不但要把螃蟹淘洗干净，而且还要把蟹鳃、蟹胃以及蟹心等清理干净。其中蟹鳃长在蟹体两侧，成眉毛状条形排列，而蟹胃在蟹体的前半部，蟹鳃和蟹胃都含有很多病菌和脏东西；蟹心则在蟹黄中间，与蟹胃紧紧连着，其味道苦涩，也要清除干净。把这些有害器官去除干净，清洗后方可烹饪，否则食用了螃蟹后也有可能会引起肠胃不舒服等疾病。

阴阳平衡。挑食以外壳背呈墨绿色、肚脐凸出、螯足上刚毛丛生的螃蟹为上品。螃蟹性寒，食用时须蘸食葱、生姜、醋等调味品，以祛寒杀菌。

### 食用“秋蟹”有讲究

秋分时节，螃蟹肉嫩味美，也是最有滋补价值的时机。不仅如此，螃蟹还有极高的营养价值，其蛋白质含量比猪肉、鱼肉高出好多倍，而且含有丰富的钙、磷、铁以及维生素 A 等营养元素。虽然秋蟹营养美味，但是食用“秋蟹”是有讲究的，如果食用不当，那么就会给健康造成损害。

#### ◎秋日蟹锅

【材料】新鲜螃蟹 500 克，鸡肉末 180 克，猪肉末 120 克，银耳 200 克，莲藕末、竹笋块、胡萝卜片各 100 克，鸡蛋 1 个，植物油、盐、香菜末、干淀粉、米酒、葱段、姜片等适量。

【制作】①螃蟹内脏各种器官清理干净。②锅内倒油烧热，放葱段、姜片煸香，放胡萝卜、竹笋、螃蟹翻炒，下米酒、盐、开水，小火慢炖。③大碗内放肉末、莲藕、香菜末、鸡蛋、盐、干淀粉，拌馅挤成小丸子。④另起锅煮小丸子 2 ~ 3 分钟，倒入炒锅，放盐，放银耳，煮熟即可食用。

### 秋分时节，宜多食红薯

常吃红薯能使人“长寿少疾”，尤其在秋分时节多食用些红薯，对身体大有裨益。挑食红薯以新鲜、干净、表皮光洁、没有黑褐色斑的为佳。红薯中的气化酶常常会使食用者产生胃灼热、吐酸水、肚胀等不适症状，建议在蒸煮红薯时，适当延长蒸煮时间，就可以避免上述症状出现。秋分时节可以食用红薯炒玉米粒。

#### ◎红薯炒玉米粒

【材料】玉米粒 100 克，红薯 150 克，青柿子椒半个，枸杞子、植物油、水淀粉、盐、鸡精、胡椒粉等适量。

【制作】①红薯冲洗干净，去皮，切成丁。②玉米粒淘洗干净，焯水。③青柿子椒洗干净，切碎。④红薯丁下锅炸至皮面硬结，捞出控油。⑤锅中留底油烧热，放入青柿子椒和玉米粒，略炒，放红薯丁，翻炒片刻，撒入盐、鸡精、胡椒粉，炒熟。⑥然后下枸杞子炒匀，用水淀粉勾芡即可食用。

### 益阴补髓、清热散瘀食用油酱毛蟹

◎油酱毛蟹

【材料】河蟹500克，姜、葱、醋、酱油、白糖、干面粉、味精、黄酒、淀粉、食油各适量。

【制作】①将蟹清洗干净，斩去尖爪，蟹肚朝上齐正中斩成两半，挖去蟹鳃，蟹肚被斩剖处抹上干面粉。②将锅烧热，放油滑锅烧至五成熟，将蟹（抹面粉的一面朝下）入锅煎炸，待蟹呈黄色后，翻身再炸，使蟹四面受热均匀，至蟹壳发红时，加入葱姜末、黄酒、醋、酱油、白糖、清水，烧八分钟左右至蟹肉全部熟透后，收浓汤汁。③撒入味精，再用水淀粉勾芡，淋上少量明油出锅即可食用。

### 补脾消食、清热生津食用甘蔗粥

◎甘蔗粥

【材料】甘蔗汁800毫升，高粱米200克。

【制作】甘蔗洗净榨汁，高粱米淘洗干净，将甘蔗汁与高粱米同入锅中，再加入适量的清水，煮成薄粥即可食用。

### 清热消痰、祛风托毒食用海米炝竹笋

◎海米炝竹笋

【材料】竹笋400克，海米25克，料酒、盐、味精、高汤、植物油等适量。

【制作】①竹笋洗净，用刀背拍松，切成4厘米长段，再切成一字条，放入沸水锅中焯去涩味，捞出过凉水。②将油入锅烧至四成热，投入竹笋稍炸，捞出淋干油。③锅内留少量底油，把竹笋、高汤、盐略烧，入味后出锅。④再将炒锅放油，烧至五成热，下海米烹入料酒，高汤少许，加味精，将竹笋倒入锅中翻炒均匀装盘即可食用。

## 秋分药膳养生：滋阴壮阳、清润生津和健胃消食

### 滋阴壮阳、养气补气，食用乌鸡糯米粥

乌鸡糯米粥具有滋阴壮阳、养气补气、养血补血之功效，可用于治疗贫血等症状。

### ◎乌鸡糯米粥

【材料】新鲜乌鸡 1 只，糯米 150 克，葱段 5 克，姜 2 片，盐 2 克，味精 1.5 克，料酒 10 克，冷水适量。

【制作】①糯米淘洗干净，用冷水浸泡 2 ~ 3 小时，捞出，沥干水分。②将乌鸡开肠破肚冲洗干净，放入开水锅内汆一下捞出。③取锅倒入冷水、乌鸡，加入葱段、姜片、料酒，先用大火烧开。④然后再改用小火煨煮至汤浓鸡烂，捞出乌鸡，拣去葱段、姜片，加入糯米。⑤再用大火煮开后改小火，继续煮至粥成。⑥把鸡肉拆下撕碎，放到粥里，撒入盐、味精调好味，起锅即可。

**清润生津，饮用西红柿豆腐鱼丸汤**

西红柿豆腐鱼丸汤具有清润生津之功效，适用于胃津不足、咽干、口渴、不思饮食等症状。

### ◎西红柿豆腐鱼丸汤

【材料】西红柿、新鲜鱼肉各 250 克，发菜 100 克，豆腐 2 块，葱 1 根，盐、香油、水适量。

【制作】①西红柿洗干净切成块。②鱼肉洗干净，抹干水，剁烂，撒盐调味，倒入适量水。搅至起胶，放入葱花搅匀，加工成鱼丸。③豆腐切成小块。④发菜洗干净，沥干，切短。⑤葱洗净切成葱花。⑥豆腐放入开水锅内，大火煲开放入西红柿，再煲开后放入鱼丸煮熟，撒入盐、倒入香油调味即可食用。

**生津止渴、健胃消食，饮用青果薄荷汁**

青果薄荷汁具有生津止渴、健胃消食之功效，用于治疗口渴、食欲不振等疾病。

### ◎青果薄荷汁

【材料】青苹果 1 个，猕猴桃 3 个，薄荷叶 3 片等。

【制作】①青苹果洗干净后去核去皮，切成小块。②猕猴桃去皮取瓤，切成小块。③薄荷叶淘洗干净，放入榨汁机中打碎，过滤干净后倒进杯中。④猕猴桃块、苹果块也用榨汁机榨成汁，倒入装薄荷汁的杯中搅拌均匀，即可直接饮用。

## 秋分起居养生：多事之秋、少安毋躁、注意皮肤保湿

### 多事之秋，登高望远，参与集体活动

秋分时节，天气慢慢转凉，大地万物凋零，自然界到处呈现出一片凄凉的景象，人们容易产生“悲秋”的伤感。俗话说“多事之秋”，因此要注意精神心态方面的调养。遇到事情要少安毋躁，冷静沉着应付处理，时刻保持心平气和、乐观的情绪。在秋高气爽、风和日丽的秋日里，多出去走走。常和大自然亲密接触，排解一下秋愁。此时节最适宜的运动莫过于登高望远，参与集体活动，这样能使人身心愉悦，心旷神怡，从而消除不良的情绪。此外，还可以多和亲戚、朋友交流，多参加一些文化节、书画展等有益活动。

### 秋分洗脸不宜过勤，注意皮肤保湿

随着秋分以后气温的逐步下降，皮肤油脂的分泌量会有所减少，人们时常感觉皮肤干燥、紧绷，这时就要注意开始对皮肤的保护了。为了减少油脂的损失，可以采取减少洗脸的次数。一些人属干性皮肤，本身就缺油，更不宜太频繁洗脸。如果清洁太彻底，皮肤会很干燥，只需要每天早晨用洗面奶洗一次就行，而且洗面奶要选择温和保湿的产品；有的人皮肤比较敏感，这个季节很容易出现过敏反应，如果用洗面奶等化学产品，就可能引发或加重过敏症状，所以每天用清水洗一次就行；而经常“满面油光”的混合性皮肤的人，在这个时期油脂分泌也会减少，因此不用像夏天似的每天洗好几次脸，另外洗面产品也不用选择清洁效果太强的，不然也会使皮肤干燥。还有洗脸水温度的控制也很重要，温水是最好的选择。水太热不好，会导致油脂流失更

1. **登高望远，参与集体活动**

秋高气爽，正是一年之中最适宜运动的时节，和大家一起外出活动，登山旅游，能增加相互之间的理解与合作，舒缓工作带来的压力。

2. **秋分洗脸不宜过勤，注意保湿皮肤**

秋分时节，空气干燥，大气对于辐射的削弱作用较差，洗脸过勤会导致皮肤干燥、红肿，甚至起皮。

多，皮肤会更干燥；水太凉也不行，对皮肤刺激性太强，会使皮肤变红。另外，洗好脸后，要及时涂抹适合的护肤品，以便更好地保护和滋润皮肤。总之，秋分洗脸不宜过勤，要注意皮肤的保湿。

## 秋分运动养生：避免激烈运动，适宜慢跑和登山运动

### 经常慢跑，避免激烈运动

秋分时节，人体的生理活动，伴随着气候由炎热变凉爽而渐渐进入了“收”的时段。所以，进行适当的运动来养生，才能不违背天时。适当的运动就是要避免过于剧烈的活动，慢跑应该说是较为理想的运动之一。

慢跑历来是任何药物都无法替代的健身运动，坚持轻松的慢跑运动，能增强呼吸系统的功能，使肺活量增加，提高人体通气和换气的能力。慢跑时最好用腹部做深呼吸活动，这样也间接地活动了腹部。秋分时空气清新，慢跑时吸入的氧气可比静坐时多出 8 ～ 12 倍。长期练慢跑的人，最大吸氧量不仅明显高于不锻炼的同龄人，还能高于参加一般锻炼的同龄人。要想慢跑见效果，贵在坚持。

### 秋分登山运动延年益寿

秋分时节风和日丽，是一年四季中外出旅游和进行户外健身活动的最佳时节。此时，进行登山活动，既不像夏天般酷热难当，也不像冬日般寒风凛冽，对身体健康极为有利。

首先，从运动健身的角度分析来看，登山是一种向上攀登考验耐力的行走运动，对全身的关节和肌肉有很好的锻炼作用，特别是对腰部和下肢肌肉群，尤具锻炼作用。在进行登山运动时，人体要比静息时多摄入 8~20 倍的氧气。充足的氧气对人的心脏和其他内脏器官都有好处：①能使肺通气量、肺活量增加；②能使血液循环增强，特别是能增加脑的血流量；③有较好的降低血脂和减肥作用。因此，秋分时节登山运动适于防治高脂血症、神经衰弱、消化不良、慢性腰腿疼和动脉硬化等疾病。而且由于全身的肌肉和骨骼在登山时都能得到锻炼，因此，经常登山的人一般情况下不容易患上骨质疏松症。

其次，从气象角度来看，一是秋分时山上的绿色植物还很茂密，能吸尘，净化空气，所以山顶的空气要比山下的空气好，尤其比我们居住的房屋和办公室内的空气新鲜得多。二是秋分时山顶空气中的负离子含量更高。可别小瞧负离子，它是人类生命中不可缺少的物质。三是山顶的气压比山脚下要低，气温随着地形高度的上升而递减的特性，对人的生理功能起着积极促进作用，如能使人体在登山的过程中，感受到温度的频繁变化，让人体的体温调节系统不断处于紧张的工作状态，从而可以大大提高

秋分运动养生

1. 经常慢跑，避免激烈运动

秋分时节的运动不要过于剧烈，慢跑是很好的选择。慢跑健身讲究宁静自然、身动心静，因此慢跑时要带着乐观的心情去跑，千万不能有任何的勉强。如果目的是应付任务似的强迫自己跑步，那样是收不到良好的运动效果的。

2. 登山也是秋分时节很好的运动选择

进行户外登山运动时，应选择天气晴好的日子，气温不要太低，没有云雾影响视线，风速小于3米/秒。登山前要喝一些温开水，尽量少穿一些衣服，出汗后不能脱去衣服，以免山顶风大而着凉。不妨随身带一件厚一点儿的衣服，在山顶休息、饮食时穿上。

人体对环境变化的适应能力。

## 与秋分有关的耳熟能详的谚语

**秋分无生田，不熟也得割**

秋分时节，大部分农作物已经成熟，而且此时随着太阳直射位置的南移，地面所获得的热量逐渐减少，气温也不断下降，因此，广大农民必须抓住时机收割庄稼。若不及时收割，就会影响到以后的秋耕、秋种，会给农业生产造成不必要的麻烦。

**分后社，白米遍天下；社后分，白米像锦墩**

秋分是秋天的一半，但是民间认为，中秋也是秋天的一半，由于按阳历和阴历的算法不同，秋分和中秋不一定在同一天。中秋固定在阴历的八月十五，每年的这一天，人们都会祭拜土地神，也就是传说中的秋社活动，因此中秋也叫“社日”。古时人们认为如果秋分先而中秋后，预兆着来年五谷丰登；如果中秋先而秋分后，则预兆着来年收成不好，所以人们才会说：“分后社，白米遍天下；社后分，白米像锦墩。”秋分这天如果遇上刮风下雨，地里的庄稼就会受到侵害，导致减产。由于人们对月神、土地神的信仰，假如遇上“社后分”，人们自然而然会以为这是月神在惩罚他们，把他们的辛勤劳动成果化为乌有。

**秋分不露头，割了喂老牛**

秋分时节南方的双季晚稻正抽穗扬花，是产量形成的关键时期，早来低温阴雨形成的“秋分寒”天气，是双晚开花结实的主要威胁，必须认真做好预报和防御工作。

# 第 5 章
# 寒露：寒露菊芳，缕缕冷香

寒露时节是中国南北大地上景观差异最大、色彩最为绚丽的时间；寒露来临之时，也是枫叶飘红菊花飘香的时节；寒露菊芳，清秋多了一缕缕冷香。

## 寒露气象和农事特点：昼暖夜凉，农田秋收、灌溉、播种忙

### 寒露时节，昼暖夜凉、晴空万里

寒露是二十四节气中第十七个节气，在每年阳历 10 月 8 日或 9 日，太阳黄经为 195° 是寒露。《月令七十二候集解》说："九月节，露气寒冷，将凝结也。"寒露表示气温比白露时更低，地面的露水更凉，快要凝结成霜了。白露后，天气转凉，开始出现露水，到了寒露，则露水增多，并且气温将更低了。寒露以后，北方地区冷空气已经具有一定势力，我国大部分地区在冷高压控制之下，雨季基本结束。天气常常是昼暖夜凉，晴空万里，对秋季农作物收获十分有利。大部分地区的雷暴也已经消失，只有云南、四川和贵州局部地区尚可听到雷声。华北 10 月份降水量一般只有 9 月降水量的一半或者更少，西北地区则只有几毫米到 20 多毫米。干旱少雨往往给冬小麦的适时播种带来一些困难，这些不利因素成为旱地小麦争取高产的主要障碍。

### 寒露时节农田秋收、灌溉、播种忙

寒露时节，要趁天晴有利时机抓紧采收棉花。这个时节，江淮及江南的单季晚稻也即将成熟，双季晚稻正是灌浆的时候，要注意间歇及时灌溉，保持田间湿润。南方稻区还要注意防御"寒露风"的危害。华北地区要抓紧播种小麦，这时，若遇干旱少雨的天气应设法造墒抢墒播种，保证在霜降前后播完，切不可被动等雨导致旱茬种晚麦。寒露前后是长江流域油菜的适宜播种期，品种安排上应先播甘蓝型品种，后播白菜型品种。淮河以南的播种要抓紧扫尾，已出苗的要清沟沥水，防止涝渍。华北平原的甘薯薯块膨大逐渐停止，这时清晨的气温在 10℃以下或更低的概率逐渐增大，应根据天气情况抓紧时间采收，争取在早霜前采收结束，否则在地里经受低温时间过长，因受冻而导致薯块"硬心"，将会大大降低食用、饲用和工业利用价值，甚至不能贮藏或做种子用。

## 寒露农历节日：重阳节——佩茱萸，饮菊花酒

农历九月九俗称重阳节，为中国的传统节日，又称“老人节”。由于《易经》中把“六”定为阴数，把“九”定为阳数，九月九日，日月并阳，两九相重，故而称作重阳，也叫重九。民间在该日有登高的风俗，因此重阳节又称“登高节”。还有重九节、菊花节等说法。重阳节早在战国时期就已经形成，到了唐代，重阳节被正式定为民间的节日，此后历朝历代沿袭至今。由于农历九月初九“九九”谐音是“久久”，有长久之意，因此常在此日祭祖与推行敬老活动。重阳又称“踏秋”，与农历三月三“踏春”皆是家族倾室而出，重阳这天所有亲人都要一起登高“避灾”，佩茱萸、赏菊花、饮菊花酒。自魏晋起，人们逐渐重视过重阳节，重阳节也成为历代文人墨客吟咏最多的传统节日之一。

重阳节的来源一

重阳节的源头，可以追溯到古老的先秦之前。《吕氏春秋》之中《季秋纪》记载：“(九月)命冢宰，农事备收，举五种之要。藏帝籍之收于神仓，祗敬必饬。”“是月也，大飨帝，尝牺牲，告备于天子。”由此可见当时已有在秋九月农作物丰收之时祭飨天帝、祭祖的活动。

到了汉代，《西京杂记》中记载西汉时的宫人贾佩兰称：“九月九日，佩茱萸，食蓬饵，饮菊花酒，云令人长寿。”相传自这个时期起，有了重阳节求寿之风俗。这是受古代巫师（后为道士）追求长生，采集药物服用的影响。同时还有大型饮宴活动，是由先秦时庆丰收之宴饮发展而来的。《荆楚岁时记》记载：“九月九日，四民并籍野饮宴。”隋杜公瞻注云：“九月九日宴会，未知起于何代，然自汉至宋未改。”求长寿及饮宴，构成了重阳节的根本基础。诗词《与杨府山涂村众老人宴会代祝词》：“重九江村午宴开，奉觞祝寿菊花醅。明年更比今年健，共把青春倒挽回。”较为翔实地叙述了老人节宴会、饮菊花酒、祝健等活动场景。

重阳节的来源二

重阳节的原型之一是古时候的祭祀大火的仪式。作为古代季节星宿标志的“大火”，在季秋九月隐退，《夏小正》中记载“九月内火”，大火星的退隐，不仅使一向以大火星为季节生产与季节生活标识的古人失去了时间的参考，同时也使将大火奉若神明的古人产生莫名其妙的恐惧感，火神的休眠意味着寒冬的即将到来，因此，在“内火”时节，一如其出现时要有迎火仪式那样，人们要举行相应的送行祭仪。古代的祭仪情形虽渺茫难晓，但我们还是可以从后世的重阳节仪中寻找到一些古俗遗痕。如江南部分地区有重阳祭灶的习俗，祭的是家居的火神，由此推断古代九月祭祀“大火”的蛛丝马迹。古人常将重阳与上巳或寒食、九月九与三月三作为对应的春秋大节。汉刘歆《西京杂记》中记载：“三月上巳，九月重阳，使女游戏，就此祓禊登高。”上

# 重阳节主要民俗习惯

## 插茱萸

民间认为在重阳节插茱萸可以避难消灾；或佩戴于臂，或做香袋把茱萸佩戴在贴身衣服上，还有插在头上的。佩戴茱萸者大多是妇女、儿童，有些地方，甚至男子也佩戴茱萸。

## 饮菊花酒

菊花酒具有明目、补肝气、安肠胃、利血、轻身、治头昏、降血压、减肥之功效。陶渊明有诗云："往燕无遗影，来雁有余声，酒能祛百虑，菊解制颓龄。"便是称赞菊花酒的祛病延年功效。据说重阳节饮菊花酒还能辟邪祛灾。

## 登高望远

重阳节秋高气爽，天气多晴朗无云，空气中的燥热也早已消退，比较适合早起登高望远。

## 赏菊花

赏菊，一直是中国民间长期流传的习俗。菊花是中国传统名花，它隽美多姿，不以娇艳姿色取媚，以素雅坚贞取胜，盛开在百花凋零之后。晋代诗人陶渊明尤爱菊花。至唐宋时，重阳赏菊成为风俗。菊花有各种色泽与花型，能带给人们不同的感受和体悟，重阳时节，邀约上亲人朋友，共同欣赏，既放松了心情，又加深了相互之间的交流。

巳、寒食与重阳的对应，是以“大火”出没为可靠的依据。

随着人们生存技术的不断进步，人们对时间有了新的认识，“火历”让位于一般历法。九月祭火的仪式衰亡，但人们对九月因阳气的衰减而引起的自然物候变化仍然有着特殊的感受，因此登高避忌的古俗依旧传承。

**重阳节的传说**

传说在东汉时期，汝河有一个瘟魔，只要它一出现，家家有人病倒，天天有人丧命。当地的老百姓受尽了瘟魔的蹂躏。一场瘟疫夺走了桓景的父亲和母亲，桓景也因瘟疫差点儿丧了命。在乡亲们的细心照料下，他幸运地存活下来。病愈之后，他决心出去访仙学艺，发誓一定要为民除掉瘟魔。

桓景四处访师寻道，访遍了东西南北的名山高士。终于打听到在东方有一座古老的山，山上有一个法力无边的仙长。桓景不畏艰险和路途的遥远，在仙鹤指引下，终于找到了那座高山，找到了那个有着神奇法力的仙长。仙长为他的精神所感动，终于收留了桓景，并且教给他降妖剑术，还赠他一把降妖宝剑。桓景废寝忘食地勤学苦练，终于练就了一身非凡的武功。

有一天仙长把桓景叫到跟前说：“明天是农历九月初九，瘟魔又要出来作恶，你武艺已学成，应该回家乡为民除害了。”仙长送给他一包茱萸叶、一盅菊花酒，并且密授辟邪用法，让他骑着仙鹤飞回家乡。

桓景一眨眼便飞回到家乡。在九月初九的早晨，桓景按照仙长的叮嘱把乡亲们领到了附近的一座山上，发给每人一片茱萸叶，并且每人喝了一小口菊花酒，做好了降魔的准备。午时三刻，随着几声怪叫，瘟魔冲出汝河，刚扑到山下，突然闻到阵阵茱萸奇香和菊花酒气，便戛然止步，脸色突变。这时桓景手持降妖宝剑骑着仙鹤追下山去，几个回合就把瘟魔刺死了，仙鹤看到桓景战胜了瘟魔，便辞别桓景飞了回去。从此以后，民间农历九月初九登高避瘟疫的风俗年复一年地流传下去。

**插茱萸：避难消灾**

古代还风行在农历九月九插茱萸的习俗，因此九月九重阳节又叫作茱萸节。茱萸入药，可制酒养生祛病。茱萸香味浓，有驱虫去湿、逐风邪的作用，并能消积食，治寒热。民间认为九月九也是逢凶之日，多灾多难，在重阳节人们喜欢佩戴茱萸以辟邪求吉。因此茱萸还被人们称作“辟邪翁”。

晋朝周处《风土记》中记载：“以重阳相会，登山饮菊花酒，谓之登高会。”由于登高望远时有插茱萸、佩茱萸囊的习俗，因此登高会又称作“茱萸会”或“茱萸节”。

到了唐朝，按照唐代民俗，可以将茱萸作为重阳的节日礼物送给亲朋好友，如孟浩然的《九日得新字》一诗中所写的，就有“茱萸正可佩，折取寄情亲”的叙述；同时，古人认为重阳插戴茱萸，还能避邪。王维的《九月九日忆山东兄弟》记载了重阳登高、插茱萸两种风俗习惯。张说的《湘州九日城北亭子》一诗也提到：“西楚茱萸节，南淮戏马台。”

插茱萸、佩茱萸的意义普遍解释是辟恶气、御初寒。《风土记》中记载：“九月九日律中无射而数九。俗以此日茱萸气烈成熟，尚此日折茱萸以插头，言辟恶气而御初寒。”唐朝郭震的《秋歌》卷二也描写：“辟恶茱萸囊，延年菊花酒。”

**饮菊花酒——辟邪祛灾**

重阳节饮菊花酒，菊花酒就是用菊花作为原料酿制而成的美酒。《西京杂记》中记载：每年菊花盛开的时候，采集菊花的茎叶，杂以黍米酿成，至来年九月九日始熟。由于饮用菊花酒可以延年益寿，因此汉代达官显贵们常饮菊花佳酿。为此，沈佺期的《九日临渭亭侍宴应制得长字》一诗中写道：“魏文颁菊蕊，汉武赐萸囊。……年年重九庆，日月奉天长。”

酿菊花酒，早在汉魏时期就已经盛行。民俗有在菊花盛开时，将之茎叶并采，和谷物一起酿酒，藏至第二年重阳饮用。菊花酒清凉甘美，是强身益寿佳品。

**登高望远**

每年到了农历九月九日重阳节，民间有一个普遍习俗就是老百姓在这一天里外出登高望远。登高望远的来源有以下两种说法：

来源一

古代人们崇拜山神，以为山神能够使人免除灾害。因此人们在“阳极必变”的重阳日子里，要前往山上登高望远游玩，以避灾祸。或许最初还要祭拜山神以求吉祥，后来才逐渐转化成为一种娱乐活动了。古人认为“九为老阳，阳极必变”，九月九日，月、日均为老阳之数，不吉利。故而衍化出一系列重阳节登高望远避不祥、求长寿的习俗活动。

来源二

重阳时节，五谷丰登，农忙秋收已经结束，农事相对比较轻闲。这时山野里的野果、药材之类又正是成熟的季节，农民纷纷上山采集野果、药材和植物原料。这种上山采集活动，人们把它叫作“小秋收”。登高望远的风俗最初可能就是从此演变而来的，至于集中到重阳这一天则是后来的事。就像春天宜于植树，人们就定了个植树节的道理一样。

**赏菊：各种菊花荟萃**

九九重阳节里，各种各样的菊花盛开，观赏菊花就成了节日的一项重要内容。传说赏菊习俗起源于晋代大诗人陶渊明。陶渊明不为五斗米折腰回归田园后，以隐居、赋诗、饮酒、爱菊出名；后人效仿他，于是就有重阳赏菊的风俗。古代文人士大夫，还将赏菊与宴饮结合起来，希望自己和陶渊明的风格更加接近。随后，北宋京师开封重阳赏菊之风日益盛行。

《梦粱录》中记载，宋代每年重阳节都要“以菊花、茱萸，浮于酒饮之”。还给菊花、茱萸起了两个雅致的别号，称菊花为“延寿客”，称茱萸为“辟邪翁”，“故假此两物服之，以消阳九之厄”。依照每年的惯例，皇宫中的达官显贵都要在重阳节观赏菊花；即使普通的士庶平民也要购买一两株菊花玩赏自娱。当时市场上出售的名优品种菊花达到七八十种之多。这些菊花，不但花朵硕大而艳丽，而且香味馨郁耐久。如有白黄色蕊，状如莲花的是“万龄菊”；粉红色的是“桃花菊”；白而檀心的是“木香菊”；纯白且大的是“喜客菊”，诸如此类，花色名目繁多，令人眼花缭乱。

九月九重阳节就仿佛是一次各色、各类、各种菊花荟萃的盛大花会。《乾淳岁时记》中记载，每年九月八宫中就开始做重九，届时在庆瑞殿分列菊花万株，名花珍品，五彩缤纷，灿烂炫目。并且还要点燃菊灯，其盛况绝不亚于元宵庆典。同时举办赏花赏灯之宴，席间丝竹悠扬，乐鼓并作，大庆重阳节。

### 吃重阳糕：步步高升、祛病健身

九月九重阳节的代表性食品是重阳糕，作为节日食品，最早是庆祝秋粮丰收、喜尝新粮的用意，之后民间才有了重阳节吃重阳糕的习俗，古人坚信“百事皆高”的说法，又由于“高”和“糕”谐音，取步步登高的吉祥之意。宋代时期对重阳糕的制作十分讲究。《梦粱录》中记载：“以糖面蒸糕，上以猪羊肉鸭子为丝簇饤，插小彩旗，名曰‘重阳糕’。”还有一种，“蜜煎局以五色米粉塐成狮蛮，以小彩旗簇之，下以熟栗子肉杵为细末，入麝香糖蜜和之，捏为饼糕小段，或如五色弹儿，皆入韵果糖霜，名之‘狮蛮栗糕’。”《乾淳岁时记》中记载，“以苏子微渍梅卤，杂和蔗霜、梨、橙、玉榴小颗，名日‘春兰秋菊’”。由此可见，重阳糕是一种极为特殊的重阳食品，不但制作考究精美，而且命名奇特。民间传说在重阳节吃了重阳糕，不仅可以步步高升，而且还可以祛病健身。

## 寒露主要民俗：观红叶、吃芝麻

### 观红叶——北京传统习惯

寒露时节，秋风飒飒，黄栌叶红。寒露节气的连续降温催红了京城的枫叶。金秋的香山层林尽染，漫山红叶如霞似锦、如诗如画。爬香山观看红叶，这个习俗活动很早已成为北京市民秋游的重头戏。

红叶，学名黄栌，是观赏树木，主要观其树叶，为历代文人墨客所青睐，有关记载最早见于司马相如《上林赋》。事实上，人们在观赏红叶的时候，不仅仅是黄栌，

# 寒露民俗习惯

## 观红叶

寒露时节，红叶如火，邀两三好友，漫步枫林，看层林尽染，是多么浪漫惬意。

## 吃芝麻

芝麻一般分为白芝麻和黑芝麻两种类型。白芝麻主要是食用，黑芝麻主要是药用。

还有乌桕、丹枫、火炬、红叶李等树种。漫步在通幽曲径上环顾周围，便会自然看到一簇簇、一片片色彩斑斓的红叶美景。满山遍野的红叶是秋天最为壮观的自然景观。

寒露时节，最适合观看红叶的地方是黄河以北地区。我国幅员辽阔，跨越纬度范围比较大，各地的观看景点红叶呈现的时间是不同的，有的红叶景点已是红叶铺满小路，处处层林尽染；有的景点还是碧绿无穷尽；有的景点已经过了红叶的最佳观赏时机，渐渐步入了秋风扫落叶的阵营。

### 吃芝麻——延缓衰老

寒露时节，气温由凉爽转为寒冷。这个时节养生应养阴防燥、润肺益胃。民间有“寒露吃芝麻”的习俗。在北方地区，与芝麻有关的食品都成了寒露前后的抢手货，例如芝麻酥、芝麻绿豆糕、芝麻烧饼等时令小食品。

芝麻，具有健脾胃、利小便、和五脏、助消化、化积滞、降血压、顺气和中、平喘止咳、抗衰老之功效，还可以治疗神经衰弱。常见的芝麻食疗方法有以下几种：

| | |
|---|---|
| 1 | 芝麻、早稻米各半，加入紫河车，研成细末，做成蜜丸，早晚服用，可用于阳痿、腰酸腿软等症状 |
| 2 | 黑芝麻、枸杞子、何首乌、杭菊花，用水煎服，可用于肾虚眩晕、头发早白 |
| 3 | 黑芝麻炒焦研末，用猪蹄汤冲服，有助于治产后乳少 |
| 4 | 黑芝麻炒熟，加入等量核桃肉，研末，早晚各服两汤匙，用蜜糖水送服，有助于治疗头晕眼花、大便燥结等 |

芝麻一般分为白芝麻和黑芝麻两种类型。白芝麻主要是食用，黑芝麻主要是药用。白芝麻通常称为“芝麻”，而黑芝麻的“黑”字一般是不能省略的，黑芝麻又称作胡麻、黑芝麻、胡麻仁。在中医处方中，常见的胡麻仁就是黑芝麻。黑芝麻不仅有保养黑发效果，而且还有护肤美容的作用，常吃黑芝麻，能够使干燥、粗糙的皮肤变得柔嫩、细致和光滑，从而延缓衰老。

## 寒露饮食养生：既要进补，也要排毒

### 寒露须进补，更要排毒

寒露时节，天气越来越冷，为了增强抵抗力，很多人开始进补，这样将会加快体内新陈代谢。毒素如果不能及时排出体外，就会严重影响身体健康。所以寒露不仅要进好补，而且更要排好毒。

寒露时节宜食养生汤水以润肺生津、健脾益胃，如胡萝卜无花果煲生鱼、太子参麦冬雪梨煲猪瘦肉、淮山北芪煲猪横脷等。宜多选甘寒滋润之品如，选用西洋参、燕窝、蛤士蟆油、沙参、麦冬、石斛、玉竹等。

在进补的同时，我们也要选择合适的排毒食品来帮助排出毒素，以促进正常的新陈代谢运行。以下几种常见食物都是不错的选择：

| 排毒食品 | 功效 |
| --- | --- |
| 新鲜果蔬汁 | 新鲜果蔬汁中富含膳食纤维、维生素等营养素，对排出体内毒素有着非常重要的作用。 |
| 猪血 | 猪血是一种常见的排毒食品，其中含有丰富的血浆蛋白，在人体胃酸和消化液中多种酶的作用下会分解出一种解毒、润肠作用的物质，还能把肠胃中的粉尘、有害金属微粒等物质结合成人体不能吸收的废物，通过大肠排到体外。 |
| 菌类食物 | 菌类富含的硒元素可以帮助人体清洁血液，清除废物，长期食用可以起到很好的润肠、排毒、降血压、降胆固醇、防血管硬化以及提高机体免疫力的效果，同时菌类食物也是较好的抗癌食品。 |

### 寒露时节喝凉茶会加重“秋燥”症状

寒露时节，由于昼夜气温变化较大，往往容易出现口舌干燥、牙龈肿痛等症状。人们就会自然而然地饮用凉茶以达到降火的目的。凉茶降火的功效在于它的配方中含有多种中草药，如金银花、菊花、桑叶、淡竹叶等。从这一点我们能看出来，凉茶和普通茶饮料有很大区别，它实际上是一种中药复方汤剂。夏天喝些凉茶，会有很好的败火清热、滋阴补阳的作用，不过到了秋天，喝凉茶却可能会损伤人体内的阳气，而且阴液的滞腻会导致脾、胃等器官功能失调，使人体质变虚弱。这是因为和夏天不同，秋天人们上火主要是因为气阴两虚或气不化阴，而喝凉茶则会加重“秋燥”的症状，耗气伤阴。由此看来，凉茶并非什么时节都有利于清热降火，特别是寒露时节，更要慎重饮用。建议寒露时节，冲泡饮用枸杞子、麦冬等有滋阴清热功效的中草药。

**润肺、清理胃肠可食用木耳**

木耳是一种排毒效果非常好的食品，它所含的胶质有很强的吸附力，能够将人体消化系统内的杂质吸附聚集，从而起到润肺和清理胃肠的功效。挑选时以手抓时容易碎、颜色自然、正面黑而近似透明、反面发白并且似乎有一层绒毛附在上面的为上品。浸泡木耳时，向温水中适当加入两勺淀粉，稍加搓洗，就可去除褶皱中的各种杂质。

润肺、清理胃肠可以食用山药炒木耳。

**◎山药炒木耳**

【材料】山药1根，木耳150克，枸杞子15颗，盐、鸡精、胡椒粉、蚝油、蒜片、葱花、花椒粒、干淀粉、植物油等适量。

【制作】①山药去皮，切成滚刀块。②木耳撕成小片。③枸杞子泡软切碎。④山药加干淀粉拌匀。⑤炒锅放植物油烧热，放山药炸至金黄色捞出。⑥锅内留适量油烧热，放花椒粒炸香后取出，放蒜片、葱花爆香，放木耳、枸杞子、山药。⑦加入蚝油，撒入胡椒粉、盐、鸡精，炒匀即可食用。

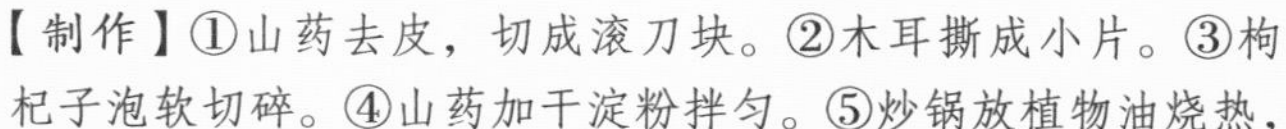

【宜忌】刚采摘的新鲜木耳不能食用，否则会中毒。

**强身健脑、丰肌泽肤可吃些鹌鹑蛋**

鹌鹑蛋具有补血益气、强身健脑、丰肌泽肤等功效。另外还有润肤抗燥的作用，适合“凉燥”肆虐的寒露时节食用。挑选时以大小适中，而且花斑的颜色、形状都较均匀的为佳。煮鹌鹑蛋的时间一般不要超过5分钟。

强身健脑、丰肌泽肤可以饮用银耳鹌鹑蛋汤。

**◎银耳鹌鹑蛋汤**

【材料】熟鹌鹑蛋100克，水发银耳、口蘑、西红柿各50克，葱花、盐、姜末、味精等适量。

【制作】①煮熟的鹌鹑蛋去壳。②水发银耳洗干净，撕成小朵。③口蘑去根，淘洗干净，切成块。④西红柿洗干净，切成块。⑤锅中加入清水烧开，放入银耳、口蘑、西红柿、鹌鹑蛋，煮10分钟左右。⑥撒入姜末、盐、味精搅匀，出锅前撒入葱花。

## 寒露药膳养生：暖胃、补气、补血、健胃消食、强筋壮骨

### 暖胃、补气、乌发和养颜，食用粉皮鱼头

粉皮鱼头具有暖胃、补气、润肤、乌发、养颜之功效。

◎粉皮鱼头

【材料】粉皮2包，新鲜鲢鱼头半个，青蒜、辣椒片、酒、酱油各1大匙，盐1小匙，胡椒粉、葱段、姜片等适量。

【制作】①鱼头洗净抹干，用适量酒、酱油腌10分钟，入油锅煎至两面焦黄。②粉皮切成宽条。③油锅爆香葱姜，放入盐、胡椒粉、鱼头、粉皮及适量水煮15分钟。④煮至汤汁稍收干时即可食用。

### 补血养颜、丰肌泽肤，饮用柠檬薏仁汤

柠檬薏仁汤具有补血养颜、丰肌泽肤、消斑祛色素、补益脾胃、调中固肠之功效。

◎柠檬薏仁汤

【材料】柠檬1个，薏仁225克，绿豆30克，水适量。

【制作】①柠檬洗干净切成小块。②薏仁、绿豆淘洗干净。③薏仁、绿豆放进锅里，加入适量水烧开。④随后加入柠檬片浸泡。

### 生津止渴、健胃消食，食用荸荠萝卜粥

荸荠萝卜粥具有生津止渴、健胃消食之功效，适用于食欲不振等患者。

◎荸荠萝卜粥

【材料】荸荠30克，萝卜50克，粳米100克，白糖10克，水适量。

【制作】①荸荠淘洗干净、去掉皮，切两半。②萝卜洗干净，切成块。③粳米洗干净，用冷水浸泡半小时，捞出沥干水分。④锅中加入适量水，放入粳米，用大火烧开，放入荸荠、萝卜块，改用小火熬煮成粥。⑤倒入白糖搅拌均匀，再稍焖片刻，起锅。

**腰背疼痛、盗汗可食用地黄焖鸡**

地黄焖鸡具有温中益气、生津添髓之功效。适用于腰背疼痛、骨髓虚损、不能久立、身重乏气、盗汗、少食之症状。

### ◎地黄焖鸡

【材料】生地黄50克，母鸡1只，桂圆肉30克，大枣5枚，生姜5克。葱15克，料酒100毫升，酱油20毫升，猪油100克，菜油150克，鸡汤2500毫升，水淀粉40克，饴糖30克。

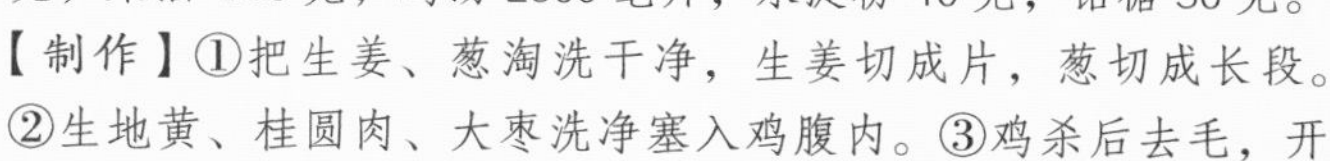

【制作】①把生姜、葱淘洗干净，生姜切成片，葱切成长段。②生地黄、桂圆肉、大枣洗净塞入鸡腹内。③鸡杀后去毛，开膛破肚去内脏，剁去脚爪，冲洗干净。④鸡用姜片、葱段、料酒、精盐抹匀，腌半小时待用。⑤锅内倒入菜油，待油七成热时，鸡下油锅内炸成浅黄色，倒在漏勺内。⑥鸡用纱布包好。⑦锅内再倒入猪油，下入葱段、姜片，翻炒几下，加入料酒、鸡汤、盐、饴糖、鸡。⑧鸡汤用大火烧开，撇净浮沫，倒入砂锅内盖上盖，用小火煨至鸡肉烂。⑨挑出葱、姜不用，撒入味精调味，勾芡后即可食用。

【宜忌】患有脾虚有湿、腹满便溏者慎服。

**补气养血，润肠养发、强筋壮骨，食用黑芝麻牛排**

黑芝麻牛排具有补气养血、润肠养发、强筋壮骨之功效。

### ◎黑芝麻牛排

【材料】黑芝麻、面粉各50克，新鲜牛里脊肉200克，鸡蛋1个，精盐、辣椒油、植物油等适量。

【制作】①把牛里脊肉切成12厘米长、8厘米宽、0.6厘米厚的片，每片相距0.6厘米剞一刀，放入碗中，撒入精盐，腌渍入味。②把鸡蛋打成鸡蛋糊。③牛肉片两面蘸干面粉，放入碗中，挂上鸡蛋糊，再撒匀黑芝麻并压实。④锅内倒入植物油，烧至六成热时，逐片下入牛肉片，2分钟后，再把牛肉片翻个儿，再炸片刻，待牛排呈金黄色时，捞出，沥净油。⑤盛出牛排，每块牛排切成8小块，再配上一碟辣椒油，即可开始食用。

**口干、咽燥、腰膝酸软，食用朱砂豆腐**

朱砂豆腐具有滋阴清热之功效，适合阴虚火旺、症见口干、咽燥、腰膝酸软、烦热者食疗防治。

◎朱砂豆腐

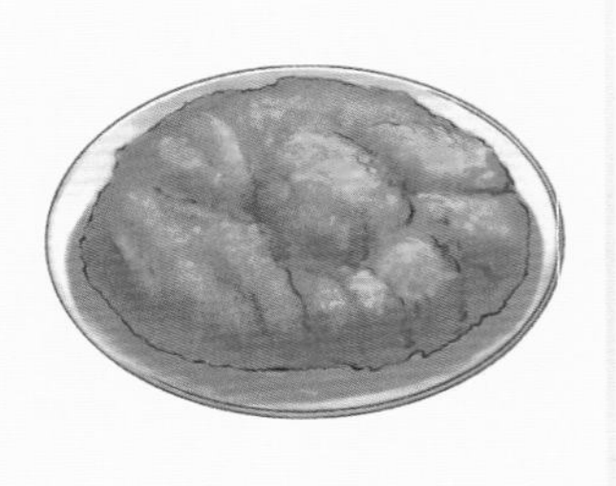

【材料】熟咸鸭蛋 150 克，猪油 30 克，豆腐 250 克，水淀粉 6 克，精盐 0.6 克，胡椒 0.3 克。

【制作】①把熟咸鸭蛋的蛋黄用刀拍碎备用。②将豆腐调成细泥。③炒锅内放猪油，在小火上烧至六七成热时，将豆腐入锅翻炒。④撒入盐、胡椒、水淀粉，再轻翻几次。⑤放入熟咸鸭蛋黄，炒匀。

## 寒露起居养生：预防感冒哮喘，夜凉勿憋尿

### 寒露以后要注意足部保暖

到了寒露时节，就不要再赤足穿凉鞋了，要给予足部保暖。传统中医学认为："病从寒起，寒从脚生。"由于足部是足三阳经脉以及肾脉的起点，这个部位受寒，寒邪就会侵入人体，对肝、肾、脾等脏器造成伤害。现代医学理论也证实了足部保暖对健康的重要性。足部仅有血管末梢，血流量少，循环差，脚的皮下脂肪又很薄，因此足部对寒冷比较敏感。并且，一旦足部受冷，还会迅速影响到鼻、咽、气管等上呼吸道黏膜的正常生理功能，将会大大减弱这些部位抵抗病原微生物的能力，进而导致致病菌活性增强，人体很容易患上各种疾病。

寒露以后，一方面，要做好足部的保暖工作：

| | |
|---|---|
| 1 | 选择保暖效果好的鞋袜、透气的鞋垫。 |
| 2 | 要注意不要久坐久站，经常活动肢体，以促进血液循环。 |
| 3 | 不要把脚在冷水里浸泡，不要穿湿鞋袜，因为湿鞋袜会消耗掉足部大量热量。 |

每天临睡前，最好用热水泡泡脚。

另一方面，要注意对足部进行一些耐寒锻炼。有人曾经做过实验，让一个缺乏耐寒锻炼的人，足部浸在 14℃的凉水里，很快就会出现鼻黏膜充血、鼻塞、流鼻涕等现象，经过一段时间的锻炼以后逐渐适应，不再产生以上反应，但是如果再让他把足部浸到更凉的水里，以上反应又会发生。这个实验说明了脚部受寒，确实能引起呼吸道感染，同时也说明了足部能够通过耐寒锻炼来提高对温度变化的适应能力。

### 寒露时节要预防感冒哮喘

进入寒露时节，伴随着气温的逐渐降低，空气比较干燥，流行性感冒进入高发期。科学研究发现，当环境气温低于 15℃时，上呼吸道抗病能力将下降。因此，着

凉是伤风感冒的重要诱因，这个时节要适时增添衣物，加强锻炼，增强体质。此时，感冒引起的哮喘会越来越严重，慢性扁桃腺炎患者易引起咽痛，痔疮患者也较之前加重。据调查，老年慢性支气管炎病人感冒后大多数会导致急性发作。因此，应采取综合措施预防感冒。

**感冒预防措施**

| | |
|---|---|
| 1 | 积极改善居室环境，定时开窗通风换气，保持室内空气流通、新鲜，防止烟尘污染。 |
| 2 | 要科学调节饮食，少盐、多醋，不要吃过分辛辣、油腻食物。 |
| 3 | 合理用药防治。 |

**寒露时节，夜凉切勿憋尿**

进入寒露节气，许多人为了防止晚上口干，睡觉前会饮用不少水。这样一来，夜尿的频率就会增加。深夜或者凌晨感觉到了尿意，由于嫌起床较冷，常常下意识地憋尿继续睡觉，这是非常不好的习惯。尿液中含有毒素，如果长时间储存在体内不能及时排出，就易诱发膀胱炎。高血压患者憋尿会使交感神经兴奋，导致血压升高、心跳加快、心肌耗氧量增加，引起脑出血或心肌梗死，严重的还会导致猝死。如果不习惯半夜起床到卫生间小便，不妨在卧室放个小桶以便排尿，也可以备用类似于医院里一些行动不便的住院患者用的小便器。

憋尿睡觉是非常不好的习惯，易引发泌尿系统疾病，要特别注意。

## 寒露运动养生：倒走强身健体，注意安全

**寒露倒走健身，安全第一**

寒露时节，正是阴阳交汇之时，因此运动健身的重点是保持机体各项功能的平衡。比起跑步，倒走健身则是一项非常好的锻炼机体平衡的运动。如果能够在寒露时节经常进行倒走健身，对于我们的身心健康将会大有裨益。

现代医学证实，倒走时，可以使一些我们平时很少活动的关节和肌肉得到充分的运动，例如腰脊肌、股四头肌以及踝膝关节旁边的肌肉、韧带等。这样一来，脊柱、肢体的运动功能就能得到调整，血液循环更顺畅，机体平衡能力也更强。而且倒走还有很好的防治腰酸腿痛、抽筋、肌肉萎缩、关节炎等疾病的功效。同时，如果能够长

期坚持，人体的小脑对方向的判断力以及对人体机能的协调力都将得到很好的锻炼。

虽然倒走健身好处很多，但是弊端也是很突出的，主要是危险较大，盲目往后倒走，容易发生不可预测的事故。因此倒走健身应注意以下几个方面：

**倒走健身注意事项**

1. 倒走健身要选择行人较少，没有机动车和非机动车通过的活动场地，例如公园的草坪等平坦、四周无障碍的地方。

2. 倒走健身最好结伴进行锻炼，互相有个安全提醒、照应。

3. 老年人每天倒走 1 ~ 2 次为宜，体质稍弱者要根据个人身体状况调整运动时间。

4. 倒走健身运动不适合结核病人。

倒走健身是一种反序运动。平时我们都是正走，因此倒走对我们来说是一个全新的动作，运动时存在一定的难度和危险性，这样就会刺激大脑，使我们进入一个学习和练习新事物的过程。

倒走健身运动时，运动前可以先正向散步 10 分钟，做好准备活动。这样可以使全身放松，各个关节、肌肉以及韧带都活动舒展开，身体的各部分都进入倒走的最佳状态。年老体弱和刚刚开始练习倒走的人，可以用拇指朝后、四指朝前的姿势叉腰走，待熟练后，便可以摆臂走，摆臂方法随个人喜好，既可以甩手，又可以握拳屈肘。倒走健身属于有氧运动，为了达到预期的锻炼效果，倒走时要注意以下几点：

| 倒走健身锻炼要点 | |
|---|---|
| 1 | 倒走时要挺胸抬头、身体挺直、双眼平视前方；走的时候先迈左脚，左腿尽量后抬并迈出，身体重心随之后移，前脚掌先着地，左脚全脚着地后，把重心移到左脚，再换右脚，同样的标准要求，这样左右轮流迈步即可 |
| 2 | 倒走时要保证质的要求。在“质”上建议做到：倒走时要保证心率比正常时适当快一些 |
| 3 | 倒走时要保证量的要求。在“量”上建议做到：每次不少于 20 分钟，每周活动 4 ~ 6 次 |
| 4 | 进行倒走健身运动时要和正走健身运动相结合着交替进行，这样才能达到较好的锻炼效果 |

**走跑健身要根据气温、运动量适当休息**

进入寒露后天气渐渐地变凉，这个时节比较适合走跑健身运动。在走跑健身锻炼的同时，要注意以下几点：

**走跑健身锻炼要点**

1. 要注意气温的变化。寒露时节的气温忽热忽凉，因此，走跑锻炼前要根据自己的身体情况及当时的气温情况安排活动量和增减衣服，同时要预防运动创伤。

2. 寒露时节的运动量可以在平时跑步的基础上适当加大。增加走跑的时间、距离和速度时，切不可盲目过大、过快、过猛，以免超量而适得其反，得不偿失。

3. 寒露时节也容易疲乏、犯困。因为夏天炎热吃不好，睡不好，所以到了这个节气，人反而感到疲乏想睡觉，走跑后要注意适当休息。

## 与寒露有关的耳熟能详的谚语

**白露身不露，寒露脚不露**

人们常说的“白露身不露，寒露脚不露”是一则保健知识谚语，它提醒大家：白露节气一过，穿衣服就不能再赤膊露体；寒露节气一过，应注重足部保暖。因“白露”之后气候冷暖多变，特别是一早一晚，更添几分凉意。如果这时再赤膊露体，就容易受凉，以致诱发伤风感冒或导致旧病复发。体质虚弱、患有胃病或慢性肺部疾患的人更要做到早晚添衣，睡觉莫贪凉。“寒露脚不露”指出寒露之后，要特别注重脚部的保暖，切勿赤脚，以防“寒从足生”。由于人的双脚离心脏最远，因此血液供应较弱，而人脚脂肪层又薄，保温性也差，一旦受凉，就会引起毛细血管收缩，从而使纤毛运动减弱，造成人体免疫力和抵抗力下降。因此在深秋季节和寒冷的冬季，需要采取一定的御寒措施，以预防寒气入侵。

**寒露不摘棉，霜打莫怨天**

寒露时节，应趁天晴抓紧采收棉花，如遇降温早的年份，还可以趁气温不算太低时把棉花收回来。江淮及江南的单季晚稻此时即将成熟，双季晚稻也正在灌浆，此时要注意间歇灌溉，保持田间湿润。

# 第6章
# 霜降：冷霜初降，晚秋、暮秋、残秋

霜降是秋季最后一个时节，书写着沧桑。冷霜初降，等一叶红透的枫香。霜降一过，虽然仍处在秋天，但已经是“千树扫作一番黄”的暮秋、残秋、晚秋。

## 霜降气象和农事特点：露水凝成霜，农民秋耕、秋播和秋栽忙

### 天气逐渐变冷，露水凝结成霜

霜降是秋季的最后一个节气，霜降含有天气渐冷、开始降霜的意思，是秋季到冬季的过渡节气。每年阳历10月23日前后，太阳到达黄经210°时为二十四节气中的霜降。晚上地面上散热很多，温度骤然下降到0℃以下，空气中的水蒸气在地面或植物上直接凝结形成细微的冰针，有的形状为六角形的霜花，色白且结构疏松。

霜是怎样形成的呢？霜并非从天而降，而是近地面空中的水汽在地面或地物上直接凝结而成的白色疏松冰晶。在黄河中下游地区，阳历10月下旬到11月上旬一般会出现初霜，与霜降节气完全吻合。随着霜降的到来，不耐寒的农作物已经收获或者即将停止生长，草木开始落黄，呈现出一派深秋景象。

古籍《二十四节气解》中说：“气肃而霜降，阴始凝也。”可见，霜降表示天气逐渐变冷，露水凝结成霜。我国古代将霜降分为三候：一候豺乃祭兽，二候草木黄落，三候蛰虫咸俯。豺这类动物开始捕获猎物过冬，大地的树叶枯黄掉落，冬眠的动物也藏在洞中不动不食进入冬眠状态中。

人们常说“霜降杀百草”，意思是指严霜打过的植物，一点儿生机也没有。这是由于植株体内的液体，因霜冻结成冰晶，蛋白质沉淀，细胞内的水分外渗，使原生质严重脱水而变质。霜和霜冻虽形影不离，但危害庄稼的是“冻”而不是“霜”。有人曾经做了一个试验：把植物的两片叶子分别放在同样低温的箱子里，其中一片叶子盖满了霜，另一片叶子没有盖霜，结果无霜的叶子受害极重，而盖霜的叶子只有轻

在霜降来临之前，北方乡村都在忙碌。要将成熟的作物收割，并提前种下耐寒的越冬作物。

微的霜害痕迹。这说明霜不但危害不了庄稼，相反，水汽凝结时，还可放出大量的热量，1 克 0℃的水蒸气凝结成水，放出的汽化热会使重霜变轻霜、轻霜变露水，会使植物免除冻害。

**大江南北秋收、秋耕、秋播、秋栽**

霜降节气期间，在农业生产方面，北方大部分地区已在秋收扫尾，即使耐寒的葱，也不能再长了，因为“霜降不起葱，越长越要空”。在南方，却是“三秋”大忙季节：单季杂交稻、晚稻在收割；种早茬麦，栽早茬油菜；摘棉花，拔除棉秸，耕翻整地。“满地秸秆拔个尽，来年少生虫和病。”收获以后的庄稼地，要及时把秸秆、根茬收回来，因为那里潜藏着许多过冬的虫卵和病菌，以免来年的庄稼遭虫灾。

## 霜降农历节日：祭祖节——送寒衣

每年农历十月初一是民间的祭祖节，人们又称之为“十月朝”。祭祀祖先有家祭，也有墓祭。祭祀时除了食物、香烛、纸钱等一般供物外，还有一种不可缺少的供物——冥衣。在祭祀时，人们把冥衣焚化给祖先，叫作“送寒衣”。所以，祭祖节也叫“烧衣节”。

人们把送寒衣节与春季的清明节、秋季的中元节并称为一年之中的三大“鬼节”。古代的人为使先人们在阴曹地府免掉挨冷受冻之苦，这一天，人们要焚烧五色纸，为其送去御寒的衣物，并连带着给孤魂野鬼送温暖。十月一，烧寒衣，寄托着今人对逝去之人的怀念，承载着生者对逝者的悲悯。

随着时间的推移，“烧寒衣”的习俗在有些地方慢慢有了一些变迁，不再烧寒衣，而是“烧包袱”。人们把许多冥纸装进一个纸袋里，写上收者和送者的名字以及相应称呼，这就叫“包袱”。人们认为冥间和阳间一样，只要有钱就可以买到许多东西。

**烧寒衣——祭奠死者**

在民间流传着一种说法，认为“十月一，烧寒衣”起源于商人的促销伎俩，这个精明的商人生逢东汉，就是造纸术的发明人蔡伦的大嫂。

传说这位大嫂名慧娘，她见蔡伦造纸有利可图，就鼓动丈夫蔡莫去向弟弟学习。蔡莫是个急性子，功夫还没学到家，就张罗着开了家造纸店，结果造出来的纸质量低劣，乏人问津，夫妻俩对着一屋子的废纸发愁。眼见就得关门大吉了，慧娘灵机一动，想出了一个鬼点子。

在一个深夜里，惊天动地的鬼哭声从蔡家大院里传出。邻居们吓得不轻，赶紧跑过来探问究竟，这才知道慧娘暴病身亡。只见当屋一口棺材，蔡莫一边哭诉，一边烧纸。烧着烧着，棺材里忽然传出了响声，慧娘的声音在里面叫道：“开门！快开门！我回来了！”众人呆若木鸡，好半天才回过神儿来，上前打开了棺盖。只见一个女人跳出棺来，此人就是慧娘。

只见那慧娘摇头晃脑地高声唱道：“阳间钱路通四海，纸在阴间是钱财，不是丈夫把钱烧，谁肯放我回家来！”她告诉众人，她死后到了阴间，阎王发配她推磨。她拿丈夫送的纸钱买通了众小鬼，小鬼们都争着替她推磨——有钱能使鬼推磨啊！她又拿钱贿赂阎王，最后阎王就放她回来了。

蔡莫也假装出一副莫名其妙的样子，说：“我没给你送钱啊！”慧娘指着燃烧的纸堆说：“那就是钱！在阴间，全靠这些东西换吃换喝。”蔡莫一听，马上又抱了两捆纸来烧，说是烧给阴间的爹娘，好让他们少受点儿苦。

夫妻俩合演的这一出双簧戏，可让邻居们上了大当！众人见纸钱竟有让人死而复生的妙用，纷纷掏钱买纸去烧。一传十，十传百，不出几天，蔡莫家囤积的纸张就卖光了。由于慧娘“还阳”的那天是十月初一。后来人们便都在这天上坟烧纸，以祭奠死者。

说起过寒衣节，必不可少的东西有三样：饺子、五色纸、香箔。洛阳俗语云：“十月一，油唧唧。”意思是说，十月初一这天，人们要烹炸食品、剁肉、包饺子，准备供奉祖先的食品。这些东西油膏肥腻，不免弄得满手、满脸皆是，所以说是“油唧唧”。

寒衣节这天准备供品一般在上午进行。供品张罗好后，家人打发小孩到街上买一些五色纸及冥币、香箔备用。五色纸乃红、黄、蓝、白、黑五种颜色，薄薄的。午饭后，主妇把锅台收拾干净，叫齐一家人，这时就可以上坟烧寒衣了。

人们到了坟前，便开始焚香点蜡，把饺子等供品摆放齐整，一家人轮番下跪磕头，然后在坟头画一个圆圈，将五色纸、冥币置于圈内，点火焚烧。

送寒衣时晋南地区有个风俗，人们会在五色纸里夹裹一些棉花，说是为亡者做棉衣、棉被使用。

## 霜降主要民俗：赏菊、打霜降、摘种子

### 赏菊——人们对菊花的崇敬和爱戴

霜降时节正是秋菊盛开的时候，很多地方在这时举行菊花会，以表示人们对菊花的喜爱之情。

北京地区的菊花会一般在天宁寺、陶然亭、龙爪槐胡同等处举行。菊花会的菊花不仅品种多，而且多为珍品。有的散盆，有的数百盆四面堆积成塔，称作九花塔，红、蓝、白、黄、橙、绿、紫，色彩缤纷。品种有金边大红、紫凤双叠、映日荷花、粉牡丹、墨虎须、秋水芙蓉等几百种以上。文人墨客在此期间边赏菊，边饮酒、赋诗、作

画。还有一种小规模的菊花会，主要是从前富贵人家举办的，是不用出家门的。他们在霜降前采集百盆珍品菊花，架置广厦中，前轩后轾，也搭菊花塔。菊花塔前摆上好酒好菜，先是家人按长幼为序，鞠躬作揖祭菊花神，然后共同饮酒赏菊。

**打霜降——祈求吉祥**

霜降节气，是每年秋后农业丰收的一大节气。农谚曰："霜降到，无老少。"意思是此时田里的庄稼不论成熟与否，都可以收割了。

在清代以前，霜降日还有一种鲜为人知的风俗。在这一天，各地的教场演武厅例有隆重的收兵仪式。按古俗，每年立春为开兵之日，霜降是收兵之期，所以霜降前夕，府、县的总兵和武官们都要全副武装，身穿盔甲，手持刀枪弓箭，由标兵开路，鼓乐前导，浩浩荡荡、耀武扬威地从衙门出发，列队前往旗纛庙举行收兵仪式，以期拔除不祥、天下太平。霜降日的五更清晨，武官们会集庙中，行三跪九叩首的大礼。礼毕，列队齐放空枪三响，然后再试火炮、打枪，谓之"打霜降"，此时百姓观者如潮。

相传，武将在"打霜降"之后，司霜的神灵就不敢随便下霜危害本地的农作物了。农民们还常以听到枪响与否和声音的高低来预测当年的丰歉。

霜降节气是秋季到冬季的过渡节气，此时北方最低气温下降到 0℃左右，最突出

## 霜降民俗习惯

**烧寒衣**

烧寒衣，是人们通过烧纸祭祀，寄托对逝去的亲人们的思念，缅怀先辈的传统活动。

**吃柿子**

霜降时节，柿子正熟透，在辛勤的劳作后，吃柿子能补充维生素和糖分，并且有清热生津、消炎通便的功效。

的特点就是下霜。在我国南方，此节气后进入了秋收秋种的大忙时段。民间谚语“霜降见霜，米谷满仓”，也正反映出了劳动人民对霜降这个节气的重视。

在广东高明地区，霜降前有“送芋鬼”的习俗。当地小孩以瓦片垒梵塔，在塔里放柴点燃，待到瓦片烧红后，毁塔以煨芋，叫作“打芋煲”，然后将瓦片丢至村外，称作“送芋鬼”，以辟除不祥，表现了人们求得吉祥的愿望。

**摘柿子、摞桑叶——寓意事事平安**

俗语说：“霜降摘柿子，立冬打软枣。霜降不摘柿，硬柿变软柿。”全国各地凡是出产柿子的地方，都流行霜降摘柿子、吃柿子。南方地区的民俗认为，霜降吃柿子，冬天就不会感冒、流鼻涕。闽南有句俗语就是“霜降吃了柿，寒冬不流鼻涕”。这句谚语也是有一定根据的，其原因是：柿子一般在霜降前后完全成熟，这时候的柿子皮薄肉鲜味美，营养价值高。但是，尽管柿子好吃，也不能多吃，尤其注意不能空腹吃。

霜降节气的到来意味着秋天就要结束，这个时候很多水果开始丰收，过去普通百姓家中，霜降这天都会买一些苹果和柿子来吃，寓意事事平安。而商人们则买栗子和柿子来吃，意味着利市。这些民俗包含着人民对美好生活的向往。

霜降时节是民间摞桑叶的季节。中医认为，霜降后采摘霜打落地的桑叶最好，称“霜桑叶”或“冬桑叶”，老百姓也把桑叶称为“神仙叶”。

桑叶指的是桑科植物桑的干燥老叶，树为栽培或野生。全国大部分地区都有生产，尤以长江中下游及四川盆地的桑区为多。桑喜温暖湿润气候，稍耐阴，耐旱，耐贫瘠，不耐涝，对土壤适应性强。味苦、甘，性寒。归肺、肝经。可疏散风热、清肺润燥、清肝明目。中医习惯认为经霜者质佳。据说用霜桑叶煮水泡脚可以改善手脚麻木，解除脚气水肿，利大小肠。霜降节气摞桑叶也成了民俗养生的活动之一。

## 霜降饮食养生：食用坚果要适量，食豌豆提高免疫力

**霜降时节，食用坚果要适量**

坚果类食品的品种很多，如花生、核桃、腰果、松子、瓜子、杏仁、开心果等富含油脂的种子类食物都属于坚果。因为它们营养丰富，对人体健康十分有益，所以美国《时代》周刊将坚果评为健康食品中的第三名。

坚果不但营养丰富而且美味可口，不过在霜降时节，食用坚果要适量，否则反而有损健康。这是由于坚果中都含有非常高的热量，举个例子来说，50 克瓜子就和一大碗米饭所含的热量相当，所以我们吃坚果不要过量，一般一天 30 克是比较合适的。如果一次吃太多，消耗不完的热量就会转化成脂肪贮存在我们体内，而导致肥胖。

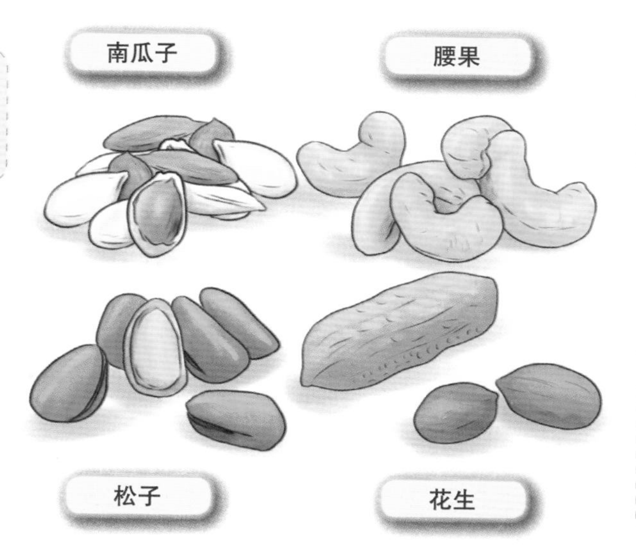


南瓜子含有丰富的膳食纤维，但胃热患者食用后会有腹胀感。

腰果虽美味可口，但同时也含多种过敏源，过敏体质者慎食。

松子存放过久，由于脂肪氧化酸败会产生哈喇味，不可食用。

花生衣有增加血小板数量、抗纤维蛋白溶解的作用，会加重高脂血症患者的病情。

**霜降时节宜补充蛋白质**

从立秋节气到霜降节气只有短短 90 天，但气温降了 15 ~ 20℃。讲究养生的人们为了御寒，会在霜降前后开始进行食补。这一做法在民间流传甚广，相关的民谚不胜枚举，如“补冬不如补霜降”“一年补到头，不抵补霜降”“霜降进补，来年打虎”等。

根据营养学分析，肉类蛋白质含量由少到多依次为猪肉、鸭肉、牛肉、鸡肉、兔肉、羊肉。

根据研究显示，人体摄入蛋白质后会释放出 30% ~ 40%的热量，而脂肪、糖类的释放量则分别为 5% ~ 6%和 4% ~ 5%，蛋白质的这种特性被称为“特殊热力效应”。这说明，多摄入富含蛋白质的食物可增强人体的抗寒能力，因此蛋白质是最适合霜降时节补充的营养物质。另外，充足的蛋白质还能提高人的兴奋度，使人精力充沛。

但是，我们在选择进补食材时不能仅依据这些数据，更重要的是要根据自己的身体状况。如慢性病患者、脾胃虚寒者以及老年人进补时要遵循健脾补肝清肺的原则，选择汤、粥等气平味淡、作用缓和的温热食物，其所含的营养物质容易被人体吸收，能更好地保持精力充沛、提高人体免疫力和防治疾病。

**健脾、止血可吃些柿子**

霜降时节也是柿子成熟的季节，此时适当食用些柿子，可濡养脾胃，更有益于秋冬进补。应挑选个大色艳、无斑点、无伤烂、无裂痕的柿子食用。柿子最好在饭后吃，还要注意应尽量少吃柿子皮。空腹吃柿子，容易患胃柿石症。柿子饼具有健脾、涩肠、止血的功效。

◎柿子饼

【材料】新鲜柿子两个，面粉、豆沙馅各100克，植物油适量。

【制作】①将柿子洗净后去皮、蒂，果肉盛入碗中，加入面粉，揉成面团，盖上保鲜膜，饧发15分钟。②取出饧好的面团，切成剂子，搓圆后按扁，包入适量豆沙馅，收口捏紧，做成柿子饼坯。③平底锅放植物油烧热，放入柿子饼坯，盖上锅盖，用中小火煎至柿子饼两面金黄。

**吃豌豆可提高人体免疫力**

在霜降期间，气温变化幅度较大，此时多吃些富含维生素C的豌豆，可以提高人体免疫力，预防疾病发生。挑选豌豆时以粒大饱满、圆润鲜绿、有弹性者为佳。豌豆营养丰富，而且含有谷物所缺乏的赖氨酸，将豌豆与各种谷物食品混合搭配食用，是最科学的食用方法。

食用豌豆菜饭可以提高人体免疫力。

◎豌豆菜饭

【材料】大米250克，小白菜100克，豌豆100克，广式香肠50克，植物油、盐、味精各适量。

【制作】①大米淘洗干净，沥掉水分。②广式香肠、豌豆洗净，切丁。③小白菜洗净，切段。④炒锅中放入植物油烧热，放入香肠丁、豌豆翻炒均匀，盛出备用。⑤将炒锅洗净，倒入适量冷水，放入大米、香肠丁、豌豆，大火煮至米汤快干时改用小火焖。⑥另起锅放植物油烧热，放小白菜炒至变色，加盐、味精翻炒均匀。⑦倒入盛有米饭的锅中，小火焖5分钟。

## 霜降药膳养生：滋阴润肺、清热化痰，润燥滑肠、补气养胃

**滋阴润肺、养心安神，食用银耳参枣羹**

银耳参枣羹具有滋阴润肺，生津止渴，养心安神之功效，可改善睡眠。

◎银耳参枣羹

【材料】高丽参 20 克，银耳 15 克，红枣 10 颗，枸杞 30 克，冰糖 15 克，鸡汤 200 克，清水适量。

【制作】①将银耳放入冷水中浸软，去杂质，改用温水浸至发透。②红枣洗干净，去核。③高丽参洗干净、切片。④枸杞用温水泡软，洗干净。⑤砂锅内放入银耳、红枣、枸杞、高丽参片。⑥加入鸡汤和适量冷水，用小火炖煮至熟，放入冰糖后即可食用。

**清热化痰、润肺散结，食用川贝雪梨粥**

川贝雪梨粥具有清热化痰、润肺散结、抵抗疲劳之功效。

◎川贝雪梨粥

【材料】川贝 15 克，粳米 100 克，雪梨 1 个，白糖 10 克，清水 1200 毫升。

【制作】①将川贝择洗干净后焯水烫透备用。②雪梨洗干净，去皮和核，切成 1 厘米见方的小块。③粳米淘洗干净，用冷水浸泡半小时，捞出沥干水分。④把粳米、川贝放入锅内，加入约 1200 毫升清水，置旺火上烧沸，改用小火煮约 45 分钟，加入梨块和白糖，再稍焖片刻，盛起即可。

**润燥滑肠，滋补益寿，饮用蜂蜜香油汤**

蜂蜜香油汤具有润燥滑肠、滋补益寿、杀菌解毒之功效。

◎蜂蜜香油汤

【材料】蜂蜜 50 克，香油 25 克，温开水 100 毫升。

【制作】①将 50 克蜂蜜倒入碗内，用筷子不停搅拌，使其起泡直至浓密。②继续边搅边将香油慢慢倒进蜂蜜，搅拌均匀。③将约 100 毫升的温开水徐徐加入，搅拌到水、香油、蜂蜜三者混为一体。

**干咳、食饮不振，食用糖醋三丝**

糖醋三丝具有养阴和胃之功效，适用于肺、胃阴伤，症见干咳、食饮不振、口干但不欲饮者。

◎糖醋三丝

【材料】山楂糕50克，黄瓜1条，鸭梨2个，精盐半汤匙，醋2汤匙，白糖2汤匙，香油1汤匙，味精少许。

【制作】①将黄瓜洗净后擦干，切成细丝，放盘内，放点儿盐腌一下。②鸭梨洗净去皮和核，切成细丝，放开水中焯一下，捞出沥干水分。③将山楂糕切成丝，一并放入黄瓜丝盘内。④加入精盐、白糖、醋和味精，最后淋上香油拌匀。

**补气养胃、清肺化痰，饮用平菇鸡蛋汤**

平菇鸡蛋汤具有补气养胃、清肺化痰之功效。

◎平菇鸡蛋汤

【材料】鲜平菇200克，青菜心60克，鸡蛋2个，酱油、料酒、鲜汤、精盐、植物油各适量。

【制作】①鸡蛋打入碗中，加入料酒、精盐后搅拌均匀。②将鲜平菇洗净、去蒂，切成薄片。③放入开水锅中，略焯后捞出。④将青菜心洗干净，切成段。⑤将锅中植物油烧热，加入青菜心段煸透。⑥加入平菇片、鲜汤烧沸。⑦将鸡蛋液、精盐、酱油加入锅中，烧开后即可。

## 霜降起居养生：注意腹部保暖，洗澡不要过频

### 霜降过后，注意腹部保暖

霜降是秋季的最后一个节气。此时由于脾脏功能处于旺盛时期，因而易导致胃病的发生，所以此节气是慢性胃炎和胃、十二指肠溃疡病容易复发的高峰期。

人们常说“寒从脚生”，因为霜降过后就是更冷的立冬，所以这个时候人们一般都会穿厚的鞋袜，给脚部保暖。不过要提醒大家的是，脐腹部的保暖同样重要。脐腹部指的是上腹部，这个部位的特点是面积大、皮肤血管密集、表皮薄，而且这个部位皮下没有脂肪，有很多神经末梢和神经丛，所以脐腹部是个非常敏感的部位。若不采取恰当的保

以热水敷于腹部，防止寒气入体

暖措施，寒气就很容易会由此侵入人体。

由于人的肠胃都在脐腹部附近，所以此处受寒后极易发生胃痛、消化不良、腹泻等症状，严重时还会使胃剧烈收缩而产生剧痛感。若寒气侵害到小腹，还很容易导致泌尿生殖系统的各种疾病。因此，脐腹部的保暖不能忽视。不仅要适时增添衣服、睡觉时用被子盖好腹部，还可以多用手掌顺时针按摩肚脐。如果已经受了寒气，而且病情比较重，可以把 250 克到 500 克粗盐炒热，然后装进用毛巾缝制的口袋里，趁热敷在肚脐上，以加强肚脐的保暖。

### 秋天保护皮肤要减少洗澡次数

霜降时节，洗澡的次数不宜过于频繁。因为在秋季洗澡次数过多，容易把身体表面起保护作用的油脂洗掉，皮肤会变得更干燥。秋季洗澡还要注意以下几点：

### 秋天孕妇洗澡的水温不宜太高

霜降时节，气候干燥，气温虽然下降得很快，但此时孕妇洗澡不宜水温太高，否则对胎儿不利，高温可造成胎儿神经细胞死亡，使脑神经细胞数目减少。实践证明，脑神经细胞死亡后是不能再生的，只能靠一些胶质细胞来代替。这些胶质细胞缺乏神经细胞的生理功能，因此影响智力和其他脑功能，将会使孩子智力低下，反应能力差，总之，即使天气较凉，孕妇洗澡的水温也不宜太高。

秋季洗澡注意事项

| | |
|---|---|
| 1 | 洗澡的最佳时间间隔不要少于两天。秋季风大灰尘多，人们出的汗量减少，空气十分干燥。此时，人们暴露在外的皮肤出现紧绷绷的感觉、缺乏弹性，甚至还会起皮。这是由于皮肤水分蒸发加快，皮肤角质层水分缺少的缘故。进入秋季以后，可以减少洗澡的次数 |
| 2 | 选择合适的沐浴产品。在秋季，应选用一些碱性小、偏中性的浴液。此外，沐浴后最好再涂一层具有润肤、保湿作用的护肤品 |
| 3 | 每次洗澡的时间都不宜过长。洗澡除了能清洁之外，还能使身心获得彻底放松，疲劳的身体得以迅速恢复。但专家指出，沐浴方法要注意适度适量，否则会造成更大的疲劳。洗澡每次 15 分钟最好。此外，洗澡如果用较热的水，会使肌肤变得更干燥，出现发红甚至脱皮的现象，不利于皮肤适应气候的变化 |

## 霜降运动养生：量力而行选择活动，健身须循序渐进

### 根据年龄、体质选择运动项目

霜降是秋季的最后一个节气，此时常有冷空气侵袭，而使气温骤降，此时在运动调养上都需应时谨慎。霜降前后是呼吸系统疾病的发病高峰，常见的呼吸道疾病有过

敏性哮喘、慢性支气管炎、上呼吸道感染等。为预防这些疾病，就要加强体育锻炼，通过锻炼增加抗病能力，不同人应根据年龄、体质、爱好等不同，选择不同的健身项目。

登高能使肺通气量、肺活量增加，血液循环增强，脑血流量增加，小便酸度上升。登山时，随着高度在一定范围内的上升，大气中的氢离子和被称为“空气维生素”的负氧离子含量越来越多，加之气压降低，能促进人的生理功能发生一系列变化，对哮喘等疾病还可以起到辅助治疗的作用，并能降低血糖，增高贫血患者的血红蛋白和红细胞数。登高时间要避开气温较低的早晨和傍晚，登高速度要缓慢，在上下山时应根据气温的变化来适当增减衣物。

慢跑也是一项很理想的秋季锻炼运动项目。它能增强血液循环，改善心肺功能，改善脑的血液供应和脑细胞的氧供应，减轻脑动脉硬化，使大脑能正常工作。跑步还能有效地刺激代谢，增加能量消耗，有助于减肥健美。对于老年人来说，跑步能大大减少由于不运动引起的肌肉萎缩及肥胖症，减少心肺功能衰老的现象，可以降低胆固醇，减少动脉硬化，还有助于延年益寿。

**秋季运动健身要循序渐进**

秋季锻炼要不急不躁、按部就班，不要急于求成。运动由简到繁，由易到难。运动量要循序渐进，由小到大。

不可忽略锻炼后的整理运动，机体运动后处于较高的工作状态，如果立即停止运动，坐下或躺下休息，易导致眩晕、恶心、出冷汗等症状。

霜降起居养生

1. **锻炼防病，项目选择因人而异**

霜降时节是呼吸系统疾病的高发期，可以通过加强体育锻炼增加抗病能力。锻炼内容因人而异，可以选择登山、散步、慢跑、冷水浴、健身操和太极拳等方式进行锻炼。

2. **健身前必须做好准备活动**

必须做好运动健身之前的准备活动。因为机体在适应运动负荷前，有一个逐步适应的变化过程。关节及肌肉等如果没有做准备活动就进行高强度运动，这样非常容易受到损害。

## 霜降时节，常见病食疗防治

### 食用牛奶、鸡蛋、瘦肉防治胃溃疡

胃溃疡是一种常见的消化系统疾病，其临床特点为反复发作的节律性上腹痛，常有嗳气、返酸、灼热、嘈杂，甚至恶心、呕吐、呕血、便血等症状。此病在秋末冬初发病率较高，因为这时的气候会刺激人体产生更多的胃酸，进而破坏胃黏膜。胃溃疡患者多为青壮年，男性的患病率要比女性患病率稍高。

胃溃疡患者要选择易消化，而且能提供必要的热量、蛋白质及维生素的食物，如粥、面条、软米饭、牛奶、鸡蛋、豆浆、瘦肉等，这些食物既能增强机体的抵抗力，又能帮助修复溃疡面。

罗汉果糙米粥具有补虚益气、健脾和胃，促进消化的功效，适用于胃溃疡、体虚瘦弱等。

◎罗汉果糙米粥

【材料】糙米 150 克，罗汉果 2 个，盐适量。

【制作】①糙米淘洗干净，用清水浸泡 2 小时。②罗汉果洗净。③锅中加入 1500 毫升清水，加入糙米，大火烧沸，改用小火煮至米软烂，加入罗汉果煮 5 分钟，加入盐调味即可食用。

### 前列腺炎多吃维生素 E 含量丰富的坚果

秋季是泌尿系统疾病的高发季节，其中前列腺炎是一种尿路逆行感染，通常因患者不注意个人卫生或生活方式不科学而引起。这种病的症状主要有尿频、尿急、尿痛、

◎菟丝核桃炒腰花

【材料】核桃仁 50 克，水发木耳 30 克，菟丝子 15 克，蒜苗 150 克，猪腰 2 个，葱花、姜末、盐、味精、料酒、干淀粉、水淀粉、植物油各适量。

【制作】①将核桃仁清洗干净。②菟丝子磨成粉。③木耳洗净，去蒂，撕成瓣状。④猪腰处理干净，洗净，切腰花。⑤蒜苗洗净，切段。⑥将腰花放入碗中，加入葱花、姜末、干淀粉、料酒拌匀，腌制片刻。⑦炒锅放植物油烧热，下入核桃仁炸香，捞出控油。⑧原锅留底油烧至八成热，下入姜末、葱花、木耳、蒜苗、腰花，翻炒至八分熟，加入菟丝子粉、盐、味精、料酒，勾入水淀粉，撒入核桃仁后炒匀即可食用。

排尿不畅、排泄时有白色分泌物、腰酸、会阴部酸胀不适等，严重者甚至还会出现血尿、尿潴留等症状。

前列腺炎患者日常饮食最好以清淡、易消化为原则，多吃新鲜的水果、蔬菜。另外，南瓜子、葵花子等维生素 E 含量丰富的坚果类食物可以有效保护前列腺周围的细胞，平时可以多吃一些。

菟丝核桃炒腰花有温补肾阳、润肠通便的功效，适用于腰膝酸软、慢性前列腺炎等症。

## 与霜降有关的耳熟能详的谚语

**霜降杀百草**

这句谚语的意思是说，被严霜打过的植物，一点儿生机也没有。这是由于植株体内的液体，因霜冻结成冰晶，蛋白质沉淀，细胞内的水分外渗，使原生质严重脱水而变质，所以人们将此种现象称为“霜降杀百草”。

**霜降见霜，米烂成仓；未得见霜，粜米人像霸王**

在有些农村，人们常以霜降日是否能见到霜，来预测未来一年的收成，所以华中一带的谚语说：“霜降见霜，米烂成仓；未得见霜，粜米人像霸王。”意思说，如果霜降当天见霜，就表示来年收成会很好，米太多在仓库中堆着都快烂了；如果没出现霜，农民免不了会为荒年发愁，而粜（米）人，指的是卖米的人，会像霸王一样，胡乱哄抬米价。

**霜降不割禾，一天少一箩**

霜降时节，晚稻已成熟，这时要抓紧收割，否则，会遭遇雀害和落粒的影响，从而导致粮食减产。

# 第五篇　冬雪雪冬小大寒

## ——冬季的 6 个节气

# 第 1 章
# 立冬：蛰虫伏藏，万物冬眠

在呼啸而至的北风中，大家都感受到了初冬的寒意。我们的立冬节气也就到来了。立冬节气在每年阳历的 11 月 7 日或 8 日，我国民间习惯以立冬为冬季的开始，其实，我国幅员辽阔，除全年无冬的华南沿海和长冬无夏的青藏高原地区外，各地的冬季并不都是于立冬日开始的。按气候学划分四季标准，以下半年平均气温降到10℃以下为冬季，“立冬为冬日始”的说法与黄淮地区的气候规律基本吻合。我国最北部的漠河及大兴安岭以北地区，9 月上旬就已进入冬季，北京于 10 月下旬也已一派冬天的景象，而长江流域的冬季要到小雪节气前后才真正开始。“立冬”那天冷不冷，直接关系到未来的天气状况。“立冬那天冷，一年冷气多”。一般会冷到什么程度呢？“大雪罱河泥，立冬河封严”。如果“冬前不结冰，冬后冻死人”。

## 立冬气象和农事特点：气温下降，江南抢种、移栽和灌溉忙

### 冬季到来，万物收藏、规避寒冷

据天文学专家介绍，立冬不仅预示着冬天的来临，而且有万物收藏、规避寒冷之意。古人对“立”的理解与现代人一样，是建立、开始的意思。但“冬”字就不那么简单了，《月令七十二候集解》中对“冬”的解释是“冬，终也，万物收藏也”，意思是说秋季作物全部收晒完毕，收藏入库，动物也已藏起来准备冬眠。看来，立冬不仅仅代表冬天的来临，完整地说，立冬是表示冬季开始、万物收藏、规避寒冷的意思。盛传于民间的关于“立冬”的谚语，不仅极富情趣，饱含民众智慧，而且也足见世人对“冬天到来”的重视。

### 东北越冬，江南抢种、移栽、播种和浇水

说到“冬”，自然就会联想到冷。而立冬作为冬天的开始，此时太阳已到达黄经 225°，北半球获得的太阳辐射量越来越少。但是由于地表半年贮存的热量还有一定的剩余，所以一般还不太冷。晴朗无风之时，常为温暖舒适的天气，不仅十分

立冬之时，树叶落尽，气温下降，万物闭藏，要添衣保暖，准备过冬。

宜人，对冬作物的生长也十分有利。但是，这时北方冷空气已具有较强的势力，常频频南侵，有时形成大风、降温并伴有雨雪的寒潮天气。因为立冬后期多有强冷空气侵袭，气温常有较大幅度下降，如果播后气温低，出苗缓慢，分蘖不足，就会影响产量。从多年的平均状况看，1 月是寒潮出现最多的月份。根据天气变化，注意气象预报，及时做好防护和农作物寒害、冻害等的防御，显得十分必要。同时降温幅度很大，天气的冷暖异常会对人们的生活、健康以及农业生产产生不利的影响。

整理田垄，保持地温，排水防冻，抢在气温大幅降低之前种好越冬作物。

我国大部分地区在立冬前后，降水会显著减少。东北地区大地封冻，农林作物进入越冬期；江淮地区“三秋”已接近尾声；江南正忙着抢种晚茬冬麦，抓紧移栽油菜；而华南却是“立冬种麦正当时”的最佳时期。此时，水分条件的好坏与农作物的苗期生长及越冬都有着十分密切的关系。华北及黄淮地区一定要在日平均气温下降到 4℃左右，田间土壤夜冻昼消之时，抓紧时机浇好麦、菜及果园的冬水，以补充土壤水分不足，改善田间小气候环境，防止“旱助寒威”，减轻和避免冻害的发生。江南及华南地区，及时开好田间“丰产沟”，搞好清沟排水，是防止冬季涝渍和冰冻危害的重要措施。另外，立冬后空气一般渐趋干燥，尤其是高原地区这时已是干季，湿度迅减，风速渐增，对森林火险必须高度警惕。

## 立冬农历节日：下元节——水官解厄之辰

农历十月十五，为中国民间传统节日，下元节，亦称“下元日”“下元”。此时，正值农村收获季节，民间有做糍粑等食俗，人们在家中做糍粑并赠送亲友。武进一带几乎家家户户用新谷磨糯米，做小团子，包素菜馅心，蒸熟后在大门外“斋天”。又，旧时俗谚云：“十月半，牵砻团子斋三官。”原来道教谓是日是“三官”（天官、地官、水官）生日，道教徒家门外均竖天杆，杆上挂黄旗，旗上写着“天地水府”“风调雨顺”“国泰民安”“消灾降福”等字样；晚上，杆顶挂三盏天灯，做团子斋三官。民间则祭祀亡灵，并祈求下元水官排忧解难。民国以后，此俗渐废，唯民间将祭亡、烧库等仪式提前在农历七月十五“中元节”时举行。

这一节日严格来说是一个道教节日，来源于道教所谓上元、中元、下元“三元”的说法。道教认为，“三元”是“三官”的别称。上元节又称“上元天官节”，是上元赐福天官紫微大帝诞辰；中元节又称“中元地官节”，是中元赦罪地官清虚大帝诞辰；下元节又称“下元水官节”，是下元解厄水官洞阴大帝诞辰。《中华风俗志》也有记载：“十月望为下元节，俗传水官解厄之辰，亦有持斋诵经者。”这一天，道观做道场，民间则祭祀亡灵，并祈求下元水官排忧解难。古代又有朝廷是日禁屠及延缓死刑执行日期的规定。宋吴自牧《梦粱录》：“（十月）十五日，水官解厄之日，宫观士庶，设斋建醮，或解厄，或荐亡。”又河北《宣化县新志》：“俗传水官解厄之辰，人亦有持斋者。”此外，在民间，下元节这一日，还有民间工匠祭炉神的习俗，炉神就是太上老君，大概源于道教用炉炼丹。人生在世，难免遭遇苦厄，而信仰道教的那些古代人民，或者说，虽不信仰却对其文化内涵有一定程度认同的老百姓，都很看重水官大帝“除困解厄”的神通。

**水官大禹的诞辰**

下元节的来历和道教密切相关。道教认为：“三元”是“三官”的别称。道教诸神中有三官大帝三位神仙，分别是：天官，职责是赐福；地官，职责是赦罪；水官，职责是解厄。

关于三官的来历在民间有这样一种说法，道教最高天神元始天尊“飞身到太虚极处，取始阳九气，在九土洞阳，取清虚七气，更于洞阳风泽中，取晨浩五气，总吸入口中，与三焦合于一处。九九之期，觉其中融会贯通，结成灵胎圣体”。后分别于农历正月十五、七月十五、十月十五从中吐出三子。三子“皆长为昂藏丈夫，元始语以玄微至道，悉能通彻”。三子降临人间为三位传说中的帝王尧、舜、禹，“皆天地莫大之功，为万世君师之法”。尧规定了天时，使七政相等，因此被任命为天官。舜把中国分为十二州，使全体百姓安居乐业，因此被任命为地官；后来，禹治理洪水，使家家户户安全，因此被任命为水官；于是三人就被元始天尊敕封为三官大帝。

话说“三官神”各有生日：“天官”是正月十五生，“地官”七月十五生，“水官”十月十五生。民间把这三天称为上元节、中元节、下元节。由于下元节是水官的诞辰，也是水官解厄之辰，即水官根据考察，上报天庭，为人解厄，民间为了纪念他的功德，便在这一天举行祭祀活动。

在这一天，道观做道场，人们祭祀祖先、持斋诵经，迎接水官大帝，以求得困厄的疏解与人生的安详。四川绵阳、广安和湖北汉口等地，这天城隍出巡，到厉坛祭祀。四川乐山、山东济南，富户做水官解厄醮。在江苏盐城，村民集资设供，祭祀三官，祭完后，聚众宴饮。湖北英山多设饭食赈孤。在台湾地区，将“水官大帝诞辰”称为“三界公诞”，彰化俗称“三界公生”。宜兰各家焚香，备牲醴，烧金纸，做三界寿。在基隆，漳州籍人家在午夜以后、黎明之前准备鲜果、香花、牲醴祭祀水官大帝；泉州籍人家则不祭。一些寺庙演戏酬神，或献牲醴祭拜，祈求平安。这些习俗一直传到现在，表达了人们的美好愿望。

**水官生日的相关习俗**

农历十月十五，是古老的“下元节”，又称“下元日”，旧时人们又尊是日为“水官生日”。在江南水乡——常州，农村多种水稻，副业捕鱼捉虾、驶舟航船等，而这些都是与“水”有着很大的关系，所以农家对“水官生日”特别重视，多于此日“斋三官”（祭祀天官、地官、水官），祈求风调雨顺、国泰民安。“斋三官”之俗起源甚早。南宋吴自牧《梦粱录》载：“（十月）十五日，水官解厄之日。宫观士庶，设斋建醮，或解厄，或荐亡。”可见唐宋时代道教对此已极为重视。而道教诸神之中，“三官”地位颇高，特别是在黎民百姓之中影响较大，其起源乃是土生土长的原始民间信仰中人们对天、地、水的自然崇拜。另据《典略》，东汉早期的道教就吸收了传统的原始民间信仰，奉天、地、水“三官”成为主宰人间祸福的神灵。至宋代又将“三官”与“三元”（正月十五“上元”为天官生日，七月十五“中元”为地官生日，十月十五“下元”为水官生日）联系起来，称“三官”为“三元”。“三官大帝”全名为“三元三品三官大帝”。后来，随着道教的逐步衰落，百姓对“三元”的认识逐步模糊，三官生日也越来越淡化了。

可是，由于常州特殊的地理环境和农业活动，“斋三官”的风俗在常州地区便一直传承下来，到了近代，主要是新米磨粉做团子。武进农谚云“十月半，牵砻做团斋三官”（注意：斋三官的团子是通常的小团子，不是“十月朝”的“糍团”）。中华人民共和国成立以前，东门外“三官堂”香火极盛，届时前往烧香念佛的善男信女云集坐夜，通宵达旦诵读《三官经》。清代，常州城内每年十月十五“下元节”也自有一番热闹。诗人洪亮吉《南楼忆旧》中有诗为证：“才过中元又下元，赛神箫鼓巷头喧。年来台阁多新鲜，都插宫花粉杏园。”亮吉自注云：“赛神会中每用七八人扛一桌，上扮金元院本诸故事，名台阁。”说当时民间行会新鲜热闹、丰富多彩。此俗辛亥革命以后逐渐废除。其实下元节与上元节和中元节一起，是先民对于人生感受、祈福、赎罪、解困等完整的生命体验。

## 立冬主要民俗：补冬、养冬、迎冬

**补冬：冬季进补增强体质**

冬天进补，在中国人心目中是根深蒂固的。为了适应气候季节性的变化，调整身体素质，增强体质以抵御寒冬，全国各地在立冬日纷纷进行“补冬”。按照中国人的习惯，冬天是对身体“进补”的大好时节，俗称“补冬”。闽南地区家家杀鸡宰鸭，并加入中药合炖，以增加香味和营养素；也有的把西洋参或高丽参切片，包在鸡鸭肫之中缝好合炖，让小孩子吃了长身体；有的用党参、川七合炖，以使骨骼健壮。总之，大家都是想方设法大力进补。在立冬时补一下，是为了适应气候季节性的变化，调整身体素质，增强体质以抵御寒冬。

**养冬：提高机体抗病能力**

中医认为："万物皆生于春，长于夏，收于秋，藏于冬，人也亦之。"也就是说冬天是一年四季中保养、积蓄的最佳时机。浙江地区将立冬称为"养冬"，要吃各种营养品进补，这天要杀鸡或鸭给家人补身体；也有吃猪蹄进补的。在台湾基隆，称立冬为"入冬"，当地的习俗为杀鸡鸭或买羊肉，加当归、八珍等补药共炖；也有的将糯米、龙眼干、糖等蒸成米糕而食。冬令进补不仅能调养身体，还能增强体质，提高机体的抗病能力。

**吃甘蔗、炒香饭：岭南特色**

入冬进补是深谙养生之道的汕头人的"传统节目"。立冬日，汕头人还少不了甘蔗，潮汕谚语说："立冬食蔗不会齿痛。"据说这一天吃了甘蔗，可以保护牙齿，也有滋补的功效。

立冬时节除了吃甘蔗之外，岭南有些地方还保持着吃"香饭"的习俗。立冬日，用花生、蘑菇、板栗、虾仁、胡萝卜等做成的香饭，深受潮汕民众喜爱。营养价值丰富，口感浓郁香脆的板栗，是炒香饭的上等佐料，也是市场上的抢手货。

潮汕地区俗谚说"十月十吃炣饭"，潮汕有的地区立冬还有吃"炣饭"的习俗，这种食俗在远古时期就有了。阳历 11 月初是新米上市的时候，加上当时的白萝卜、小蒜、新鲜的猪肉等，一道简单美味的炣饭就做成了。据介绍，"炣"是指烹饪的方式，指用火烧，它体现了潮菜丰富的烹饪方式。

**吃咸肉菜饭：江南的风俗**

苏州人传统的风俗，过了立冬，该是品味咸肉菜饭的时候了。届时，苏州的家家户户都要烧上两三回咸肉菜饭尝鲜，其热衷程度仅次于五月端午裹粽子吃。咸肉菜饭用正宗霜打后的苏州大青菜及肥瘦兼有的咸肉，以及苏州白米精制而成。过去苏州人家烧咸肉菜饭非常考究，都在砖灶上烧。砖灶是用砖砌成的烧稻草的灶头。灶上有根长烟囱穿过屋面，其灶头拔风性能好，火候可根据柴薪多少进行调节，烧出的咸肉菜饭又香又糯。咸肉菜饭色泽十分艳丽，咸肉红似火，青菜鲜碧可爱，米饭雪白味鲜香，风味独特，食之令人胃口大开，欲罢不能。

**吃饺子：补补耳朵**

在北方，立冬吃饺子已有上百年的历史。饺子有"交子之时"的意思，除夕夜吃饺子代表新旧两年的交替，而立冬则是秋冬季节的交替，所以也有吃饺子的风俗。

## 立冬时节主要民俗习惯

### 斋三官

“斋三官”指祭祀天官、地官、水官，祈求风调雨顺、国泰民安。有些农家还按古制，在大门口竖起高高的“天杆”，白天在杆顶张挂杏黄旗，旗帜上写“天地水府”“风调雨顺”等字样，到了晚上则换上三盏“天灯”，以示祭祀天、地、水“三官”。

### 补冬

冬天对身体“进补”，俗称“补冬”。出嫁的女儿会给父母送去鸡、鸭之类营养品，让父母补养身体，聊表对父母的孝敬之心。

### 吃饺子

立冬意味着冬天的到来，冬天到了天凉了，耳朵暴露在外边很容易就被冻伤了，因此，吃点儿长得像耳朵的饺子，补补耳朵，这可是家里人对亲人最贴心的关怀了。

### 养冬

民间将立冬进补称为“养冬”，要吃各种营养品进补，这天要准备营养丰富的食品给家人补身体。

**扫疥：杀死身上的寄生虫**

疥疮是由于疥虫感染皮肤引起的皮肤病，该病传播迅速，疥疮的体征是皮肤剧烈瘙痒（晚上尤为明显），而且皮疹多发于皮肤皱褶处，特别是阴部。《诸病源候论》云：“疥者……多生于足，乃至遍体……干疥者，但痒，搔之皮起干痂。湿疥者，小疮皮薄，常有汁出，并皆有虫，人往往以针头挑得，状如水内瘸虫。以皮肤皱褶处隧道、丘疹、水疱、结节，夜间剧痒，可找到疥虫为临床特征。”疥疮是通过密切接触传播的疾病。疥疮的传染性很强，在一家人或集体宿舍中往往相互传染。疥虫离开人体能存活 2 ~ 3 天，因此，使用病人用过的衣服、被褥、鞋袜、帽子、枕巾也可间接传染。性生活无疑是传染的一个主要途径。

上海人有在立冬时“扫疥”的习惯。明代，民间以各色香草及菊花、金银花煎汤沐浴，称为“扫疥”。民初胡祖德编著《沪谚外编》上卷也曾记录说：“立冬日，以菊花、金银花、香草，煎汤沐浴，曰‘扫疥’。”华北、华中一带，冬日天冷，当时洗澡不便，疥虫、跳蚤等寄生虫便乘机在人身上繁殖起来，皮肤病也容易流行、传染，上海人在立冬这天洗药草香汤浴，正是希望一举把身上的寄生虫全部杀死洗干净，整个冬天不得疥疮。

**腌菜：立冬腌菜正当时**

立冬刚过，正是制作腌菜的好时节。立冬这天有的地方会祭拜地神，表示欢迎冬天的来临，更把初熟的新鲜蔬菜加以腌藏，以备冬日之需。北宋孟元老《东京梦华录》卷九形容当时汴京人在十月立冬时忙着腌菜的情景说：“是月立冬，前五日，西御园进冬菜。京师地寒，冬月无蔬菜，上至宫禁，下及民间，一时收藏，以充一冬食用，于是车载马驮，充塞道路。”立冬腌菜正当时，爱吃腌菜的你不妨学一手。

**吃糕：冬季的特色美味**

在立冬的时候，各地的食俗不一，在陕北、山西一带盛行吃糕。在中国大江南北很多地方都吃叫作“糕”的食物，但各不相同。这里的糕用的材料叫作软谷和黍子，碾去皮后，软谷的称之为小黄米，黍子的就叫大黄米，淘洗干净，加工成黄米面，略掺水后上锅蒸熟，出锅后，乘热可以包上糖、豆馅、酸菜等放入油锅中炸，叫作炸糕；将包好的糕在放少量油的锅中煎制，叫作煎糕；也可以蒸出来后直接食用，并辅以豆面蘸着吃，叫作面惺糕。当然，也可以像吃著名的蔚县毛糕那样蘸菜汤吃。虽然名称和做法各不相同，但是都代表了中国的一种食俗文化。

随着社会的发展，人们都是到街上去买，很少有人会自己做了。山西有“三十里莜面，四十里糕”的说法，糕这种东西吃了特别耐饿，又便于贮藏，是农村冬季少不了的食物。一次做很多冻起来，平时吃的时候放在锅里蒸热，外出或下地干活时带上它，饿时拢把火烤着吃，既填饱了肚子又烤暖了身子。

在闽南地区，立冬日会吃用糯米做的麻糍糕，这是一种用糯米、白糖、花生粉做的甜品。

冬令进补吃膏滋是苏州人过立冬的老传统。旧时，苏州一些大户人家还用红参、桂圆、核桃肉在冬季烧汤喝，有补气活血助阳的功效。每到立冬节气，苏州中医院以及一些老字号药房都会专门开设进补门诊，为市民煎熬膏药，销售冬令滋补保健品。

无锡则盛行吃团子。立冬时节恰逢秋粮上市，用新粮食做成的团子特别好吃。其中乡下以自己做团子为主，而城市人则买现成的。团子的馅有豆沙的、萝卜的等，尤其是用酱油做成的馅，味道特别好。

### 迎冬：皇族的仪式

《后汉书·祭祀志中》："立冬之日，迎冬于北郊，祭黑帝玄冥，车旗服饰皆黑。"在古代，古人以冬与五方之北、五色之黑相配，故于立冬日，皇帝有出郊迎冬的仪式，并赐群臣冬衣、抚恤孤寡。立冬前三日掌管历法祭祀的官员会告诉皇帝立冬的日期，皇帝便开始沐浴斋戒。立冬当天，皇帝率三公九卿大夫到北郊六里处迎冬。回来后皇帝要大加赏赐，以安社稷，并且要抚恤孤寡。

### 吃倭瓜：洗涤肠胃

在天津一带，立冬节气历来有吃倭瓜饺子的习俗。倭瓜即南瓜，又称倭瓜、番瓜、饭瓜和北瓜，是北方一种常见的蔬菜。一般倭瓜是在夏天买的，存放在小屋里或窗台上，经过长时间糖化，在冬至这天做成饺子馅，味道与夏天吃的倭瓜馅不同，还要蘸醋加蒜吃，别有一番滋味。其实倭瓜本身性味温甘，有健脾消食、荡涤肠胃的作用。

## 立冬民间宜忌：立冬晴五谷丰，立冬忌盲目"进补"

### 立冬晴，五谷丰

有不少关于立冬方面的谚语，如"立冬晴，五谷丰""立冬晴，养穷人"等说法。意思是说，立冬如果天气晴朗，这年的收成就很好，穷人才能够得以休养生息；如果立冬下雨，则预示这一年的冬天将会多雨、气温寒冷。古人以立冬作为秋天的结束和冬天的开始，所以十分重视这个节气，并且相信立冬之日的天气能预示着整个冬季的天气走向，对以后的收成也会有很大的影响，其实这种做法缺乏科学依据，是不可取的。

### 立冬补冬，切忌盲目"进补"

人类虽然没有冬眠之说，但是民间有立冬补冬的习俗。人们在这个进补的最佳时期，为抵御冬天的严寒补充元气而进行食补。进补时应少食生冷，尤其不宜过量地补。一般人可以适当食用一些热量较高的食品，特别是北方，可以吃些牛羊肉，但同时也要多吃新鲜蔬菜，还应当吃一些富含维生素和易于消化的食物。在这个时节，切忌盲目"进补"，否则惹病上身。

## 立冬饮食养生：黑色食品补养肾肺，身体虚弱多食牛肉

### 补养肾肺可多食用黑色食品

四季与五行、人体五脏相互对应。按照中医理论，冬天合于肾；在与五色配属中，冬亦归于黑。因而在 11 月上旬的立冬时节，用黑色食品补养肾脏无疑是最好的选择。现代医学认为："黑色食品"不但营养丰富，且多有补肾、防衰老、保健益寿、防病治病、乌发美容等独特功效。

黑色食品，是指因内含天然黑色素而导致色泽乌黑或深褐的动植物性食品

黑色食品种类繁多，有的外皮呈黑色，有的则骨头里面是黑色的。除了众所周知的黑芝麻、黑枣以外，黑米、紫菜、香菇、海带、发菜、黑木耳等植物性食品及甲鱼、乌鸡等动物性食品都属于黑色食品。经大量研究表明，黑色食品保健功效除与其所含的三大营养素、维生素、微量元素有关外，其所含黑色素类物质也发挥了特殊的积极作用。如黑色素具有清除体内自由基、抗氧化、降血脂、抗肿瘤、美容等作用。

### 老人、妇女可吃特制养阴护阳暖身餐

立冬过后，阳气不足会导致一部分人格外怕冷，引起感冒、手脚冰冷等病症。其中抵抗力弱、作息不规律、缺乏运动且脏器功能衰退的老年人和长期偏食、减肥的中青年女性是最易出现上述情况的群体。"冷女人"的血行不畅，不仅冬天会手脚冰凉，而且面部容易长斑。同时，体内的能量不能润泽皮肤，皮肤就缺乏生气。

对此养生专家建议，老年人宜常喝胡萝卜洋葱汤，此汤可滋补暖身、调理内脏，增强身体的免疫力，保障血液的畅通运行；而年轻女性和中年妇女应先看医生，若非肾虚，则可常食豆腐烧白菜，通过获取充足的维生素 $B_2$，减少体内热量的快速流失，从而提高机体的抗寒能力。建议女性冬季注意养阴护阳，多喝莲子粥、枸杞粥、牛奶粥以及八宝粥等，要适当补食牛、羊、狗肉，以补阳滋阴、温补血气、增强体质和抵抗力，更起到润泽脏腑、养颜护肤的效果。

### 立冬时节吃火锅有讲究

冬天到了，吃火锅的市民也开始多起来了。但吃火锅和平时吃的各式菜式有点不一样，虽然口腹之欲满足了，却总是会出现这样那样的"后遗症"：不是吃上火了，就是吃完后腹泻。很少有人了解火锅的健康吃法。

## 火锅的健康吃法

第一，吃火锅时应本着少荤的原则。用大量解腻、去火和止渴的蔬菜、豆腐及菌类佐以适量的肉类，才是最佳的搭配。各种食材搭配在一起吃，才能把火锅吃得既营养又美味。

第二，掌握火候很关键。以保证既不流失营养又充分杀灭食物中的细菌为标准，尤其是水产品，在开锅后煮 15 分钟以上方能入口。

第三，忌喝火锅汤。火锅汤多由肉类、海鲜和青菜等多种食物混合煮成，含有一种高浓度的名为嘌呤的物质，易诱发或加重痛风病。

第四，切勿吃过辣及过烫的火锅，以免造成食道充血或水肿。

第五，火锅也不宜吃得过久，否则极易导致肠胃功能紊乱。

**利尿润肠可吃些核桃**

核桃既可利尿润肠，又可温肺祛病。在以养肾为先的立冬时节，多食核桃无疑能够益肾固精、强身健体。

挑选核桃时要选用壳薄圆整的上等核桃，其通体有光泽，桃仁白净味香，含油量极高。

在吃的时候不要只吃核桃的白色果仁，其实表面的褐色薄皮也含有丰富的营养，食之亦佳。同时生桃仁入菜比熟桃仁入菜更能够保持水分和口感。

核桃仁莴苣炒胡萝卜丁具有利尿润肠之功效。

### ◎核桃仁莴苣炒胡萝卜

【材料】胡萝卜 200 克，核桃仁 30 克，莴苣 20 克，姜片、葱段、盐、鸡精、植物油各适量。

【制作】①胡萝卜、莴苣去皮，洗净，切丁；核桃仁入油锅炸香。②炒锅放植物油烧热，下姜片、葱段爆香，加莴苣丁、胡萝卜丁、核桃仁、盐、鸡精，炒熟即可。

**身体虚弱者宜多食牛肉**

牛肉能够迅速补充因气温降低而消耗的热量。立冬时节多食牛肉，不仅能暖身暖胃，更能益气滋脾，因而特别适合身体虚弱者。就保存营养来说，清炖是烹饪牛肉最佳的方式。在选用牛肉的时候要注意，好的牛肉因为表面不含过多水分，弹性极佳，摸上去有油油的黏性；脂肪呈白色；通体色泽以均匀的深红色为宜，且没有异味。但是牛肉虽好，也要注意适可而止，不能一次吃太多，最好能够保持在 80 克 / 次左右。桂圆红枣煲牛肉可益气滋脾。

◎桂圆红枣煲牛肉

【材料】桂圆肉 10 克，红枣 6 颗，牛肉 250 克，土豆 200 克，姜片、葱段、盐、植物油各适量。

【制作】①桂圆肉洗净；红枣洗净，去核；牛肉洗净，切块；土豆洗净，去皮，切块。②炒锅放植物油烧至六成热，下葱段、姜片爆香，加牛肉、土豆、盐、400 毫升水，大火烧沸，改小火煲 45 分钟即可。

## 立冬药膳养生：消积导滞、补脾养胃，补肾涩精、补精益血

### 下气宽中、消积导滞，食用萝卜炖排骨

萝卜炖排骨具有下气宽中、消积导滞、健脾理气、止咳化痰之功效。

◎萝卜炖排骨

【材料】猪排骨 500 克，萝卜 500 克，葱 2 根，姜 1 块，酱油 1 大匙，料酒 1 大匙，盐、味精、白糖、淀粉各 1 小匙。

【制作】①萝卜洗干净切成块，排骨斩小段；葱切花，姜切片备用。②炒锅热油，将葱、姜和萝卜放入，煸炒至上色加入料酒、酱油、盐、味精、白糖和清水，放入排骨，用火烧开锅后，转用小火烧 30 分钟，待汁收浓且口味浓香时，加入水淀粉，把汁全部挂在原料表面即可装碗。

### 补脾养胃、补肾涩精，饮用紫菜玉米眉豆汤

紫菜玉米眉豆汤具有补脾养胃、补肾涩精、益气养血之功效，治脾虚久泻、肾虚遗精、贫血、崩漏带下。

◎紫菜玉米眉豆汤

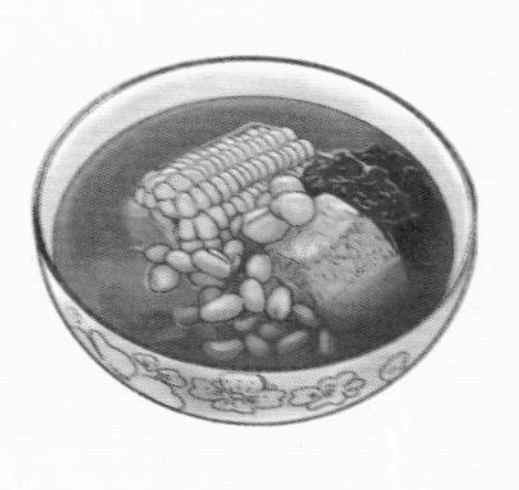

【材料】紫菜19克，玉米棒2段，眉豆75克，莲子75克，猪瘦肉200克，姜1片，盐适量，冷水适量。

【制作】①紫菜用水浸片刻，洗干净后沥干水分；洗干净玉米棒、眉豆和莲子；洗干净猪瘦肉，汆烫后冲洗干净。②煲滚适量水，放入玉米段、眉豆、莲子、猪瘦肉和姜片，水滚后改文火煲约90分钟，放入紫菜再煲30分钟，下盐即成。

**补精益血、扶正祛邪，饮用首乌松针茶**

首乌松针茶具有补精益血、扶正祛邪之功效，适用于肝肾亏虚者，从事农药制造、核技术工作及矿下作业等人员以及放疗、化疗后白细胞减少的病人。

◎首乌松针茶

【材料】何首乌18克，松针（花更佳）30克，乌龙茶5克，冷水适量。

【制作】先将首乌、松针或松花用冷水煎沸20分钟左右，去渣，以沸烫药汁冲泡乌龙茶5分钟即可。

**益气补虚，腰膝疲软，食用苁蓉羊腿粥**

苁蓉羊腿粥具有益气补虚、温中暖下，治虚劳羸瘦、腰膝疲软、产后虚冷、腹痛寒疝、中虚反胃之功效。

◎苁蓉羊腿粥

【材料】粳米100克，肉苁蓉30克，羊后腿肉150克，葱末5克，姜末3克，盐2克，胡椒粉1.5克，冷水1000毫升。

【制作】①将肉苁蓉洗干净，用冷水浸泡片刻，捞出细切。②羊后腿肉剔净筋膜，漂洗干净，横丝切成薄片。③粳米淘洗干净，用冷水浸泡半小时，捞出，沥干水分。④取砂锅加入冷水、肉苁蓉、粳米，先用旺火烧沸，然后改用小火煮至粥成，再加入羊肉片、葱末、姜末、盐，用旺火滚几滚，待米烂肉熟，撒上胡椒粉，盛起即可食用。

## 立冬起居养生：睡前温水泡脚，室内温度要提高

### 立冬时节临睡前温水泡脚

肾之经脉起于足部，足心涌泉穴为其主穴，立冬时节睡觉时，先用温水泡洗双脚，然后用力揉搓足心，除了能除污垢、御寒保暖外，还有补肾强身、解除疲劳、促进睡眠、延缓衰老，以及防止感冒、冠心病、高血压等多种病发生的功效。如果所泡的药水改用中草药甘草、元胡煎剂，利于防治冻疮；用茄秆连根煎洗，可控制冻疮发展；用煅牡蛎、大黄、地肤子、蛇床子煎洗，利于治疗足癣；用鸡毛煎洗，适用于顽固性膝踝关节麻木痉挛；用白果树叶煎洗，对小儿腹泻有效。从足部强健肾经，相当于养护树木的根基，可以让肾脏中的精气源源不断。

### 立冬后适当增加室内湿度

俗话说："三分医，七分养，十分防。"可见养生的重要性。在很多人的意识里只有老人才需要养生，其实不然，养生是条漫长的路，越早走上这条路，受益越多。冬季漫长，长时间生活在使用取暖器的环境中，往往会出现干燥上火和易患呼吸系统疾病的现象。科学研究表明，人生活在相对湿度 40% ~ 60%、湿度指数为 50 ~ 60 的环境中感觉最舒适。冬季，天寒地冷，万物凋零，一派萧条零落的景象，对此，人们首先想到的是防寒保暖。而冬季养生仅防寒保暖是远远不够的。

冬天，气候本来就非常干燥，使用取暖器使环境中相对湿度大大降低，空气更为干燥，会使鼻咽、气管、支气管黏膜脱水，弹性降低，黏液分泌减少，纤毛运动减弱，在吸入空气中的尘埃和细菌时不能像正常时那样迅速清除出去，容易诱发和加重呼吸系统疾病。冬天虽然天气很冷，但人们通常穿得厚，住得暖，活动少，饮食方面也偏好温补、辛辣的食物，体内积热不容易散发，容易导致上火。尤其是在我国北方，本身气候就非常干燥，再加上室内普遍使用暖气，上火更是随时可能发生。另外，干燥的空气使表皮细胞脱水、皮脂腺分泌减少，导致皮肤粗糙起皱甚至开裂。因此，使用

立冬起居养生

**1. 坚持睡前泡脚**

冬季临睡前泡脚对身体非常有好处。需要注意的是，泡脚应坚持 20 分钟左右，并适时续加热水才有效果。

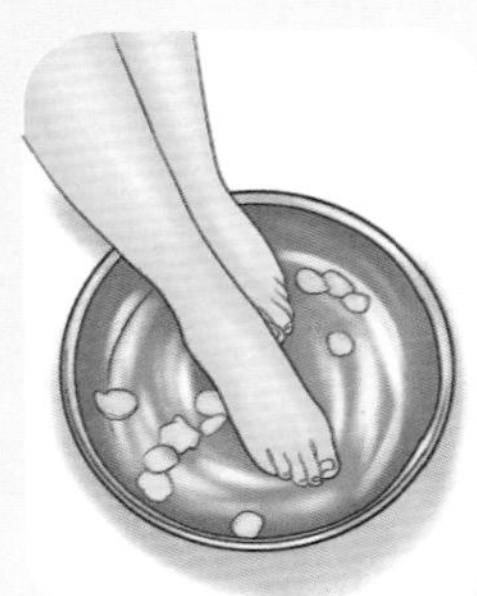

**2. 适当增加室内湿度**

立冬后，我国北方室内开始安置炉火或供应暖气了，室内空气更加干燥。应适当增加室内湿度。如在居室内养上两盆水仙，不但能调节室内相对湿度，还会使居室显得生机勃勃和春意盎然。

取暖器的家庭应注意居室的湿度。最好有一支湿度计，如相对湿度低了，可向地上洒些水，或用湿拖把拖地板，或者在取暖器周围放盆水，或配备加湿器，把房间湿度维持在50%左右，使湿度增加。

此外，居室中应勤开窗通风。通风可使室外的新鲜空气替换室内的污浊空气，减少病菌的滋生。不通风的情况下，室内二氧化碳含量超过人的正常需要量，会使人头痛，脉搏缓慢，血压增高，还有可能出现意识丧失。因而，勤开窗很重要。不过应当只开朝南面的窗子，不能使居室中有穿堂风。平时应注意随时补充人体水分，常喝温水或薄荷、苦茶、菊花、金银花等花草茶，冷却体内燥热，促进表皮循环，同时也可以饮用一些去燥热的饮料，比如凉茶。

## 立冬运动养生：规律运动身体好，早睡晚起多活动

### 立冬时节，规律运动身体好

立冬时节，天气逐渐转冷，许多动物开始冬眠，不少人只想待在温暖的家中，很少走出户外，更不用提参加体育锻炼了。事实上，这样对健康有害无利，在立冬时节坚持体育锻炼，不但能使人的大脑保持兴奋状态，增强中枢神经系统的体温调节功能，而且还能提高人的抗寒能力。因此在立冬以后坚持有规律运动健身的人一般很少患病。但是，立冬时节锻炼身体还要注意，由于气温的降低，人在立冬以后新陈代谢的速度会放缓，所以在此时节运动锻炼不宜太激烈，以防止适得其反。健身操、太极拳、跳舞或打球等运动均是立冬锻炼不错的选择。

### 立冬时节，早睡晚起多运动

立冬时节，往往会呈现气候干燥、天气变化频繁等特点，也是心脑血管疾病、呼吸系统疾病、消化系统疾病的高发期。每年立冬后，受冷空气影响，患感冒、痛风、胃病的病人都有所增加。建议人们进入立冬后，作息要早睡晚起，让睡眠的时间长一点儿，促进体力的恢复。最好是等到太阳出来以后再起床活动。运动前要做热身运动，运动量逐渐增加，避免在严寒中锻炼。中老年人冬季锻炼若安排不当，容易引起感冒。尤其是患有慢性病的老年人，可能会引起严重的并发症。

由于立冬后气温低、气压高，人体的肌肉、肌腱和韧带的弹力及伸展性均会降低，肌肉的黏滞性也会相应增强，从而造成身体发僵不灵活，舒展性也随之大打折扣。因此在立冬后进行体育锻炼时，立冬运动健身要注意以下几个方面：

| | |
|---|---|
| 1 | 室内运动时应保持空气流通。一些人习惯在冬天选择室内运动，并把门窗紧闭，以防止寒冷空气的入侵。但实际上，这样很容易因缺氧而导致头晕、恶心等症状。所以在室内运动时切记保持空气的流通 |

| | |
|---|---|
| 2 | 运动时衣物的薄厚要适度。立冬过后气温降低，在运动前要穿厚实些的衣服，在热身后再除去外衣；锻炼结束后应尽快回到室内，不要吹冷风，擦去汗水并更换衣服，以防止感冒 |
| 3 | 运动之前要充分热身。由于人的身体在低温环境中会发僵，运动前若不充分热身，极易造成肌肉拉伤或关节损伤，因此应在正式运动锻炼前先进行预热运动 |
| 4 | 运动时应适时调整呼吸。由于冬天常有大风沙，因此建议在运动时最好采用鼻腔呼吸的方式，也可以采用鼻吸气、口呼气的呼吸方式，但切忌直接用口吸气。这是因为鼻腔黏膜能对吸进的空气起到加温的作用，在一定程度上减轻了寒冷空气对呼吸道的刺激；同时鼻毛亦可有效阻挡有害细菌 |

## 与立冬有关的耳熟能详的谚语

### 立冬前犁金，立冬后犁银，立春后犁铁

立冬前要掌握好虫子蛰伏冬眠的物候规律，及时除虫，立冬后也要及时除虫，为明年的丰收打下一个好的基础。因此立冬前是犁地的黄金时期，要把握住此良机，立冬后犁的效果稍差一些，如果立春后再来犁地，就已经晚了。这句谚语主要强调人们要把握好翻犁、扳田、扳土、除虫的最佳时机。

### 立了冬把地耕，能把地里养分增

要把握住立冬以后、封冻以前或冻结尚不严重的最佳时期，及时耕翻春播预留地和其他冬闲地，多耕翻几次更好。对春播预留地和其他冬闲地进行耕翻有以下好处：可以疏松土壤，使土壤中的空气流通，增加氮气，以利作物根瘤菌固氮，增加氮素；可以切断土壤毛细管，减少水分蒸发；保墒蓄水；可将地面的杂草、枯枝烂叶翻入地里沤烂成肥；可将潜伏在浅层的病虫翻出地面曝晒，或冻死，或让鸟类啄食，或翻入深层使其窒息死亡；可使降落的雨雪翻入或渗入土壤中，以防止其蒸发或流失，充分利用自然水源滋润土壤。这样做将会使土地的养分增加。

### 冬上金，腊上银，立春上粪是哄人

要想给过冬农作物（如冬小麦、油菜等）上好底肥（基肥），特别是农家有机肥（如畜圈粪、厩粪和人粪尿），建议越早越好，最好在播种时施入。假如在播种后施肥，也应该尽早施入，最迟在阳历的年前也要施入，这样才能给有机肥充分的时间腐烂、分解，以便于开春后农作物吸收利用。如果晚于这个时间施肥，肥料不能及时分解，农作物利用不上其中的养分，因此立春以后施肥效果就不太明显了。

# 第 2 章
# 小雪：轻盈小雪，绘出淡墨风景

小雪节气是我国二十四节气之一，传统上为冬季第二个节气。即太阳在黄道上自黄经 240° 至 255° 的一段时间，约 14.8 天，每年 11 月 22 日（或 23 日）开始，至 12 月 7 日（或 8 日）结束。狭义上，指小雪开始，每年 11 月 22–23 日，此时太阳达到黄经 240° 。《月令七十二候集解》："十月中，雨下而为寒气所薄，故凝而为雪。"小雪表示降雪的起始时间和程度，此后气温开始下降，开始降雪，但还不到大雪纷飞的时节，所以叫小雪。我国地域辽阔，"小雪"代表性地反映了黄河中下游区域的气候情况。这时北方已进入封冻季节。

## 小雪气象和农事特点：开始降雪，防冻、保暖工作忙

### 气温开始下降，开始降雪

小雪节气，东亚地区已建立起比较稳定的经向环流，西伯利亚地区常有低压或低槽，东移时会有大规模的冷空气南下，我国东部会出现大范围大风降温天气。小雪节气是寒潮和强冷空气活动频数较高的节气。强冷空气影响时，常伴有入冬第一次降雪。

小雪节气各地区气象

|  |  |
|---|---|
| 东部 | 出现大范围大风降温天气 |
| 南方地区北部 | 小雪节气，南方地区北部开始进入冬季。但是风景各不相同。"荷尽已无擎雨盖，菊残犹有傲霜枝"，已呈初冬景象 |
| 华南 | 因为北面有秦岭、大巴山屏障，阻挡冷空气入侵，减弱了寒潮的严威，致使华南"冬暖"显著。全年降雪日数多在 5 天以下，比同纬度的长江中、下游地区少得多。大雪以前降雪的机会极少，即使隆冬时节，也难得观赏到"千树万树梨花开"的迷人景色。由于华南冬季近地面层气温常保持在 0℃以上，所以积雪比降雪更不容易。偶尔虽见天空"纷纷扬扬"，却不见地上"碎琼乱玉" |
| 西北高原 | 在寒冷的西北高原，10 月份就开始降雪了 |
| 高原西北部 | 高原西北部全年降雪日数可达 60 天以上，一些高寒地区全年都有降雪的可能 |

**小雪节气里的三候**

**一候，虹藏不见**

**二候，天腾地降**

**三候，闭塞成冬**

意思是说：由于气温降低，北方以下雪为多，不再下雨了，雨虹也就看不见了；又因天空阳气上升，地下阴气下降，导致阴阳不交，天地不通，所以天地闭塞而转入严寒的冬天。

**农作物越冬防冻、牲畜防寒保暖工作忙**

小雪时节已进入初冬，天气逐渐转冷，地面上的露珠变成严霜，天空中的雨滴就成了雪花，流水凝固成坚冰，整个大地披上了一层洁白的素装。但这个时候的雪，常常是半冻半融状态，气象上称为“湿雪”，有时还会雨雪同降，这类降雪称为“雨夹雪”。

小雪时节农事特点

| | |
|---|---|
| 北方地区 | 小雪节气以后，果农开始为果树修枝，以草秸编箔包扎株杆，以防果树受冻。冬日蔬菜多采用土法贮存，或用地窖，或用土埋，以利食用。俗话说“小雪铲白菜，大雪铲菠菜”。白菜深沟土埋储藏时，收获前10天左右即停止浇水，做好防冻工作，以利贮藏，尽量选择晴天收获。收获后将白菜根部向阳晾晒3～4天，待白菜外叶发软后再进行储藏。沟深以白菜高度为准，储藏时白菜根部全部向下，依次并排放入沟中，天冷时多覆盖白菜叶和玉米秆防冻。而半成熟的白菜储藏时沟内放部分水，边放水边放土，放水土之深度以埋住根部为宜，待到食用时即生长成熟了 |
| 华南西北部 | 小雪时节，秋去冬来，冰雪封地天气寒。要打破以往的猫冬坏习惯，农事仍不能懈怠。小雪期间，华南西北部一般可见初霜，要预防霜冻对农作物的危害。小雪节气要加强越冬作物的田间管理，促进麦苗生长，以便安全越冬。人们要注意寒潮及强冷空气降温对生产和生活的影响，同时也要利用好现代的科学知识 |

## 小雪主要民俗：祭神、建醮、腌菜、风鸡

**祭水仙尊王——航海者祈祷平安**

水仙尊王，简称水仙王，是中国海神之一，以贸易商人、船员、渔夫最为信奉。台湾地区四面环海，在台湾民间信仰中，与水有关的神祇，计有水仙尊王、水官大帝及水德星君等。水德星君属于自然崇拜的神祇，水官大帝是民间俗称“三官大帝”“三

界公”之一的大禹，而水仙尊王就是海神，《海上纪略》说“水仙者，洋中之神”。原来是水神或海神，因迷信驱使而编出神话，把水神或海神人格化了，因此水仙尊王是由自然神演变为人格神。

各地供奉的水仙尊王各有不同，以善于治水的夏禹为主。一般以伍子胥、屈原等人，或其他英雄才子、忠臣烈士与大禹合并供奉，称为“诸水仙王”。大禹是古时帝王，因治水有功而受后人爱戴。伍子胥是春秋楚人，忠诚报国却遭人陷害，最后自刎浮尸于江中。屈原是战国人，正欲施展抱负却因奸臣谗言，被贬长沙，有志难伸，忧民忧国而投汨罗江自尽。才华洋溢的王勃，27 岁溺死于南海。李白因捞水中之月而溺死。上述四人的死，与水有密切的关系，并且都是忠臣和有才能的人，所以把这四人奉为水神，配祀在水仙正庙中。

划水仙，是早期船员一种向水仙王祈祷的方式，传说早先往来台湾与大陆的船只在海上遇到暴风雨，如果“划水仙”就可脱离险境。所谓“划水仙”，就是求救于水仙王。《台湾县志・外编》记载说：做“划水仙”之法时，船上的所有人，都要披头散发站在船舷两边，拿着筷子做划水的动作，口中还要发出类似征鼓的声音，就跟农历五月初五划龙舟比赛一样，这个时候，就算是船的桅杆被暴风雨打折，船也能乘风破浪，迅速靠岸。据传，这种“划水仙”的做法每次都能应验，得到水仙王的救助，顺利靠岸。

昔日台湾地区，航海技术落后，时有海难发生，但是靠海生活的人数众多，所以船员、郊商、进出口商都信奉水仙王，并在主要港口建立庙宇奉祀，每年农历十月初十水仙王诞辰，都举行盛大祭典。这段时间大多处在小雪节气期间，所以小雪也就成为祭祀水仙王的重要时段。如台南府西定坊港口的水仙王庙建于施琅统一台湾之时，是台湾最早的水仙王庙。当时，清政府开辟鹿耳门为正口，设立文武官员，凡是往来大陆、台湾之间的船只，都在那里挂验。实际上那是台湾唯一的通商口岸，航海业相当发达，为适应航海者祈祷平安的需要，在此处建立水仙王庙。乾隆年间，鹿港、八里坌陆续开放，中南部逐渐发达起来，水仙王庙也在那里相继建立起来。台湾地区水仙王庙比较著名的有新竹的水仙王宫、嘉义新港的水仙宫和森明宫、台南永康的禹帝宫、基隆市的水仙庙等。台北、屏东、澎湖等地也有水仙王庙。现在，经常会举行水仙尊王大盛会，很多地方的龙舟都要赶来参加。随着人们生活水平的提高，这种盛会也越来越隆重。

**建醮：祈求风调雨顺**

建醮是我国台湾地区民间规模最大的一项宗教活动，而且也是最普遍的一项宗教活动，它具有祈求国泰民安、风调雨顺的意义。在台湾地区各式各样的庙会庆典中，“建醮”应该是场面最为盛大者，这项流传久远的祭祀仪式，由于动用的人力、物力、财力甚巨，故大部分的庙宇及庄头皆于非常时机或固定年份才予以筹办，因此深受民间百姓的重视与期待，成为具有特色的信仰文化。

“醮”原为祭神之意，中国古祭本有“醮”名，汉代道教盛行以后，为道家所袭用，专指“僧道设坛祭神”。自南北朝至明末，历代朝廷多建醮仪，尤盛行于元明两代。后来人把僧人、道士搭坛献祭都统称为醮。

作醮是台湾民间信仰中十分重要而且也是规模最大的一种宗教活动，尤其是每年入冬之后，四处都可以见到各种规模不一、意义和名称也不同的醮典活动，而在今天台湾地区，凡某个社里的人为消灾祈福或祈求平安所举行的大规模酬神还愿的祭典仪式，即称为“作醮”或“建醮”，其中每年的阳历 11 月小雪期间，作醮的活动尤其多。醮的种类极多，祭祈仪式也十分复杂，是最能完整展现民间信仰风貌的一项宗教活动，往往吸引了数以万计的人来参加，热闹非凡，多彩多姿。各地“建醮”都有其理由与目的，但最常见的理由就是以祈求风调雨顺、国泰民安、合境平安，并酬神谢恩，可谓人、神、鬼的“乡亲会”，场面庄严、热闹。

昔日台湾建醮名目及种类繁杂，但其中许多至今早已绝迹，目前较常见的仅剩祈安醮、庆成醮、王醮、水醮、火醮等。而祈安醮与庆成醮有时会互相结合，形成所谓“庆成祈安醮典”。王醮亦称“瘟醮”，主要是为了送瘟逐疫。而火醮、水醮则经常并于祈安醮、庆成醮或王醮中，醮仪规模较小，相对不受民众关注。据说醮期最长的有长达四十九天的四十九朝醮。作醮的重头戏是普度，普度的同时家家户户也会宴请亲朋好友，所以作醮期间看热闹的人特别多，成了民间一个重要的宗教盛事。

## 小雪民俗习惯

### 祭水仙尊王

小雪时节接近年底，拜祭水仙尊王，为来年祈福，求平安，盼望出海亲人能顺利归来。

### 腌菜

将暂时吃不完的菜品洗净腌制起来，既爽口，又能延长蔬菜的保存时间。

**腌菜：增进食欲，促进消化**

腌菜，是一种利用高浓度盐液、乳酸菌发酵来保藏蔬菜，并通过腌制，增进蔬菜风味的发酵食品，泡菜、榨菜都属腌菜系列。老南京逢小雪前后必腌菜，称之为腌元宝菜。南京各家各户都会在这时节买上一百来斤的青菜，专供腌制用，晾晒、吹软、洗净腌制。虽然每一家都有自己的特色，但是大体的方法是不变的。冬季蔬菜供应紧张时，腌菜就能派上大用场。腌菜一般要吃到来年春天，蚕豆上市时用新鲜蚕豆烧腌菜也是一绝。吃不完的腌菜还可以在天好时拿出晒干，制成干菜，以便保存。夏天炎热时节人们出汗多、口味淡，用干菜烧五花肉也是很鲜美的食物。干菜还可以邮寄给远在他乡的亲人品尝，让他们不要忘掉家乡味道。腌菜就像客家人煲汤一样，讲究文火细煎慢熬，体现的是一种真功夫。一坛腌菜从制作到成熟需要许多时日，没有半月以上的时间是腌制不出来的。腌制的时间越久，腌菜越是晶莹剔透，越是浓郁纯正。

由于其加工方法与设备简单易行，所用原料可就地取材，故在不同地区形成了许多独具风格的名特产品，例如腌制雪里蕻，有的人家整棵腌，有的切碎后腌制。雪里蕻啥菜都能配，深受家庭主妇们喜爱，所以各家也都会腌制些。

古代制腌菜是有原因的，那时候不像现在这样科技发达、交通发达，很多蔬菜可以跨越季节和地区障碍，成为桌上的菜肴。夏天，蔬菜太多，吃不完，烂在了田地里。而冬天菜却不够吃。现在冬季蔬菜供应很丰富，而腌菜很费工，加上人们生活水平提高了，腌菜的家庭少了许多，就是腌也是腌得很少，只为尝个鲜。腌菜确实是一种开胃的大众食品，它给人们最终的实惠是增进身体健康，这是人人都希望的。吃起来能增进食欲，吃了觉得舒服，意味着肠胃愿意受纳，纳而化之，使食物顺利进入人体正常的新陈代谢轨道。

**风鸡：镇风煞、保平安**

风鸡是我国福建省金门县烈屿乡特有的厌胜物（避邪物），也是烈屿乡（小金门）特有的民间信仰，如同风狮爷与其他辟邪物一样，具有镇风煞、驱邪避灾、护宅、保平安的意义。

这里的风鸡指的是风干的鸡。利用冬季朔气腌制肉、鱼、鸡，并悬于室外檐下，不让日光照射，只让自然风吹，故叫作“风”，值得一提的要数风鸡。选用当年肥鸡，公母皆可，宰杀前断食 12 ~ 24 小时，喂以清水。这样出血干净，肉质比较新鲜。喉部放血后，沥尽余血，不去毛，在翅膀下或肛门处开一道 5 ~ 6 厘米长的口子，拉出全部内脏，并剜去肛门，待鸡余温散尽。取鸡体重 5% ~ 8% 的细盐，下锅炒热后加 15 克左右的花椒粉、五香粉或十三香粉拌匀，用手抹入腹腔、口腔、眼睛和放血的口子处。擦好盐后，将鸡仰放桌上，两腿以自然姿势压向腹部，将鸡头拉到翅下开口处，鸡嘴要塞进去，再将尾羽向下兜压在腹部，两翅交叉包住后，用细麻绳纵横扎好，鸡背向下，悬挂于室外檐下阴凉、干燥通风处。悬挂一个半月后花椒香盐入骨，即成风鸡。其腊香馥郁，鸡肉鲜嫩，最宜佐酒。南北方风鸡的制作方法大同小异。风鸡性温，它的功效是通乳生乳，壮阳壮腰，补肾虚，止泄，提高免疫力，健脾，养阴补虚。

在两湖地区有吃泥风鸡的习惯。泥风鸡是湖南省的著名特产，已有悠久历史。这种鸡的做法是用黄泥将鸡体连毛糊住风干。风鸡在初冬之时腌制，俗语有“交小雪，腌风鸡”之说。风鸡在春节前后食用，过了正月十五天气转暖，风鸡易变质，最迟不能迟于正月底。食用时将风鸡干拔去毛，洗净，放在大盘子里，加入花椒、桂皮、茴香、葱姜、糖、料酒，上笼旺火蒸 40 分钟左右取出，晾凉后，剖开斩成数块装盘即可。泥风鸡可存放半年左右。食用时，轻轻打碎泥壳，则泥毛尽去，用温水洗净鸡身，改刀后，蒸、炒、炖，其肉质鲜嫩，色、香、味俱全，老少皆宜，是佐酒、下饭的佳肴，既别具风味，又有滋补吉祥的意味，让人余香满口，不忍放手。

## 小雪民间宜忌：忌讳天不下雪

### 小雪时节忌讳不下雪

古籍《群芳谱》中说：“小雪气寒而将雪矣，地寒未甚而雪未大也。”这就是说，到小雪节气由于天气寒冷，降水形式由雨变为雪，但此时由于“地寒未甚”故雪量还不大，所以称为小雪。但是小雪忌讳天不下雪。农谚说“小雪不见雪，来年长工歇”，其意是到了小雪节气还未下雪，我国北方冬小麦可能缺水受旱，病虫害也易于越冬，影响小麦生长发育而欠产，故不必请长工，这也从另一角度说明了“瑞雪兆丰年”的道理。

### 小雪时节饮食宜忌

小雪时节，天气阴暗，容易引发抑郁症，因此，要选择性地吃一些有助于调节心情的食物。适宜多食一些热粥，热粥不宜太烫，亦不可食用凉粥。此时适宜温补，如羊肉、牛肉、鸡肉等；同时还要益肾，此类食物有腰果、山药、白菜、栗子、白果、核桃等，而水果首选香蕉。切忌食过于麻辣的食物。

## 小雪饮食养生：适当吃些肉类、根茎类食物御寒

### 可御寒食物：肉类，根茎类，含碘、含铁量高的食物

一般的小雪节气里，天气越来越寒冷，天气阴冷晦暗光照较少，此时容易引发或加重抑郁症。依靠食物来补充能量是一种让身体快速变暖的好方法。我们应多吃一些

能够有效抵御寒冷的食物。以下四类食物能够迅速让人感觉温暖：

### 能够让身体快速变暖的食物

#### 1. 肉类

肉类，是动物的皮下组织及肌肉。蛋白质、脂肪和碳水化合物被称为产热营养素，狗肉、羊肉、牛肉和章鱼肉都富含这些营养素。在小雪节气适当进食这几种肉类食物，可促进新陈代谢，加速血液循环，从而起到御寒的作用。肉类几乎是最普遍的受人喜爱的食物。肉类营养丰富，味美，食肉使人更能耐饥；长期食用，还可以帮助身体变得更为强壮。此外，人食用肉类食物，可以刺激消化液分泌，有助消化。

#### 2. 铁含量高的食物

铁是人体内必需的微量元素之一，有着重要的生理功能。铁元素不足常常会引发缺铁性贫血，而缺铁性贫血引起的血液循环不畅可使机体产热量减少，从而导致体温偏低。我们日常的食物中多数含铁量较少，有的基本测不到，有些含铁食物不易吸收。因此，常食用动物血、蛋黄、猪肝、牛肾、黄豆、芝麻、腐竹、黑木耳等富含铁质的食物，对提高人体的抗寒能力大有裨益。

#### 3. 根茎类

根茎类蔬菜就是指食用部分为根或者茎的蔬菜。富含矿物质的根茎类蔬菜，如胡萝卜、山芋、藕、菜花、土豆等能够有效提高人体的抗寒能力。

#### 4. 碘含量高的食物

含碘量高的食品有海带、紫菜、贝壳类、菠菜、鱼虾等。一般含碘量高的食物都可以促进甲状腺素分泌，甲状腺素能加速体内组织细胞的氧化，提高身体的产热能力，使基础代谢率增强、血液循环加快，从而达到抗冷御寒的目的。

## 吃瓜子、燕麦可调节情绪

在阴冷的小雪节气前后，不少人的情绪都会出现不同程度的波动，这是由于气温骤降、光照不足，其具体表现为无缘由地发脾气、坐立不安、心情失落等。

那么我们应该在平时怎么样通过食补来解决呢？在勃然大怒时，应多食瓜子。因为瓜子中富含的 B 族维生素和镁能够消除心火、平稳血糖，让心情趋于平和。在感到委屈时，吃香蕉是最佳的选择。有调查显示，意志消沉和情绪低落均是由体内的 5–羟色胺含量低所致，而香蕉正是富含 5– 羟色胺的水果，因而食用香蕉能很快使你的心情好转；感觉焦虑不安，多半是人的中枢神经系统出了问题，此时的首选食品是燕麦。燕麦不仅能够延缓能量释放，还能抑制大脑因血糖突然升高而过度亢奋，其富含的维生素 $B_1$ 更是平衡中枢神经系统的“润滑剂”，能使人尽快恢复平静。因此，如果我们能通过进食一些具有安神去躁功能的食物，以达到调理效果，这对我们的身体是很有好处的。

**润肠排毒、消除抑郁可吃些香蕉**

香蕉不仅能够缓解紧张情绪、消除抑郁，还能润肠排毒、养胃除菌，小雪时节多食香蕉，对调节情绪和调理肠胃大有裨益。

香蕉属高热量水果，据分析每 100 克果肉的热量达 91 卡。香蕉果肉营养价值颇高，每 100 克果肉含碳水化合物 20 克、蛋白质 1.2 克、脂肪 0.6 克；此外，还含多种微量元素和维生素。其中维生素 A 能促进生长，增强对疾病的抵抗力，是维持正常的生殖力和视力所必需；硫胺素能抗脚气病，促进食欲、助消化，保护神经系统；核黄素能促进人体正常生长和发育。香蕉中还含有能让肌肉松弛的镁元素，工作压力比较大的人群可以多食用。

润肠排毒、消除抑郁可以尝试一下香蕉百合银耳羹。

**◎香蕉百合银耳羹**

【材料】香蕉 2 根，鲜百合 100 克，水发银耳 15 克，枸杞子 5 克，冰糖末适量。

【做法】①香蕉去皮，切片；百合洗净，撕片；银耳洗净，撕成小朵；枸杞子洗净，用温水泡软。②取一蒸盆，放入香蕉、百合、银耳、枸杞子，加适量水、冰糖末调匀，上笼，蒸半个小时即可。

【注意】选用的果皮呈金黄色，无黑褐色的斑点，并会散发浓郁果香的优质香蕉。另外，挤压、低温均会使香蕉表皮变黑，此时香蕉极易滋生细菌，应该丢弃，切莫因怕浪费而食之。在睡前吃些香蕉可以平稳情绪，帮助提高睡眠质量。

**解毒、清肺可食用豆腐**

豆腐具有涤尘、解毒和清肺的功效。小雪节气雾天频发，雾气中含有酸、碱、酚、尘埃、病原微生物等多种有害物质，此时多食豆腐，无疑会对健康大有益处。

**◎海带豆腐汤**

【材料】海带 100 克，豆腐 200 克，植物油、葱花、姜末、盐各适量。

【制作】①海带洗净，切片；豆腐切大块，入沸水焯烫后捞出放凉，切成小方丁。②锅中放植物油烧热，放入葱花、姜末煸香，下入海带、豆腐，加入适量清水、盐，大火烧沸，改用小火煮至海带、豆腐入味即可。

上等的豆腐形状完整且富有弹性，软硬度适中，通体为略带光泽的淡黄色或乳白色。在烹饪的时候，最好将鱼肉、鸡蛋、海带或排骨同豆腐搭配在一起食用，营养均衡易吸收。

## 小雪药膳养生：补肾益气、祛虚活血，乌须发、美容颜

### 补肾益气、祛虚活血，饮用黑豆花生羊肉汤

黑豆花生羊肉汤具有补肾益气、祛虚活血、益脾润肺等功效。

**◎黑豆花生羊肉汤**

【材料】羊肉 750 克，黑豆 50 克，花生仁 50 克，木耳 25 克，南枣 10 颗，生姜 2 片，香油、盐适量，冷水 3000 毫升。

【制作】①将羊肉洗干净，斩成大块，用开水煮约 5 分钟，漂干净；将黑豆、花生仁、木耳、南枣用温水稍浸后淘洗干净，南枣去核，花生仁不用去衣。②煲内倒入 3000 毫升冷水烧到水开，放入以上用料和姜用小火煲 3 小时。③煲好后，把药渣捞出来，用香油、盐调味，喝汤吃肉。

### 补肝肾，乌须发，美容颜，食用红菱火鸭羹

红菱火鸭羹具有补肝肾、乌须发、美容颜、润肌肤的功效。

**◎红菱火鸭羹**

【材料】火鸭肉、菱角肉各 100 克，香菇、丝瓜各 25 克，盐 3 克，味精 1.5 克，料酒 6 克，色拉油 5 克，高汤 500 克，冷水适量。

【制作】①香菇用温水泡发回软，去蒂，洗干净，切丁；丝瓜去皮，切丁；火鸭肉、菱角肉也切成丁。②炒锅入色拉油烧热，烹入料酒，注入适量冷水烧沸，把各丁放入锅中煨熟，捞起，滤干水分，放在汤碗中。③将高汤倒入锅中，用盐、味精调味，待微微煮滚，倒入汤碗里即成。

### 降低血脂、防止胆固醇，食用黑木耳粥

黑木耳粥具有抗血小板凝结，降低血脂和防止胆固醇沉积的作用。

◎黑木耳粥

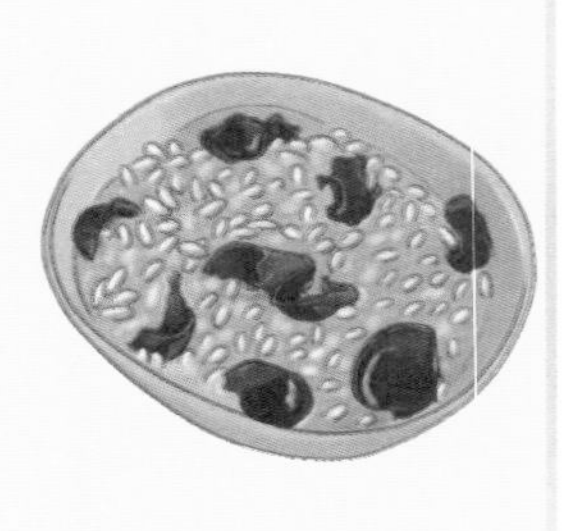

【材料】粳米 100 克，黑木耳 30 克，白糖 20 克，冷水 1000 毫升。

【制作】①粳米淘洗干净，用冷水浸泡半小时，捞出沥干水分。②黑木耳用开水泡软，洗干净、去蒂，把大朵的木耳撕成小块。③锅中加入约 1000 毫升冷水，倒入粳米，用旺火烧沸后，改小火煮约 45 分钟，等米粒涨开以后，下黑木耳拌匀，以小火继续熬煮约 10 分钟，见粳米软烂时调入白糖，即可盛起食用。

## 小雪起居养生：御寒保暖，早睡晚起

### 小雪时节要做好御寒保暖

小雪时节已进入初冬，天气逐渐转冷，地面上的露珠变成严霜，天空中的雨滴凝成雪花，流水凝固成坚冰，整个大地穿上了一层洁白的衣服。但是雪也不大，因此叫小雪。此时的黄河以北地区会出现初雪，其雪量有限，但还是给干燥的冬季增添了一些乐趣。湿润的空气会让呼吸系统疾病有所缓和。但雪后会出现气温下降的情况，因此起居要做好御寒保暖，注意身体的健康，以及补食一些食物，避免感冒的发生。

### 早睡晚起，日出而作

冬季，由于气温骤降、光照不足的缘故，应适当增加睡眠，要早睡晚起，日出而作。

俗话说，冬季的时候，不要扰动阳气，否则会破坏人体阴阳转换的生理机能。这是因为，冬天阳气潜藏，阴气盛极，草木凋零，蛰虫伏藏，万物活动趋向休止，以养精蓄锐。所以，冬天我们是以养为主的。

早睡可养人体阳气，迟起能养人体阴气，那晚起是不是就是赖床不起呢？不是的，这是以太阳升起的时间为度的。因此，早睡晚起有利于阳气潜藏、阴精蓄积，为次年春天生机勃发做好准备。

而且，这也与冬季气候十分寒冷有关，因此，这也要求人们尽量做到早睡晚起，在养生上要注意保暖避寒。正如《寿亲养老新书》中所说："唯早眠晚起，以避霜威。"

另外，在冷高压影响下，冬天的早晨往往有气温逆增现象，即上层气温高，地表气温低，大气对流活动停止，地面上有害污染物停留在呼吸带。如过早起床外出，会呼吸到有害的空气，不利于人的身体健康。

## 小雪运动养生：运动前要做足准备活动

### 长跑要注意热身、呼吸、放松等环节

小雪时节，天气不时出现阴冷晦暗的景象，气温进一步下降，黄河流域开始下雪，鱼虫蛰伏，人体新陈代谢处于相对缓慢的水平，运动养生应以温和的有氧运动为主。此时人们的心情也会受其影响，特别容易引发抑郁症，因此，应调节自己的心态，保持乐观态度，经常参加一些户外活动，坚持耐寒锻炼，多运动，以增强体质。这样可以有效预防感冒发热。这个时节，长跑就是不错的运动养生选择。长跑运动时，要注意热身、跑姿、呼吸、放松等几个环节：

需要提醒的是，不是所有的人都适合在冬季进行长跑运动，比如患有心脑血管疾病、高血压和糖尿病的患者，就不宜进行长跑运动。

**小雪时节长跑注意事项**

**1. 热身**

长跑之前的热身运动非常重要。小雪时天气严寒，身体处于僵硬的状态，若是在没有热身的情况下贸然进行剧烈运动，运动损伤的概率会比其他季节更大些。热身一般要持续 5 分钟以上。足尖点地，交替活动双侧踝关节；屈膝半蹲，活动双侧膝关节；交替抬高和外展双下肢，以活动髋关节；前后、左右弓箭步压腿，牵拉腿部肌肉和韧带。

**2. 跑姿**

不要小看跑的姿势，很多时候，姿势会对你的速度和身体的健康产生影响。上身稍微前倾，两眼平视，两臂自然摆动，脚尖要朝向正前方，不要形成八字，后蹬要有力，落地要轻柔，动作要放松。当脚前掌着地时，跑的速度快，但比较费力；若是全脚掌落地过渡到前掌蹬地，则腿后面的肌肉比较放松，跑起来省力，但速度较慢。

**3. 呼吸**

长跑属于有氧运动，以四步一呼吸为宜。刚开始时，氧气供应不足，会出现腿沉、胸闷、气喘等现象，这属于正常的生理反应。如果感到不适，应暂缓或停止运动。冬季空气较冷，呼吸的时候尽量不要使用口腔呼吸。

**4. 放松**

长跑后不要马上停下休息，应慢走几百米放松，再做一些腰、腹、腿、臂等部位的放松活动。

### 小雪时节，跳舞、跳绳有利于身心健康

小雪节气到来，北方的大部分地区逐渐开始寒气逼人，而南方的天气也很湿冷，因此感伤、落寞和惆怅等情绪很可能会随之而来。按照传统的养生理论，心情的悲喜会在一定程度上影响身体健康；同样，身体的好坏也会直接影响情绪的变化。所以在

小雪时节，应注意保持心情的乐观开朗，并多参加一些体育活动，如跳舞和跳绳就是不错的健身运动选择。

1. 跳舞

随着美妙的音乐翩翩起舞，十分有益于人的身心健康。由于跳舞能够促进血液循环，加快新陈代谢，使身体各个器官都得到充分的舒展和锻炼，并能有效滋养肌肉组织；同时，在欢快和舒缓的乐曲中舞动身体，能够使人忘记疲劳和紧张，不仅感到轻松愉悦、无限惬意，更得到了一份美的享受。因此，跳舞对人的生理、心理所起到的双重调节作用是其他运动所不能比拟的。

虽然跳舞这项活动好处多多，但在气温寒冷的小雪时节，跳舞时应注意以下几个方面：

| 小雪时节跳舞注意事项 | |
| --- | --- |
| 1 | 选择人群密度较小、空气循环畅通的场所跳舞，不宜去人群密度较大的场所“扎堆”跳舞 |
| 2 | 不要在吃过饭后立即跳舞。这是由于饱腹起舞会影响消化，容易诱发胃肠类疾病 |
| 3 | 跳舞前，不要因为想要“轻装上阵”而一次脱掉过多的衣服，而是应当在跳了一段时间、身体渐渐发热时再逐渐脱掉一些衣物。在出汗后要格外注意保暖，切莫长时间穿着汗水浸透的湿衣服继续跳舞，以防着凉感冒 |
| 4 | 跳舞的时间要根据体质量力而行，应注意及时休息。如在跳舞过程中感觉头晕、胸闷、呼吸急促或心动过速时，应及时坐下来休息调整 |
| 5 | 尽量避免参与节奏过快的舞蹈。由于在天气寒冷时人的血管弹性会变得较差，节奏过快的舞蹈会使人呼吸变得急促、血压骤然升高、心跳加快，容易诱发心血管类疾病，有相关病史的人还有可能因此而加重病情，甚至出现生命危险 |

2. 跳绳

跳绳能够增强心血管系统、呼吸系统和神经系统的功能，能有效预防关节炎、肥胖症、骨质疏松等多种疾病，还可放松心情，有利于心理健康，也能起到减肥的作用。小雪时节，跳绳就是一项不错的运动，但是参与此项运动时要注意以下几个方面：

| 小雪时节跳绳注意事项 | |
| --- | --- |
| 1 | 跳绳的运动场地以木质地板和泥土地为佳，切莫在很硬的水泥地上跳绳，以免损伤关节，且易引起头昏脑涨 |
| 2 | 跳绳者应穿质软、轻便的高帮鞋，以避免脚踝受伤 |

| | |
|---|---|
| 3 | 对于初学者来说，最好选用硬绳，熟练后再改为软绳，同时也要调整好呼吸。另外，还要注意跳绳时间不宜过长 |
| 4 | 跳绳时全身的肌肉和关节应放松，脚尖和脚跟应协调用力 |
| 5 | 身体较胖者和中年妇女宜采用双脚同时起落的方式。上跃不要太高，以免关节过于负重而受伤 |
| 6 | 跳绳是耗能较大的需氧运动，活动前应做好热身运动，适度活动足部、腿部、腕部和踝部等，跳绳后也应做些放松活动 |

## 与小雪有关的耳熟能详的谚语

### 小雪不怕小，扫到田里就是宝

我国北方很多地区缺乏水源，雨水也很少，容易发生干旱灾害，冬春的干旱则更为频繁，使得越冬的农作物备受煎熬，如果此时得不到充分的生长发育，造成的后果常常是灾难性的。60%的旱地冬小麦不能以冬灌来补充地墒。开春以后越冬作物要返青起身，却迟迟没有雨水，在这种情况下，只要有一点儿水，便是它们的救命水。扫雪归田，也是我国种田人爱惜水源的一种表现。保住作物渡过“旱关”，将来的收成就有了一定的希望。所以农谚有云：“小雪不怕小，扫到田里就是宝”。此时农业生产的一项重要任务就是能够保墒保苗，这样就等于保住了明年的收成。

### 小雪花满天，来岁必丰年

我国古时，人们把雪称为“谷之精”，这是因为小雪的降雪对田间的作物，尤其是冬小麦的生长大有裨益。关于雪的农谚也有很多，如“小雪花满天，来岁必丰年”“今年雪水多，明年麦子好”“今冬麦盖三层被，来年枕着馍馍睡”“雪下三尺三，来年囤囤尖”“瑞雪兆丰年”等。这些谚语都是农民千百年来经验的总结，也是对“小雪”节气中雪之作用的高度概括。雪可以为田间作物保温，利于土壤的有机物分解，可增强土壤肥力，雪还有防风干的作用，又可在开春融化成水分，冻死土地表层的害虫和虫卵，减小明年病虫害发生的可能，雪水中还含有丰富的氮，可以为禾苗生长提供所需的养分。所以民间流传着“小雪花满天，来岁必丰年”的说法。

### 小雪不收菜，必定要受害

这句谚语是农民经过长期实践，根据当地气候总结的储存白菜等蔬菜的经验，意思是说，小雪节气期间，北方各地最低气温多在零下，若这时还不收获白菜等蔬菜，就必定会受到不收获的祸害。

# 第3章
# 大雪：大雪深雾，瑞雪兆丰年

二十四节气之一的大雪节气，通常在每年阳历的12月7日（个别年份为6日或8日），其时太阳到达黄经255°。

大雪时节，我国大部分地区的最低温度都降到了0℃或以下。在强冷空气前沿冷暖空气交锋的地区，往往会降大雪，甚至暴雪。可见，大雪节气是表示这一时期，降大雪的起始时间和雪量程度，它和小雪、雨水、谷雨等节气一样，都是直接反映降水的节气。

我国古代将大雪分为三候："一候鹖旦不鸣；二候虎始交；三候荔挺出。"这是说此时因天气寒冷，寒号鸟也不再鸣叫了；由于此时是阴气最盛的时期，正所谓盛极而衰，阳气已有所萌动，所以老虎开始有求偶行为；荔挺为兰草的一种，也感到阳气的萌动而抽出新芽。

大雪节气人们要注意气象台对强冷空气和低温的预报，注意防寒保暖。越冬作物要采取有效措施，防止冻害。注意牲畜防冻保暖。

## 大雪气象和农事特点：北方千里冰封、万里雪飘，南方农田施肥、清沟排水

### 千里冰封，万里雪飘

大雪时节的降雪天数和降雪量比小雪节气增多，地面渐有积雪。《月令七十二候集解》说："至此而雪盛也。"大雪的意思是天气更冷，降雪的可能性比小雪时更大了。大雪前后，黄河流域一带渐有积雪；而北方，已是"千里冰封，万里雪飘"的严冬了。大雪相对于小雪来说，气温也会更低。

大雪时节，我国北部大部分地区可以结合当年的降雪量，来准备开春之后的农事活动。并且需要注意防止屋舍积雪过多，勤清理、勤打扫，防止房屋畜舍因积雪过多而倒塌。

大雪时节，黄河流域已渐有积雪，而在更北的地方，则已是大雪纷飞了。

### 江淮以南农作物施肥、清沟排水

大雪时节，我国辽阔的大地已披上冬日盛装，

华南和云南南部无冬区除外。此时东北、西北地区平均气温已达 -10℃，黄河流域和华北地区气温也稳定在 0℃以下，冬小麦已停止生长。江淮及以南地区小麦、油菜仍在缓慢生长，要注意施好腊肥，为其安全越冬和来春生长打好基础。华南、西南小麦进入分蘖期，应结合中耕施好分蘖肥，注意冬作物的清沟排水。这时天气虽冷，但贮藏的蔬菜和薯类要勤于检查，适时通风，不可将窖封闭太死，以免升温过高、湿度过大导致烂窖。在不受冻害的前提下应尽可能地保持较低的温度，这样才有利于蔬菜的存储。

江淮及以南地区小麦、油菜仍在缓慢生长，要做好施肥和清沟排水工作。

## 大雪主要民俗：藏冰、腌肉、打雪仗、赏雪景

### 藏冰：为夏日消暑作准备

古时，为了能够在炎炎夏日享用到冰块，一到大雪节，官家和民间就开始储藏冰块。这种藏冰的习俗历史悠久，我国冰库的历史至少已有三千年以上，《诗经·豳风·七月》曰：“二之日凿冰冲冲，三之日纳入凌阴。”据史籍记载，西周时期的冰库就已颇具规模，当时称之为“凌阴”，管理冰库的人则称为“凌人”。《周礼·天官·凌人》载：“凌人，掌冰。正岁十有二月，令斩冰，三其凌。”这里的“三其凌”，即以预用冰数的 3 倍封藏。西周时期的冰库建造在地表下层，并用砖石、陶片之类砌封，或用火将四壁烧硬，故具有较好的保温效果。当时的冰库规模已十分可观。1976 年，在陕西秦国雍城故址，考古人员曾发现一处秦国凌阴，可以容纳 190 立方米的冰块。

古代藏冰已有多种用途，如祭祀荐庙、保存尸体、食品防腐、避暑冷饮等。《周礼·天官·凌人》载：“祭祀共冰鉴；宾客共冰。”指的就是冰的多种用途。古时，每值宗庙大祭祀，冰也是首位的上荐供品，不可缺少。冰盛鉴内，奉到案前，与笾豆一列，史称“荐冰”。当然，古代用冰量最大的还是夏日的冷饮和冰食。

古代的劳动人民已能用冬贮之冰制作各种各样的冷饮食品了。从屈原《楚辞》中所吟咏的“挫糟冻饮”，到汉代蔡邕待客的“麦饭寒水”，以及后来唐代宫廷的“冰屑麻节饮”、元代的“冰镇珍珠汁”等，几千年来，冰制美食的品种不断增多。当然，古代能享受冰食冷饮，大量用冰的，多为权贵富豪。《开元天宝遗事》卷上载有杨国忠以冰山避暑降温之举：“杨氏子弟，每至伏中，取大冰，使匠琢为山，周围于宴席间。座客虽酒酣而各有寒色，亦有挟纩者，其娇贵如此。”难怪历代帝王和豪门富户都大力营建冰库了。

大约到了唐朝末期，人们在生产火药时开采出大量硝石，发现硝石溶于水时会吸收大量的热，可使水降温到结冰，从此人们可以在夏天制冰了。以后逐渐出现了做买卖的人，他们把糖加到冰里吸引顾客。到了宋代，市场上冷食的花样就多起来了，商人们还在里面加上水果或果汁。元代的商人甚至在冰中加上果浆和牛奶，这和现代的冰激凌已是十分相似了。

藏冰时，要祭司寒之神。祭品要用黑色的公羊和黑色的黍子。羊和黍何以用黑色的？因为寒气来自北方，司寒之神就是北方之神。北方的土是黑色的，北方的神也是黑色的，故称“玄冥”，因此，祭器用黑色的。大约从周秦到唐宋，历经两千多年，司寒之神都是“玄冥”，但在清朝末年的窖神殿里，即供奉起济颠僧来。这个生于南宋的疯疯癫癫的穷和尚，喜欢吃狗肉、喝烧酒，也特别爱怜穷苦人。因此，在旧社会，砖窑、煤窑、冰窖、杠房、轿子铺等行业，均奉其为保护神。

与此同时，为了保持藏冰不“变质”，还要定期对冰库进行维修保养。《周礼》记载：“春始治鉴……夏颁冰……秋刷。”郑玄注云：“刷，清也。刷除凌室，更纳新冰。”古人冬季藏冰，春天开始使用冰库，炎夏之际将冰用完，秋天清刷整修，以备冬天再贮新冰。这样年复一年，冰库去旧纳新，年年为人们贮藏生活用冰。

到了 14 世纪，中国人又发明了深井贮冰法。唐人史宏《冰井赋》云：“凿之冰井，厥用可观；井因厚地而深。”又云：“穿重壤之十仞，以表藏固。”当时八尺为一仞，十仞即为八丈，此即唐代冰井的建造深度。韦应物《夏冰歌》亦云：“出自玄泉杳杳之深井，汲在朱明赫赫之炎辰。”在唐代，用来贮藏冰块的冰库又被称为“冰井”。

经过数百年的发展，17 世纪的冰库又被改良为了“冰窖”。冰窖亦建筑在地下，四面用砖石垒成，有些冰窖还涂上了用泥、草、破棉絮或炉渣配成的保温材料，进一步提高了冰窖的保温能力。冰窖以京城最多，以皇家冰窖最为宏大。徐珂《清稗类钞・宫苑类》记载：“都城内外，如地安门外、火神庙后、德胜门外西、阜成门外北、宣武门外西、崇文门外、朝阳门外南皆有冰窖。”此外，民间也建筑了许多小型冰窖，还出现了专门以贮冰和卖冰为业的冰户，这就使冰库的数量大为增加。清代冰窖按照其用途被分为了三种：官冰窖、府第冰窖、商民冰窖。

**腌肉：未曾过年，先肥屋檐**

大雪节民间有腌肉的习俗。腌肉的时候要先用大子盐，加上八角、花椒等香料，放在铁锅里炒香，凉后把盐往肉上搓，搓好后放到坛子里，把剩下的盐撒到腌肉上，找块石头压好。腌一个星期左右，把肉拿出来，把腌肉的卤子烧开，把血水去掉之后继续腌。这是腌肉的一个小窍门，用这种方法腌出来的肉不仅颜色不会发黑，而且味道特别香。

灌香肠也是大雪节气中的常见民俗，灌香肠最好挑前腿肉，切成块状，根据口味

# 大雪时节主要民俗习惯

## 藏冰

古时，为了能够在炎炎夏日享用到冰块，一到大雪节，官家和民间就开始储藏冰块。大大延长了天然冰块的贮存期。人们利用打井的技术，往地下打一口粗深的旱井，深度在八丈以下，然后将冰块倒入井内，封好井口。夏季启用时，冰块如新。

## 吃饴糖

北方很多地区，在大雪的时候均有吃饴糖的习俗。妇女、老人食饴糖为的是在冬季滋补身体。

## 腌肉

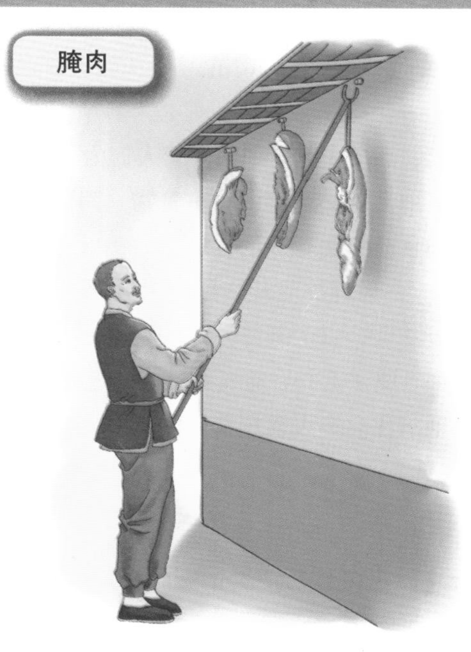

**俗语说：**“未曾过年，先肥屋檐。”说的是到了大雪节气期间，到大街小巷随便走走，会发现许多小区居民楼的门口、窗台都挂上了腌肉、香肠、咸鱼等腌菜，形成一道亮丽的风景。尤其是南京一带，更有着“小雪腌菜，大雪腌肉”的习俗。

## 打雪仗、赏雪景

冬日大雪过后，打雪仗、堆雪人成为孩子们最好的娱乐方式。这时候，平日色彩万千的世界变得银装素裹，不妨出去赏赏雪景吧。

加上盐、糖、姜末、葱末及少许五香粉，准备好这些原材料后送到菜场请人加工即可。很多人家在灌好香肠之后都会挂在竹竿上晾晒，也可以用缝衣服的针戳很多小孔，以缩短风干的时间。

那么，大雪腌肉的习俗从何而来呢？这就不得不提在中国传说中非常著名的怪兽——年兽了，相传年兽是一种头长尖角的凶猛怪兽。“年”长年深居海底，但每到除夕，都会爬上岸来伤人。人们为了躲避伤害，每到年底就足不出户。因此，在“年”出来前，就必须储备很多食物。因肉、鱼、鸡、鸭等肉食品无法久存，人们就想出了将肉食品腌制存放的方法。

“冬天进补，开春打虎。”大雪提醒人们要开始进补了，进补的作用是提高人体的免疫功能，促进新陈代谢，使畏寒的现象得到改善，健康过冬。老南京大雪进补爱吃羊肉，驱寒滋补，益气补虚，促进血液循环，增强御寒能力。羊肉还可以增加消化酶，帮助消化。冬天食用羊肉进补，可以和山药、枸杞等混搭，营养更丰富。

**吃饴糖：锡锣一敲，甘甜如饴**

我国北方很多地区，在大雪的时候均有吃饴糖的习俗。每到这个时候，街头就会出现很多敲锡锣卖饴糖的小摊贩。锡锣一敲，便吸引许多小孩、妇女、老人出来购买。

**打雪仗、赏雪景**

大雪期间，如恰遇天降大雪，人们都热衷于在冰天雪地里打雪仗、赏雪景。南宋周密《武林旧事》卷三有一段话描述了杭州城内的王室贵戚在大雪天里堆雪山雪人的情形：“禁中赏雪，多御明远楼，后苑进大小雪狮儿，并以金铃彩缕为饰，且作雪花、雪灯、雪山之类，及滴酥为花及诸事件，并以金盆盛进，以供赏玩。”

**“夜作饭”——夜宵**

大雪的时候白天已经短过夜晚了，人们便利用这个特点，各手工作坊、家庭手工就纷纷利用夜间的闲暇时间开夜工，俗称“夜作”，如手工的纸扎业、刺绣业、纺织业、缝纫业、染坊，到了深夜要吃夜间餐，这就是“夜作饭”的由来。为了适应这种需求，各饮食店、小吃摊也纷纷开设夜市，直至五更才结束，生意十分兴隆。

## 大雪民间宜忌：瑞雪兆丰年，无雪可遭殃

**大雪时节忌讳无雪**

雪对农作物有许多好处，严冬积雪覆盖大地，可保持地面及作物周围的温度不会因寒流侵袭而降得很低，为冬作物创造了良好的越冬环境，起到保暖、提升地温的

作用；同时积雪待到来年春天融化，为农作物的生长提供充足的水分，可起到保墒、防止春旱的作用，有助于冬小麦返青；可冻死泥土中的病毒与病虫。“冬无雪，麦不结”“大雪兆丰年，无雪要遭殃”，这是辛勤劳作的农民千百年来经验的总结，也是对“大雪”作用的概括。并且，降雪时雪从大气中吸收了大量的游离氮、液态氮、二氧化碳、尘埃和杂菌，这等于对污染的大气进行了一次“清洗”。而且吸附在雪花中的含氮物质，随着积雪的融化而渗入土壤，与土壤中的有机酸化合成盐类，这便成了优质肥料。因而，雪是天然的环保卫士和天然的化肥，能提高农作物的质量和产量。

**大雪时节饮食宜忌**

大雪时节宜温补助阳、补肾壮骨、养阴益精。同时此时也是食补的好时候，但切忌盲目乱补。应多吃富含蛋白质、维生素和易于消化的食物。宜食高热量、高蛋白、高脂肪的食物。温补食物有萝卜、胡萝卜、茄子、山药、猪肉、羊肉、牛肉、鸡肉、鲫鱼、海参、核桃、桂圆、枸杞、莲子等。切忌乱补，不宜食用性寒的食品，如绿豆芽、金银花均属性寒，尤其脾胃虚寒者应忌食；螃蟹属大凉之物，也不宜在此时食用。

## 大雪饮食养生：不可盲目进补，消瘀化痰、理气解毒吃萝卜

**大雪时节，不可盲目进补**

大雪时节，天气寒冷，许多人喜欢在这段时期进行“大补”。但是进补不能盲目进行，更不能随心所欲，如不根据自身的体质进补，很可能会事与愿违，损害身体健康。因此在进补之前我们应多做“功课”，要“补”得健康，“补”得安全。

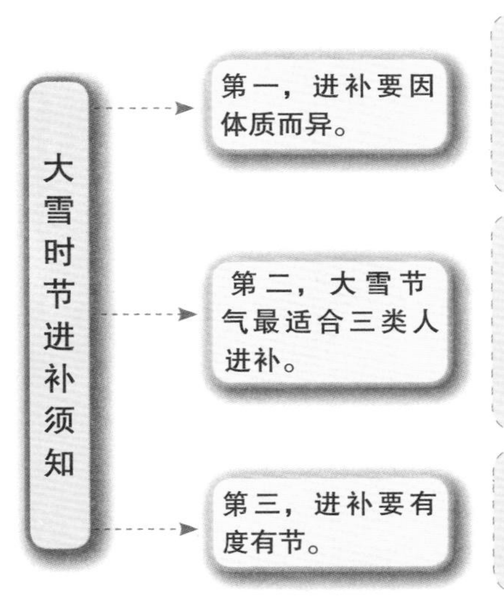


体态偏瘦、情绪容易激动的人，应本着“淡补”的原则，多选择能够滋养血液、生津养阴的饮食，切忌辛辣；而体态丰满、肌肉松弛的人，适宜多食甘温性的食物，忌食性辛凉、油腻和寒湿类的食物。

一是阳气虚弱的人群，他们通常表现为非常怕冷，手脚冰凉，尿频便稀，食欲不振；二是年老体衰并患有慢性病的人群，此时进补对其康复很有帮助；三是身有旧疾的人群，比如慢性支气管炎患者和关节炎患者，若能在此时把身体调养好，烦人的“老病”或许就不会在换季时来扰。

若补过了头，进食太多高热量的食物，很有可能会导致胃火上升，从而诱发上呼吸道、扁桃体、口腔黏膜炎症及便秘、痔疮等疾病。

### 多吃御寒食品

寒冷的天气会使脂肪的分解和代谢速度变快、胃肠的消化和吸收能力增强、出汗减少，进而导致排尿增多等。这种种变化都需要通过补充相应的营养素来进行调节，以保证机体能够适应大雪时节的寒冷天气。具体做法有：

| 如何补充营养御寒 | |
|---|---|
| 1 | 多吃温热且有利于增强御寒能力的食物，如羊肉、狗肉、甲鱼、虾、鸽、海参、枸杞子、韭菜、糯米等 |
| 2 | 增加蛋白质、脂肪和碳水化合物等产热营养素的摄入，多吃富含脂肪的食物 |
| 3 | 增加蛋氨酸的摄入量。富含蛋氨酸的食物包括芝麻、葵花子、乳制品、酵母以及叶类蔬菜等 |
| 4 | 补充维生素 A 和维生素 C。维生素 A 多存在于动物肝脏、胡萝卜和深绿色蔬菜中，新鲜的水果和蔬菜则是最主要的维生素 C 来源 |
| 5 | 补充钙质，多喝牛奶，多吃豆制品和海带 |

### 大雪时节进补可多吃羊肉

羊肉性温，不仅能够促消化，还能在保护胃壁的同时修补胃黏膜。若在大雪时节进补，不妨多吃羊肉。

在挑选羊肉食材的时候要注意，上等羊肉以色泽鲜红、表面具有光泽且不黏手，肉质紧密富有弹性，没有异味为佳。同时，在烹饪的过程中，为了去除羊肉膻味，可在煮羊肉时加入几颗山楂，或放入萝卜、绿豆；在炒羊肉时可多放葱、姜、孜然等调味料。

#### ◎枣桂羊肉汤

【材料】羊肉 200 克，红枣 10 颗，桂圆 5 颗，水发木耳 50 克，姜片、盐各适量。

【制作】①羊肉洗净，切块，焯 5 分钟后捞出，沥水。②红枣去核，洗净；桂圆去壳；水发木耳洗净，撕成小朵。③砂锅中加适量清水，大火烧沸，放入羊肉、红枣、木耳、桂圆肉、姜片，改用中火煲 3 小时。④加盐调味即可。

### 消瘀化痰、理气解毒可多吃白萝卜

白萝卜具有消瘀化痰、理气解毒的功效。在寒冷的大雪时节多吃一些白萝卜，既能败火，又能滋补，对身体健康十分有益。

优质的白萝卜个体丰满、外表白净且没有黑点，萝卜叶呈嫩绿色。而且萝卜皮和萝卜叶中也都含有丰富的营养，千万不要把它们扔掉。

在吃白萝卜时，应做到“细细品味”，因为只有细嚼才能将其中的营养物质完全释放出来。

山楂萝卜排骨煲可消瘀化痰、理气解毒。

◎山楂萝卜排骨煲

【材料】山楂20克，白萝卜、排骨各500克，料酒、盐、姜片、味精、胡椒粉、葱段、棒骨汤各适量。

【制作】①山楂洗净，去核；白萝卜洗净，去皮，切块；排骨洗净，剁段。②高压锅内放入山楂、白萝卜、排骨、料酒、盐、味精、姜片、葱段、胡椒粉、棒骨汤，大火烧沸，煮30分钟即可。

## 大雪药膳养生：补血止血、滋阴润肺、补中益气、补肾壮阳

### 滋补肝肾、添精止血，食用红枣羊骨糯米粥

红枣羊骨糯米粥具有滋补肝肾、添精止血的功效，可用于辅助治疗虚劳羸弱、腰膝酸痛、肾虚遗精、崩漏带下等症。

◎红枣羊骨糯米粥

【材料】糯米100克，羊胫骨1条，红枣5颗，葱末3克，盐1克，冷水适量。

【制作】①糯米淘洗干净，用冷水浸泡3小时，捞出沥干水分。②红枣洗干净，剔除枣核。③羊胫骨冲洗干净敲成碎块。④取锅放入适量冷水，放入羊胫骨块，先用旺火煮沸，再改用小火熬煮至糯米熟烂。⑤粥内下入葱末、姜末、盐调好味，再稍焖片刻即可盛起食用。

### 补血止血，滋阴润肺，食用猪血归蓉羹

猪血归蓉羹具有补血止血、滋阴润肺之功效，对于治疗贫血、吐衄崩漏、阴虚燥咳等症有一定功效。

◎猪血归苁羹

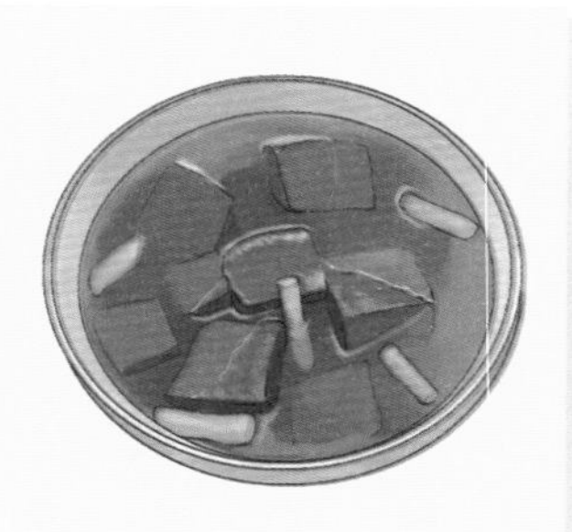

【材料】猪血150克，当归6克，肉苁蓉15克，熟大油4克，葱白5克，盐2克，味精1.5克，香油3克，冷水适量。

【制作】①将当归、肉苁蓉洗干净，放入锅内，注入适量冷水，煮取药液。②将猪血整理干净，切成块，加入药液中煮熟。放入大油、葱白、盐、味精拌匀，食用时淋上香油即可。

**补中益气、补肾壮阳，饮用老鸭芡实汤**

老鸭芡实汤具有补中益气、补肾壮阳、利湿、缓解疲劳之功效，适宜脾胃虚弱、消瘦乏力、消渴多饮及肾虚阳痿者服用。

◎老鸭芡实汤

【材料】老鸭1只，芡实50克，盐少许，冷水适量。

【制作】①将老鸭去毛及内脏，清洗干净，将淘净的芡实填入鸭腹内缝口。②放入砂锅内加适量水，以文火煨至鸭肉熟烂，加盐调味即成。

## 大雪起居养生：洗澡水不宜烫、时间不宜长，睡觉要穿睡衣

### 洗澡水温不宜过高，时间不宜过长

1. 水温不宜过高

热水能使体表血管扩张，加快血液循环，促进代谢产物的排出，去脂作用也比冷水强。但冬季洗热水澡，水温宜控制在35～40℃。

水温过高可引起交感神经兴奋，血压升高，然后周身皮肤血管扩张，血压又开始下降。老人血压调节机制减弱，血压下降过低会引起脑梗死。

尤其是在高温浴池中待的时间过长，而浴室窗户紧闭时，空气稀薄，再加上出汗多，血液黏稠度增高，使心脏负担加重，从而引起心律失常，甚至导致更严重后果。

2. 时间不宜过长

入浴时间不宜过长，最好不超过半小时。因为，热水浴能使血液大量集中于体表，时间过长易使人疲劳，还会影响内脏的血液供应，大脑功能也易受到抑制。

3. 次数不宜过多

冬季是阳气潜藏的季节，不宜过多出汗，以免发泄阳气。因此，冬季洗热水浴的频度不宜过高，以每周一次为好。否则，会因汗出过多而扰动阳气，不利于冬季

养生。

4. 选好时机

饭后不要立即进行热水浴，以免消化道血流量减少，影响食物的消化吸收，时间长了，还可引起胃肠道疾病；空腹时不宜进行热水浴，以免引起低血糖，使人感到疲劳、头晕、心慌，甚至引起虚脱；过度疲劳时也不宜进行热水浴，以免加重体力消耗，引起不适。

5. 其他注意事项

冬季洗澡时，打肥皂不宜过多，以免刺激皮肤，产生瘙痒。

另外，为安全起见，尤其是高龄者入浴，池水不宜太满，以半身浴为宜，水深没胸部以上时，会加重心肺负担。

**穿睡衣入睡，消除疲劳、预防疾病**

由于皮肤能分泌和散发出一些化学物质，若和衣而眠，无疑会妨碍皮肤的正常呼吸和汗液的蒸发，而且衣服对肌肉的压迫还会影响血液循环。因此，冬天不宜穿厚衣服睡觉。

睡觉时，穿着贴身的内衣内裤，这也不利于健康，因为这样会将细菌和体味带到被窝里；如果穿着紧身内衣，这将不利于肌肉的放松和血液循环，极大地影响了休息的效果。

穿睡衣则不同，由于睡衣宽松肥大，有利于肌肉的放松和心脏排血，使人在睡眠时可达到充分休息的目的，有助于消除疲劳，提高睡眠质量，并能预防疾病，保护身体健康。

穿睡衣崇尚舒适，以无拘无束、宽柔自如为宜。其面料以自然织物为主。如透气吸潮性能良好的棉布、针织布和柔软护肤的丝质料子为佳，最好不要选用化纤制品。

大雪起居养生

1. **大雪洗浴有讲究**

大雪时节，洗浴水温不宜过高，洗浴时间不宜过长，以防引起心脏、血液方面的问题。浴后应及时擦干穿衣，以防着凉，并静卧休息，补充水分。

2. **穿睡衣入睡**

冬季的气温较低，温差增大，睡眠期间因肌体抵抗力和对冷环境的适应能力降低，如果穿很少的衣服，甚至一丝不挂地入睡，很容易受凉感冒。

## 大雪运动养生：运动最好在下午做

### 冬季游泳锻炼血管

随着时代的进步，被体育专家称为21世纪最受人们欢迎的运动——游泳，已不再只是夏季的运动了，一年四季都可以进行了。

北方寒冷干燥的冬季，最适合游泳，冬泳健身价值比夏季更高。游泳时，由于冷水对皮肤的刺激，使得皮肤的血管急剧收缩，大量血液被驱入内脏和深部组织，血管一次大力收缩后，必定随着一次相应地舒张，这样一张一缩血管就能得到锻炼，使人体能更快地适应这种冷热交替的变化。所以，冬泳又被称为“血管体操”。冬季游泳在一定程度上还能有效地提高人体的免疫能力，可以使人抵御冬季和春季的流感。同时，人在游泳时身体处于水平状态，心脏和下肢在一个平面上，使得血液从大静脉流回心房时不必克服重力的作用，为血液循环创造了有利的条件。心室充满了流回心脏的血液，有利于提高心血管系统的机能。另外，水的流动和肌肉的运动，都会起到按摩小动脉的作用。这种经常性的按摩，能减少小动脉的硬化，使心脏泵血时所遇到的外围阻力减少，可以防止高血压、心脏病的发生。

游泳运动除了有以上诸多优点外，同时还可塑造健美的身材，锻炼出丰满的肌肉、匀称而修长的四肢。冬泳时有以下一些注意事项：

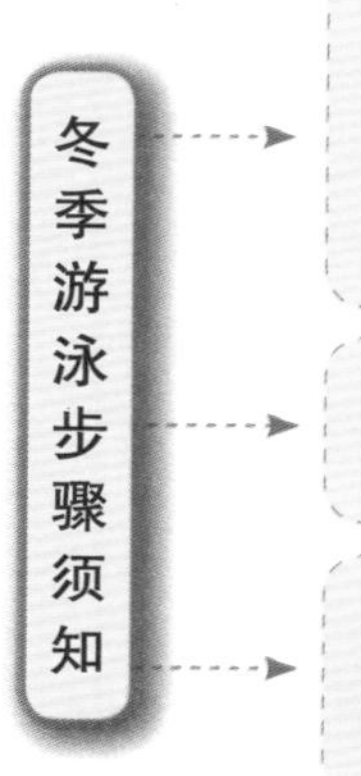


1. 下水前一定要让各个关节充分活动，用手掌在腰、膝、肩、肘等主要关节部位快速摩擦。多做向上纵跳、拉肩、振臂等肢体伸展运动，尤其对腿部、臂部、腰部进行重点热身，以免在游泳过程中突然抽筋。准备活动时间为5~10分钟。对老年人来说，应尽量避免跳跃入水，以免因瞬间加快心率和增高血压而导致疾病。另外，当水温接近0℃时，入水应采取渐进方式，即脚、下肢、腰、胸逐步入水。

2. 严格把握冬泳的运动量。冬泳锻炼的安全体温是出水后5 ~ 10分钟内，测得腋下体温不低于27.4℃，低于这个温度对身体不利。

3. 游泳后，注意保暖并立即运动以恢复体温。出水后，用毛巾擦干全身，并且不断用手按摩皮肤。穿衣服也应先下后上，因为下肢离心脏较远，体温恢复较慢。穿好衣服，慢跑或原地跳动，直到体温基本恢复。

### 冬季运动的最好时间在下午

最佳时间14：00 — 19：00。

人体活动受“生物钟”控制，按生物钟规律来安排运动时间，对健康更有利。冬季健身在14：00 — 19：00比较理想。此时，室外温度比较高，人体自身温度也比较高，体力也比较充沛，很容易兴奋，比较容易进入运动状态。

冬季运动须知

最佳运动时间

下午（14：00 — 16：00）
强化体力的好时机，肌肉承受能力较其他时间高出 50%。

黄昏（17：00 — 19：00）
特别是太阳西落时，人体运动能力达到最高峰，视、听等感觉较为敏感，心跳频率和血压也上升。

不宜运动的时间

进餐后
这时较多的血液流向胃肠部，以帮助食物消化及吸收。此时运动会妨碍食物消化，时间一长会导致肠胃系统的疾病，影响身体的健康。因此，饭后最好静坐或半卧 30 ~ 45 分钟后运动。

饮酒后
酒精吸收到血液中，进入脑、心、肝等器官。此时运动将加重这些器官的负担。同餐后运动相比，酒后运动对人体产生的消极影响更大。

## 与大雪有关的耳熟能详的谚语

**麦盖三床被，麦子成堆堆；麦盖三床雪，瓮里粮不缺**

若冬天时雪多、雪大，明年的粮食必然丰收。“三床被”，就是下了三场大雪。雪对越冬作物尤其是冬小麦的好处很多：一是增加农田水分，改善地墒，有利于小麦扎根，贮存底墒；二是冬季里的积雪覆盖着越冬禾苗，对禾苗起着保温防寒的作用；三是降雪时可将高空中的游离氮素带入地里，可增加土壤中的氮肥；四是雪融化后的水分渗入地下，还可以疏松土壤，冻死过冬的害虫。

**大雪飞，好攒肥**

大雪节气正值数九寒冬，大雪纷飞的时期，地里的农活较少，冬闲时间较多。此时正是积肥、攒肥的好时节。具体措施有堆积烂叶、枯枝、杂草等以沤肥，亦可趁机会更换陈墙、旧炕以攒肥，还可以清理畜禽圈舍、清理垃圾等用以堆肥，还可以推广和实施沼气工程，以综合解决肥料和燃料的问题。

**腊雪是宝，春雪不好**

雪对农作物的作用很广，腊雪就有利于农作物的生长发育。因雪的导热性很差，土壤表面盖上一层雪被，可以减少土壤热量的外传，阻挡雪面上寒气的侵入，所以，受雪保护的庄稼可安全越冬。积雪还能为农作物储蓄水分并增强土壤的肥力。根据测定，每 1 升雪水约含氮化物 7.5 克。雪水渗入土壤就等于施了一次氮肥。用雪水饲喂家畜家禽、灌溉庄稼都可收到明显的效益。雪下得适时对农业生产的确会有很大的帮助，如果雪下的时机不对就会对田里的作物有害。若在三四月份的仲春季节，气温突然因寒潮侵袭而降了大雪，就会造成冻寒，所以就有“腊雪是宝，春雪不好”的说法。

# 第4章

# 冬至：冬至如年，寒梅待春风

冬至是中国农历中一个非常重要的节气，也是中华民族的一个传统节日，冬至俗称“冬节”“长至节”“亚岁”等。早在两千五百多年前的春秋时代，中国就已经用土圭观测太阳，测定出了冬至，它是二十四节气中最早制定出的一个，时间在每年的阳历12月21日至23日之间，太阳黄经到达270°。天文学上也把“冬至”规定为北半球冬季的开始。冬至这一天是北半球全年中白天最短、夜晚最长的一天。

天文学上把冬至作为冬季的开始，这对于我国多数地区来说，显然偏迟。冬至期间，西北高原平均气温普遍在0℃以下，南方地区也只有6～8℃。不过，西南低海拔河谷地区，即使在当地最冷的1月上旬，平均气温仍然在10℃以上，真可谓秋去春来，全年无冬。

## 冬至气象和农事特点：数九寒冬，农田松土、施肥和防冻

### 气温持续下降，进入数九寒冬

冬至以前，北半球白昼渐短，气温持续下降，并开始进入数九寒天。而冬至以后，阳光直射位置逐渐向北移动，北半球的白天就逐渐长了，谚云：吃了冬至面，一天长一线。

冬至是日照斜度最大的日子，北半球的日照时间达到最短，所以，接收的太阳辐射量也最少，但是，由于地面在夏半年时积蓄的热量还可提供一定的补充，故这时气温还不是最低。“吃了冬至面，一天长一线”，冬至后白昼时间日渐增长，但是地面获得的太阳辐射仍比地面辐射散失的热量少，所以在短期内气温仍继续下降。除了少数海岛和海滨局部地区外，在我国，1月份

冬至虽寒，但也不放松农事，来年可盼好的收成。

是最冷的月份，民间有“冬至不过不冷”的说法。

**农田松土、施肥、除草、防冻做不完**

一过冬至，就是所谓的“数九寒冬了”，但是由于我国地域辽阔，各地气候差异较大。当东北大地千里冰封、万里雪飘，黄淮地区也是银装素裹的时候，江南的平均气温可能已经 5℃以上了，这个时候冬作物仍继续生长，菜麦青青，一派生机，正是“水国过冬至，风光春已生”；而华南沿海的平均气温则在 10℃以上，更是鸟语花香，满目春光。冬至前后是兴修水利、大搞农田基本建设、积肥造肥的大好时机，同时要施好腊肥，做好防冻工作。江南地区更应加强冬作物的管理，清沟排水，培土壅根，对尚未犁翻的冬壤板结要抓紧耕翻，以疏松土壤、增强蓄水保水能力，并消灭越冬害虫。已经开始春种的南部沿海地区，则要认真做好水稻秧苗的防寒工作。

| 冬至的主要农事 | |
|---|---|
| 1 | 三麦、油菜的中耕松土、重施腊肥、浇泥浆水、清沟理墒、培土壅根 |
| 2 | 稻板茬棉田和棉花、玉米苗床冬翻，熟化土层 |
| 3 | 搞好良种串换调剂，棉种冷冻和室内选种 |
| 4 | 绿肥田除草，并注意培土壅根，防冻保苗 |
| 5 | 果园、桑园继续施肥、冬耕清园 |
| 6 | 果树、桑树整枝修剪、更新补缺、消灭越冬病虫 |
| 7 | 越冬蔬菜追施薄粪水、盖草保温防冻，特别要加强苗床的越冬管理 |
| 8 | 畜禽加强冬季饲养管理、修补畜舍、保温防寒 |
| 9 | 继续捕捞成鱼，整修鱼池，养好暂养鱼种和亲鱼 |
| 10 | 搞好鱼种越冬管理 |

## 冬至主要民俗：过冬节、祭祖、祭天、拜师祭孔

### 过冬节：冬节大于年

冬至是我国一个传统节日的名称，也叫冬节、长至节、贺冬节、亚岁等。和清明一样，又被称为活节，之所以有如此称谓，是因为它并没有固定于特定一日。称其“长至”，是基于古人对天象变化的观察，冬至是北半球一年中白昼最短、黑夜最长的一天，所谓“日南之至，日短之至，日影长之至，故曰冬至”，此后的白昼，便一天天延长了。而我国民间更有“冬节大于年”的说法，或者称其“亚岁”，把它当作仅次于农历新年（即今之春节）的节日。

冬至是一个历史悠久的节日，可以上溯到周代。当时国家即有于此日祭祀神鬼的活动，以求其庇佑国泰民安。到了汉代，冬至正式成为一个节日，皇帝于这一天举行郊祭，百官放假休息，次日吉服朝贺。这个规矩一直沿袭。魏晋以后，冬至贺仪“亚以岁朝”，并有臣下向天子进献鞋袜礼仪，表示迎福践长；唐、宋、元、明、清各朝都以冬至和元旦并重，百官放假数日并进表朝贺，特别是在南宋，冬至节日气氛比过年更浓，因而有“肥冬瘦年”之说法。由上可见，由汉及清，从官方礼仪来讲，说冬至是“亚岁”，甚至“大过年”，绝非虚话。究其原因，主要是周朝以农历十一月初一为岁首，而冬至日总在十一月初一前后。此外，也与古人认为冬至是“阴极之至，阳气始生”观念有关。

而在民间，冬至节俗要比官方礼仪更加丰富。东汉时，天、地、君、师、亲都是冬至的供贺对象。南北朝时，民间又有了于冬至日食赤小豆以避邪的习俗。唐宋时冬至与岁首并重，于是穿新衣、办酒席、祀祖先、庆贺往来等，几同过新年一样。明清时，官方仍然维持着一些基本的冬至贺仪，民间却不似过年那样大肆操办了，主要集中在祀祖、敬老、尊师这几个项目上，由此衍生出裹馄饨、吃汤圆、学校放假、百工停业、慰问老师、相互宴请及全家聚餐等活动，因而相对过年来讲，更富有个性。

到了今天，冬至已经不似过去那样正式，但是在南方和一些少数民族地区，冬至依然是一个很重要的节日。

**占卜：对未来的美好期盼**

古代，由于人在自然面前的力量显得十分渺小，所以人们特别关心未来一年的旱涝和丰歉，而作为曾经的岁首冬至，人们尤其喜欢在这天进行占测活动，以便从大自然中寻求某些征兆。占测活动是多种多样的，大体可以分为观测日影、观云、观风、观晴雨、看雪、看米价几个方面，巫师们根据不同的预兆对未来做出不同的预测。比如说在占卜活动中，有以冬至晴雨预卜年关阴晴的，如民谚说：“冬节乌，年夜酥；冬节红，年夜湿。”意思是说，冬节如果有太阳，过年夜就要下雨；反之，则过年夜天气很好。因冬至无定日，有人也以此推算冬天寒冻的时间，说“冬节在月头，寒冻年夜交；冬至在月中，无冻又无霜；冬节在月尾，寒冻正、二月”。这些民谚，其真实性如何是需要科学工作者来回答的。

虽然这些并不是科学的方法，但是，这些做法和结论都无疑给现代人以多方面的启发，充分反映出人们对未来的美好期盼，对把握未来、认识自然的强烈愿望和大胆探索自然的精神。

**吃冬节丸——祈求家人团聚**

冬至是一个内容丰富的节日，经过数千年发展，形成了独特的食文化。

“冬至霜，月娘光；柏叶红，丸子捧。”这是福建地区冬至时的一首儿歌。《八闽通志·兴化府风俗·冬至》载：“前期糯米为丸，是日早熟，而荐之于祖考。”福建有冬至时吃汤圆的民俗，也叫吃冬节丸。

《中华全国风俗志》下篇卷五载有这种风俗起源的传说：

相传古时候有一才子，父亲早逝，剩下母子相依为命。母亲为了让儿子念书，靠上山砍柴和帮人做工赚钱维持生计，她含辛茹苦，一心盼望儿子长大成人，能够考取个功名。儿子十六岁时，正逢朝廷举考，儿子决定赶往京城参加考试。临行时，他跪向母亲保证，一定要考取状元报答母亲的养育之恩。但由于家住边远山区，道路崎岖难行，又是第一次出远门，等到儿子到京城时，已过考试时间，回家已经没有路费了。儿子无奈，只好在外面边打工边自学，三年过去，他参加了科考，结果落榜了，只好再等三年，可第六年还是没有考上。儿子感觉无颜回去，决定继续等待下届再考，但那时交通不便，无法告诉母亲。可怜天下父母心，儿子一去六年，杳无音信，母亲日夜思念，精神恍惚，于是就独自一人漫无目标地出门找儿子。

一直等到第九年，儿子终于考上了状元，他骑着骏马，敲锣打鼓，前呼后拥，高高兴兴赶回家里准备向母亲报喜，却发现家里门锁已锈，母亲不见了，问及邻居，都说老母三年前就已出门，不知去向。儿子闻后如同晴天霹雳，泪流满面，他立即派人四处寻找，孝心感天。三天后，果然有士兵在深山老林发现一白发人，此人对山里的地形非常熟悉，且动作敏捷，见到人就跑，常人无法追上。儿子断定此人就是母亲。为了不让母亲受到更大的惊吓，儿子想起母亲过去最喜欢吃糯米粉做成的食品。于是他吩咐下去，做了大量的糯米圆子，从树林深处到家里沿途的树木、柱子、门上都粘上糯米圆子。白发人在树上寻找食物时，发现还有这么多好吃的“果子”，于是就沿着食物一路走出山里。由于吃到了粮食，精神越来越好，头脑逐渐清醒，刚好到了冬至这一天，母亲最终回到了家里与儿子团圆。

为了纪念儿子对母亲的一片孝心，闽南人在冬至节的这一天，都有吃汤圆和祭墓的习惯，而且在吃汤圆之前，先要捞一些粘在家里擦洗干净的柱子、柜子和门上，那粘上去的汤圆要等到三天之后才可以把它摘下来。这种习俗一直被闽南人延续下来，并代代相传。

这个传说，是在精神寄托的层次上对冬至吃糯米丸习俗的诠释。潮汕人多从福建迁移而来，冬至吃糯米丸与福建同俗。而潮汕人通过这种民俗活动，把祈求家人团聚、家族和谐团结的愿望，表现得更为鲜明。冬至前几天，家家户户都要先将糯米舂成米粉末儿晒干。冬至前一天，吃过晚饭后，家中主妇就开始张罗着把一只大葫（浅沿的箩筐）摆在桌上或地上，用开水把糯米粉和成粉团，然后，一家子无论大人小孩就围坐在葫四周，各自捏取粉团搓成弹珠样的冬至丸，放入葫里晾晒。

# 冬至民俗习惯

## 吃冬节汤圆

闽南人在冬至节的这一天，都有吃汤圆和祭墓的习惯。

## 祭天祭祖

在古代，每到冬至，上至天子，下至百姓，都要举行祭祀天地、祖先的仪式。

## 拜师祭孔

冬至祭孔和拜师体现出我国尊师重教的传统。

## 占卜

人们喜欢在冬至这天进行占测活动，以便从大自然中寻求某些征兆。

## 数九

在冬至这天，民间流行填九九消寒图，开始数九。

## “捏冻耳朵”

冬至吃饺子可以驱寒暖胃，包饺子的同时，也包进了全家人对于新年新生活的祈愿。

冬节丸以搓得大大小小参差不齐为好，这叫“父子公孙丸”，象征着岁暮之际一家子圆圆满满。冬至日一大早，家庭主妇煮好红糖汤，将丸子下锅，煮成汤丸。先盛一大钵祭祖，家里的地主爷、公婆母、司命君、井神、碓神也各用一碗甜丸祭过。然后主妇叫醒全家老少起来食汤丸，俗称“汤丸唔食天唔光”“食了汤丸大一岁”。尤其是孩子们最盼吃这碗汤丸，常是半夜里醒来好几回。然而，天好像要与孩子们作对似的，老是不亮。其实这也是因为到了冬至前这天，夜的时间最长，过了这一天，夜便开始逐渐变短。冬至的夜最长，而孩子们睡不着，天未亮，就吵着要吃丸子汤，故有“爱吃丸子汤，盼啊天未光”的童谣。

主妇把丸子倒进锅里，和生姜、板糖（姜、糖能祛寒开胃）加水一起煮成香、甜、黏、热的“甜丸子汤”。祭祖后，全家人分而食之。要把丸子粘在门框之上，以祀“门丞户尉”，保一家平安。还要把“（饲）喜鹊丸”丢在屋顶（一般是 12 粒，闰年为 13 粒，寓意全年月月平安），等喜鹊来争食时，噪声哗然，俗叫“报喜”，寓意五福临门。

在潮汕地区，一家人如有在外地工作的，还要留一些糯米粉等他（或她）回家时做汤丸吃，以示一家团圆。另外，还要经常留些糯米粉招待客人，客人来了，便煮甜丸敬客。潮汕人在海外的很多，旧时华侨多在冬天回乡，明年春再出洋，所以留糯米粉以待亲人回乡，也是一种风俗，取甜蜜团圆之意。

**贴冬节丸：祈神保护**

在潮汕地区的农村，“冬节丸”除了用来食用外，它还有一个更特别的用途，就是在门框、碓臼、炉灶、米缸、犁耙、水车以及猪、鸡、鹅、牛等牲畜身上粘贴，祈神保护，祷祝牲畜平安过冬，新年健旺。在牛角上贴丸，这是对老牛表功。有些地方还要在水果树上贴上冬节丸，在树干上划破一点点树皮，把丸汤淋在上面，祈望明年果树能贴枝，结的果实像汤圆一样圆润饱满。

至于为什么要在门环上贴冬节丸，当地流传着这样一个美丽的民间传说。有一年冬至，闽南来了三个衣衫褴褛的逃荒者。由于饥寒交迫，老妇饿死了，只剩下父女两人。父亲向人家讨了一碗冬节丸给女儿吃，女儿却坚决不吃，要让父亲吃。推来让去，最后父亲流泪说：“女儿，为父不能养活你，眼看你忍饥受饿，不如在这里择一人家嫁了，图一口之食。”女儿就含泪答应，两人分食了一碗冬节丸后便各奔东西了。后来，女儿嫁了一户好人家，日子过得不错，但她天天思念父亲，到了冬节的时候，更是忧伤万分。丈夫问起原因，她就详情告知。后来，夫妻俩想了一个方法，在大门环上贴了两颗大大的冬节丸，心里想父亲若看到，定会触景生情，前来找女儿团聚。就这样，这成了当地的习俗，一代代沿袭了下来。

潮汕还有一种奇特的习俗，就是要做汤丸给老鼠吃，也就是府县志多次提到的

“谓之饲耗”一事，很少人能懂得其中的道理。相传，稻谷的种子是先前住在田里的老鼠从很远的地方叼来给农民的。农民为答谢老鼠的辛劳，约定每年收割时，在一片土地的路边，总要留下几株稻谷不割，给老鼠食，饲耗即由此而来。后来有一个较贪心的人，割稻时一株也不留，割得净尽。老鼠没东西可吃，饿着肚皮跑到观音大士那里控诉，说农民忘恩失信。观音大士便叫它搬进农民家中去住，并赐了它一口坚硬的金牙，使它能咬破东西寻食物，从此老鼠就到处为害了。其实，稻谷是劳动人民在长期实践中从野生原稻培育出来的，精收细打，颗粒归仓是对的，饲老鼠反而是不应该的，不过这毕竟是千百年来的民间传说而已。

**数九：传统的智力游戏**

在冬至这天，民间流行填字来作为消遣。九九消寒图通常是一幅双钩描红书法，上有繁体的“庭前垂柳珍重待春风”九字，每字九画，共八十一画，从冬至开始每天按照笔画顺序填充，每过一九填充好一个字，直到九九之后春回大地，一幅九九消寒图才算大功告成。填充每天的笔画所用颜色根据当天的天气决定，晴则为红，阴则为蓝，雨则为绿，风则为黄，落雪填白。此外，还有采用图画版的九九消寒图，又称作“雅图”，是在白纸上绘制九枝寒梅，每枝九朵，一枝对应一九，一朵对应一天，每天根据天气实况用特定的颜色填充一朵梅花。元朝杨允孚在《滦京杂咏》中记载：“试数窗间九九图，余寒消尽暖回初。梅花点遍无余白，看到今朝是杏株。”

最雅致的九九消寒图是作九体对联。每联九字，每字九画，每天在上下联各填一笔，如上联写有“春泉垂春柳春染春美”，下联对以“秋院挂秋柿秋送秋香”。不管哪种九九消寒图，在消磨时日、娱乐身心的同时，也简单记录了气象变化。

总之，各家具体采用什么形式，往往根据主人的爱好和文化素质而定。民间还留有九九消寒图民谚：“下点天阴上点晴，左风右雾雪中心。图中点得墨黑黑，门外已是草茵茵。”

民间还流行九九歌，这首歌由于地域不同、风俗不同，便产生了不同的版本。北京地区广泛传唱：“一九二九不出手，三九四九冰上走，五九六九河堤看柳，七九河开，八九雁来，九九又一九，耕牛遍地走。”在内蒙古的边远乡村里，则唱成：“一九二九门叫狗，三九四九冻死狗，五九六九消井口，七九河开，八九雁来，九九又一九，犁牛遍地走。”而在河北的蔚县地区则流传：“一九二九门叫狗，三九四九冻破碌碡，五九六九开门大走，七九河开，八九雁来，九九又一九，犁牛遍地走。”民谣中微妙的变化，反映了不同地区不同的气候条件和生活习俗。

**祭祖：人不能忘祖**

冬至是中国传统阴节之一，所以，一到冬至那一天，在民间就是祭奠祖先的日子，活着的人要到死去亲人的坟前祭拜，以示纪念。人不能忘祖忘宗，在重视传承的中华民族尤其如此。

冬至祭祖的方式和内容存在地域间的差异性，带有浓郁的地方色彩。

在福建、潮汕地区，每年上坟扫墓一般在清明节和冬至节，谓之挂春纸和挂冬纸。一般情况下，人死后前三年都应行挂春纸俗例，三年后才可以行挂冬纸。但人们大多喜欢挂冬纸，原因是冬至节气候较为干燥，上山的道路易行，也便于野餐。冬至节扫墓的祭品，普通是五牲或三牲，添以鲜蚶、柑橘等物。鲜蚶是必要的，取其吉利的意义。拜墓之时，还须拜墓旁的土地爷，即后土之神。祭拜仪式过后，人们就在墓前聚餐。野外的聚餐轻松又热闹，儿童嬉闹，长者举杯闲谈，山野间荡漾着家族的融洽与和谐。祭品中那盘鲜蚶一定要吃完，并把蚶壳撒在墓堆上。潮人把蚶壳称为“蚶壳钱”，撒在坟头，是将它作为冥钱之用。另外，祭品盘中的大鱼，全尾或截分两段的，照例是留给办理饮酌者的家属，野餐时什么人都不许吃它。如果你不明规例而错吃了，恐怕会招来别人异样的眼光。

而在海南岛东北部的文昌市，冬至祭祖活动又有不同的表现形式。文昌人把祭祖看得很重要，每到这天，出门在外的人都要尽量争取回到老家，很多港澳同胞和海外侨胞也千里迢迢赶回来。冬至和春节都是农村人口最多的时候，不过冬至时人们在家待的时间短，扫墓归来，合家在一起吃顿饭便各奔东西了，而春节则会在家待上十多天时间。

在文昌市，祭拜祖先往往以家庭或家族为单位，祭祀的祖先一般不超过三代，直系男丁的所有家庭人员都要参加。首先各户祭拜各自的祖先，相同祖先则在一起合祭。祭祀品荤品有鸡、鱼、蛋、肉，素品有饭、糕，饮品有茶、酒，用品有冥币、冥衣、香、鞭炮等，一应俱全，这些东西要提前准备好，祭拜日挑上山。

到了祖先坟前，祭祀活动就正式开始了，一般而言，要按照以下的步骤来进行。

到此为止，冬至的祭祖仪式才算是全部进行完毕，之后便是收拾可利用的东西如鸡、鱼、肉、蛋等，回到供奉祖先牌位的老宅，再在室内祖先的牌位前进行一番祭拜，敬酒敬茶、上香叩拜这些仪式自然是少不了的。

所有的祭祖仪式完成后，各家各户取回各自的祭品，稍做加工之后便上桌供人们食用。大人小孩围坐在一起，热热闹闹吃顿团圆饭，这个时候最开心的便是老人和小孩。饭后，人们该上班的上班，该做生意的去做生意，该上学的去上学，从哪里来又到哪里去，都散去了，村中恢复了往日的平静，人们又将企盼的目光转向了春节。

南方为何有冬至墓祭的习俗呢？经专家研究，福建泉州安溪长坑乡的扫墓习俗很有代表性。安溪大部分人家都是在清明扫墓，与泉州大多地方无异。但是安溪长坑较为特殊，老百姓是在冬至扫墓。经调查，长坑冬至扫墓原因其实很简单——为了避开

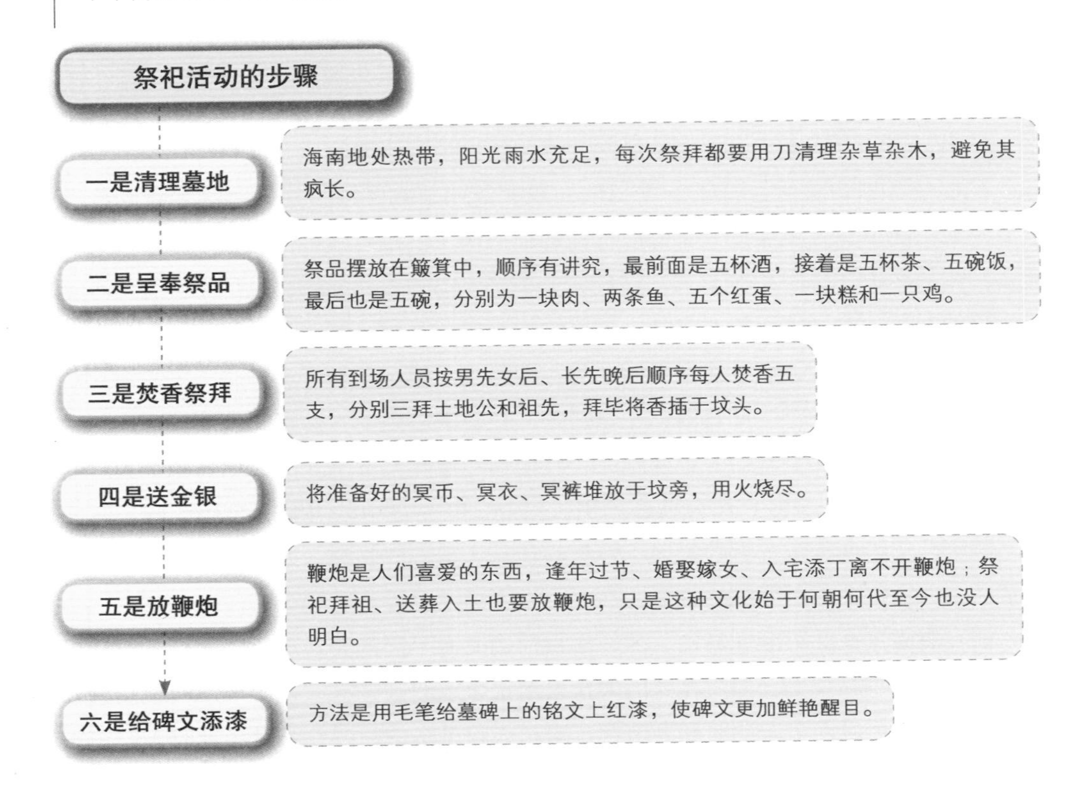


春耕大忙时。据当地老人讲，清明时节，长坑雾气很重，土地湿润，常是阴雨连绵，加上地僻山高，山路不好走，又逢春耕大忙，遂改清明祭扫为冬至祭扫，这是祖祖辈辈流传下来的。

所以，在南方形成的冬至祭扫风俗，是老百姓根据中国墓祭的传统习俗和当地实际情况结合的产物，是南方民间生活历史的一种沉淀，也是中华民族文化之根的呼唤。

**祭天：与天地沟通**

在古代，祭祀可以说是一项严肃而不可缺少的仪式，上至君王，下至百姓对此都非常重视。古代帝王亲自参加的最重要的祭祀有三项：天地、社稷、宗庙。所谓宗庙，主要指的就是天坛、社稷坛、太庙；除此之外，还有其他一些祭祀建筑。

在所有的祭祀仪式当中，最隆重的祭祀便是祭天了。皇帝于每年冬至祭天，登位也须祭告天地，表示“受命于天”。祭天起源很早，周代祭天的正祭是在国都南郊圜丘举行。《周礼·大司乐》云：“冬至日祀天于地上之圜丘。”不过，周礼的仪式真正被用于祭天，其实是在魏晋南北朝的事情了。

由于祭天的仪式都是在郊外举行，所以也被称为郊祀。祭祀仪式在圜丘上举行，那是一座圆形的祭坛，古人认为天圆地方，圆形正是天的形象。祭祀之前，天子与百官都要斋戒并省视献神的牺牲和祭器。祭祀之日，天子率百官清早来到郊外。天子身穿大裘，内着衮服（饰有日月星辰及山、龙等纹饰图案的礼服），头戴前后垂有十二旒的冕，腰间插大圭，手持镇圭，面向西方立于圜丘东南侧。这时鼓乐齐鸣，报知天帝降临享祭。接着天子牵着献给天帝的牺牲，把它宰杀。这些牺牲随同玉璧、玉圭、缯帛等祭品被放在柴垛上，由天子点燃积柴，让烟火高高地升腾于天，这样做的目的是使天帝嗅到气味，也就等于享用了祭祀。

随后，在一片乐声中，被称为“尸”的参与者登上圜丘。所谓的尸不是指尸体，它是由活人扮饰，作为天帝的化身，代表天帝接受祭享的。“尸”就座，面前陈放着玉璧、鼎、簋等各种盛放祭品的礼器。先向“尸”献牺牲的鲜血，再依次进献五种不同质量的酒，称作五齐。前两次献酒后要进献全牲、大羹（肉汁）、铏羹（加盐的菜汁）等。第四次献酒后，进献黍稷饮食。荐献后，“尸”用三种酒答谢祭献者，称为酢。饮毕，天子与舞队同舞《云门》之舞，相传那是黄帝时的乐舞。最后，祭祀者还要分享祭祀所用的酒醴，由“尸”赐福于天子等，称为“嘏”，后世也叫“饮福”。天子还把祭祀用的牲肉赠给宗室臣下，称“赐胙”。后代的祭天礼多依周礼制定，但以神主或神位牌代替了“尸”。

**祭窑神：保佑井下平安**

冬至是极寒冷的“数九天”的开始，这天在过去是开始生火炉驱寒取暖的日子，石炭（即煤）和木炭是生火的重要燃料，而木炭是在窑中烧成的，石炭是窑里开掘来的，所以人们对窑神崇拜有加，冬天在围炉向火，身上消尽寒气、暖意融融的时刻，不能忘记窑神赐给煤炭的深恩大义，于是敬祭窑神就是顺理成章的。

宋尚学在《蔚县风情》一书中写道：“冬至祭窑神，白天进行。相传窑神是一位神通广大的神仙，专门管理地下的变迁，冬至日是他的生日。冬至这天，各小煤窑都要停工一天，披红挂彩，张贴对联，响鞭放炮，大摆酒宴。把宰好的整猪、整羊供放在窑门口，给窑神爷庆寿，并祈求窑神爷保佑井下平安、消灾免难。”

岳守荣著《寿阳民俗》一书也记载了山西寿阳祭煤炭神的习俗，并记载了当地流传的煤炭神的神话传说。相传，七峰山中居住着一位孤苦伶仃的姑娘，独自住在一所窑洞里，养一只小羊羔做伴。她在引着小羊羔上山打柴时，遇到一个凶暴阴险的财主。财主见姑娘长得俊秀，想掠为己有，就命令打手们去抢捉姑娘。姑娘跑上山，财主和打手们也追上了山。山上忽然寒风怒吼，大雪纷飞。不长时间，财主和打手们全被冻死，小羊羔却把姑娘领进一个山洞里去避风雪。山洞里走出一位老爷爷，给了姑娘一块乌黑发亮的石头，姑娘立刻感到浑身暖烘烘的。姑娘想问黑石头是什么宝贝，老爷爷却不见了。姑娘回到家，就把黑石头砸开分给乡亲们，送到谁家，谁家就不冷了。从此，天一冷，姑娘便去山洞里向老爷爷要黑石头，拿回去分给乡亲们驱寒取暖。传说，那老爷爷就是煤炭神。

这虽然是神话传说，不可尽信，但也可以看出煤炭在从冬至开始的“数九寒天”里占有多么重要的地位。

**拜师祭孔：最早的教师节**

尊师重教一向是我国的传统美俗，而冬至祭孔和拜师就是它的一种集中表现。

根据《新河县志》载：“长至日拜圣寿，外乡塾弟子各拜业师，谓‘拜冬余’。”拜圣寿，“圣”指圣人孔子，就是给孔圣人拜寿。因为“冬至”曾是“年”，过了冬至日就长一岁，谓之“增寿”，所以需要拜贺，举行祭孔典礼。

《南宫县志》当中也有记载说：“冬至节，释菜先师，如八月二十七日礼。奠献毕，弟子拜先生，窗友交拜。”“释菜先师”就是一种祭孔的形式，是指以芹藻之礼拜先师孔子。古时始入学，行“释菜”礼。春秋二季祭孔则用“释奠”礼。“释菜”礼比“释奠”礼轻。为什么冬至祭孔较“春秋二祭”礼轻呢？因冬至祭孔是沿用的年礼，过年是开学学生要入学，祭圣人只是例行公事，不是专门举行的典礼仪式。

在过去，小学生会穿新衣、携酒脯，前去拜师，以此表示对老师的敬意。冬至节，旧俗是由村里或者族里德高望重的人牵头，宴请教书先生。先生要带领学生拜孔子牌位，然后由长老带领学生拜先生。民间至今仍有冬至节请老师吃饭的习俗，山西西北，招待老师的菜肴往往是炖羊肉等肉食。

在过去，冬至节又称豆腐节。被称为豆腐节，也跟拜师的习俗有关。据山西《虞乡县志》记载：“冬至即冬节……各村学校于是日拜献先师。学生备豆腐来献，献毕群饮，俗呼为‘豆腐节’。”

除了拜师，祭拜至圣先师孔子也是冬至日里一项重要的活动。祭孔子拜圣时，有的悬挂孔子像，下边写一行字“大成至圣先师孔子像”。有的是设木主牌位，木牌上的字是“大成至圣文宣王之位”。不过这“大成至圣文宣王”的称号是后世皇帝封的。

据《清河县志》记载，在冬至祭孔时还要“拜烧字纸”。爱惜字纸、不许乱用有字的纸擦东西，在民间，尤其在士子文人阶层非常看重，因为爱惜字纸是对圣人尊重的表现，如乱用字纸揩抹脏东西就是对先师的亵渎不恭，所以把带字的废纸收集起来，在祭孔时一齐烧掉，烧字纸时也要师生一齐跪拜。

冬至还要“隆释”，隆有“尊崇”之义，“隆释”就是敬师、拜师。此俗流行很广。民国前，各书院、学院和私塾均非常重视这一习俗；民国后，一些私塾还在奉行“隆释”。为什么冬至日要“隆释”呢？《藁强县志》解释说：“冬至士大夫拜礼于官释，弟子行拜于师长。盖去迎阳报本之意。”看来这种说法比较接近事实。

如今，各地在冬至都不进行“隆释”活动了，这种习俗已经销声匿迹。但是，冬至节还是给人留下了“我国最早的教师节”的好名声被后人所纪念。

**吃“捏冻耳朵”——耳朵不被冻烂**

“捏冻耳朵”是冬至河南人吃饺子的俗称。相传南阳医圣张仲景曾在长沙为官，他告老还乡时正是大雪纷飞的冬天，寒风刺骨。他看见南阳白河两岸的乡亲衣不遮体，有不少人的耳朵被冻烂了，心里非常难过，就叫其弟子在南阳关东搭起棚，用羊肉、辣椒和一些驱寒药材放置锅里煮熟，捞出来剁碎，用面皮包成像耳朵的样子，再下锅里煮熟，做成一种叫驱寒矫耳汤的药物给百姓吃。服食后，乡亲们的耳朵都治好了。后来，每逢冬至人们便模仿做着吃，故形成“捏冻耳朵”这种习俗。至今南阳仍有“冬至不端饺子碗，冻掉耳朵没人管”的谚语。

**送鞋敬老：献鞋袜于尊长**

我国历来有敬老的优良传统，民国以前的冬至节实际是我国历史上最早、沿袭最久的敬老节。

冬至曾是“年”，在黄帝时就曾作为岁首，称作朔旦：周朝也曾以冬至所在之月为岁首，所以冬至节俗如祭祖祀仙、拜尊长等，都是相沿古年俗。祭祖是对已故去的老人、先辈长上表示尊敬不忘，数典忘祖被认为是不赦之罪。为了按时参加祭祖先、拜长上仪式，在外地工作或旅行的人必在冬至前赶回家，冬至和过年一样，要求在外的家人一定在节前赶回家来团聚。

冬至这天，媳妇要把自己缝好的鞋袜奉给翁姑，表示祝愿老人长寿之意。这种敬老习俗，今天仍需要继承和发扬光大。

《山东民俗》一书载：“曲阜的妇女于节前做好布鞋，冬至日赠送舅姑（即公公婆婆）。”冬至日向老人“荐袜履”在历代都是普遍流行的，很多古籍、方志有记载。如《梦华录》：“京师最重冬至，更易新履袜，美饮食，庆贺，往来一如年节。”

冬至献鞋袜于尊长的习俗由来已久，值得注意的是三国魏时代的曹植，其《冬至献袜履表》反映的是朝廷活动的礼仪，于我们认识“践长”和献鞋袜的真实含义很有帮助。

曹植说：“伏见旧仪，国家冬至，献履贡袜，以迎福践长。先臣或为之颂（指东汉章帝时崔姻的《袜铭》)。臣既玩其嘉藻，愿述朝庆……并献纹履七量，袜若干副。”贡献鞋袜是为了“践长”，而“践长”的含义，是冬至日为了接受太阳的力量、践踏地上日影的古俗。因为这是接受太阳的气于身，所以产生了消灾迎福、得以长久的观念。

**鸡母狗粿——祈求六畜兴旺、五谷丰登**

在澎湖海岛地区，有冬至吃鸡母狗粿的习俗。

鸡母狗粿是一种米塑，就是用米粉捏成小巧玲珑的动物和瓜果造型。冬至节，人们以鸡母狗粿祭拜上天，祈求六畜兴旺、五谷丰登。捏制鸡母狗粿，磨米粉是首道工序。磨粉分干湿两种磨法。磨干粉，直接把米放到磨盘里，边磨边加米。磨湿粉，要先将米放水里浸泡两三天，然后洗净放篾箩里晾干，磨的时候再加水，水里放点红色食用粉，这样，磨出来的粉是淡红色的，很好看。粉磨好后，倒进布袋里，扎紧口子，压上一块大石头，把水榨出来。也可放小木桶里，盖上一层纱布，然后压上草灰包，慢慢吸干水。

冬至前一天，主妇们把米粉揉好后，便招呼孩子们一起捏制鸡母狗粿。鸡母狗粿，顾名思义，形状都以鸡、鸭、狗、羊、牛、兔等家畜为主，也有黄鱼、虾、龟等海洋生物以及南瓜、玉米、菠萝等瓜果。捏出动物、瓜果的轮廓后，再剪出四肢、嘴巴、耳朵、鳞片、叶子等细节，眼睛用细竹签点出，如用黑芝麻点上就更栩栩如生了。全家合作捏母鸡孵小鸡是鸡母狗粿中不可缺少的内容。主妇们压好圆饼形粉团做鸡窝，再捏只翅膀半张的母鸡放在窝中央，孩子们有的揉些小圆粒做鸡蛋，围在母鸡身边；有的捏一些在壳里欲出不出的小鸡，有的捏憨态可掬的小鸡叠放在母鸡身上和身边，不一会儿，一幅亲子乐融融的景象就呈现在眼前了。鸡母狗粿做好后，放到蒸笼里蒸，米香溢出后，还要再焖会儿才起锅，不然做好的动物、瓜果，容易塌脖子或掉瓜蒂。祭完天后，这些鸡母狗粿都由主妇平均分给孩子们。孩子们早就垂涎欲滴，此时便迫不及待地啃起来。舍不得吃的，就藏起来。过一两天，鸡母狗粿变得硬硬的，嚼起来，很有劲道，味道也很特别，除了米香，似乎还能嚼出瓜果的滋味。

**吃馄饨——冬至节气风俗**

我国许多地方有冬至吃馄饨的风俗。据《燕京岁时记》载："冬至馄饨夏至面。"冬至这天，京师人家多食馄饨。南宋时，当时临安（今杭州）也有每逢冬至这一天吃馄饨的风俗。宋朝人周密说，临安人在冬至吃馄饨是为了祭祀祖先。由南宋开始，我国开始盛行冬至食馄饨祭祖的风俗。

**吃赤豆糯米饭——驱避疫鬼、防灾祛病**

江南水乡有冬至之夜全家欢聚一堂共吃赤豆糯米饭的习俗。相传，有一位叫共工氏的人，他的儿子不成才，作恶多端，死于冬至这一天，死后变成疫鬼，继续残害百姓。但是，这个疫鬼最怕赤豆，于是，人们就在冬至这一天煮吃赤豆饭，用以驱避疫鬼、防灾祛病。

**吃菜包——象征团圆**

菜包是用糯米磨成粉，和熟烂的鼠曲、蓬蒿等物，糅合做成米浆，待半干手工做成半月形的外皮，里面包笋丝、豆干、菜脯等，是自古以来祭冬的祭物，古人叫作环饼（晋代时叫作寒具）。冬至清早，家庭主妇必须早起“浮圆仔”（用糖水煮汤圆）、“炊菜包”（蒸菜包）准备祭拜神明、祖先，并且享用“冬至圆”。吃“冬至圆”，带有象征团圆及添岁之意。以前，祭拜之后还把“冬至圆”粘在门户、器具上，称为“饷耗”。

**吃狗肉——祈求好兆头**

冬至吃狗肉的习俗据说是从汉代开始的。相传，汉高祖刘邦在冬至这一天吃了樊哙煮的狗肉，觉得味道特别鲜美，赞不绝口，从此在民间形成了冬至吃狗肉的习俗，民间也有“冬至吃狗肉，明春打老虎”之说。现在贵州某些地区的人们在冬至这一天，纷纷吃狗肉、羊肉以及各种滋补食品，以求来年有一个好兆头。

**吃年糕——年年长高**

从清末民初直到现在，杭州人在冬至都爱吃年糕。每逢冬至，杭州人三餐做不同风味的年糕，早上吃的是芝麻粉拌白糖的年糕，中午是油墩儿菜、冬笋、肉丝炒年糕，晚餐是雪里蕻、肉丝、笋丝汤年糕。冬至吃年糕，寓意年年长高，图个吉利。

北方还有不少地方，在冬至这一天有吃羊肉的习俗，因为冬至过后天气进入最冷的时期，中医认为羊肉有壮阳补体之功效，民间至今有冬至进补的习俗。在我国台湾还保存着冬至用九层糕祭祖的传统，用糯米粉捏成鸡、鸭、龟、猪、牛、羊等象征吉祥如意、福禄寿的动物，然后用蒸笼分层蒸成，用以祭祖，以示不忘老祖宗。同姓同宗者于冬至日或前后约定之某日，集中到祖祠中，照长幼之序，一一祭拜祖先，俗称祭祖。祭奠之后，还会大摆宴席，招待前来祭祖的宗亲们。大家开怀畅饮，相互联络生疏的感情，称之为食祖。

**火锅——清代和民国时期也很盛行**

老北京自清代起有吃“九九火锅”“九九酒肉”等九九消寒的饮食习俗。据《王府生活实录》所载，每逢冬至入九后，皇宫王府内盛行吃以羊肉为主的珍馐火锅，“凡是数九的头一天，即一九、二九直到九九，都要吃火锅，甚至九九完了的末一天也要吃火锅，就是说，九九当中要吃十次火锅，十次火锅十种不同的内容，头一次吃火锅照例是涮羊肉……”

这种吃冬至肉火锅之俗，在清代和民国时期的民间也很盛行，很多富家子弟、文人雅士们，自冬至日起常去著名老字号饭庄“八大春”“八大堂”及“东来顺”“又一顺”等去消寒饮酒吃涮肉火锅。也有些人每逢九日相约九人一同饮酒吃肉，旧京时称为“九九酒肉”。席间要摆九碟九碗，成桌酒宴时要用“花九件”（餐具）入席，以取九九消寒之意，旧时称“消寒会”，故冬至又有“消寒节”之称。

## 冬至饮食养生：冬至吃饺子、喝鸡汤、吃花生有讲究

### 冬至吃饺子，馅要“对号入座”

我国北方有“冬至不端饺子碗，冻掉耳朵没人管”的俗语，可见在冬至那天吃饺子是流传已久的传统习俗。由于饺子的馅料荤素搭配，营养丰富，且蒸和煮的烹调方式也能够最大限度地保证营养不流失，可以说它是一种非常健康的食品。在此，营养专家们根据不同人群的特点推荐了几种饺子馅，大家不妨“对号入座”，在冬至前后多吃饺子。

各种馅的功效

|  |  |
|---|---|
| 胡萝卜馅 | 胡萝卜含有丰富的胡萝卜素，能起到消食、化积、通肠道的作用，且极易吸收，因此特别适合老年人食用 |
| 虾仁馅 | 虾肉富含蛋白质、微量元素和不饱和脂肪酸，脂肪含量低且容易消化，适合儿童、老人及血脂异常的人群食用 |
| 牛肉芹菜馅 | 牛肉富含蛋白质，芹菜富含膳食纤维，具有降血压的功效，因而此馅特别适合高血压患者食用 |
| 羊肉白菜馅 | 羊肉是冬季养生的“法宝”之一此馅有利于提高人体的御寒能力，在冬至节气特别适合阳虚者食用 |
| 猪肉萝卜馅 | 具有润燥补血、利气散寒的功效，特别适合体力劳动者食用 |
| 韭菜鸡蛋馅 | 含有丰富的膳食纤维，适合口味清淡者食用 |

### 冬至宜喝煲鸡汤

大家都知道在冬季要“数九”，而冬至正是“数九”的第一天，所谓“提冬数九”，就是指从冬至这天起，每隔九天即过一九，一共九九。九九过后春天即将来到。“逢九一只鸡，来年好身体”是民间流传的一种冬季补养方法。冬至过后，天气日渐寒冷，人体对热量和营养素的需求量大大增加，此时适当多吃营养丰富的鸡肉，可以抵御寒冷，强身健体，保证人们健康地迎接春天的到来。

鸡肉是公认的冬季进补佳品。若冬至前后选择食用鸡肉进补，最好的方法是煲鸡汤。鸡汤可以提高身体的免疫力，帮助健康人群抵御流感病毒的侵袭；对于已患流感的人群来说，多喝鸡汤亦能缓解鼻塞、咳嗽等症状。但要特别注意的是，大部分热量

及多种营养成分仍然“藏”在鸡肉里，因此要一边喝汤一边吃肉，这样进补的效果才会更明显。

### 补肾、御寒可吃些花生

冬至养生重在固本扶阳，因此养肾是冬至养生的重中之重。花生具有补肾、润燥和御寒的功效，十分适合在冬至食用。

在挑选花生米的时候要挑选个体饱满、果仁外包衣颜色鲜艳的花生米，烹饪的时候最好采用煮的方式，煮花生易于消化，且能最大限度地保证营养不流失。五香花生米具有补肾、御寒的功效。

◎五香花生米

【材料】花生米 250 克，盐、花椒粉、小茴香、桂皮各适量。

【制作】①盆中放入花生米、盐、花椒粉、小茴香和桂皮，加水至没过花生米，搅匀，腌 2 天左右，捞出花生米，滗出卤水备用。②锅中放入花生米和卤水，大火煮沸后再煮 30 分钟，捞出花生米，沥干。③将花生米放凉或风干即可。

## 冬至药膳养生：补虚益精、清热明目、滋阴益气、补肾固精

### 阴虚火旺、肌肤不润，饮用甲鱼银耳汤

甲鱼银耳汤适用于阴虚火旺、肌肤不润、面色无华、眼角鱼尾纹多等症。

◎甲鱼银耳汤

【材料】甲鱼 1 只，银耳 50 克，料酒、姜、葱、盐、味精、胡椒粉、香油各少许，冷水 2800 毫升。

【制作】①将甲鱼宰杀后，去头、尾、内脏及爪，将银耳用温水发透，去蒂头，撕成瓣；姜切片，葱切段。②将甲鱼和银耳同放炖锅内，加入料酒、姜、葱、水，用武火烧沸，再用文火煮 35 分钟，加入盐、味精、胡椒粉、香油即成。

### 补虚益精、清热明目，食用桑葚枸杞猪肝粥

桑葚枸杞猪肝粥具有补虚益精、清热明目之功效，对目赤肿痛、夜盲症患者最适宜。

◎桑葚枸杞猪肝粥

【材料】粳米 100 克，猪肝 100 克，桑葚 15 克，枸杞 10 克，盐 3 克，冷水 1000 毫升。

【制作】①粳米淘洗干净，用冷水浸泡半小时，捞出，沥干水分。②桑葚洗干净，去杂质；枸杞洗干净，用温水泡至回软，去杂质。③猪肝洗干净，切成薄片。④把粳米放入锅内，加入约 1000 毫升冷水，置旺火上烧沸，打去浮沫，再加入桑葚、枸杞和猪肝片，改用小火慢慢熬煮。⑤见粳米熟烂时下入盐拌匀，再稍焖片刻，即可盛起食用。

### 滋阴益气，补肾固精，食用虫草红枣烧甲鱼

虫草红枣烧甲鱼适用于腰膝酸软、遗精、阳痿、早泄、乏力、月经不调、白带过多等症。

◎虫草红枣烧甲鱼

【材料】甲鱼 1 只，冬虫夏草 3 克，红枣 20 克，料酒、精盐、葱、姜、蒜、鸡汤各适量。

【制作】①将甲鱼宰杀，去肠杂，剥去腿油，洗干净，切成 4 块。②甲鱼放入锅中，放入冬虫夏草、红枣，加料酒、精盐、葱段、姜片、蒜瓣和鸡汤，上笼隔水蒸 2 小时取出，拣去葱、姜、蒜即成。

## 冬至起居养生：勤晒被褥，注意头部保暖和防风

### 冬至期间，应勤晒被褥

经日光曝晒后的被褥，会更加蓬松、柔软，还具有一股日光独有的香味，盖在身体上会使人感到更加舒服。

### 防冻准备要在冬至先防寒和防湿

低温寒冷的天气容易造成人体冻伤，所以防冻准备在小大寒之前的冬至时期就要做好。具体来说，防冻要做好以下三点：

**一是防寒**

在气温下降时，要及时增添衣服，衣裤既要保暖性能好，又要柔软宽松，不宜穿得过紧，以防血流不畅。除利用口罩、手套、耳套、帽子等对裸露的皮肤进行保护外，还可以涂抹一些油性的护肤品来降低皮肤的散热量。

**二是防湿**

衣服、鞋袜等要保持干燥，一旦受潮应及时更换。如果脚部容易出汗，可以每次洗完脚后，在擦干的脚掌和脚趾缝间擦一些硼酸粉或滑石粉，使脚部保持干燥。

**三是要适当活动**

避免长时间静止不动，特别是在寒冷的户外，活动量少很容易造成血液循环不畅，从而导致体温下降。另外，还要注意不要蹲过长时间，以免造成血液回流不畅。

此外，还可以用生姜片涂擦容易冻伤的皮肤部位，每天擦两次就能有效防止或减轻冻伤。

### 冬至时节要注意头部的保暖和防风

中医上有“头是诸阳之会”的说法，就是说人体内的阳气很容易上升而聚集在头面部，也最容易通过这个部位向体外散发。在寒冷的冬天，如果不注意保护头面部，令其长期暴露在外，我们的体热就会从这里向外散，导致能量消耗、阳气受损。另外，在外界冷空气的刺激下，头部的血管很容易收缩，肌肉也会跟着紧张，极易引起风寒

冬至起居养生

1. 冬至时节应勤晒被褥

勤晒被褥能够保持被褥的蓬松干爽，杀菌除味，使铺盖舒适暖和，不容易生病。

2. 冬至保暖防疾病

冬季是各类疾病的高发期，及时加衣可减少发病概率。

3. 头部保暖很重要

头部保暖是预防冬季多发疾病的重要措施。

感冒、咳嗽、头痛、鼻炎、牙痛、面瘫、三叉神经痛等症，甚至诱发脑血管疾病，严重时则有可能导致死亡。

所以，冬至时节，一定要注意头部的保暖和防风。俗话说“天天戴棉帽，胜过穿棉袄”，在户外最好戴上帽子、口罩等对头面部加以保护，尤其不要让头部迎风吹，而且要尽量避开过道风。即使不在户外，也要注意防风，比如在车里不要大开车窗，晚上不要在打开窗户的房间睡觉。出汗后不要吹冷风，更不要马上到户外去，以免着凉感冒。洗头发时水温最好不要低于35℃，洗完头发后，等头发自然干透或用电吹风吹干后再到户外去。

## 冬至运动养生：溜冰、滑雪和冬泳，切忌过分剧烈

### 时尚运动：溜冰、滑雪和冬泳

1. 溜冰

冰面驰骋魅力难挡。溜冰能增强人的平衡能力、协调能力以及身体柔韧性，提高有氧运动能力。溜冰看似在冰面上轻盈滑行，其实并不轻松。它需要双腿控制来完成动作，也是锻炼下肢力量的极好方式。溜冰能训练人的平衡感，还有助于儿童的小脑发育。经常参加溜冰运动，不仅能改善心血管系统和呼吸系统的机能，更能有效地培养人的勇敢精神。但是，强身健体的同时，安全问题也不容忽视。另外，溜冰的时候身上不要带硬器，如钥匙、小刀、手机等，以免摔倒时伤到自己。

2. 滑雪

放松身心体验极速。滑雪运动能锻炼身体的平衡能力、协调能力和柔韧性。在滑雪的过程中，需要身体各个关节的协调配合，对于腕、肘、臂、肩、腰、腿、膝、踝等几乎所有的关节，都能起到比较好的锻炼作用。

3. 冬泳

搏击寒冷考验意志。冬泳不仅是对身体机能的锻炼，也是对人的意志的锻炼。冬泳一分钟的运动散热量，大约相当于在陆上跑步半个小时的散热量。

想尝试冬泳的人一定要逐渐适应较低的水温，方可进行冬泳锻炼。不可心血来潮，突然在17℃以下的低温水中冬泳，这样非但无益，反而对身体还有损害。另有较严重疾病的人，如药物不能控制的高血压病人、先天性心脏病人、风湿性心瓣膜病人、癫痫病人等，以及感冒初期和中期患者、尚未发育完全的孩子冬季运动量不宜过大，以免发生危险。

| 常见运动损伤的处理方法 | |
| --- | --- |
| 擦伤处理 | 伤口干净者一般只要涂上红药水或紫药水即可自愈 |
| 鼻部受外力撞击而出血处理 | 应使受伤者坐下，头后仰，暂时用口呼吸，鼻孔用纱布塞住，用冷毛巾敷在前额和鼻梁上，一般即可止血 |
| 脱臼处理 | 可以先冷敷，扎上绷带，保持关节固定不动，再请医生矫治 |
| 骨折处理 | 首先应防止休克，注意保暖，止血止痛，然后包扎固定，送医院治疗 |

**健身运动要适当，不要过分剧烈**

坚持冬练，可减少感冒等疾病的发病率。俗话说：“冬天动一动，少闹一场病；冬天懒一懒，多喝药一碗。”说明了冬季锻炼的重要。但是，冬季锻炼宜讲究科学性，应注意以下几点：

| 冬季锻炼注意事项 | |
| --- | --- |
| 运动不宜过于剧烈 | 《养生延命录》中说：“冬月天地闭，阳气藏，人不欲劳作出汗，发泄阳气，损人。”适当活动，微微出汗，可增强体质，提高耐寒能力。若大汗淋漓，则有悖于冬季养藏之道 |
| 做好准备活动 | 冬季气温低，体表血管遇冷收缩，血流缓慢；肌肉的黏滞性增高，韧带的弹性和关节的灵活性降低。如果没有做充分的准备活动就突然进行剧烈运动，极易发生损伤。因此，锻炼前要做好充分的准备活动，比如甩手、伸臂、踢腿、转体、扩胸等，以提高肌肉与韧带的伸展性和关节的灵活性，尽量避免运动时发生损伤 |
| 注意呼吸 | 鼻腔能对空气起加温作用，并可挡住空气里的灰尘和细菌，对呼吸道起保护作用。在运动过程中，由于耗氧量不断增加，仅靠鼻来呼吸难以满足人体需要，此时可用口鼻混合呼吸：口宜半张，舌头卷起抵住上腭，让空气从牙缝中出入，以减轻冷空气对呼吸道的不良刺激 |
| 心境应平和 | 冬季，阴精阳气均处于藏伏之中，机体功能呈现出“内动外静”的状态。锻炼时要保持心境平和，注意精神内守，做到心静与身动的有机结合，以保养元气 |
| 冰雪天宜防滑 | 坚持冬跑者，遇冰雪天气，要特别注意防止滑跌，以避免发生意外 |
| 健身宜在日出后 | 冬季空气的洁净度差，尤其是在上午8时以前和下午5时以后空气污染最为严重。因为这个季节清晨的地面温度低于空气温度，空气中有一个逆温层，接近地面的污浊空气不易稀释扩散；再加上冬季绿色植物减少，空气洁净度会更差。若此时锻炼身体，不但无益反而会有损健康。所以，冬季锻炼不宜起得过早，最好等待日出之后再进行 |

| | |
|---|---|
| 注意保暖 | 晨起室外气温低，宜多穿衣，待做些准备活动，身体温和后，再脱掉厚重的衣裤进行锻炼。锻炼后要及时加穿衣服，尤其是冬泳后，宜迅速擦干全身，擦红皮肤，穿衣保暖 |
| 适当摄食饮水 | 晨起后最好饮杯温开水，以稀释血液黏度，并洗涤体内聚积的毒素；进行健身锻炼之前，可适当吃几片面包，或喝点儿牛奶等，以避免发生低血糖的症状 |
| 择好场地 | 冬季室外锻炼，应选择向阳、避风、安全而无污染的场地。大风、大雾的天气不宜在室外锻炼，室内锻炼时要保持空气流通 |

## 与冬至有关的耳熟能详的谚语

### 夜冻昼消，麦地好浇

冬至节气刚刚进九，此时我国关中灌区的麦田还没有完全被封冻，正是夜冻昼消的阶段。应趁白天消冻时间浇灌冬水，径流容易渗入地里。到了晚上冻结，可疏松土壤，保住墒。故阳历的 12 月份是我国关中地区冬灌的最佳时期。

### 冬至数头九，九九八十一

人们常说的“数九”，是以冬至为临界点的。从时间上来说，白昼渐长，黑夜渐短，直至夏至，周而复始。陕北农家在表示这种昼夜时段时，多以谚语标示之。黄陵、富县、洛川一带以农具杈齿、杈把和房椽之长短做比喻：“过一冬至，长一杈齿；过一腊八，长一杈把；过一年，长一椽；过了正月十五，长的没模（即“没谱”之意）。”还有“交一九，长一手”“过了五豆（腊月初五），长一斧头”等。虽然说冬至时节阳气始生，但从气温上来讲，一定时间内还要下降，这样就有了“数九”的讲究。“数九”与“三伏”是两相对应的农家计算冷暖的方式，约定俗成为冬至日数九。历经九九八十一天，届时寒气全消，艳阳高照，所以还有“九九艳阳天”之称。

### 吃冬节，上冬天；吃清明，下苦坑

此句是一句农谚，其大意是冬至节气后，气温继续下降，农活也很少，到了农闲季节，可以歇一歇透口气了。而到了清明节，气温开始回暖，草木渐渐萌生，农业生产也要开始进行了。因为春耕春种是农民最劳累的阶段，所以这一阶段被称之为“入苦坑”。

# 第5章
# 小寒：小寒信风，游子思乡归

小寒是一年二十四节气中的倒数第二个节气。在小寒时节，太阳运行到黄经285°，时值公历1月6日左右，也正是从这个时候开始，我国气候进入一年中最寒冷的时段。根据中国的气象资料，小寒是气温最低的节气，只有少数年份的大寒气温是低于小寒的。

小寒时节，正逢梅花开放，是赏梅的大好时节。

可见，小寒时节要比大寒更冷，但为什么依然叫“小寒”呢？原来，这和节气的起源有关。因为节气起源于黄河流域。《月令七十二候集解》中说“月初寒尚小……月半则大矣”，就是说，在黄河流域，当时大寒是比小寒冷的。由于小寒处于“二九”的最后几天，小寒过几天后，才进入“三九”，并且冬季的小寒正好与夏季的小暑相对应，所以称为小寒。位于小寒节气之后的大寒，处于“四九夜眠如露宿”的“四九”，也是很冷的，并且冬季的大寒恰好与夏季的大暑相对应，所以称为大寒。

中国古代将小寒分为三候：“一候，雁北乡；二候，鹊始巢；三候，雉始鸲。”古人认为候鸟中大雁是顺阴阳而迁移，此时阳气已动，所以大雁开始向北迁移；此时北方到处可见到喜鹊，并且感觉到阳气而开始筑巢；第三候“雉鸲”的“鸲”为鸣叫的意思，雉在接近四九时会感阳气的生长而鸣叫。

## 小寒气象和农事特点：天气寒冷，农田防冻、清沟、追肥忙

### 天气寒冷，还未到最冷

根据气象专家的观测资料，我国大部分地区的全年最低气温就出现在从小寒到大寒节气这一时段，“三九、四九冰上走”和“小寒、大寒冻作一团”及“街上走走，金钱丢手”等民间谚语，都是形容这一时节的寒冷。由于气温很低，小麦、果树、瓜菜、畜禽等易遭受冻寒。

有人会有这样一个疑问，既然冬至是北半球太阳光斜射最厉害的时候，那为什么最冷的节气不是冬至而是小寒到大寒这段时间呢？确实，一个地方气温的高低与太阳光的直射、斜射有关。太阳光直射时，地面上接收的光热多；斜射时，地面接收的光热就少，这是决定气温高低的主要原因；另外，斜射时，光线通过空气层的路程要比直射时长得多，沿途中消耗的光热就多，地面上接受的光热也就少了。冬天，北半球的太阳光是斜射的，所以各地天气都比较冷。太阳斜射最严重的一天是冬至，但是，冬至过后，太阳光的直射点虽北移，但在其后的一段时间内，直射点仍然位于南半球，我国大部地区白天吸收的热量还是不如夜间向外放出的热量多，所以温度就会继续降低，直到吸收和放出的热量趋于相等为止。这也是一天中最高温度不是出现在中午而是在下午 2 点左右的原因。至于小寒和大寒节气哪个更冷，在不同的地区甚至不同的年份，这个问题并没有一个确切的答案。历史资料统计表明，南方小寒节气的平均最低气温要低于大寒节气的平均最低气温，而在北方则相反。

**小寒农田防冻、清沟、追肥忙**

由于中国南北地域跨度大，所以，即使是在同样的小寒节气，不同的地域也产生了不同的生产农事、生活习俗。农事上，北方大部分地区地里已没活，都进行歇冬，主要任务是在家做好菜窖、畜舍保暖，造肥积肥等工作。过去，牛马等牲畜就是一家的主要劳力，需特别养护。小寒天气最冷，更要注意牲畜的保暖。民间多在牛棚马厩烧火取暖。小牲畜御寒要更加谨慎，要单独铺上草垫，挂起草帘挡风。讲究的人家会准备温水给牲畜饮，尽量减少牲畜的体能消耗，预防疾病，并且在饮水中加入少许盐，补充牲畜体内盐分的流失，增强牲畜的免疫力。平日我们见到牲畜舔墙根、喝脏水，其实主要目的就是从墙根泥土的盐碱中或者脏水中摄取盐分。

而在南方地区则要注意给小麦、油菜等作物追施冬肥，海南和华南大部分地区则主要是做好防寒防冻、积肥造肥和兴修水利等工作。在冬前浇好冻水、施足冬肥、培土壅根的基础上，寒冬季节采用人工覆盖法也是防御农林作物冻害的重要措施。当寒潮成强冷空气到来之时，泼浇稀粪水，撒施草木灰，可有效减轻低温对油菜的危害，露地栽培的蔬菜地可用作物秸秆、稻草等稀疏撒在菜畦上作为冬季长期覆盖物，既不影响光照，又可减小菜株间的风速，阻挡地面热量散失，起到保温防冻的作用。遇到低温来临再加厚覆盖物做临时性覆盖，低温过后再及时揭去。大棚蔬菜要尽量多照阳光，即使是雨雪低温天气，棚外草帘等覆盖物也不可连续多日不揭，以免影响植株正常的光合作用，营养缺乏，等天晴揭帘时会导致植株萎蔫死亡。对于小寒时节的高山茶园，尤其是西北向易受寒风侵袭的茶园，要以稻草、杂草或塑料薄膜覆盖棚面，以防止风吹引起枯梢和沙暴对叶片的直接危害。雪后，应及早摇落果树枝条上的积雪，避免大风造成枝干断裂。

由于每年的气候都有其相关性，如山东地区就有“小寒无雨，大暑必旱”“小寒若是云雾天，来春定是干旱年”的俗语，所以，有经验的老农往往根据往年的小寒气候推测这一年的气候，以便早早做好农事计划。

## 小寒农历节日：腊八节——喝腊八粥

腊，本为每年年底祭祀的名称。汉蔡邕《独断》:“腊者，岁终大祭。”据《礼记·郊特牲》记载：“伊耆氏始为蜡。蜡也者，索也，岁十二月，合聚万物而索飨之也。”应劭《风俗通》云：“《礼传》：腊者，猎也，言田猎取禽兽，以祭祀其祖也。或曰：腊者，接也，新故交接，故大祭以报功也。”《史记·秦本纪》中就有“惠文君十二年初腊”的记载。后来，就把农历十二月叫作腊月。

可以说，“腊月”之名是中国原始社会从狩猎时期刚进入农业初期的时候——也就是在传说中的神农时代就已经有了。根据传说，从周代开始，称农历十二月为腊月的习俗在民间已经很普及了。

腊月，说到底，就是一年的结尾。在农业社会，忙了一年一定要把五谷杂粮、各种蔬菜吃全了，这样才能有全面的营养。吃得全、收得全，这是祈求人体安康、合家兴旺之意。过了腊月，就到了新的一年，而腊八粥可以把当年地里长出来的五谷杂粮、各种蔬菜全包括进去，什么都不浪费，表明农家对土地上收获到的一切都是爱惜的。

### 腊八节主要民俗习惯

#### 敬神供佛

在腊八节，民间有祭祀神佛的传统。相传释迦牟尼成佛之前，绝欲苦行，饿昏倒地。一牧羊女以杂粮掺以野果，用清泉煮粥将其救醒。释迦牟尼在菩提树下苦思，终在十二月初八得道成佛，从此佛门定此日为佛成道日，诵经纪念，相沿成节。

#### 喝腊八粥

腊八节有喝腊八粥的民俗。腊八粥做好之后，要先敬神祭祖，之后要赠送亲友，一定要在中午之前送出去，最后才是全家人食用。吃剩的腊八粥保存着，吃了几天还有剩下来的，却是好兆头，取其“年年有余”的寓意。如果把粥送给穷苦的人吃，那更是为自己积德。

也希望在新的一年里，什么庄稼都能长得好，都能获得丰收，有个好年景，所以，腊月的种种饮食习俗，其实也是对未来的一种企盼。

腊月最重要的节日，就是每年腊月初八——我国汉族传统的腊八节。腊八节又称腊日祭、腊八祭、王侯腊或佛成道日。古代腊八节有欢庆丰收、感谢祖先和神灵（包括门神、户神、宅神、灶神、井神）的祭祀仪式，除祭祖敬神的活动外，人们还要驱鬼除疫。这项活动来源于古代的傩（古代驱鬼避疫的仪式）。古时的医疗方法之一即驱鬼治疾。作为巫术活动的腊月击鼓驱疫之俗，今在湖南新化等地区仍有留存，后演化成纪念佛祖释迦牟尼成道的宗教节日。夏代称腊日为“嘉平”，商代称“清祀”，周代称“大蜡”；因在十二月举行，故称该月为腊月，称腊祭这一天为腊日。先秦的腊日在冬至后的第三个戌日，南北朝开始才固定在腊月初八。

**祭祀：年的气氛越来越浓**

祭祀是腊八节的传统节目，在最早的时候，腊八节祭祀的对象只有八个：先啬神——神农，司啬神——后稷，农神——田官之神，邮表畦神——始创田间庐舍、开路、划疆界之人，水庸神——城隍，坊神——堤防，猫虎神，昆虫神。到了明清，敬神供佛更是取代祭祀祖灵、欢庆丰收和驱疫禳灾，成为腊八节的主旋律。其节俗主要是熬煮、赠送、品尝腊八粥。同时许多人家也由此拉开春节的序幕，忙于杀年猪、打豆腐、腊制风鱼腊肉，采购年货，过年的气氛也越来越浓了。

**腊八节喝腊八粥**

中国农历十二月称作腊月，十二月初八，古代称为“腊日”，俗称“腊八节”。腊八节在中国有着很悠久的传统和历史，在这一天喝腊八粥是全国各地老百姓最传统、也是最讲究的习俗。中国喝腊八粥的历史已有一千多年，最早开始于宋代。每逢腊八这一天，不论是朝廷、官府、寺院还是黎民百姓家都要做腊八粥。到了清朝，喝腊八粥的风俗更是盛行。在宫廷，皇帝、皇后、皇子等都要向文武大臣、侍从宫女赐腊八粥，并向各个寺院发放米、果等供僧侣食用。在民间，家家户户也要做腊八粥，祭祀祖先，同时，合家团聚在一起食用，馈赠亲朋好友。

全国各地腊八粥的花样，争奇竞巧，品种繁多。其中以北京的最为讲究，掺在白米中的物品较多，如红枣、莲子、核桃、栗子、杏仁、松仁、桂圆、榛子、葡萄、白果、菱角、青丝、玫瑰、红豆、花生……总计不下二十种。人们在腊月初七的晚上，就开始忙碌起来，洗米、泡果、剥皮、去核、精拣，然后在半夜时分开始煮，再用微火炖，一直炖到第二天的清晨，腊八粥才算熬好。

比较讲究的人家，还要先将果子雕刻成人形、动物、花样，再放在锅中煮。比较有特色的就是在腊八粥中放上“果狮”。果狮是用几种果子做成的狮形物，用剔去枣核烤干的脆枣作为狮身，半个核桃仁作为狮头，桃仁作为狮脚，甜杏仁用来做狮子尾巴。然后用糖粘在一起，放在粥碗里，活像一头小狮子。如果碗较大，可以摆上双狮或是四头小狮子。更讲究的，就是用枣泥、豆沙、山药、山楂糕等具备各种颜色的食物，捏成八仙人、老寿星、罗汉像。

在东北也有谚语“腊八腊八，冻掉下巴”之说，意指腊八这一天非常冷，吃腊八粥可以使人暖和、抵御寒冷。“腊八粥，吃不完，吃了腊八粥便丰收。”关中一带到了这一天，家家户户都要煮上一锅腊八粥，美餐一顿。不只大人、小孩吃，还要给牲口、鸡狗喂一些，在门上、墙上、树上抹一些，图个吉利。

### 吃冰、冻冰冰——祈求来年风调雨顺

除了腊八粥，有些地方还有“吃冰”的习俗。腊八前一天，人们往往会用钢盆舀水结冰，等到了腊八节就把盆里的冰敲成碎块。

在有的地方，每年腊月初七夜，家家都要为孩子们“冻冰冰”。在一碗清水里，大人用胡萝卜、白萝卜刻成各种花朵，用芫荽做绿叶，摆在室外窗台上。第二天清早，如果碗里的水冻起了疙瘩，便预兆着来年小麦丰收。将冰块从碗里倒出，五颜六色，晶莹透亮，煞是好看。孩子们人手一块，边玩边吸吮。也有的人清晨一起床，便去河沟、水池打冰，将打回的冰块倒在自家地里或粪堆上，祈求来年风调雨顺、庄稼丰收，这些习俗其实都表达了劳动人民期望丰收的美好愿望。

### 赏梅、喝蜡梅花茶，全年不生病

在四川车溪，腊八节也叫蜡梅节。这一天，车溪人不分男女老少，都要登上峡谷两岸的高坡赏梅。赏梅的时候要对歌，年轻的姑娘和小伙子你唱我答，歌词多是借咏梅来表达年轻人之间的爱慕之情。赏梅结束后，车溪人回到家里，取出新采集的蜡梅花，泡上一壶浓香的蜡梅花茶，全家人都喝上一杯，祈求可以全年不生病。这天，车溪人还要吃腊八粥，不过车溪的腊八粥跟其他地方有点儿不同，就是加进了蜡梅花。所以，比起其他地区，车溪的腊八粥更加清香，使人垂涎欲滴。

## 小寒主要民俗：杀年猪、磨豆腐

### 杀年猪：小寒大寒，杀猪过年

小寒和大寒是一年中最后两个节气，所以，中华民族最重要的传统节日往往都在这两个节气之间，汉族民间有一种说法，叫“小寒大寒，杀猪过年”。杀猪过年说的就是杀年猪。

猪是中国饲养最普遍的家畜，根据考古学家的研究发现，生活在黑龙江、松花江

## 小寒时节主要民俗习惯

### 杀年猪

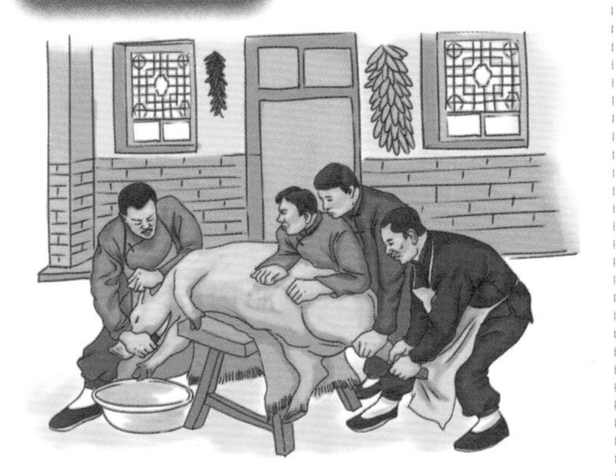

小寒时节，汉民族民间有杀猪准备过年的习俗。进了腊月，大部分人家都要杀猪，为过年包饺子、做菜准备肉料，民间谓之“杀年猪”。东北童谣中说“小孩小孩你别哭，进了腊月就杀猪；小孩小孩你别馋，过了腊月就是年”，从一定程度上反映了人们盼望杀年猪吃肉的心情。

### 磨豆腐

小寒时节，民间有磨豆腐迎接新年的习俗。由于做豆腐的程序相对比较复杂，所以在做豆腐的时候，邻里之间有时便会相互切磋、相互帮助，工作现场常常融合在一片欢笑声中，增添了节前的喜庆气氛。

流域的原始部族早在两三千年前就已有了很发达的养猪业。猪适应性强、长肉快、繁殖多，所以农村一直把养猪作为家庭经济的重要组成部分。过去，大多数人家都在院门侧垒砌猪圈养猪，少则可供自给，多则可出卖换钱，“肥猪满圈”是普通汉族农家的美好愿望，而“圈里养着几头大肥猪”也被视为家道殷实的标志之一。

过去在中国农村，养猪虽然很普遍，但一般的农户一年到头也吃不上几回猪肉。原因是家里养的猪起码要长过一百二三十斤才能出圈杀或卖，平时家里人杀猪一时半会儿吃不完，一般都是卖了换钱，只是在五月节（端午节）和八月节（中秋节）才舍得花钱到集市上买几斤肉解解馋，所以过去东北人把“猪肉炖粉条管吃够”看成一种莫大的享受。

杀猪在一般农家算是一件大事，每年也就是一两次，几乎相当于过节。每个村屯里都有擅长杀猪的人，由他们掌刀，不仅干得干净麻利，而且不浪费有用的东西，把猪的肉和头、蹄、下水（内脏）、血、骨头等各部分收拾得井井有条，分门别类，各取其用，拿民间的话说是“能多杀出来五斤肉”。当然，请这些杀猪的“把式”也要给一定的报酬，通常是把头、蹄、下水中的一部分作为酬资，杀猪者也不推辞，因为这是约定俗成的惯例。在杀猪这天，主人都要请至近亲友前来聚宴，既为联络感情，也是表示庆贺。东北至今还有专门经营“杀猪菜”的饭馆，在某方面就是沿袭民间这种风俗。

因为杀年猪是为过年做准备，所以大部分肉是按血脖、里脊、肋条、后腿等分解成块，和灌制的血肠、粉肠等一起，放进大缸里冷冻贮藏备用。一般在除夕前就把春节要用的肉料按用途切好剁好，放在缸内的盆碗里，用时取出来解冻一下就可以加工了。东北冬季寒冷，年猪肉从腊月存放到二月初也不会变质。精打细算的人家就会把这些肉按计划使用，从而在整个正月里都不缺肉吃。

每到汉族杀年猪的时候，到处都洋溢着过节的欢乐。一户杀猪，全村人赶来围观，特别是孩子更为兴奋。由于是年猪，猪的主人大都将猪血留作食用。接猪血也有一定讲究：首先在盆里放少许凉水、盐、白面，屠刀抽出后让血稍流一会儿再接。这样接下的猪血干净、凝固得快，开水煮后血块呈蜂窝状，有嚼劲，好吃。汉族杀猪，无论是否年猪都要剥皮。人们在欢乐的气氛中，看屠夫鼓气、开膛、剥皮；而屠夫们也格外卖弄精神，一边说笑一边操作，干到兴奋处，随手把猪尾巴、猪尿脬割下来，丢给围观的孩子们，让他们烧了吃。猪的主人不仅不嗔怪，甚至白搭柴草。虽说杀年猪是为自家食用，但一般人家只留半扇猪肉，另半扇则以略低于市场的价格，半卖半送给杀不起年猪的亲戚邻舍，然后把自己留下的部分依年节时所需用猪皮裹好，保存起来。

在存放猪肉的时候，为了防止猪肉变质，往往会在猪皮上面撒少许盐。这样处理完后，就把猪肉存放在闲屋里，春节时有需要则割下一块，不需用则待节后腌制，供平日食用。

**磨豆腐：中国特色的美食**

一般情况下，小寒节气都已经进入腊月了，这个时候，家家户户都在忙着迎接新年，其中一项必备民俗项目就是磨豆腐。

做豆腐首先要用干磨，把豆粒碾成 2~4 瓣，俗称拉豆碴子。豆碴拉好后，加水浸泡，直到豆瓣全部泡透、放开，才能上磨去磨。豆腐磨俗话叫水磨或湿磨，不常设，都是临到年节附近几家邻居商量，用旧磨支架起来。磨床上不搭磨盘，直接支磨。磨床下面放只大盆或者旧锅，磨豆碴时，一边推磨一边用勺子连豆带水舀进磨眼，磨好的豆粕儿直接落进大盆或锅里。如果大盆豆粕满了，另一个人便把豆粕舀进桶里，倒进家中的锅里。豆粕全磨完，便用热水稀释，然后舀进面袋反复揉搓，叫纳豆腐。这样，豆粕就变成了豆浆和豆腐渣。

纳豆浆是在锅上的豆腐床上进行的，豆浆会直接落进锅里。当豆粕全部纳完后，把豆浆烧开，舀进非常洁净的缸里，准备用湛。点豆腐用卤水，俗话叫湛子。下湛子点豆腐，十分讲究技术，首先要掌握浆的温度，其次掌握用湛子的数量。卤水加早了、加多了，豆腐老、粗涩、口感不好、颜色泛黄，出豆腐也少；卤水加晚了、加少了，豆腐嫩、易碎、切不成块，口感同样不好。所以，湛豆腐一般都请有经验的老年人操作。下湛后，操作人密切注视着缸内变化，全家人也屏声敛气，仿佛喘口气就会殃及豆腐似的。直到缸里豆腐变成豆腐脑，大家才喜笑颜开。家长们也毫不吝啬地满足孩子们的期望，给每个人一碗豆腐脑儿。当孩子们狼吞虎咽的时候，大人将豆腐脑舀进铺好白包袱的筐里，盖上盖，压上石头，一家人在浆水的嘀嗒声中酣然入睡。

**吃菜饭——南京风俗**

所谓菜饭就是青菜加油盐煮米饭，佐以矮脚黄青菜、咸肉、香肠、火腿、板鸭丁，再剁上一些生姜粒与糯米一起煮，十分香鲜可口。其中矮脚黄是南京的著名特产，可谓是真正的“南京菜饭”，甚至可与腊八粥相媲美。

**吃糯米饭——广东风俗**

在广东，小寒这一天的早上要吃糯米饭。糯米饭并不只是把糯米煮熟那么简单，里面会配上炒香的“腊味”（广东人统称腊肠和腊肉为“腊味”）、香菜、葱花等材料，吃起来特别香。“腊味”是煮糯米饭必备的，一方面是其脂肪含量高，耐寒；另一方面是糯米本身黏性大，饭气味重，需要一些油脂类掺和吃起来才香。为避免饭做得太糯，一般是60%的糯米加40%的香米，把腊肉和腊肠切碎炒熟，花生米炒熟，加一些碎葱白，拌在饭里面吃。

## 小寒饮食养生：喝腊八粥有益健康，补肾阳、滋肾阴可多食虾

**小寒喝腊八粥有益健康**

我国有每年农历腊月初八喝腊八粥的风俗，这个时间恰逢小寒时节。传统的腊八粥以谷类为主要原料，再加入各种豆类及干果熬制而成。关于腊八粥，现代营养专家建议，各种谷物豆类等原料都有不同的食疗作用，因此一定要结合自己的身体状况，选择合适的原料。

腊八粥常用的谷类主料有大米、糯米和薏米。其中大米有补中益气、养脾胃、和五脏、除烦止渴以及益精等作用。糯米可以辅助治疗脾胃虚弱、虚寒泻痢、虚烦口渴、小便不利等症。而薏米则能够防治慢性肠炎、消化不良等症及高脂血症、高血压等心脑血管疾病。

腊八粥中的豆类通常有黄豆、红豆等。其中黄豆具有多种保健功效，比如降低胆固醇、预防心血管疾病、抑制肿瘤、预防骨质疏松等。而红豆则可以辅助治疗脾虚腹泻、水肿等病症。

腊八粥中有一类重要的原料——干果，其中比较常用的有花生、核桃等。花生有润肺、和胃、止咳、利尿、下乳等功效。而核桃则有补肾纳气、益智健脑、强筋壮骨的作用，同时还可以增进食欲 、乌须生发，更为可贵的是核桃仁中还有医药学界公认的抗衰老成分维生素 E。

## 补肝益肠胃可吃些金针菇

金针菇不仅具有补肝益肠胃的作用，还可以补益气血，因此是一种非常好的小寒养生进补蔬菜。

在食用金针菇的时候有一点要注意，那就是金针菇一定要煮熟煮透，这样可以避免鲜金针菇中的有害物质进入人体。而在挑选食材的时候也要注意，鲜金针菇最好选择菌柄均匀整齐、15 厘米左右长、新鲜无褐根、基部粘连较少而且菌伞没打开的。

金菇海鲜酱汤具有补肝益肠胃的作用。

### ◎金菇海鲜酱汤

【材料】金针菇 350 克，虾仁、鱿鱼各 200 克，绿豆芽、菠菜、豆腐泡各 150 克，盐、白砂糖、胡椒粉、醋、黄酱、葱花、姜末、植物油各适量。

【制作】①鱿鱼洗净，切丝，加醋腌制 5 分钟；虾仁、金针菇、绿豆芽分别洗净；菠菜洗净，掰开；豆腐泡洗净，切小块。②炒锅放植物油烧热，下葱花、姜末爆香，倒入适量水，放入黄酱，烧开后放入金针菇、豆腐泡、菠菜、绿豆芽煮 5 分钟，再放入虾仁、鱿鱼，加盐、白砂糖、胡椒粉、醋调味，煮熟即可。

## 虚不受补有对策："冬令进补，先引补"

脾胃虚弱是"虚不受补"的主要原因。进补所用的补品多营养丰富，滋腻厚重，而脾胃虚弱的人食用后往往无法很好地消化和吸收，甚至会因消化不良致使身体更加虚弱。另外脾有湿邪也是导致"虚不受补"的一个原因。各种滋补品对脾有湿邪的人不仅没有任何补虚的功效，反而容易引起腹胀便溏、嗳气呕吐的不良反应，严重时还会出现湿蕴化火，口干、衄血、皮疹等症状。

针对"虚不受补"的现象，中医学在总结了几千年的进补经验后，得出"冬令进补，先引补"的对策，包括食疗引补以及中药底补。食疗引补，就是用芡实、红枣、花生加红糖炖服，或服用生姜羊肉红枣汤，先调节脾胃。而中药底补则适用于脾有邪湿的人，在进补前至少一个月就开始服用健脾理气化湿浊、开胃助消化的中药，先恢复脾胃功能，等到冬令时节再进补。

### 补肾阳、滋肾阴可多食虾

小寒进补最好阴阳同补，虾肉既可补肾阳又能滋肾阴，具有补而不燥、滋而不腻的特点，是小寒时节的最佳进补食物。

优质的虾应大小适中，身形周正，附肢完整，壳带光泽，不易翻开，体表呈现青色或青白色，在水里能够喷出气泡，勿食用体色发红、身软、无头的不新鲜虾，在处理虾的时候要注意，应挑去虾背上的虾线。

吃虾时最好配以干白葡萄酒，因为其中的果酸具有杀菌与去腥的效果。对吃虾过敏及患有过敏性疾病，如过敏性鼻炎、过敏性皮炎、哮喘等的人群，应慎食。

虾仁炒百合有补肾阳之功效。

◎虾仁炒百合

【材料】虾仁 300 克，百合、西芹各 100 克，胡萝卜半根，干淀粉、蛋清、胡椒粉、盐、白酒、鸡精、葱花、植物油各适量。

【制作】①虾仁去虾线；百合撕小瓣；西芹去叶，切段，焯后沥水；胡萝卜去皮，切丝。②大碗中放虾仁、干淀粉、蛋清、胡椒粉、盐、白酒、鸡精拌匀，腌制 2 分钟。③炒锅放植物油烧热，放入葱花爆香，放入西芹、胡萝卜、百合翻炒，加入虾仁炒至变色，撒盐、鸡精，翻炒片刻即可。

## 小寒药膳养生：补虚弱、强筋骨，清热、化痰止咳

### 补虚弱、壮腰膝，强筋骨，食用虫草排骨炖鲍鱼

虫草排骨炖鲍鱼具有补虚弱、壮腰膝、强筋骨、益气力之功效，适用于老年人肺气肿、咳嗽、动脉硬化、白内障、骨质疏松等症。

◎虫草排骨炖鲍鱼

【材料】猪排骨 200 克，冬虫夏草 3 克，枸杞 15 克，鲍鱼肉 60 克，鸡汤、料酒、葱、姜各适量。

【制作】①将鲍鱼肉洗干净，排骨洗干净，切成小块，放入开水中氽一下，捞出，用凉水冲干净。②鲍鱼、排骨放入砂锅，加入鸡汤，用微火炖煮 3 小时。③加入料酒、冬虫夏草、枸杞、葱、姜、盐继续炖半小时即成。

**滋阴润燥、补气养血，食用百合花鸡蛋羹**

百合花鸡蛋羹具有滋阴润燥、补气养血之功效，可用于辅助治疗贫血症。

**◎百合花鸡蛋羹**

【材料】鲜百合花25克，鸡蛋4个，菠菜叶30克，水发玉兰片、水发银耳、水发黑木耳均20克，香油3克，色拉油8克，湿淀粉30克，料酒10克，盐4克，味精2克，葱末3克，胡椒粉2克，素高汤200克，冷水适量。

【制作】①鲜百合花择洗干净，用开水烫一下捞出；蛋清、蛋黄分别打入两个碗里，每碗内放入适量盐、味精、胡椒粉，拌均匀。②炒锅上火，放入适量冷水烧沸，下入鸡蛋清，待浮起时捞出控水，再放入鸡蛋黄，待熟后也捞出控水。③坐锅点火，下色拉油烧至五成热时，放葱末炒香，加入素高汤、玉兰片、银耳、黑木耳、百合花烧沸，加入料酒、盐、味精调味，放入蛋清、蛋黄、菠菜叶，用湿淀粉勾芡，最后淋上香油，出锅即成。

**补肝肾、益筋髓、壮筋骨，饮用枸杞海参汤**

枸杞海参汤具有补肝肾、益筋髓、壮筋骨之功效，适用于阳痿、遗精、滑精及肝肾两虚的腰膝冷痛、软弱无力等症。

**◎枸杞海参汤**

【材料】枸杞20克，海参（水发）300克，香菇50克，料酒20克，酱油10克，白糖10克，盐3克，味精2克，姜3克，葱6克，植物油35克。

【制作】①海参用水发透，切成2厘米宽、4厘米长的块；枸杞洗干净，去果柄、杂质；香菇洗干净，切成3厘米见方的块；姜切片，葱切段。②将炒锅放到武火上烧热，加入植物油，烧至六成热时加入姜、葱爆香，下入海参、香菇、料酒、酱油、白糖，加适量水，武火烧沸，文火焖煮，煮熟后加入枸杞、盐、味精即成。

**神疲乏力，食用当归生姜羊肉汤**

小寒时节正是吃麻辣火锅、红焖羊肉的好时节。这个时节可以食用当归生姜羊肉汤，此汤适用于神疲乏力等症状。

◎当归生姜羊肉汤

【材料】当归 20 克，生姜 30 克，羊肉 500 克，黄酒、调料适量。
【制作】①将羊肉洗净，切为碎块。②锅内放入羊肉，加入当归、生姜、黄酒及调料，炖煮 1 ~ 2 小时，食肉喝汤即可。

**虚弱无力、腰膝酸软，食用羊肾红参粥**

羊肾红参粥具有益气壮阳、填精补髓之功效，适用于虚弱无力、腰膝酸软、畏寒怕冷、耳聋耳鸣、性功能减退等肾阳不足的患者。

◎羊肾红参粥

【材料】鹿肾（或羊肾）1 只，红参 3 克，大米 100 克，调料少许。
【制作】将羊肾切开，剔去内部白筋，切为碎末，红参打为碎末，大米洗净，加入适量水及调料，煮 1 小时后即可食用。

**清热，化痰止咳，食用丝瓜西红柿粥**

丝瓜西红柿粥具有清热、化痰止咳、生津除烦之功效。另外，患有痤疮的人可长期食用。

◎丝瓜西红柿粥

【材料】丝瓜 500 克，西红柿 3 个，粳米 100 克，葱姜末、盐、味精适量。
【制作】①丝瓜洗净去皮，切小片西红柿洗净切小块备用。②粳米洗净放入锅内，倒入适量清水置火上煮沸，改文火煮至八成熟，放入丝瓜、葱姜末、盐煮至粥熟，放西红柿、味精稍炖即可食用。

**肾虚腰痛腿软、畏寒怕冷，食用胡桃仁饼**

胡桃仁饼具有补肾御寒、润肠通便的功效，适用于肾虚腰痛腿软、畏寒怕冷、大便干结等肺肾两虚的患者。

◎胡桃仁饼

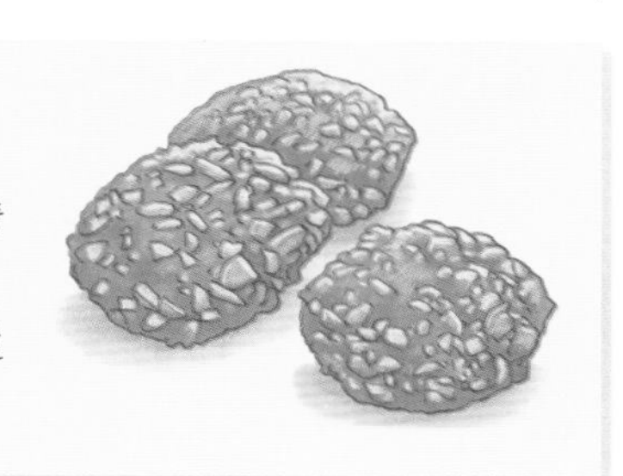

【材料】胡桃仁（或核桃仁）50 克，面粉 250 克，白糖少许。

【制作】将胡桃仁打为碎末，与面粉混合在一起，加水适量，搅拌均匀，烙为薄饼即可食用。

## 小寒起居养生：防止冷辐射伤害

### 小寒时节应防止冷辐射伤害

因为小寒的时候是一年天气中开始最冷的时候，所以，防止冷辐射对身体的伤害非常重要。

据环境医学指出，在我国北方严寒季节，室内气温和墙壁温度有较大的差异，墙壁温度比室内气温低 3 ～ 8℃。当墙壁温度比室内气温低 5℃时，人在距离墙壁 30 厘米处就会感到寒冷。如果墙壁温度再下降 1℃，即墙壁温度比室温低 6℃，人在距离墙壁 50 厘米处就会产生寒冷的感觉，这是由于冷辐射或称为负辐射所导致的。

人体组织受到负辐射的影响之后，局部组织出现血液循环障碍，神经肌肉活动缓慢且不灵活。全身反应可表现为血压升高，心跳加快，尿量增加，感觉寒冷。如果原先患有心脑血管疾病、胃肠道疾病、关节炎等病变，可能诱发心肌梗死、脑出血、胃出血、关节肿痛等多种症状。

所以，在寒冷的气候条件下，人们应特别注意预防冷辐射及其所带来的不良影响。

### 严冬时节外出、睡前洗头有损健康

许多人都有睡前洗头的习惯，头发在外面露了一天，确实会沾上许多尘埃，而且洗头也能消除疲劳。但是，这样的做法会对健康造成不好的影响，因为在经过一天的劳累后，晚上是人体最疲劳、抵抗力最差的时候。晚上洗完头发如果不擦干，湿气就会在头皮滞留，长期这样就会使气滞血瘀，经络阻闭，郁积成患。尤其小寒时节气温低，寒湿交加，使得睡前洗头给身体健康带来的伤害更大。

既然临睡前洗头对健康不利，那早晨出门前洗可以吗？答案是否定的。因为天气寒冷，万一头发没有彻底擦干，出门后被寒风吹到，就非常容易感冒。如果经常这样做，就不只是感冒了，还可能使关节出现疼痛等不适，严重者还会出现肌肉麻痹的现象。

## 小寒运动养生：公园或庭院步行健身

### 冬练三九要先做好准备活动

俗话说“冬练三九，夏练三伏”，但是，在气温极低的三九寒冬人体各器官会发生保护性收缩，而肌肉、肌腱以及韧带的弹力和延展力也都会降低，同时关节灵活性也变得较差。此时我们的身体愈发僵硬、不易舒展，还有干渴烦躁的感觉。在这种状态下，如果直接进行锻炼，非常容易发生肌肉拉伤、关节扭伤等意外。所以冬天锻炼身体的时候，一定要做好准备活动，先热身，使身体的各部位充分进入兴奋状态，这样，才能既保证了“冬练三九”的效果，也防止了由此带来的健康隐患。

热身一般分为两步：首先要进行 5 ~ 10 分钟的动态有氧活动，活动强度不宜过大，一般为最大运动的 20%~40%，锻炼者感觉心律稍有增加即可，适当的活动有慢跑、快走等。这一步可使身体略微发热，为接下来的活动做准备。

在这之后，需要做的是把肌肉和关节伸展一下。通常我们的大肌肉群、关节、下背部以及锻炼时涉及的肌肉和关节都需要伸展，以便达到更好的锻炼效果。我们可以通过压腿、压肩和下腰等简单动作来伸展肌肉，并充分活动各个关节。伸展运动要使肌肉有轻微的拉伸感，而且每个动作维持 15 ~ 30 秒才会有效果。

一般而言，热身的时间只需 10 ~ 15 分钟就可以。不过锻炼者要根据自己的实际情况适当调整。

小寒起居养生

1. **应防止冷辐射伤害**

最好的方法是远离辐射源，也就是过冷的墙壁和其他物体，在睡觉时至少要离开墙壁50厘米。如果墙壁与室内温度相差超过5℃，墙壁就会出现潮湿甚至小水珠。此时可在墙前置放木板或泡沫塑料，以阻断和减轻冷辐射。

2. **避免外出、睡前洗头**

严寒冬季最好不要在外出和睡觉前洗头，如果实在需要洗，那洗后应马上擦干或是用电吹风吹干头发，这样，至少能够防止湿气在头上滞留导致受寒或者经络阻塞。

### 公园或庭院步行健身，老少皆宜

比起其他的健身活动，步行健身锻炼有其独到之处，它不需要任何体育设施，在公园或庭院都可进行，还可活跃人的思维，使灵感频频来临，是一项老少皆宜的健身运动。

步行能加快体内新陈代谢过程，消耗多余的脂肪；能降低血脂、血压、血糖以及血液黏稠度，提高心肌功能；刺激足部穴位，增强和激发内脏的功能。

轻松而愉快的步行，给人以悠然自得、无拘无束的感觉，是一种精神享受，还有助于缓解紧张情绪，对安神定志也有良好的调适作用。

小寒运动养生

**1. 锻炼前要做好准备活动**

锻炼者要根据自己的实际情况进行热身运动，如老年人锻炼或者锻炼环境温度低、锻炼强度较大时，热身的时间应该稍加延长，同时要注意的是准备活动应避免蹦跳和过于激烈的动作。

**2. 步行是小寒时节老少皆宜的运动项目**

冬季步行健身，可根据体质、年龄和爱好加以选择，是散步还是走健身步等。建议中老年人最好走健身步——步子要大些，速度宜慢些，每分钟走 60 ~ 70 步是比较好的选择。

## 与小寒有关的耳熟能详的谚语

### 到了小寒，预防严寒

小寒、大寒所处的阳历 1 月份一般是一年中天气最冷的一个月份。此时气候严寒且持续时间长，影响范围广，对农业生产构成了威胁。大风降温易造成温室大棚和畜禽圈舍等设施受损，幼仔畜冻死，作物受冻，因此农牧渔业生产都要注意做好保温防寒工作。

### 小寒不寒寒大寒

小寒节气正处在三九前后，俗语说“冷在三九”，其严寒程度也就可想而知了，各地流行的气象谚语，可做佐证。每年的大寒小寒虽说寒冷，但寒冷的情况也不尽相同。有的年份小寒不是很冷，这往往预示着大寒会很冷，广西地区就有“小寒不寒寒大寒”的谚语。

# 第 6 章
# 大寒：岁末大寒，孕育又一个轮回

大寒是二十四节气之一。每年阳历 1 月 20 日前后太阳到达黄经 300° 时为大寒。《月令七十二候集解》："十二月中，解见前（小寒）。"《授时通考 · 天时》引《三礼义宗》："大寒为中者，上形于小寒，故谓之大……寒气之逆极，故谓大寒。"这个时期，铁路、邮电、石油、海上运输等部门要特别注意及早采取预防大风降温、大雪等灾害性天气的措施。农业上要加强牲畜和越冬作物的防寒防冻。

我国古代将大寒分为三候：一候鸡乳，二候征鸟厉疾，三候水泽腹坚。就是说到大寒节气便可以孵小鸡了；而鹰隼之类的征鸟，却正处于捕食能力极强的状态中，盘旋于空中到处寻找食物，以补充身体的能量抵御严寒；在一年的最后五天内，水域中的冰一直冻到水中央，且最结实、最厚。

## 大寒气象和农事特点：天寒地冻，积肥堆肥为春耕做准备

### 一年中最冷的时节

大寒时节，寒潮南下频繁，是我国大部分地区一年中的最冷时期，风大、低温、地面积雪不化，呈现出冰天雪地、天寒地冻的严寒景象。大寒就是天气寒冷到了极点的意思，大寒前后是一年中最冷的季节。大寒正值三九，谚云："冷在三九。"

大寒时节，人们大都停止劳作，养精蓄锐，准备迎接新年

同小寒一样，大寒也是表征天气寒冷程度的节气。近代气象观测记录虽然表明，在我国绝大部分地区，大寒

不如小寒冷，但是，在某些年份和沿海少数地方，全年最低气温仍然会出现在大寒节气内。

**北方积肥、堆肥，南方田间管理捉鼠**

大寒节气，全国各地农活依旧很少。北方地区老百姓多忙于积肥堆肥，为开春做准备，或者加强牲畜的防寒防冻。南方地区要仍加强小麦及其他作物的田间管理。广东岭南地区有大寒联合捉田鼠的习俗。因为这时作物已收割完毕，平时见不到的田鼠窝显露出来，大寒也成为岭南当地集中消灭田鼠的重要时机。

## 大寒农历节日：小年——祭灶

小年是相对大年（春节）而言的，又被称为小岁、小年夜。

**祭灶：送灶王爷**

祭灶的祭祀对象是灶君。所谓灶君，就是民间俗称的灶君菩萨、灶王爷、灶公灶母、东厨司命。早在春秋时期，孔子《论语》就说了“与其媚于奥，宁媚于灶”的话。先秦时期，祭灶位列“五祀”之一（五祭祀为祀灶、门、行、户、中雷五神，中雷即土神）。

在民间传说当中，灶王爷是玉皇大帝派到人间察看善恶的大神。关于这位神仙的由来有几种说法。一种认为灶君是黄帝，《淮南子·微旨》中说：“黄帝作灶，死为灶神。”一种认为灶君是祝融，《周礼》中说：“颛顼氏有子曰黎，为祝融，祀以为灶神。”一种认为灶君是老妇，《礼记·礼器》中有“燔柴于奥”的记载。郑玄注说奥或作灶。孔颖达疏：奥即灶神。在春秋时，于孟夏之月祭祀，“以老妇配之”，其祭“设于灶陉”。一种认为灶君是神仙，灶神是天上星宿之一，因为犯了过失，玉皇大帝把他贬谪到人间当了灶神，号为“东厨司命”。一种认为灶君是浪子，灶神姓张，是一位负情浪子，因羞见休妻而钻入灶内，后成为灶神。一种认为灶君是虫子变成的，《庄子·达生》中说：“灶有髻。”司马彪注：“髻音结，灶神名。赤衣如美女。”髻是一种虫，长年栖息在灶上，其身呈暗红色，头小，有丝状触角，善跳跃，俗称“灶马”或“灶鸡”。

过去每年农历腊月二十三或二十四，全家老小都要参加祭祀灶王爷的仪式，磕头，行礼，送灶王爷上天。有的由长子奉香、送酒，并为灶神的坐骑撒马料，从灶台一直撒到厨房门外小路。

在祭祀灶王爷的时候，还有一个有趣的细节：祭祀的供品中一定有胶牙糖做成的糖瓜、糖饼、年糕，为的是让这些食品将灶神的牙齿粘住，不让它发声；或敬上美酒一杯，认为可以使灶神喝醉不能言语，称之“醉司命”。总之都是为了防止灶神升天乱揭人间短处。浙江一带，祭灶日把饴糖拌上米粉做成元宝的形状，叫“糖元宝”。山东夜间在门外撒上草豆、放置清水，意思是喂饲神马，好让灶神骑着升天。苏州送灶神，民间将松柏枝、石楠、冬青一起扎成小把，称“送灶柴”，沿街叫卖。

**赶婚：诸神上天，百无禁忌**

过了腊月二十三，民间认为诸神上了天，百无禁忌。娶媳妇、出嫁不用挑日子，称为赶乱婚。直至年底，举行结婚典礼的非常多。民谣说：“岁晏乡村嫁娶忙，宜春帖子逗春光。灯前姊妹私相语，守岁今年是洞房。”

**梳洗：不留一点儿污秽**

小年以后，大人、小孩都要洗浴、理发。民间有“有钱没钱，剃头过年”的说法。山西吕梁地区婆姨女子都用开水洗脚。未成年的少女，大人们也要帮她把脚擦洗干净，不留一点儿污秽。

**腊月扫尘，驱除“穷运”“晦气”**

腊月扫尘是民间素有的传统习惯，有为过年做准备的特殊意义，这种习俗一般始于腊月初，盛于腊月二十三，终于月底最后一天。特别是在有“小年”之称的腊月二十三，意味着一只脚已经踏进新年的门槛。旧时人们从这天开始就正式大扫除，扫尘土、倒垃圾，粉刷墙壁、糊裱窗纸等，以保证屋里屋外整洁一新，喜迎新年。

山西民间流传着两首歌谣，其一是：“二十三，打发老爷上了天；二十四，扫房子；二十五，蒸团子；二十六，割下肉；二十七，擦锡器；二十八，沤邋遢；二十九，洗脚手；三十日，门神、对联一齐贴。”体现了时间紧迫和准备工作的紧张。其二是一首童谣：“二十三，祭罢灶，小孩拍手哈哈笑。再过五六天，大年就来到。辟邪盒，要核桃，滴滴点点两声炮。五子登科乒乓响，起火升得比天高。”反映了儿童盼望过年的心理。

民间有“腊月不扫尘，来年招瘟神”的说法，还有这样一个传说。

传说有个三尸神，他附在人身上，像影子一样跟踪人的行动。此神成天想着如何独霸人间，又特别八卦，专爱搬弄是非。他经常给天上的玉皇大帝打小报告，说地上凡人如何坏，把人间描述得乌烟瘴气，不堪入目。有一次，他谎称凡间民众诅咒天帝，要谋反。玉帝看后龙颜大怒，立即命三尸神速速查明此事，凡是有怨恨亵渎神灵的人家，都要把他们的罪行写在各家的墙上，让蜘蛛在各家结网，挂在屋檐下作为标志。同时又命令掌刑罚的王灵官在除夕夜下凡，把有上述标记的人家都满门抄斩，格杀勿论。三尸神窃喜阴谋得逞，梦想自己很快就要将天下据为己有，于是飞回人间，依玉帝所言将自己看不顺眼的人家做了要诛灭的记号，完工后以为万事大吉，就回到自己的家中呼呼大睡。不过，三尸神的诡计被神通广大的灶君得知了，他非常痛恨这种损人利己的可耻行为，决心要拯救那些无辜的老百姓。但是当时已是腊月二十三晚上，灶君要马上升天面见天帝，时间似乎来不及了。情急之下，灶君招来各家灶王爷商量对策，但是想了半天也没有想出好办法。上天的时间越来越近，大家无计可施，心急如焚。也是情急生智，冥思苦想的灶君忽然心头一亮，想出一个好主意，就是从腊月二十三日起到除夕前，每家利用这几天，清洗粉刷墙壁，扫掉屋檐下的蜘蛛网，把房屋内外打扫干净，这样三尸神做的标记全没了，来行罚的神没有可惩之家，老百姓也就化险为夷了。为了使办法能通行无阻，但又不能泄露天机，灶君吩咐灶王爷们，如果哪家不执行，就拒绝踏进他的家门。刚刚嘱咐完毕，他就被天帝召回天宫。各家灶王爷传达了灶君的主意，大家遵照神谕，纷纷粉刷墙面，掸去蛛网，扫尘清壁，家家户户由此面目全新。等到王灵官在除夕奉旨处罚扬言造反的人家时，果然发现家家干干净净，灯火辉煌，人们个个安分守己，团聚欢乐，全无叛乱之意。于是王灵官回到天上如实禀告玉皇大帝。后来，那欺君的三尸神受到严惩，被打入天牢，永世不得超脱。人们因心存善良的灶君搭救，脱离大难，心里非常感激他。除了在腊月二十三祭灶之外，大家还坚持从这天开始到大年夜除尘清屋，打扫卫生，并纷纷传言，如果腊月不扫尘，三尸神画好的记号没扫掉，就会招来灾难。随后，人们每到腊月就除尘清屋，逐渐相沿成俗，流传至今。

另外，民间人们认为“尘”与“陈”谐音，陈是陈旧之意，包括过去一年里所有的东西。人们在新春扫尘，就有“除陈布新”的寓意，认为扫尘就可以把过去的“穷运”“晦气”都统统扫地出门，这一习俗寄托着人们辞旧迎新的美好愿望。其实，从科学上分析，大凡垃圾灰尘、污水废物等肮脏的环境多带有病菌，且春节后天气要逐渐变暖，各种病毒害虫滋生，更易泛滥，此时扫尘除菌尤为及时合理。因此，人们利用腊月的农闲时间，在年前把清理卫生的工作做好，进行彻底的大扫除，既显示了新年的新风貌，新气象，也符合科学卫生的规律。

**贴窗花：民间的艺术**

在所有过年的准备工作中，剪贴窗花是最盛行的民俗活动。窗花内容有各种动植物掌故，如喜鹊登梅、燕穿桃柳、孔雀戏牡丹、狮子滚绣球、三羊（阳）开泰、二龙戏珠、鹿鹤桐椿（六合同春）、五蝠（福）捧寿、犀牛望月、莲（连）年有鱼（余）、鸳鸯戏水、刘海戏金蝉、和合二仙等。也有各种戏剧故事，谚语说：“大登殿，二度梅，三娘教子四进士，五女拜寿六月雪，七月七日天河配，八仙庆寿九件衣。”体现了民间对戏剧故事的偏爱。据说旧时刚娶新媳妇的人家，新媳妇要带上自己剪制的各种窗花，到婆家糊窗户，左邻右舍还要前来观赏，看新媳妇的手艺如何。

## 小年主要民俗习惯

### 祭灶

相传灶君掌握一家的祸福，每年农历腊月二十三或二十四，要上天向玉皇大帝禀告人间善恶，所以家家户户在这一天将酒、糖、果等供品放在厨房灶神牌位下祭祀，祭祀后要烧掉灶神像，说是送灶神上天。

### 扫尘

民间俗谚有“二十四，扫房子”的说法。因此，每年的腊月二十三日到除夕这段时间被称作“扫尘日”。由于大部分人在小年就开始大规模地搞卫生工作，因此扫尘又称“扫年”。

### 贴窗花

窗花以其特有的概括和夸张手法将吉事祥物、美好愿望表现得淋漓尽致，营造出喜庆的节日气氛。

### 蒸供儿

北方有句老话叫“不蒸馒头争口气”，这象征着好兆头，意味着来年会蒸蒸日上，且蒸供儿时需要将面发起，预示着在下一年中会发大财，会发家致富。蒸供儿不但是祭神的供品，还蕴含着人们对来年的美好期盼。

**蒸供儿：待过年祭神用**

腊月二十三后，家家户户蒸供品，俗称蒸供儿。供品的种类很多，包括家堂供儿、天地供儿等，大小不一，最大的当属家堂供的饽饽，要蒸十个，每个底部直径起码一尺，高6~7寸，顶部三开，插枣，每个少说也在5斤左右，俗称枣饽饽。也可以蒸光头饽饽，蒸熟后在顶上打个红点儿，俗称点饽饽点儿，以示鲜亮，但大小同枣饽饽一样，数量也都是十个。过去，由于经济条件有限，农民蒸大饽饽只好偷工减料。发面时，头罗面和二罗面同时发。做饽饽时，先把发好的二罗面团成团儿，在外面裹上一层头罗面，顶部厚些，底部薄些，因为摆供品时，都是底部朝下，第四个虽然朝上，但又被第五个底部遮住，没人看得见。不过，饽饽蒸得太好，顶部会露出黑面，但人们也见怪不怪，因为家家如此，谁也不笑话谁。天地供儿小一些，比拳头大点，俗称小枣饽饽，因为个头小，所以全用头罗面。年糕蒸成板状，俗称板糕，有插枣的，有不插枣的，在糕面上点红饽饽点儿，鲜亮、美观。当供品的，切成大小一致的方状两块，摞在一起，家堂供儿个头大，蒸时加屉，烧火计时用香，一炷香尽，饽饽蒸熟。

供儿蒸好后，先放在盘子上、簸箕里，待凉透了，再拾到柳条笸箩里，上面盖好红包袱，以待过年祭神用。如果凉不透，饽饽之间会粘皮，便会影响供儿的美观。

**吃饺子、炒玉米：北京、山西习俗**

祭灶节，北京等地讲究吃饺子，取意于“送行饺子迎风面”。山西东南部吃炒玉米，民谚有“二十三，不吃炒，大年初一锅倒”的说法。人们喜欢将炒玉米用麦芽糖黏结起来，冰冻成大块，吃起来酥脆香甜。

## 大寒主要民俗：尾牙祭、糊窗户、赶年集

**尾牙祭：祭拜土地公**

在中国台湾，每年的腊月商人都会祭拜土地公神，便称之为“做牙”，有“头牙”和“尾牙”之分。二月二日为最初的做牙，叫作“头牙”；十二月十六日的做牙是最后一个做牙，所以叫“尾牙”。尾牙是商家一年活动的尾声，也是普通百姓春节活动的先声。这一天，台湾的平民百姓家要烧土地公金以祭福德正神（即土地公），还要在门前设长凳，供上五味碗，烧经衣、银纸，以祭拜地基主（对房屋地基的崇拜）。这一天，妇女们傍晚都会准备各种各样的供品去供奉神明土地公。一般多见的是猪肉、豆腐干和水果、糕饼、米酒等。很多企业也不例外，在福建莆田，80%以上的公司企业（特别是台商企业与当地私人企业）在建厂之时，都会在自己的厂里建一所土地公庙。在做牙的这一天，公司老板自己或叫员工在自家庙中，备好牲醴、祭品，点上香烛、金纸、贡银，最后燃放爆竹，祭拜时口念“通词”，态度非常虔诚地祈求土地爷赐福，希望公司日后生意兴隆、财源广进。

那些开店的商家，由于自己的店面前一般没有土地公庙，他们就直接在店面口备好供品，焚香祭拜。商家祭拜是以地基为主（房舍所在地上的地神）。

在商界还有一句俗谚：“吃头牙粘嘴须，吃尾牙面忧忧。”说的是每到头牙或尾牙时，一些公司会摆丰盛的酒菜宴请员工们，以慰劳他们平日的辛苦。每个职员吃头牙时心情都很好，因为代表着一年新的工作又要开始，自己已经得到公司的肯定与留任。

而吃尾牙，很多人则是提心吊胆、愁绪满面，担心吃了这餐饭之后，过了年老板就把自己解雇了，故而会愁容满面。

近年来，尾牙聚餐开始盛行起来，按传统习俗，全家人围聚在一起“食尾牙”，主要的食物是润饼和刈包。润饼是以润饼皮包豆芽菜、笋丝、豆干、蒜头、蛋燥、虎苔、花生粉、辣酱等多种食料。刈包里包的食物则是三层肉、成菜、笋干、香菜、花生粉等，都是美味可口的乡土食品。

在中国福建地区，做尾牙之后的日子——也就是农历十二月十七到二十二——往往会作为赶工结账时间，所以，也称二十二日为尾期。尾期前可以向各处收凑新旧账，延后则就要等到第二年新年以后才收账了。所以尾牙的饭吃完后，就有几天要忙。过了尾期，即使身为债主，硬去收账的话，也可能会被对方痛骂一场，说不定还会挨揍，但不能有分毫怨言。

**糊窗户：糊上来年好盼头**

在天津，有“二十四，扫房子；二十五，糊窗户”的民谣。扫房子和糊窗子都是大寒的两项重要民俗活动。过去糊窗户非常讲究，不仅要糊窗户，还要裱顶棚，糊完窗户还要再贴上各式各样的窗花，之后房间会焕然一新。在这一扫、一糊、一裱、一贴之间，天津的年味儿也就出来了。

人们认为扫房子扫掉的是去年的不顺心，糊窗户糊上的是来年的好盼头。过去的窗户都是糊上一层纸，这层纸要经一年的风吹日晒雨淋，难免会出现破损，有了破洞，人们就拿一张白纸抹上糨糊补上，一年下来窗户上会出现很多补丁，看起来不美观，所以过年前一定要换层新窗户纸。旧时房屋均采用四梁八柱的结构形式，墙壁不承重，因为砖非常贵，民间建房多将房屋前窗台的上部用木板装饰。窗户为百眼窗格，外面或油或漆，屋里则糊粉连纸，下层窗格的面积较大，无论如何，中间必然会留出一块大空白，这片空白要用朱纸来糊，因朱纸比较薄，可以透出光亮来，室内的光线也就更充足了。为了美观，就剪一些寓意美好的图案张贴在上面，这项习惯渐渐演变成了现在各式各样的窗花。

**赶年集：购置年货**

大寒节气往往和每年岁末的日子相重合。所以，在这样的日子中，除要干农活外，还要为过年奔波——赶年集，买年货，写春联，准备各种祭祀供品，扫尘洁物，除旧布新，腌制各种腊肠、腊肉，或煎炸烹制鸡、鸭、鱼、肉等各种菜肴，同时还要祭祀祖先及各种神灵，以祈求来年风调雨顺。

每到赶年集的时候，也是农村集市一年中最热闹的时候，平时由于农忙，老百姓赶集都是行色匆匆，买了需要的东西就急急地回来，因为老百姓最关心的就是田里

## 大寒时节主要民俗习惯

### 尾牙祭

民间将农历十二月十六称为“尾牙”，源自农历每月初二、十六拜土地公“做牙”（用供品“打牙祭”）的习俗，由于腊月十六是第二次也就是最后一次“做牙”，所以被称为“尾牙”。

### 赶年集

大寒时节人们有赶年集的风俗，为过年做准备。集市上的商品可以说是琳琅满目，什么烟酒糖茶、衣帽鞋袜，吃的用的应有尽有。

### 办年菜

大寒时节人们开始办年菜，就是将菜肴制成半成品。

### 吃糯米

在我国南方广大地区，有大寒吃糯米的习俗，这项习俗虽听来简单，却蕴含着前人们在生活中积累的生活经验，因为进入大寒天气分外寒冷，糯米是热量比较高的食物，有很好的御寒作用。

的庄稼。进入腊月，庄稼该收的收到家里了，该种的已经种上，所以才会有赶年集的心情。

每到集市的那天，无论男女老幼都会穿戴整齐，呼朋引伴，提个布兜去集市逛逛。与其说是赶集，还不如说是去赶会。因为在集市上除了可以采购一些过年的必需品外，还可以消遣消遣，逛逛街，和熟人聊聊天。当然，赶集最重要的一件事情还是购置年货。

由于农村的集市绝大部分是露天的，摊点沿路设置。每个集市都自然形成几个固定的区域，什么菜市、鞭炮市、肉市、牛羊交易市等。经常赶集的，需要买什么东西自然就去相应的市场转转，有合适的就可以买下。路两边设摊，中间走人，所以往往热闹非凡。特别是人多的时候，摩肩接踵，车水马龙，路边商贩吆喝声不绝于耳，或者突然有人推着车子，大声喊着“哎，让一让，油一身啊，大家闪开了”，吓得路人匆忙让路。当然，也不乏以此骗人让路的情形。对此，人们总是宽容的，一笑了之。因为大家来赶集，本来就是图个乐子。

**办年菜：年前的重头戏**

在准备完了供品和在大寒节日食用的主食之后，接下来的重头戏就是办年菜了。年菜分两种：人食和神供。人食的蔬菜，包括白菜、萝卜、菠菜、葱、香菜等。白菜扒去老叶，萝卜切成萝卜丝，菠菜、香菜也择去黄叶。神供的蔬菜，除以上这些外，沿海人家还备有染成红色的龙须菜。腊月二十九这天，除把人食和神供的菜肴制成半成品外，主要是油炸食物。山东荣成人过年或遇有喜庆事，很讲究吃“化鱼”，就是把老板鱼干或鲨鱼干用水泡软，剁成小块，加鸡蛋面粉调成糊儿，拌匀，入油锅炸熟，然后与白菜一起烩食，实际就是烧溜鱼块。既然炸鱼了，索性把想炸的东西全炸了，如炸小丸子，包括猪肉丸子、萝卜丸子、豆腐丸子等，甚至连走亲戚、压包袱用的面鱼儿、麻花扣也一起炸了。这一天，孩子们都不愿上街玩，而是围着锅台瞅。母亲们总是把那炸老了或炸得不漂亮的塞给他们。等到吃晚饭时，可能小孩儿们早已饱得吃不下饭了。

**喝鸡汤、炖蹄髈、做羹食**

大寒节气已是农历四九前后，南京地区不少市民家庭仍然不忘传统的“一九一只鸡”的食俗。做鸡一定要用老母鸡，或单炖，或添加参须、枸杞、黑木耳等合炖，寒冬里喝鸡汤真是一种享受。然而更有南京特色的是腌菜头炖蹄髈，这是其他地方所没有的吃法，小雪时腌的青菜此时已是鲜香可口；蹄髈有骨有肉，有肥有瘦，肥而不腻，营养丰富。腌菜与蹄髈为伍，可谓荤素搭配，肉显其香，菜显其鲜，既有营养价值又符合科学饮食要求，且家庭制作十分方便。到了腊月，老南京还喜爱做羹食用，羹肴各地都有，做法也不一样，如北方的羹偏于黏稠厚重，南方的羹偏于清淡精致，而南京的羹则取南北风味之长，既不过于黏稠或清淡，又不过于咸鲜或甜淡。南京冬日喜欢食羹还有一个原因是取材容易，可繁可简，可贵可贱，肉糜、豆腐、山药、木耳、山芋、榨菜等，都可以做成一盆热乎乎的羹，配点香菜，撒点白胡椒粉，吃得浑身热乎乎的。

**辞旧迎新——岁岁平安**

大寒节气，时常与岁末时间相重合。因此，这样的节气中，除顺应节气干农活外，还要为过年奔波——赶年集、买年货，写春联，准备各种祭祀供品，扫尘洁物，除旧布新，腌制各种腊肠、腊肉，或煎炸烹制鸡鸭鱼肉等各种年肴。同时祭祀祖先及各种神灵，祈求来年风调雨顺。

## 大寒民间宜忌：忌天不下雪

### 大寒时节忌讳天晴无雪

民间在大寒节气忌天晴不雪。农谚说："大寒三白定丰年。""大寒见三白，农人衣食足。"三白指下三场大雪。大寒忌晴宜雪的说法早在唐朝时就有了。唐代张文成《朝野佥载》中说："一腊见三白，田公笑赫赫。"为什么腊月下雪就预兆丰收呢？《清嘉录》卷十一《腊雪》说得好："腊月雪，谓之腊雪，亦曰'瑞雪'，杀蝗虫、主来岁丰稔。"腊雪杀了蝗虫，次年不闹虫灾，自然丰收在望。

### 大寒时节饮食宜忌

大寒时节是感冒等呼吸道传染性疾病高发期，因此应注意防寒。适宜多吃一些温散风寒的食物以防风寒邪气的侵袭。

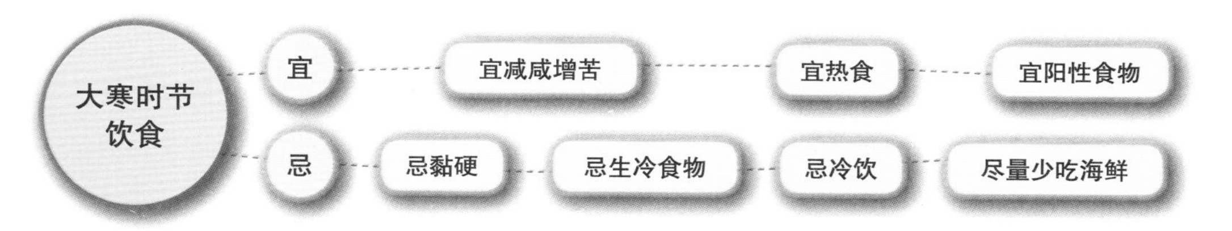


## 大寒饮食养生：御寒就吃红色食物，滋补就食用桂圆

### 大寒时节宜多吃"红色"食物御寒

天气寒冷时我们是不是应该多选择些可以生热、保暖的食物呢？营养学家给了我们肯定的答案，并提示说，颜色红润、具有辛辣味及甜味的食物都有这样的效果。

在冬天可多吃一些辛辣的食物，如辣椒、生姜、胡椒等，它们分别含有辣椒素、芳香性挥发油、胡椒碱等物质，有增强食欲、促进血液循环、驱寒抗冻的作用，还能改善咳嗽、头痛等症状。

红色食物不仅能从视觉上吸引人，刺激食欲，而且从中医学角度分析，这类食物还有非常好的驱寒解乏之功效。更可贵的是，红色食物可以帮助我们增强自信心、意志力，提神醒脑，补充活力。其中枸杞搭配桂圆肉或生姜，直接冲泡饮用，就能很好地驱寒发热。另外，香甜的红枣也是极佳的驱寒食品。由于气虚而导致手脚冰凉的患者，可以把枣肉和黄芪、大米一起煮制，喝前也可再加入少许白糖，便有很好的益气补虚、健脾养胃的功效。

### 多喝红茶或黑茶有益健康

大寒时节，人的新陈代谢减慢，各项生理活动均不是十分活跃。这时候多喝些红茶或黑茶可以起到扶阳益气的功效，对身体非常有利。

红茶种类繁多，主要有祁红、闽红、川红、粤红等。红茶性味温甘，蛋白质含量较高，具有蓄阳暖腹的作用；红茶中黄酮类化合物含量也丰富，可以帮助人体清除自由基，杀菌抗酸，还能预防心肌梗死。此外，红茶还有去油、清肠胃的功效。冲泡红茶最好用沸水，并加盖保留香气。黑茶在存放时可产生近百种酶类，使它具有补气升阳、益肾降浊的作用，能很好地辅助治疗肾炎、糖尿病、肾病。黑茶还能帮助肠胃消化肉食和脂肪，并调整糖、脂肪和水的代谢，因此非常适宜在大寒时节饮用。专家建议，由于黑茶为发酵茶，冲泡时第一杯水应倒掉，不宜饮用。

### 降低胆固醇、预防心血管疾病可多食用燕麦

燕麦有很好的健脾开胃之功效，这恰好符合大寒时节调养脾胃的需求。另外燕麦是一种对心血管十分有利的食物，它有助于降低胆固醇，促进血液循环，能有效预防心血管疾病。

挑选燕麦时要注意，优质的燕麦应呈浅土褐色，颗粒完整，并有淡淡的清香味，另外，燕麦片的煮制时间不宜过长，否则会造成营养成分的损失。虾皮燕麦粥可降低胆固醇、预防心血管疾病。

#### ◎虾皮燕麦粥

【材料】燕麦 60 克，虾皮、水发紫菜、大米各 20 克，鸡蛋 1 个，盐、味精各适量。

【制作】①虾皮洗净；紫菜洗净，撕小片；大米淘净，浸泡 30 分钟，沥水；鸡蛋磕入碗内打散。②大米、燕麦入砂锅，加水，大火煮沸，下入虾皮、紫菜，改小火熬至粥稠，加入蛋液、盐、味精搅匀，改大火煮沸即可。

### 桂圆滋补有妙用

桂圆可以抵御风寒，因此非常适合在大寒时节食用。

#### ◎蜜饯姜枣桂圆

【材料】桂圆肉、红枣各 250 克，蜂蜜、姜汁各适量。

【做法】①桂圆肉、红枣分别洗净。②锅内放入桂圆肉、红枣，加适量水，大火烧沸，改小火煮至七成熟，加入姜汁和蜂蜜，搅匀，煮熟，起锅放冷即可。

## 大寒药膳养生：益气止渴、强筋壮骨，补肝肾、滋阴润肠

### 补肝肾、滋阴、润肠通便，食用首乌粥

首乌粥具有补肝肾、滋阴、润肠通便、益精血、抗早衰之功效。

**◎首乌粥**

【材料】粳米100克，何首乌30克，红枣5颗，冰糖10克，冷水1000毫升。

【制作】①粳米淘洗干净，用冷水浸泡半小时，捞出沥干水分。②红枣洗干净，去核，切片，何首乌洗干净，烘干捣成细粉。③粳米放入锅内，加入约1000毫升冷水，用旺火烧沸后加入何

首乌粉、红枣片，转用小火煮约45分钟。④待米烂粥熟时，下入冰糖调好味，再稍焖片刻，即可盛起食用。

### 补诸虚不足、益元气，食用参芪归姜羊肉羹

参芪归姜羊肉羹具有补诸虚不足、益元气、壮脾胃、去肌热、排脓止痛、活血生血、益寿抗癌之功效。

**◎参芪归姜羊肉羹**

【材料】羊肉300克；党参、黄芪、当归各20克，料酒5克，味精1.5克，色拉油3克，盐2克，香油2克，姜15克，湿淀粉25克，冷水适量。

【制作】①将羊肉撕去筋膜，洗干净，切成小块，调入料酒、色拉油、盐，拌匀腌10分钟。②当归、党参、黄芪、姜用干净的纱布袋包扎好，扎紧袋口。③将羊肉块、药包放入砂锅中，加适量冷水，用旺火煮沸，改用小火炖至羊肉烂熟，去药包，用湿淀粉勾芡，加入味精，淋上香油。

### 益气止渴、强筋壮骨，饮用椰子黄豆牛肉汤

椰子黄豆牛肉汤具有益气止渴、强筋壮骨、滋养脾胃、提高免疫力之功效。

**◎椰子黄豆牛肉汤**

【材料】椰子1个，黄豆150克，牛腱子肉225克，红枣4颗，姜2片，盐适量，冷水适量。

【制作】①将椰子肉切块，黄豆洗干净，红枣去核洗干净，牛腱子肉洗干净，汆烫后再冲洗干净。②煲滚适量水，放入椰子肉、黄豆、牛腱子肉、红枣和姜片，水滚后改文火煲约2小时，下盐调味即成。

## 大寒起居养生：早睡晚起，室内通风，防煤气中毒

### 大寒时节，早睡晚起有利于健康

冬季是一年中的最后一个季节，也是阴气盛极、万物肃杀的季节，在冬季，自然界生物处于休眠的状态，等待来年春天的生机。所以，为了顺应自然的规律，冬季正是人体休养的好时节，应当注意保存阳气，养精蓄锐。冬季起居，应该与太阳同步，早睡迟起，避寒就暖，最好是太阳出来后起床，才能不扰动人体内闭藏的阳气。特别是老年人，冬天不宜早起。老年人气血虚衰，冬季锻炼，绝不可提倡“闻鸡起舞”。《黄帝内经》在论述冬季养生时说：“早睡晚起，必待日光。”意思是说，冬天要早些睡，早晨不要起得太早，要等到太阳出来以后才能出门。除了中医理论中提到的原因之外，冬季不宜早起的另一个原因，是因为冬天气候寒冷，气压较低，污浊的空气聚集在靠近地面的空间，太阳出来以后，气温升高，污浊空气会逐渐上浮、飘散，这个时候出门，才不至吸入太多的污浊空气。

### 冷天也要通风换气，预防煤气中毒

在冬季，一方面是因为户外风大，另一方面也是因为室内有暖气，所以人们总喜欢待在封闭的室内，所以，冬季常常是有害气体中毒的高发季节。其中煤气中毒在家庭生活中最为常见。每年冬天都有煤气中毒导致的伤亡事件发生。

日常生活中，有很多方法可以避免煤气中毒。不过也有一些方法并不科学，起不到预防的作用。比如用水来“吸煤气”——放盆水或泼些凉水，之所以说这个方法没有效果，是因为煤气的主要成分是一氧化碳，而一氧化碳是很难溶于水的。还有一些民间的方法，比如说在炉子上放白菜叶、橘子皮之类的，都是没有科学依据的。

所以，一定要采用安全科学的方法，比如安装风斗，既通气又挡风。另外，最重要也是最根本的方法是要经常对炉火设备比如烟囱、管道及胶皮管等进行检查，避免堵塞、漏气或倒烟的状况发生。同时一定要保证室内空气的流通，勤通风换气，不要紧闭门窗，窗户上最好能留通风口。睡觉的时候不要开着煤气，如果要在汽车里面睡觉的话，一定要记得关闭引擎，同时不要让车窗紧闭。

一旦发现有人煤气中毒，应马上把中毒者转移到空气新鲜的地方，为他解开领口，并确保其呼吸顺畅。万一发现中毒者呼吸已经停止，要立即进行人工呼吸，并马上送往医院进行抢救。

## 大寒运动养生：运动前做好热身活动

### 大寒晨起运动前应做搓脸慢跑热身活动

在大寒时节要注意防风防寒。衣着要随着气温的变化随时增减，比如在出门时可

以根据自身情况适当添加外套，并戴上口罩、帽子和围巾等。有心脑血管疾病和呼吸系统疾病的患者，在大寒节气应尽量避免在早晨和傍晚出门，以防昼夜温差较大，引起疾病发作。此外，大寒时节，运动的时候要顺应“冬藏”的特性，早睡晚起，养精蓄锐。

与此同时，由于大寒节气里气温过低，尤其是在寒冷的清晨，是心脑血管疾病的高发时段，因此，最好等到太阳出来以后再进行户外锻炼，而且在运动前先要做一些准备活动，比如慢跑、搓脸、拍打全身肌肉等。这是因为户外气温比室内低，人的韧带弹性和关节柔韧性都没有之前灵活，如果不先舒展韧带肌肉马上进行大运动量活动，极易造成运动损伤。

**冬季健身禁忌：用口呼吸、戴口罩等**

**冬季健身禁忌**

1. 忌用口呼吸

冬季锻炼不宜大张着嘴呼吸，因为寒冷的空气会直接吸进口腔而刺激咽喉、气管引起咳嗽感冒，甚至进入胃部，引发胃痛。因此，在锻炼时，最好用鼻子呼吸，或用半开口腔（牙齿咬紧）和鼻子同时呼吸的“混合呼吸”。

2. 忌戴口罩锻炼

口罩会挡住鼻子，影响呼吸顺利进行，从而影响氧气的吸入，使人产生憋气、胸闷、心跳加快等不适感，因此，运动的时候即使要戴面罩御寒，也不要堵住鼻孔。

3. 忌不做预备运动

在气温很低的冬季，运动前的准备活动时间一定要增加，因为气温的降低，人体的肌肉、肌腱及韧带的弹力和伸张力也降低，各关节活动的范围减少，突然活动，易发生肌肉、肌腱、韧带和关节挫伤或撕裂。如果平时只做 15 分钟准备活动的，在大寒时节最好能增加到 30 分钟，这是为了提高处于抑制状态的中枢神经系统的兴奋性和促使各内脏器官的协调及活动各关节。充分的准备活动，就是提高肌肉、肌腱、韧带的弹性和伸张性，以有效地防止损伤。

### 4. 忌忽视保暖

在锻炼的时候，由于运动量比较大，后期身体发热出汗，所以往往穿的衣服会比较少，有些人甚至会选择单衣、薄袜，然而，这样的衣着往往会导致着凉、受冻、感冒。对于一些持续性的运动，比如长跑锻炼等，也不能急于脱衣，更不能一次脱去很多，要等到身体开始感到发热时再逐渐脱下，跑完预定距离后，应立即用干毛巾擦干汗水或换下湿衣，迅速穿好衣服保暖。

### 5. 忌门窗紧闭，不通风换气

冬季，为了防寒，人们会习惯性地把房间门窗关得紧紧的。然而，在运动的时候，人会呼出大量的二氧化碳，如果再加上汗水的分解产物，消化道排出的不良气体等，室内空气受到的污染远远超过一般人的想象。人在这样的环境中会出现头昏、疲劳、恶心、食欲不振等现象，锻炼效果自然不佳。因此，在室内进行锻炼时，一定要保持室内空气流通、新鲜。

### 6. 忌在有污染的地方锻炼

冬季也不宜在雾霾弥漫、空气浑浊的庭院里进行健身锻炼。同时要注意，气候条件太差的天气，如大风沙、下大雪或过冷天气，暂时不要到室外锻炼。若想到室外锻炼，应注意选择向阳、避风的地方。

## 与大寒有关的耳熟能详的谚语

### 小寒接大寒，麦苗要冬苫

若冬小麦在过冬时，遇上干冷的气候或强寒潮的天气，致使最低气温低于 -15℃的情况下，冬小麦麦苗将会遭受冻害损失。为了保护麦苗安全过冬，应酌情进行冬苫。农事上常用大粪、圈粪遮盖。冬苫可以保温防寒，还可以增加肥力，减少农田水分蒸发，保持地墒，一定程度上可防止畜禽伤害麦苗。当然。如果冬九天气偏暖，麦苗有冬旺现象时也可以不苫，故也应因地制宜。

### 小寒大寒，严防火险

进入寒冬后由于气候干燥、降水稀少，林地的枯枝烂叶较多，草原上的牧草枯黄，加上林牧区冬季生活取暖火源较多，最容易出现火险，发生火灾。所以在小寒、大寒时期还要严防火灾。

### 小寒大寒，冷成一团

中国南方大部分地区在大寒时节的平均气温多为6 ~ 8℃，比小寒高出近1℃。民间有“小寒大寒，冷成一团”的谚语，说明大寒节气也是一年中的寒冷时期。所以，继续做好农作物防寒工作，特别应注意保护牲畜，抵抗严寒，安全过冬。

### 大寒日怕南风起，当天最忌下雨时

大寒节气当天的天气曾经是农业的重要指标。只要这一天吹起北风，并且让天气变得寒冷，就表示来年会丰收，相反，如果这一天是吹南风而且天气暖和，则代表来年作物会歉收；如果遇到当天下雨，来年的天气就可能会不太正常，进而也会影响到农作物的生长。